아프리카 수학

아프리카 수학

지은이　클라우디아 자슬라브스키
옮긴이　김성희 · 김진호 · 박현미 · 안희진 · 유대현
펴낸이　박문규
펴낸곳　KM 경문사
등　록　1979년 11월 9일 제9-9호
주　소　(121-818) 서울 마포구 동교동 184-17
전　화　02-332-2004　팩스 02-336-5193
이메일　kms2004@kyungmoon.com
홈페이지　www.kyungmoon.com

찍은 날　2008년 6월 20일　1판 1쇄
펴낸 날　2008년 6월 25일　1판 1쇄

ISBN 978-89-6105-132-3
ISBN 89-7282-390-2(세트)

• 값은 뒤표지에 있습니다.
• 잘못된 책은 바꿔드립니다.

아프리카 수학

클라우디아 자슬라브스키 지음
김성희 · 김진호 · 박현미 · 안희진 · 유대현 옮김

KM 경문사

| 일러두기 |

1. 인명, 지명, 작품명은 한글 맞춤법 외래어 표기법에 따라 표기했으며, 브리태니커 백과사전을 참조했다. 또한 용어에 대한 원문은 함께 표시하였다.
2. * 표시는 모두 옮긴이 주이다.
3. 본문에서 사용한 부호와 기호의 뜻은 다음과 같다.
   - 저서, 신문, 잡지 : 《 》
   - 개별작품, 논문, 기사 : 〈 〉
   - 강조와 인용 : ' ', " "

《아프리카 수학—문화인류학적 접근》의 초판은 고대 아프리카인들이 남긴 (수학에 대한) 유산을 찾으려고 노력하는 아프리카 학자들에게 헌정하였다. 최근 들어서 세계 곳곳에 있는 동료 연구자들과 함께 그리고 대단히 많은 아프리카 학자들이 정말로 각별한 작업에 전념해 오고 있다. 하지만 여전히 많은 것들이 연구되어야 한다. 교육학자들을 포함한 학자들은 아프리카의 풍부한 수학 유산을 찾으려는 작업에 지속적으로 도전해야 한다.

옮긴이 머리말

번역자 중의 한 명인 내가 이 책을 처음 접한 시기는 유학을 하던 중이다. 학기 중에는 매주 한 강의당 독서해야 할 분량이 주교재 · 보조교재 등을 포함해서 약 150쪽을 읽어야 했기에 영어가 모국어가 아닌 나로서는 강의에 매진할 수밖에 없었다. 그래서 나는 방학을 이용해서 수학교육과 직접적으로 관련이 적은 그러나 수학교육을 이해하는데 도움이 될 만한 서적을 선정해서 읽곤 하였다. 이 책도 그런 계기로 Columbia University, Teachers College 교내 서점에서 구해서 읽은 책 중의 하나였다. 아프리카의 민속수학을 다루고 있지만, 사실 모든 인류가 민속수학의 모습이 이러하지 않았을까 한다. 어쨌거나 재미는 있었지만, 아쉽게도 끝까지 다 읽지 못하고 개강을 맞게 되었고, 이 책은 나의 서재 한 곳을 차지하고 있었다.

한국에 귀국하여 '어린이를 위한 수학교육연구회' 회원들과 함께 수학 수업 개선을 위한 연구 모임을 하던 중에, 번외로 이 책을 다시 읽는 계기를 갖게 되었다. 우리 모임의 회원들은 즉시 이 책에 매료되었다. 이 책은 우리가 궁금해하는 역사 이전의 수학과 관련된 많은 그리고 다양한 정보를 담고 있다. 이런 정보는 원저자가 시도한, 아마도 수학교육과 관련한 연구로서는 최초로, 민속지학적 방법이 아니고서는 얻을 수 없는 값진 정보들이다.

이 책은 아프리카 민족들이 수학이라는 학문에 끼친 공헌에 대해 기술하고 있다. 수체계의 발달 과정사, 수 이름, 시간 계산, 몸짓 수세기 등 다양한 민속수학을 조사하고, 연구하고, 정리하고, 분석한 결과가 이 책이다. 또한 아프리카인들이 주로 즐기는 '만카라' 라는 게임에 내재되어 있는 수학, 아프리카판 '한붓그리기', 아프리카의 각 민족들의 생활용품에 담겨진 기하적 의미, 삶 속에 등장하는 수의 의미 등을 기록하고 있다.

내 아버지의 젊은 시절만 해도 우리 한국 사회의 곳곳에 전통적인 삶의 방식이 공존하고 있었지만, 지금 우리 사회는 완전히 문명사회로 전환되었다. 이 책을 통해서 한국의 전통적인 삶 속에 공존하던 민속수학에 대해 고민해 보는 계기가 되기 바란다. 우리는 우리의 전통을 잊고 사는데 그것이 잊어져야 할 것인가에 대해서 의문을 가지지 않을 수 없다.

이 책을 번역하기 시작해서 책으로 나오기까지 약 3년의 시간이 걸렸다. 쉽지 않은 작업이었다. 번역진의 끈기와 경문사의 인내의 결과이다. 이 책을 읽는 독자들이 이해하지 못하는 부분이 있다면, 그것은 전적으로 나의 책임이다. 공동번역자들의 초벌 번역을 바탕으로 윤문을 한 아프리카 사회 · 경제 · 문화 · 역사 등에 대한 나의 무지 탓이다. 이런 무지에도 불구하고 번역서를 내는 만용이 어디에서 나왔는지 모르겠다. 이런 부분이 발견되면 꼭 역자에게 알려주고 이후 수정되어 더 나은 책이 될 수 있도록 채찍질해 주기 바란다. 혹시나 오역이 있지 않을까 염려하는 나에게 늘 시간을 내어 주신 대구교대 손중선 교수님, 윤준채 교수님께 감사한다.

대구교육대학교 제1강의동 연구실에서
김진호

1999년판 추천사

나는 수학을 결코 좋아하지 않지만 1973년에 출판된 자슬라브스키Claudia Zaslavsky의 《아프리카 수학—문화인류학적 접근》에 매료되었다. 내가 이 책에 매료된 것은 책에서 소개하고 있는 만카라Mankala라는 보드게임 때문이었다. 만카라는 한때 아프리카에서 '가장 인기 있는' 게임이었다. 만카라 게임을 하는 사람들은 상대편의 말을 잡기 위해서 전략적으로 생각해야 하며 말의 수를 세어야 한다.

아프리카 문화 연구가이자 미술사학자인 나는 아프리카인들의 시간 개념 그리고 건축물과 시각 예술품에서의 기하 양식에 관심이 많은데, 나를 사로잡는 많은 주제들이 1999년판에 수록되어 있다. 가장 일반적인 카펫인 컷파일에 표현된 기하와 콩고 공화국의 쿠바족Kuba 여성들이 라피아야자 잎으로 자수刺繡로 떠서 만든 천에 있는 기하가 나를 매료시켰다. 일주일이 7일로 된 달력에 익숙해져 있는 나로서는 일주일이 4일이라는 개념은 신비로웠다. 자슬라브스키 박사의 선구적인 저서에 이런 주제가 수록되어 있다.

올해는 《아프리카 수학—문화인류학적 접근》이 출판된 지 25주년이 되는 해이다. 1973년 이후로 지난 25년 동안, 새로운 탐구 분야로 민속수학ethno-mathematics*이 등장할 정도로 이 분야에 대한 관심이 높아지고 있다. 나는 자슬라브스키의 책이 이 분야의 발달에 영향을 끼쳤다고 믿는다.

초판에서 다룬 익숙한 주제들에 덧붙여, 새 판은 독자들에게 최신의 정보를 준다. 예를 들어, 고대 이집트와 북아프리카 수학은 새로운 주제 중의 하나이다. 20세기의 종착점을 향해가는 이 시점에도 많은 사람들은 세

---

* 문자를 갖지 않은 민족들의 수학적 아이디어를 연구하는 학문 분야.

계 문화에 아프리카가 기여한 것을 이해하지 못하고 감사하지 않는다.

연구, 대중 프로그램, 문화재의 전시를 통해서 아프리카 문화를 칭송하는 박물관과 같은 기관에, 이 책과 같은 책들이 아프리카와 아프리카인에 대한 많은 변치 않는 잘못된 견해들을 떨쳐버리는 데 일조하기를 바란다.

스미소니언 협회 아프리카 미술관 관장
워커 Roslyn Adele Walker

1973년판 추천사

이 책은 아프리카 역사와 문화 분야에서 선구적인 작업이다. 이 분야는 연구자들에게 불모지였다. 챔프먼Frank E. Chapman, Jr.의 미간행 원고, 애틀랜타 대학 수학과의 전임 학과장인 샤바즈Lonnie Shabazz 박사의 강의록, 그리고 이 책의 참고문헌에 수록되어 있는 여러 자료들을 제외하면, 내가 알기로는 아프리카 수학에 대한 광범위한 연구물은 없다. 또한, 대부분의 유럽 학자들은 아프리카 고유한 수학적 방법들이 존재한다는 점을 부정하는 경향이 있다. 그러므로 자슬라브스키 박사의 '연구되기를 기다리는 방대한 분야에 대한 예비조사'는 과거의 논쟁은 가라앉히고 몇 가지 새로운 논쟁을 발생시킨다.

일반적으로 아프리카에 관한 많은 잘못된 이해를 언급하지 않은 채 아프리카의 본질에 대해서 글을 쓴다는 것은 불가능하다. 다행스럽게 아프리카 역사와 문화에 대한 정보가 늘어가는 시점에서 그리고 새롭고 중요한 많은 책들이 미국과 아프리카에서 흑인 작가들의 붓끝에서 나오는 시점에서 이 책이 출판되었다. 아프리카인들이 세계사에 끼친 영향을 외면하기 어려운 시대가 곧 올 것이다.

자슬라브스키가 이 책을 통해서 보여준 연구는 수학이란 분야가 아프리카와 관련된 연구 분야라는 사실을 알게 해주었다는 점에서 인류의 역사와 문화에서 아프리카인들의 역할에 대한 훨씬 더 광범위한 연구를 멈추기 어렵게 될 것이다. 이 책은 이 책에서 전하는 내용뿐만 아니라 앞으로 더 연구가 되어야 할 것과 그 방법을 언급하고 있다는 점에서 중요하다. 아프리카와 아프리카인들에 대한 낡은 인식들은 사라지기 어렵겠지만 결국은 사라질 것이다.

헌터 대학 흑인과 푸에르토리코인 연구학회
아프리카 유산 연구연합회장
클라크 John Henrik Clarke

1973년판 머리말

이 책에서 제공하는 것은 '연구되기를 기다리는 방대한 분야에 대한 예비조사'를 실시한 결과물이다. 내가 알고 있는 한 아프리카 문화를 수학적 관점에서 분석한 어떤 연구물도 출판된 적이 없다. 하지만 수많은 명수체계에 대한 연구가 있고 수학적 내용을 담고 있는 게임과 같은 특별한 주제도 있다. 이 모든 것들은 소중하다.

나는 이 책의 집필에 필요한 자료들을 수집하는 데 도움을 준 아프리카 출신의 학자들에게 진심으로 감사한다. 백인 미국인인 내가 '자신들의 문화'에 관해서 저술하는 것에 대해서 주제 넘는다고 생각하지나 않았을까? 나는 조심스럽게 미국 청중들에게 직소直訴할 것이라는 점을 강조하였다. 나의 요청에 대한 반응은 대부분 한결같이 열광적이었다. 아프리카 학자들은 자신들의 문화를 재구성해야 하고, 자신들의 전통을 기록해야 하고, 그리고 그 기록을 바로잡는 엄청난 과제로 인해 생기는 과도한 부담으로 인해서 어떤 학문 분야에 종사하는 연구자가 되었건 간에 아프리카에 대하여 호의적인 연구자들의 원조를 환영한다. 연구자들이 아프리카의 과거에 대한 깊은 지식을 성취하면서, 아프리카가 수학에 기여한 공헌이 세상의 주목을 끌게 될 것을 바란다.

초기에 접근 가능했던 자료들이 부적절하여 이 책과 같은 책을 쓰는데 굉장한 난관에 부딪혔다. 연구자들은 역사, 경제, 민속학, 인류학, 고고학, 예술, 그리고 구전과 같은 많은 학문의 문헌을 조사하지만 여전히 만족하지 못한다. 학술지에 있는 논문들을 통해서 아프리카의 수학에 대해서 알 수 있기는 하지만, 아프리카인들의 삶의 맥락에서 소설, 시, 수필과 같은 아프리카 문헌들을 통해서 더 많은 수학에 관한 지식을 얻을 수 있다. 이상적으로 이런 결함을 교정하기 위해서 각 민속 집단의 대표자들이 자신들의 선조들이 한 수학적 방법을 후대를 위해서 집필해야만 한다. 또는 연구자가 각 집단으로 들어가 같이 생활해야 하고, 언어를 배우고 관습에 적응하면서 그 집단 공동체의 구성원이 되어야 한다. 그리고 바라건대 수학이 이 사람들의 삶에 어떻게 영향을 미쳤는지를 이해하려는 노력을 기울여야 한다. 두 방법 모두를 활용해서 이 책을 집필했다. 우리는 옛 문화들이 현대 문명에 길을 내주기 전에 방대한 기록으로 남기를 희망한다. 그리고 지역 언어들이 (가능하다면 영어 또는 프랑스어와 같은) 국제언어로 퍼져야 한다.

이 연구에서 내가 사용한 방법은 이용 가능한 문헌(대부분은 유럽인의 시각으로 집필된 문헌)들을 개괄하고, 연구중인 민속적 배경을 지닌 사람들(일반적으로 대학의 젊은 교수와 각급학교의 교사와 학생들)과 함께 자료들을 점검해 가는 것이었다. 나는 내 공책에서 "아프리카인들은 숫자 3, 5, 7은 불행이라고 여긴다." 하고 적어 놓았다. 하지만 내 연구 협력자들은 "그런 소리를 들어본 적이 없다."고 반응하였다. 그런 경우에, 나는 유럽 출신의 연구자들이 정확한 정보를 갖지 못한 것인지 또는 그런 믿음들이 초기 기록 이후에 변한 것인지 또는 어쩌면 두 경우가 모두 사실인지에 대한 만족할 만한 결론에 도달할 수 없었다. 정보 제공자들 중의 한 중년의 신사는 고향에 방문할 때 마술에 정통한 자신의 아버지에게 물어보아 주겠노라고 약속했다. 그런데 이 젊은이가 외교관으로 호출되어 자신의 나라로 돌아가버려서 정보를 받지 못했다. 많은 젊은 아프리카 정보원들은 "부모들에게 정오正誤 여부를 확인해 주겠다."거나 "몇몇 노인들은 아직 그런 관습을 갖고 있지만, 대부분의 사람들은 신경쓰지 않는다."고 말했다. 그럼에도 불구하고, 이 책에 적힌 많은 관습들이 구전되고 있으며 널리 퍼져 있다. 과거시제가 정확하다고 확신할 때를 제외하고는 현재시제에 맞추어 집필 작업을 진행했다.

너무 많은 서로 다른 아프리카 언어가 있다는 것이 이 연구의 진행을 어렵게 했다. 미국인이며 언어학자인 그린버그J. H. Greenberg는 아프리카 언어 중의 730개의 이름을 목록화했지만 잘하면 1,000개가 넘는다고 했다. 그는 이들 언어들을 몇 개의 어족語族으로 구분하였는데 이 중 가장 큰 어족은 반투Bantu어이다. 반투어는 아프리카의 절반인 서부지역에 거주하는 대부분의 거주민들이 사용하는 언어이다.

이와 관련된 문제가 하나 더 있는데 각 민족별 민족명인데, 너무나 다양한 민족명이 있고 민족마다 사용하는 철자가 다르다는 점이다. 한 민족은 자신들을 한 이름으로 부르지만, 이웃 민족, 아랍인, 또는 유럽국가들의 언어에서는 다른 호칭으로 불릴 수도 있다. 다음의 예를 보자. 존스톤(H. A. Johnston, *The The Fulani Empire of Soloto*, Oxford, 1967)에 다르면, 풀라니Fulani는 영국 사람들이 수단 지역에 거주하는 사람들에게 붙인 이름이다. 하지만 이 사람들은 그들 자신을 플브Fulbe라고 부르고, 프랑스 사람들은 이 폴Peul, 밤바라 사람들은 이들을 풀라Fula, 카누리 사람들은 펠라타Felaata, 북나이지리아에 있는 이들의 이웃인 하우사 사람들은 필라니Fillani라고 부른다. 말리족Mali은 만딩고Mandingo, 만딘케Mandinke, 말린케Malinke, 만데Mande라는 다양한 부족명으로 알려져 있다.

내가 나이로비 대학의 킵코리Kipkorir 박사를 면담했을 때, 킵코리 박사는 나에게 '칼렌진Kalenjin 언어를 구사하는 민족들' 이란 제목이 붙은 도표를 하나 보여줬다. 이 도표는 케냐 술어학 역사 연합 위원회가 출판한 것이다. 주제어들은 다음과 같다.

A. 출판된 저서에 공통으로 있는 참고문헌
B. 각 민족이 각 민족어에 붙인 이름
C. 각 민족어에 붙일 수 있는 대체 이름
D. 지역 발음과 일치하는 철자법

어느 곳에서나 학명을 수정하고 표준화하려는 연구들이 진행되어 오고 있었다.

내가 케냐의 타이타힐스에 살고 있는 다비다Dabida 민족의 명수법에 관한 논문을 읽었지만, 어떤 민족에 관한 참고서적도 자신들의 언어경을 목록으로 작성해 놓지는 않았다. 나는 타이타힐스의 토착민인 한 젊은 대학교수를 소개받았다. 나는 "다비다 민족에 대해 들어본 적이 있습니까?" 하고 이리나Irina 교수에게 물어 보았다. 이리나는 미소를 지으면서 "우리 민족은 자신들을 '다비다' 라고 부릅니다. 일반적으로 '다비다' 는 문헌 속의 '타이타Taita' 와 동일한 민족입니다."라고 대답했다.

수사 그 자체에 관한 한, 정보의 출처가 종종 수의 이름, 심지어 철자와 일치하지 않는다. 보통 수사는 세월이 지남에 따라 변해왔다. (흔히 'Ibo'라고 쓰는) 이그보족Igbo의 명수법을 조사하면서, 나는 과거 60년 동안 출판된 저서들을 활용하였다. 나는 철자에서 많은 차이가 있다는 사실, 또한 특정한 지방의 방언으로 사용된다는 사실을 발견하였다. 사회학자인 디크A. A. Dike 박사로부터 '표준' 이그보족 명수법에 가장 근접한 것을 찾아내는데 가장 큰 도움을 받았다.

나는 대다수의 아프리카 사람들이 인정할 만한 명칭과 철자를 사용하려고 노력하였다. 예를 들어, 이보Ibo, 마사이Masai, 아샨티Ashanti보다는 이그보Igbo, 마사이Maasai, 아산티Asante를 사용했고, 빅토리아 호수Lake Victoria보다는 니안자 호수Lake Nyanza를, 남서아프리카보다는 나미비아Namiba를, 로디지아Rhodesia보다는 짐바브웨Zimbabwe를 사용했다. 집단별로 이들 민족들을 동일시하는 한편으로, 나는 '부시먼Bushmen'과 '피그미Pygmies'란 익숙한 어휘들을 사용했다. 이렇게 한 이유는 비아프리카계 독자들을 위해서였다. 반투어로 말하는 민족들의 이름은 접두사 없이 제시하였다. 예를 들어, 복수 형태인 반투어들Batutsi(스와힐리Swahili 지역에서는 와투스Watutsi)이라고 적기보다는 투스Tutsi와 캄바Kamba로 표기하였다. 정확하게 말해서, 사람들은 바간다Baganda(단수, Muganda)라고 알려진 민족은 부간다Buganda에 살고 있으며, 루간다어Luganda로 이야기한다고 말한다. 아프리카 언어로 단어들을 적을 때 모든 구별할 수 있는 표기법은 생략하였다.

전문용어, 철자법, 또는 언어용법을 다루는 것뿐만 아니라 개념을 다룰 때 내가 저지른 실수들에 대해서 사과한다.

차례

제 1 부

배경

아프리카에도 수학이 있나? 수학사와 수사數史에 관한 책들 중에서 아프리카에 대한 참고문헌들을 토대로 사람들은 아프리카 사람들은 세는 방법에 대해서 거의 알고 있지 못하다고 결론 내릴 것이다. 이 책의 '첫째 이야기'를 풀어가면서, 우리는 미국인 그리고 유럽인 저자들이 아프리카 명수법을 취급한 것과 대조하면서 이 책의 내용을 개괄할 것이다. 인간의 가장 먼 조상들의 고향인 아프리카에 대한 약사略史는 수세기 전의 사회공동체뿐만 아니라 고대 이집트인의 수학에 대한 설명을 포함하고 있다.

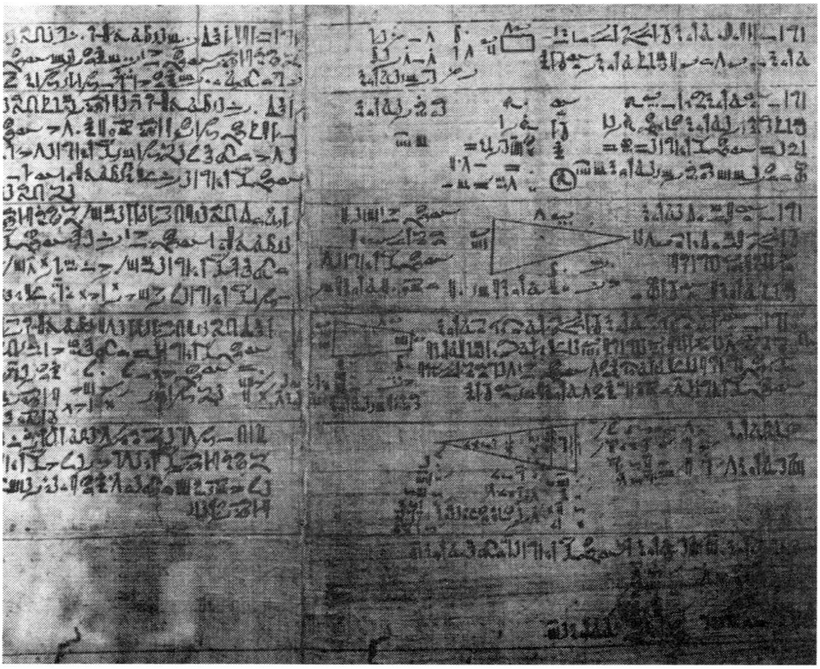

그림 1-1 기원전 1650년경에 고대 이집트의 필사가인 아메스가 필사한 린드 파피루스 탁본. 린드 파피루스와 모스크바 파피루스는 고대 이집트 수학에 대한 지식을 얻을 수 있는 주요한 자료이다. 린드 파피루스에는 85개의 실생활 관련 문제가 수록되어 있다. 대영박물관.

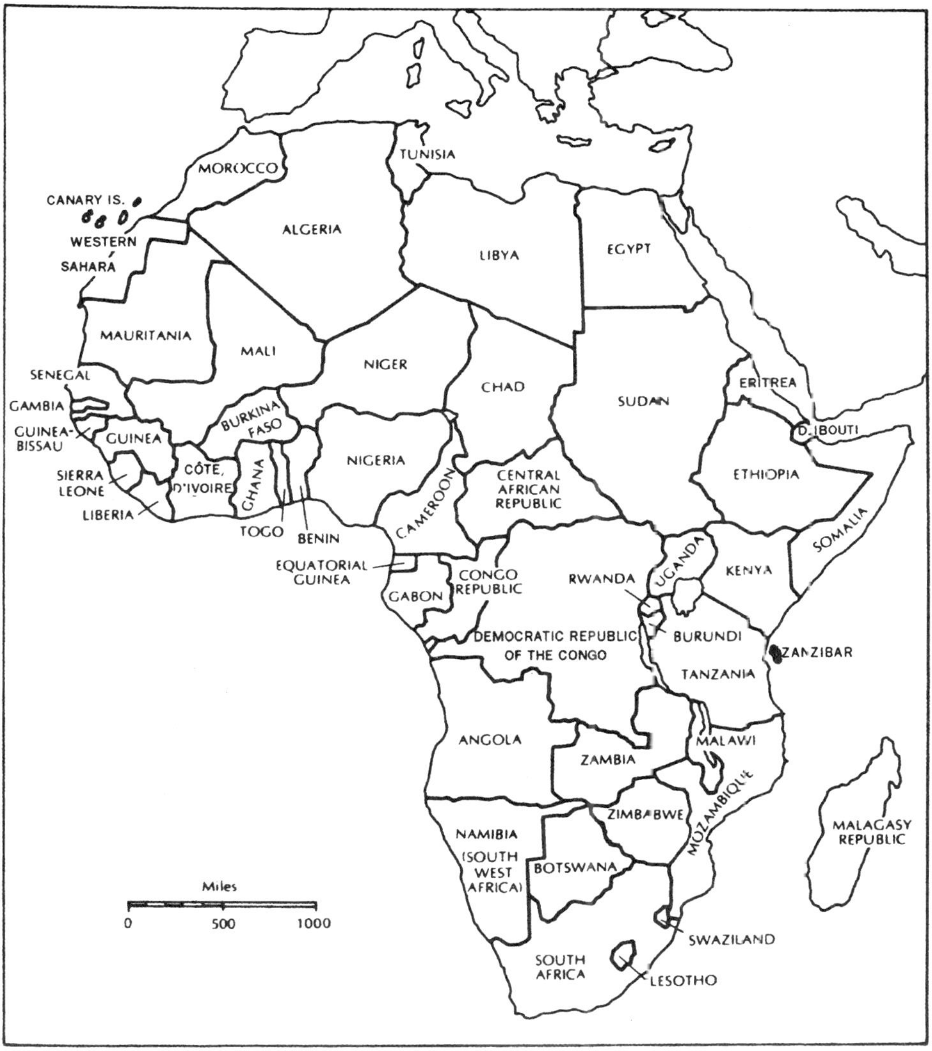

그림 1-2 오늘날의 아프리카

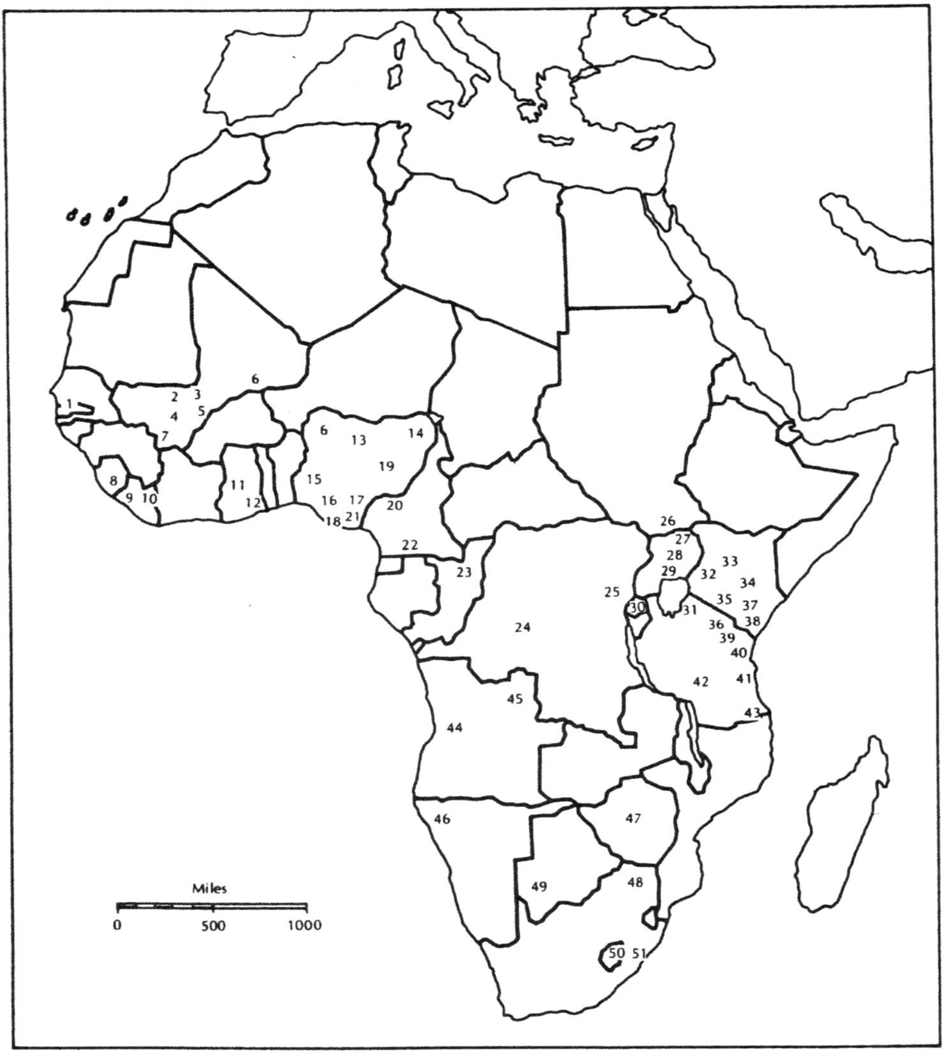

그림 1-3 이 책에서 논의하고 있는 민족

이 책에서 언급하는 민족

간다족Ganda 28
난디족Nandi (칼렌진족 참고) 33
도곤족Dogon 5
루오족Luo 32
르완다족Rwandese (투치족, 후투족, 트와족 포함) 30
마사이족Maasai 35
마콘데족Makonde 43
말린케족Malinke (만딩고족) 7
멘데족Mende 8
발란테족Balante 1
밤바라족Bambara 4
베이족Vai 9
벤다족Venda 48
부시먼족Bushmen (산족) 49
부송고족Bushongo (송고족, 쿠바족) 24
비니족Bini (에도족) 16
산족San (부시먼) 49
삼바족Shambaa 40
소닌케족Soninke 2
소토족Sotho 50
송고족Shongo (부송고족, 쿠바족 참고) 24
송하이족Songhai 3
쇼나족Shona 47
스와힐리족Swahili 41
아루사 마사이족Arusha Maasai 36
아산티족Asante (아칸 참고) 11
아칸족Akan (아산티족 포함) 11
야운데족Yaounde (베티족Beti) 22
에도족Edo (비니족) 16
에웨족Ewe 12
에코이족Ekoi 20
에픽족Efik 21
요루바족Yoruba 15
은콜Nkole (히마족 참고) 29
음부티족Mbuti (피그미족) 25
음분두족Mbundu 44
이그보족Igbo 17
이조족Ijo 18
조크웨족Jokwe 45
줄루족Zulu 51
지바족Ziba 31
차가족Chagga 39
카누리족Kanuri 14
카리모종족Karimojong 27
칼렌진족Kalenjin (킵시기스족와 난디족 포함) 33
캄바족Kamba 37
쿠바족Kuba (송고족, 부송고족 참고) 24
크웨리족Kwele 23
크펠족Kpelle 10
키쿠유족Kikuyu 34
킵시기스족Kipsigis (칼렌진족 참고) 33
타이타족Taita 38
투치족Tutsi (르완다족 포함) 30
티브족Tiv 19
풀라니족Fulani 6
피그미족Pygmy (음부티족 참고) 25
하우사족Hausa 13
헤레로족Herero 46
헤헤족Hehe 42
후쿠족HuKu 26
히마족Hima (은콜) 29

제 1 장 아프리카 수학?

뉴턴 시대 이전에 수학과 과학은 대중의 일상사에 거의 영향을 끼치지 못했다. 그 이후로, 우리의 생활 양식을 급진적으로 변화시키는데 수학과 공학이 협력해서 영향을 미쳤다. 미국과 같은 '선진국'에서 연방 정부의 예산(예를 들어, 군용 무기, 우주여행을 위한 장비)을 편성하는 데 가장 많은 부분을 배정하는 것이 고등수학이다. 사람들은 끊임없이 정교하게 고안된 장비로 제작된 새 차, 새 전기 · 전자 기구, 새 재료들을 구입하도록 압박받고 있다. 컴퓨터가 사무실 근로자, 기술자, 공장 운영자, 교사들이 하던 많은 일들을 넘겨받고 있다. 수학이 있었기에 가능해진 공학이 새로운 신神이 되었고, 공학에 의해 산출된 결과물을 소유하는 것이 삶의 목적이 되었다. 하지만 현대 문명사회에서 충분한 지식이 없는 시민들에게 여전히 이 새로운 신을 활용하는 방법들은, 고대 조물주들이 사용한 방법이 고대인들에게 신비로운 것만큼 신비로운 상태로 남아 있다.

일반인들에게 수학은 셈을 하면서 수를 다루고 기초 연산을 하는 과목이다. 가끔 지도하는 학생들이 나에게 "저는 이 증명을 모두 올바르게 할 수 있지만, 수학에서 실수를 저질렀어요. 2 더하기 3을 6이라고 했어요!"라고 말했다. 그런데도 내가 사람들에게 "저는 지금 아프리카 수학을 연구 중입니다."라고 말할 때, 사람들은 종종 "아프리카 사람들이 우리처럼 '셀 수 있어요?'"라고 묻는다. 나는 두 명의 젊은 동료(한 명은 케냐 출신이고 다른 한 명은 탄자니아 출신이다.)에게 "당신들의 고유한 언어에 세는 방법이 있습니까?"라고 물었다. 이들은 놀라면서 나를 쳐다보았고, "미국에서 당신들이 하는 것과 같은 방법으로 여기서도 합니다!"라고 대답했다. 요즈음 세계 각지에 있는 대부분의 학교 어린이들은 힌두-아라비아 숫자(보통 '아라비아 숫자' 라고 부르는)를 쓴다. 이는 매우 보편적인 기호이다.

아프리카의 사회수학

많은 수학자들에게 학문으로서의 수학은 정리, 공리, 그리고 형식적으로 증명된 정리들을 토대로 논리체계를 형성하는 것으로 고대 그리스에서 발원한 학문이다. 영국 과학자인 호그벤Lancelot Hogben은 《만들어가는 수학Mathematics in the Making》(p. 9)에서 수학을 "임시적 정칙(臨時的 定則 ; provisional formula)"이라고 부르면서 수학에 대한 좀더 유연한 정의를 진술하고 있다.

> 수학은 가장 '경제적이며' 가능한 방법으로 '계산, 측정, 모양' 에 관한 신뢰할 만한 추론의 '유용한' 결과들을 '발견하고 전달' 하는 기법이다.

호그벤은 임시적 정칙에 대해 설명하는 중에 '계산, 측정, 모양' 이 자신이 집필한 책의 주제라고 기술하고 있다. 기록이 거의 존재하지 않기 때문에 '발견' 을 논의하는 것은 어렵다. '전달' 은 한 세대에서 다음 세대로 주로 구어口語로 그리고 예로 이루어졌다. '유용한' 이 중요한 단어이다. 나는 수학의 응용이란 관점에서 전적으로 수학을 취급할 것이지 사고의 추상체로서 취급하지 않을 것이다.

우리가 현재 알고 있는 바에 따르면 아프리카 사람들이 순수 수학의 성장에 참여하기 시작한 것은 매우 최근의 일이다. 25장에서 몇 가지 가능한 이유들이 제시될 것이다. 그러나 수학이 아프리카 사람들의 삶의 다양한 측면에 존재했음은 명백하다. 이 책은 아프리카의 사회수학Socio-mathematics에 관한 책이다. 아프리카의 사회수학이란 수학이 아프리카 사람들의 삶에 미친 영향 그리고 반대로 아프리카의 연구기관들이 자신들의 수학에 미친 영향을 다룬다는 의미이다.

지리적으로 이 연구는 사하라의 남쪽을 차지하고 있는 아프리카의 일부분으로 한정된다. 즉 지중해, 유럽, 아시아와 비교적 분리되어 있는 지역이다. 우리는 북쪽에서 남쪽으로 거의 640킬로미터에 걸치고 동쪽에서 서쪽으로 6400킬로미터가 넘는 방대한 지역에 관심을 가졌다. 다양한 문화와 그 문화로부터 성장한 다양한 수학이 이들 지역에 존재한다.

수 체계는 필요에 의해 발달하게 된다. 모든 사람들 또는 대부분의 사람들이 필요로 하는 물건을 공동체 내에서 생산하는 소규모의 자급자족 경제에서(아프리카의 대부분에서 전형적인 경제 형태) 대규모의 회계체계는 필요하지 않는다. 우리가 목축 또는 농경 사회로부터 유래를 알 수 있는 무리, 떼, 한 쌍 등과 같은 특수한 이름과 마찬가지로, 수의 이름들은 종종 세어야 할 대상물과 관련되어 있다. 몸짓 수세기는 다양한 종류의 언어로 말하는 사람들이 상품을 물물교환하기 위해서 모여드는 장터에서 특히 필요하다. 물물교환의 매개물 그리고 물건을 세기 위한 수단으로써 구슬, 조개껍데기, 나무 열매, 또는 조약돌을 사용하고 이것들을 한 벌로 정렬하고 난 후 특별한 단어를 발생시키는 것이 관습적일 수 있다. (Calculate란 단어는 조약돌에 대한 라틴어인 Calculus에서 유래하였다.)

명수법 체계는 문화 · 학문적으로 앞선 흑인과 백인에 의해 아프리카 대륙에서 삶의 환경이 열악한 지역으로 내몰린 산족San이 사용하고 있는 한두 단어로 된 체계로부터 수세기 동안 무역 시대의 역사를 가지고 있는 나라들에서 볼 수 있는 엄청난 양의 수 관련 어휘로 이루어진 체계에 이르기까지 다양하다. 아프리카 사람들의 수세기의 특징은 표준화된 몸짓 체계이다. 이 체계는 수 단어들을 동반하거나 심지어 수 단어로 대체될 수 있다. 몸짓 언어는 구어만큼 다양한 언어가 있다.

수에 대한 신비로운 믿음은 많고 다양하다. 어떤 수들은 특별히 중요하거나, 운이 따른다고 또는 운이 따르지 않는다고 생각된다. 아체베Chinua Achebe의 소설 《신의 화살Arrow of God》에서, "주술사가 시장에서 6명의 노예를 한 집단으로 해서 사거나 팔기 전에, 주술사는 땅 위에서 한 명의 여자 노예에 대한 값으로 몇 개의 별보배조개들이 적당한지를 조심스럽게 세었다. 4집단이 있었고, 그는 고개를 끄덕였다(p. 147)." 이 이그보족 사람들은 6을 단위로 해서 별보배조개 세기를 놀랍게 잘했고, 숫자 4는 이그보족에게 특별한 의미가 있다.

많은 사회에서 별보배조개를 화폐로 사용함으로써 더 큰 단위명칭을 갖는 수 이름에 대한 필요와 수에 대한 특별한 범주를 만들게 되었다. 상거래의 필요가 무게의 단위와 측정의 단위를 표준화하는데 영향을 끼쳤다. 때로 가장 긴 팔을 가진 마을 주민이 옷감을 측정하기 위한 표준으로 정해졌다! 기록 보존은 매듭 지은 실의 사용, 막대에 새긴 눈금으로부터 1년 단위의 인구조사 행사에 이르기까지 다양했다. 인구조사 행사를 할 때는 생명체를 세는 것을 금기시했기 때문에, 이를 피하기 위해서 간접적인 방법을 사용했다.

대부분의 사회공동체가 최근에 이르러서도 문자가 없는 아프리카에서 수 패턴과 기하 패턴을 관찰하고 재생산하는 능력은 매우 중요하다. 칼라하리 사막에 사는 부시먼은 이미 몇 달 전에 표시해 두었던 장소에 있는 젖은 뿌리를 캐기 위해 길잡이가 되어줄 어떤 인공적인 표시물도 없이 수 킬로미터를 걸어간다. 소떼를 몰고 가는 사람들은 가축표시*를 토대로 가축을 묘사하는데 사용할 수 있는 수십 개의 어휘를 가지고 있고, 뿔의 모양에 따라 소를 구분하는데 수십 개가 넘는 단어들을 사용한다. 직조물, 나무 조각, 천 염색에서 나타나는 각각의 패턴은 특별한 의미를 갖고 있다. 수 패턴은 다양한 유형의 틱택토로부터 씨앗과 공깃돌을 옮기고 잡아먹는 아프리카에 보편적으로 알려진 보드 게임(예를 들어, 만카라Mankara)에 이르기까지 여러 가지 게임에서 볼 수 있다. 서아프리카 지역의 이슬람교도 학자들은 점성술과 수비학을 마방진이라고 불리는 수들의 배열과 결합을 시켰다.

아프리카인들의 예술은 다양하고 복잡하다. 여러 유형의 기하 패턴과 다양한 대칭들이 종교의식에 사용되는 아름답게 조각되고 채색된 가면들에서 그리고 호리병과 바구니와 같은 가재도구들의 장식에서 나타난다.

일부 문화권에서는 패턴이 있는 방석과 조각된 나무 문으로 집을 꾸민다. 다른 문화권에서는 둥근 지붕을 한 오두막을 잎이 무성한 목초지로 소떼를 이동시킬 때까지 임시거처로 사용한다. 응구기James Ngugi의 《사이

---

* 가축을 구분하기 위해서 불로 지져서 낙인과 같은 특정한 표시를 해두는 것을 말한다. 문자를 가진 나라에서는 대부분 가축의 귀에 일렬번호가 적힌 귀걸이를 한다.

의 강The River Between》에 나오는 키쿠유족Kikuyu이 사는 마을에서는 도형geometry이 사회적 특성을 나타낸다. 이 마을에서 개종한 기독교도의 직사각형 집은 이웃하는 둥근 집들 사이에서 이색적으로 눈에 띈다.

이 책에서 아프리카 수와 기하 개념에 대한 일반적인 논의는 서남나이지리아와 동아프리카 곳곳에서 연구된 연구물을 근거로 할 것이다. 이런 연구물들은 독자들에게 아주 다른 역사와 문화적 배경을 갖고 있는 두 지역에서 수학적 개념의 발달을 자세하게 관찰할 수 있도록 해준다. 요루바족과 동족인 나이지리아의 베닌족은 수세기 동안 생활하면서 도시형 농부와 상인이 되었으며, 이들은 많은 연구자들이 주목하는 복잡한 명수체계를 갖고 있다. 목가적, 농업적, 국가간 경계가 뚜렷하지 않고, 고도로 부족단위로 생활하는 동아프리카 사회에서 경제의 중추는 소牛 중심으로 변했다.

이 책에서는 과거 5세기 동안 노예무역과 식민정책으로 야기된 분열에 대한 논의와 이런 것들로 인해서 과학과 공학의 잠재적 발달에 끼친 참담한 결과로 결론을 내린다.

수학사 관련 문헌에서의 아프리카 위상

아프리카 사람들이 수세기와 수의 발달에 중대한 기여를 한 것과 이런 주제의 연구에서 높은 위상을 갖는 것이 사실이다. 그러나 우리는 이에 대해 얼마나 알고 있는가? 심지어 최근에 발행된 서적들조차 자료의 부적절함으로 인한 어려움을 겪고 있으며, 진부한 시각으로 표현되어 있고 부정확한 정보를 반복하고 있다.

19세기까지 유럽인들은 상거래와 노예 무역을 제외하고는 아프리카와 거의 접촉이 없었다. 19세기 말, 선교사와 상업적 모험가들이 부분적으로 유럽 국가들을 자극해서 아프리카의 영토에 욕심을 갖게 하였다. 열강들이 아프리카 대륙을 점령하였고, 열강들은 식민정부를 수립하기 위해 행정관을 보냈다. 인류학자들이 곧 이들 무리에 합류하였고 짧은 시간에 많은 소수 민족들에 대한 수많은 연구물이 이용 가능해졌다. 이 연구물로 인해서 소수민족들의 삶의 모든 측면, 즉 관습, 종교, 의상, 언어, 예술을 이해하게 되었다. 식민행정관들은 아프리카 사람들에게 자신들의 수체계를 설명할 필요가 생겼다. 그렇게 하지 않고서는 식민행정관들이 임금을 주고 아프리카 사람들을 고용하고 세금을 부과할 수 있는 방법이 있었겠는가? 이로써 유럽과 미국의 독자들이 가치 있는 많은 자료들을 이용할 수 있게 되었다.

대영제국에서 테일러E. B. Tylor를 중심으로 한 고고학파가 결성되었다. 이 학파에 속한 학자들은 진화의 새 주장에 대한 자신들의 해석을 토대로 한 관점을 갖고 있었다. 이들의 논제는 "인간은 수천 년 동안 원시 상태에서 진보된 상태로 진화하였다."는 것이었다. 이들에 따르면, 백인은 가장 높은 수준의 진화를 이룬 반면에, 아프리카 사람들은 진화의 가장 초기 단계에 머물러 있는 '몽매한 아프리카'의 '미개한 야만인'이다. 테일러의 《원시 문화Primitive Culture》는 고고학자들과 민속학자들뿐만 아니라 심지어 수학사를 집필하려는 작가들에게도 최고의 참고서적이 되었다. 수학사가인 카조리Florian Cajori는 자신의 참고문헌의 출처가 테일러임을 밝히면서, 1896년에 다음과 같이 진술하고 있다.

> 인간의 뼈에 새겨진 표시물들 중에서 오진법과 이십진법은 저능한 인종 사이에서 흔히 나타난다. 반면에 지능이 발달한 국가에서는 오진법은 너무 기본수가 적어서 피하려고 했으며, 이십진법은 기본수가 너무 많아서 피하는 대신에, 기본수가 중간 정도인 십진체계를 선호한다(p. 3).
>
> 오진법과 이십진법은 아프리카에서 흔하다!

1896년에 발행된 코넌트L. L. Conant의 《수 개념The Number Concept》은 많은 아프리카 민족들의 명수체계를 논의한 영어로 된 몇 안 되는 책 중의 하나이다. 그러나 코넌트의 관점은 아프리카 사람들을 향해 '미개한 야만인'과 같은 만연된 태도로 완전히 도배되어 있었다. 아프리카 사람들은 거의 인간 취급을 하지 않았다. 코넌트는 아래와 같은 논쟁으로 서남나이지리아에 살고 있는 요루바족의 놀랍도록 복잡한 명수체계를 무시해버렸다(p. 32).

한편, (아프리카에서의) 수 체계의 발달은 지능 또는 문명을 발달시키려는 실제적 접근의 정확한 지표가 아니다. 무역을 하고 상거래를 하면서 계속적으로 사용한 지력으로 인해서 미개인들이 수에 친숙해지는 결과를 가져왔고, 결과적으로 충분히 계산을 할 수 있는 예기치 못한 묘기를 부리게 되었다. 서아프리카 종족들 중 일부 종족에서 실제 사례를 볼 수 있다. 나이지리아의 아베오쿠타Abeokuta 지역에 사는 요루바족 사이에서 "넌, 매우 현명해 보이기는 한데, 9 곱하기 9를 할 수 없을 걸."이라고 말하는 비범한 사람이 있었는데 이는 이 능력이 얼마나 놀랍게 발달한 능력인지를 보여준다. 이런 발달은 이 종족이 살고 있는 미개함의 일반적 수준을 보여주는 것이다.

코넌트는 남아프리카 종족들 중에서 백만까지 수의 출현을 "수 감각의 성장은 다른 측면에서 지성의 성장과 같은 속도를 유지한다."라는 '법칙'의 '주목할 만한 예외'로 보았다(p. 33). 코넌트가 모든 논리의 원리들을 과학적인 방법과는 상충시키면서 혼란스러워한 것은 검은 피부를 가진 종족들을 거부하는 편견의 정도를 드러낸 것이다. 코넌트가 자신의 '법칙'을 반박할 수 있는 증거에 직면하게 될 때, 그는 자신의 법칙의 타당성을 의심하기 시작하거나, 자신의 법칙을 적용해서 아프리카 사람들이 높은 지성의 수준에 있다는 논리적 결론을 이끌어 내야 한다고 사람들은 기대할 것이다.

레비브륄Levy-Bruhl이 1910년 프랑스어로 초판을 발행한 《미개인의 사고How Natives Think》는 테일러 중심의 고고학파와 이 학파가 자료를 수집하는 기법에 대해 훌륭한 비평을 담고 있다(p. 20).

이 학파에 속한 사람들은 자신들에게 가장 가치 있고 기이한 것, 즉 자신들의 호기심을 자극하는 것만 관찰했다. 이들은 이런 것들을 다소 즐기면서 묘사하였다. … 더욱이 이들은 자신들이 이런 것들을 묘사했던 그 시점에 현상들을 해석하기를 망설이지 않았다. 즉, 망설임이란 인식은 몹시 불필요한 듯싶었을 것이다. 자신들이 한 대부분의 해석들이 오해였다는 사실, 그리고 '야만인들'과 '미개인'이 거의 항상 자신들의 관례와 신념에서 가장 중요하고 가장 신성한 모든 것을 지켜내려는 근심으로 거의 항상 숨겼다는 사실을 이들이 의심이나 할 수 있었을까?

이런 잘못된 해석들은 이 책에서 저 책으로 인용되었고, 한 유럽 언어에서 다른 언어로 번역되었다. 레비브륄의 저서는 테일러가 한 하층 사회의 '전논리적' 또는 '초자연적' 지성과 문명화된 종족들의 논리적 지성 활동 사이의 구분에 의해서 훼손당했다.

총명한 젊은 흑인이지만 지금은 종신형을 살고 있는 챔프먼Frank E. Chapman이 저술한 미간행 원고 《과학과 아프리카Science and Africa》에 이런 '과학적' 태도가 분석되어 있다.

'미개인의 정신 유형'과 '문명의 혜택을 입은 사람의 정신 유형'에 대한 꽤 많은 이야기가 있다. 이런 개념을 형성하고 있는 사람들은 자신들이 이야기하고 있는 것이 사실인지에 대해 생각해봐야 하는데 그렇게 하지 않는다. 이들은 '정신 유형'의 전반적인 과정이 단지 언어와 대응이 되도록 고려하는 것을 멈추지 않는다. 실제로 이 과학자의 행동은 자신이 '정신 유형'에 대해 언어화하면서 이야기하고 있는 '원시인의 정신 유형'과 매우 유사하다. 이런 답답한 '정신'이란 개념은 과학적 분석을 무기력하게 했고, (주어진 사회 맥락에서) 매우 큰 강조가 심리행동 패턴에 두었을 때만 단호히 심리 형성의 차이는 다소간 사회적 환경의 차이로부터 기인하는 것이라고 이해될 수 있다. 이 사회적 환경이란 것은 '정신 유형'과는 어떤 관련도 없다.

1958년 독일어 개정판을 1969년 영어판으로 번역한 메닝거Karl Menninger의 《수사와 수 기호Number Words and Number Symbols》*란 책은 세계 곳곳에서 발달한 명수체계를 광범위하게 다루고 있다. 그러나 아프리카의 체계

* 《수의 문화사》(김량국 역, 열린책들, 2005)로 번역되어 있음.

그림 1-4 코일목걸이를 하고 있는 결혼한 마사이족 여성들. 메사추세츠 케임브리지 피바디 박물관.

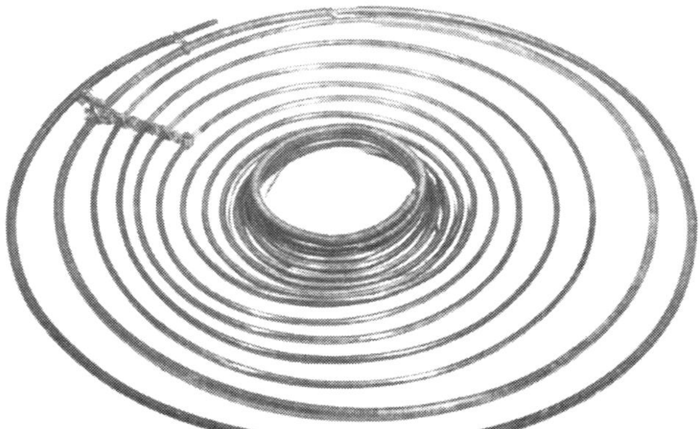

그림 1-5 코일철사목걸이 : 목부터 같은 방향으로 어깨까지 퍼져나가는 코일 형태인 하나의 긴 금속 철사로 구성된 장신구. 안쪽 2개와 바깥쪽 2개의 원은 얇은 철사로 둘러져 있고, 바깥쪽 6개의 원은 가죽끈으로 함께 묶여 있다. 탄자니아 국립박물관.

에 대한 것은 거의 없다. 이 책에서 다루고 있는 것을 살펴보면, 두 가지 불특정 언어의 몇몇 수사와 갈톤Francis Galton이 원시 다마라족에게서 양을 구입하면서 어려웠던 이야기, 부시먼의 반복적인 수세기, '나이 목걸이'를 하고 있는 마사이족 소녀(이 목걸이는 이 소녀가 23세라는 것을 보여주고 있다.) 등이 있다(p. 33). 사진 속 젊은 여성은 나선형의 금속 칼라(옷의 목둘레에 장식 · 방한 · 방진防塵 등의 목적으로 다는 것)를 두르고 있다. 이 사진에는 다음과 같은 설명이 붙여 있다. "킬리만자로 산기슭에서 목축을 하며 살고 있는 호전적인 부족인 마사이족의 소녀들은 1년에 하나씩 목 주변에 무거운 놋쇠 링(목걸이)을 추가한다. 그래서 이들의 정확한 나이는 이 특별한 목걸이의 고리 수로 알 수 있다." 홀리스Hollis가 1905년에 출판한 《마사이족The Masai》이라는 책에서 단 세 개의 코일로 된 목걸이를 하고 있는 기혼 여성의 사진과 동일한 사진을 갖고 있다. 그는 이교도 소녀가 하는 장신구와 결혼한 여성이 하는 장신구의 양식을 명확히 구분했다. 그러나 나는 나이로비 대학의 '마사이족' 강좌의 강사인 칸타이에게서 코일로 된 목걸이는 남편의 사랑의 증표로서 결혼한 여성들만이 한다고 들었다. 나는 또한 미국 의과대학에서 현재 공부하고 있는 젊은 마사이족인 모이요이의 설명에 메닝거의 해석을 기술하였다. 그는 다음과 같이 적었다.

> 마사이족 소녀들의 목걸이에 있는 고리 수는 그녀의 나이에 맞게 갖는 것이 아니다. 내 생각에 그런 말은 철사목걸이를 만드는 기계에 대한 이해가 부족해서 나타난 반응인 듯싶다. 이 그림에 있는 설명은 목걸이를 걸고 있는 각 소녀마다 목걸이를 매년 하나씩 만들어줄 필요성을 분명히 지적하고 있다. 이것은 나이와 관계가 없다.

메닝거의 책을 읽으면서 사람들은 아프리카의 명수체계에 대해서 어떤 인상을 갖겠는가? 종족의 이름을 언급하면서 메닝거가 확인한 유일한 수세기 체계는 부시먼족의 것이다. 부시먼족은 아마도 가장 오랜 전통을 가진 종족일 것이다. "남아프리카의 부시먼족은 '1'에 대해서 a, '2'에 대해서 oa의 단 두 개의 수사만을 갖고 있다. 부시먼족은 '4'는 oa oa로 그리고 '5'는 oa oa a로 말한다. 이것은 '2'를 기초로 한 점층법이 아니라, 단순한 순서짓기이다(특히, 훨씬 더 초기 시대에서 말을 할 때 이것이 나타났다면)(p. 64)." 하지만 심지어 수세기의 이런 초보적인 유형과 관련해서 더 많은 것을 말할 수 있다. 빈 태생의 고고학자인 슈미들Maranne Schmidl은 2차 자료를 사용하였지만 이 2차 자료를 대단히 조심스럽게 판단하면서 몇 가지 다른 부시먼족의 언어에 대해 적고 있다. 한 언어에서, '일'과 '이'에 해당하는 낱말들이 있고, '많음'을 의미하는 셋째 낱말이 있다. 반면에, 다른 언어에서는 세 개의 수사가 있고 '많음'을 의미하는 넷째 낱말이 있다. 셋째 부시먼 언어에서 수사들은 수를 표현하기 위해 필요한 손가락, 손, 심지어 발가락의 수를 의미한다. 예를 들어, 15는 '손 2개와 발 1개'이다.

내가 이 책에 대한 자료를 얻기 위해 나이로비 대학의 교직원들을 면담할 때, 나는 "저는 미국인의 시각으로 미국인을 위한 아프리카 명수체계에 대해서 글을 쓰려고 계획중입니다. 미국인들에게 이용가능한 역사책들을 참고할 것입니다. 그리고 아프리카 사람들은 '1', '2', '많다'라고만 셀 수 있다면서요."라고 말하면서 나의 주제를 소개했다. 강사들 중의 한 사람이 즉시 전화를 집어 들었다. "미국 여성분이 저를 방문했는데, 이 분이 아프리카 사람들은 '1, 2, 많다'로 수세기를 한다고 하네요. 물론, **우리**는 호주 원주민들이 '1, 2, 많다'고 세는 것을 알고 있지요."

오늘날, 코넌트와 카조리가 '원시인'의 마음에 대해서 글을 쓰고 난 후 3세대도 안 지났지만, 아프리카 사람들은 정부 사업을 전산화하고 있으며, 수학전공자들이 대학에 자리를 잡고 있다. 인류학자들과 그 밖의 다른 전공자들은 그 이후로도 오랫동안 자신들의 태도를 바꾸어 왔다. 수학사가數學史家들이 이들을 따라잡을 때이다.

슈미들의 공헌

스미스David Eugene Smith는 책 《수학사History of Mathematics》에서 '아프리카의 명수체계에 관한 표준적 권위'에 대해 서술하면서 슈미들에 대해 설명하고 있다. 1915년 독일어로 출판된 슈미들의 저서《아프리카의 수Zahl und Zählen in Afrika》는 영어로 번역되지 않았다. 그럼에도 불구하고, 많은 영어권 작가들은 이 책에서 많은 내용을 인용했는데 출처조차 충분히 밝히지 않았다. 나는 슈미들 이후에 슈미들의 저서에 필적할 만한 서적을 발견하지 못했다. 자신의 260개의 참고문헌 모두가 인류학자, 행정가, 선교사와 같은 아프리카에 있는 유럽 연구자들의 작품이라는 것을 알고 있던 슈미들 박사는 겸고 구절로 글을 시작했다(p. 165).

> 원시인의 수세기와 수 개념의 발달에 관한 수많은 서적들이 이용 가능하지만, 전문적인 비교 연구는 부족하다. 본고는 어떤 저서에서도 다루지 않아 이용 가능하지 않은 아프리카의 한 지역의 상황을 조사하기 위한 시도이다.
>
> 나는 다음의 근거들을 위해 나 자신에게 부과한 과제에 맞는 완전히 만족할 만한 해결책을 찾지 못하였다. 무엇보다도 자료가 부족해서 우리가 오늘날 줄 수 있는 아프리카 수세기에 대한 밑그림은 불완전하다. 또한, 서로 다른 유형의 수 표현이 매우 빈번히 발생하고 그리고 문학 속에서 불완전하게 묘사되어 있다. 그러므로 이들 산발적인 기록들을 기초로 해서 다다른 결론은 옳지 않을 수도 있다. 새 연구는 자기 자신의 고향땅에 있는 원주민들을 직접 대상으로, 또는 적어도 원주민 지역에서 태어난 아프리카 사람들이 만날 수 있는 함부르크와 베를린에서 개최되는 언어학 세미나에 참석한 민족 사람들을 대상으로 수행되어야 한다.

슈미들은 앞의 작가들의 오류를 정정하려고 노력했다. 앞의 작가들은 전세계를 통해서 유사한 방전이 있다고 가정했고, 그러고 나서 서로 다른 지역으로부터 나온 범례들을 가지고 자신들의 이론을 증명하려고 시도했다. 슈미들은 발달은 독특한 것이고 각 민족 지역과 관련지어서 역사적 그리고 언어적 요소들이 조사되어야만 한다고 주장했다. 슈미들은 다음과 같은 결론을 내렸다(p. 196).

> 수세기와 관련한 본질적 원시성은 찾을 수 없다. 예를 들어, 부시먼족들 사이에서 3이나 4에 대한 표현이 '많다'를 의미하는 지역에서조차 모든 수세기가 거기서 끝난다고 하는 것은 맞는 말이 아니다. 부시먼족들은 1과 2에 해당하는 낱말의 도움을 받아 수세기를 계속하고, 이들이 더 큰 수를 사용할 수 없을 때 이들은 적절한 몸짓으로 '많다'라는 단어로 특별한 의미를 부여한다.
>
> 사람들은 '원시' 종족들이 높은 단위를 세는데 무능력하다는 설명을 받아들이는데 극히 주의해야 한다. (다른 곳에서와 마찬가지로 여기서 '원시인'은 곧이곧대로 받아들여서는 안 된다.) 수세기 낱말의 부재가 수 개념의 부재를 지적하는 것은 결코 아니다. 왜냐하면 수 개념과 자릿값에 대한 낱말들은 항상 일치하는 것은 아니기 때문이다. 사람들은 경제 수준, 즉 연산 기능에 대한 실제적 요구 등을 고려해야 한다.
>
> 나는 '원시인들은 악귀의 질투를 살 수 있다는 두려움 때문에 사람, 동물, 또는 귀중품을 세는 것을 싫어한다.'는 또 다른 현상을 언급해야만 한다.

슈미들의 이런 관점은 오스트리아의 나치 정복자들의 관점과 서로 공존할 수 없었다. 독일 점령 기간 동안 슈미들 박사는 히틀러의 유대인 학살 정책의 희생자로 살해되었다.

수학 발달의 차이

수세기의 진화에서 수는 처음부터 셀 대상과 관련된 것으로 생각됐고, 인간이 수를 추상적으로 생각한 것은(우리가 하고 있는 것과 마찬가지로) 훨씬 더 문명이 발달한 단계에서라는 것이 인류학자들 사이에서 일반적으로 합의된 내용이다.

수학교사로 근무하면서 내가 알게 된 것은 서구화된 사회에 있는 대부분의 사람들은 여전히 구체적 용어로 수를 생각한다는 점이다. 1887년 《고고학회지Royal Anthropological Society》에 투고한 보고서에서 만Adolphus Mann은 아프리카 사람들에 대해 거만한 태도를 보였는데, 만이 의도하였던 것보다 더 전방위적으로 응용되었다. 만은 다음과 같은 의견을 개진하면서 요루바족의 복잡한 수 체계를 기술하였다.

> 다른 물체들은 같은 수의 조개(당시에 사용 중인 화폐)의 수로만 세어졌다. 그 이유는 문자가 없고 학교가 없는 국가는 추상수에 대해서 아무것도 알지 못했기 때문이다(p. 61).

현대 사회에 살고 있는 많은 사람들이 추상수를 조작하는데 어려움을 겪고 있다고 나는 알고 있다. 몇 년 전에 나는 영민한 중학생이 대수를 공부하는 것을 도와주었다.(이 여학생은 현재 한 출판사의 책임자 위치에 있다.) 이 여학생에게 3과 25의 곱을 구하는 문제를 주었다. 여학생은 아래와 같이 적었다.

$$\begin{array}{r} 25 \\ \underline{\quad 3} \end{array}$$

초등학교에서 배운 대로 세로로 곱셈을 진행하였다. 나는 "비키, 쿼터*가 3개 있으면 얼마지?"라고 질문하면서 끼어들었다. 비키는 "75센트요."라고 망설이지 않으면서 놀라운 표정으로 대답했다. 고도의 수학적 문명사회에서조차 화폐를 언급하는 기법이 분수, 소수점, 퍼센트, 그리고 그 밖의 다른 계산들을 다루는데 있어서 발생하는 많은 어려움을 해결하는데 도움이 된다고 나는 알고 있다.

물론, 칼라하리 사막에 있는 사냥꾼과 채집인의 수학적 사고와 화폐로 큰 돈을 다루는데 익숙한 아프리카 또는 미국의 무역인의 수학적 사고 사이에는 다른 세계가 있다. 어떤 요소가 이 차이를 설명해줄 수 있을까? 와일더Raymond L. Wilder는 《수학적 개념의 진화Evolution of Mathematical Concepts》에서(p. 4) "수학은 인간 자신이 창조해 가는 것이고, 인간이 만들어낸 수학은 적응력 있는 기계 못지않게 훨씬 더 그 시대의 문화적 요구의 기능이다."라고 기술하고 있다. 오늘날, 수학은 가장 뛰어난 수학자조

* 25센트 동전을 의미한다.

차도 수학 분야의 모든 영역을 알 수 없을 정도로 발달해 왔다. 이런 고급 수준의 수학은 '서구 문명 정신의 우월성' 덕분으로 생각할 수는 없다. "수학적 행동 또는 어떤 다른 종류의 인간 행동에 관한 한 어떤 중차대한 선천적, 생리적, 또는 인종적 차이가 있음을 지적할 만한 해부학적 또는 심리학적 증거는 아무것도 없다."라고 인류학자 화이트Leslie A. White는 적고 있다(p. 2353). 그는 더 나아가 다음과 같이 말했다(p. 2358).

> 어떤 지역의 전체 주민은 문화의 유형에 의해 포용된다. 각 개인은 신념, 도구, 관습 그리고 관례들이 이미 상존하는 조직 속에서 태어난다. 이런 문화적 특징들이 각 개인의 삶을 구체화하고 인성을 형성시키고, 삶의 내용과 방향을 제시한다. 물론, 수학은 전체 문화 속에서 여러 가지 흐름 중의 하나이다.

역사적으로 모든 시기에, 모든 지리적 장소에서, 사람들은 자신들의 삶의 방식을 자신들의 조상들로부터 계승받는다. 소재, 아이디어, 인간 관계의 형태로 그 사회에 이용 가능한 자원이 수학을 포함한 자신들의 관습에서 발생하고 있는 변화를 결정한다. 위인들이 수학의 발견에 공헌한 것은 사실이지만, 이들은 자신들이 존재하는 문화적 환경 내에서만 영향을 미칠 수 있다.

아프리카에서 역시 문화적 자원으로 계승받은 물리적 환경과 열강의 영향이 수학 발달의 본질과 범위를 결정한다.

제2장 역사적 배경

선사시대의 아프리카

인류는 아프리카 대륙에서 처음 출현하였다. 이것은 분명한 사실이다. 리키Mary Leakey, Louis Leakey 박사 내외가 1959년에 칼륨 · 아르곤 날짜 계산법을 사용해서 170만 년 전의 유인원인 호모 하빌리스Homo habilis* 화석의 발견을 발표했을 때 과학계는 놀랐다. 그 이후로 북탄자니아의 올두바이 협곡에서 인류 진화에 대한 많은 정보를 발견해냈다.

후에 인간 두개골 두 개와 돌 도구가 케냐의 루돌프 호수 동쪽에서 발굴되었다. 이 두 두개골의 나이는 260만 년인 것으로 추정된다. 1971년 2월 같은 지역에서 연대가 550만 년 전인 인간 턱뼈 5개가 발견되었다. 이곳 이외의 세계 어느 곳도 해골 유적과 돌 도구를 다량으로 발견할 만한 곳으로 알려진 것은 없다. 가장 인상 깊은 연대는 인간과 비슷한 창조물과 동물이 케냐의 포트 테난에서 발견된 화석으로 1400만 년인 것으로 추정된다.

1970년 초에 보고된 아프리카 남동쪽에 있는 스와질랜드의 철광석 산에 있는 고대 탄광에서의 발견은 아주 극적이었다. 그곳에서 석기 시대 탄광 도구들이 발견되었고, 낡은 화덕불에 남아 있던 목탄을 방사선 탄소 날짜 계산법을 통해 연대를 측정한 결과 4만 3000년 된 것으로 판명되었다! 고대인들은 경철석, 귀한 염료, 화장품 재료를 구하려고 한 듯싶다.

1만 년 전에 제작된 암석화는 사하라 사막이 녹지이고 무성할 때, 소와 말이 살고 인간들은 사냥하고 2륜 전차를 타고 춤을 추고 예배를 드리며

* 최초로 도구를 만든 직립 원인猿人으로 믿어지는 약 170만 년 전의 화석 인류.

사랑을 하던 시대가 있었음을 보여주고 있다. 3만 년 전에 그려진 다른 암석화는 남아프리카와 동아프리카에서 발견되었다. 이러한 그림들은 고대 시대에 살았던 사람들의 삶에 대한 실마리를 제공한다.

후기 석기 시대 동안에는 사냥과 수렵 사회가 서아프리카와 동아프리카의 나일 계곡에서 발달하였다. 수학적 관점에서 가장 흥미로운 발견은 자이르(공식 국가명은 콩고 공화국)의 에드워드 호수의 이샹고Ishango라는 낚시터에서 발견된 음각된 뼈이다. 이것은 뼈로 된 도구 손잡이에 일정한 패턴으로 배열된 눈금들과 이 뼈의 윗머리 부분의 좁은 홈 안에 있는 석영조각이다. 이 뼈의 연대는 기원전 2만 3000과 1만 8000년 사이로 거슬러 올라간다. 이 인공유물의 발견자인 하인젤린Jean de Heinzelin은 이 눈금들은 표시, 즉 기록을 위한 것이라고 말하였다.

그는 뼈 위에 새겨져 있는 표식에 특별한 관심을 가졌다. 서로 구분되는 세 개의 열이 있고, 하나의 기둥 안에 있는 새김 표식은 서로 다른 패턴으로 배열되어 있다. 예를 들어, 한 칸은 11, 13, 17, 19의 새김 표식으로 구성된 네 그룹으로 이루어진다. 다시 말해, 이 수들은 10과 20 사이의 소수들이다. 다른 기둥은 11, 21, 19, 9의 새김 표식 그룹이 존재한다. 여기서 이 패턴은 10+1, 20+1, 20−1, 10−1일 수 있다. 세 번째 기둥은 3, 6, 4, 8, 10, 5, 5, 7의 순서에 따라 8개의 그룹으로 배열되어 있다. 3과 6은 가깝게 붙어 있고, 빈 공간이 있은 후 4와 8이 붙어 있고, 그 다음 공간이 있은 후 10과 5가 2개 있다. 이러한 배열은 2배 하는 연산과 관련이 있어 보인다. 하인젤린은 이 뼈다귀는 십진법을 사용하고 소수와 2배 연산에 익숙한 사람들의 가공물이었을 것이라고 결론지었다.

뼈에 있는 표식에 대한 다른 의견이 있다. 현미경으로 이 가공물에 있는 표식을 조사한 마샥Alexander Marshack은 다음과 같이 말했다.

> 이 가공물은 '기호 체계'와 '셈하기 체계'를 나타내고 있다. 이것은 서로 다른 곳에서 만들어졌으며 분명히 서로 다른 시대에 새겨진 눈금의 묶음들이 누적된 것이다. 현미경 자료의 분석에서는 5씩 또는 10씩 묶어 센 표시가 없다고 나타나지만, 눈금들을 묶은 양이 불규칙하고 다

양하다는 것도 보여준다. 이것이 표기하여 셈하는 초기의 시스템이라는 것은 확실하다. 그렇다고 해서 반드시 이것이 근대 '수' 체계를 시사하는 것은 아니다. 나는 그런 초기 표기 체계의 시초를 약 기원전 3만 년 전 시대인 전구석기 시대 문화까지 거슬러 올라간다고 추정하고 있다.

《문명의 뿌리The Roots of Civilization》에서 마샥은 다음과 같은 결론을 내렸다(p. 364).

브뤼셀에 있는 자연사 박물관에서 이 작은 석화된 뼈를 조사했을 때, 나는 39개의 서로 다른 지점에 눈금들이 만들어져 있고, 그것이 하나의 표식이라는 사실을 현미경 조사를 통해 닳아진 표식을 구별해내면서 알아냈다. 그것은 전의 것보다 훨씬 더 초승달 모양에 가깝게 보였다.

그는 이샹고 뼈 위에 달 모양으로 새겨진 눈금들을 표시하고, "눈금들의 그룹들과 천문학적인 달의 주기 사이가 밀접하게 일치한다."(p. 30)는 점에 주목했다. 오랜 기간에 걸쳐 관측된 결과를 기록한 많은 기록물들은 달의 주기에 대해 훨씬 더 가까운 근사값을 제시한다(p. 31). 거의 여섯 달이란 기간을 고려해 보면, 이 뼈는 음력 달력을 기초로 한 연속 표식으로 볼 수 있으며, 그렇다면 이것은 인간의 가장 최초의 지적 활동의 증거 중 하나일 가능성이 있다.

이 가공물이 이샹고 지역의 문화에서만 유일하게 나타나는 것은 아닐 것이다. 새롭게 발전하고 있는 현미경을 통한 분석 기법들이 그러한 다른 예들을 밝혀낼지 모른다. 또한 이런 종류의 부표tally mark들은 나무, 동물의 가죽, 조약돌이나 씨앗 모으기와 같이 뼈보다 더 부식되기 쉬운 형태로 만들어졌을 가능성도 있다. 만약 이것이 사실이라면, 이런 증거는 시간의 흐름에 따라 사라졌을 것이다.

인간이 수학적 기록들을 남기는 기회를 가진 것은 언제가 처음이었을까? 시간의 경과를 기록하는 것일까, 아니면 씨앗을 심을 시기, 강물이 범람할 시기, 비가 올 시기를 예상한 기록일까? 최초의 달력, 즉 뼈에 있는

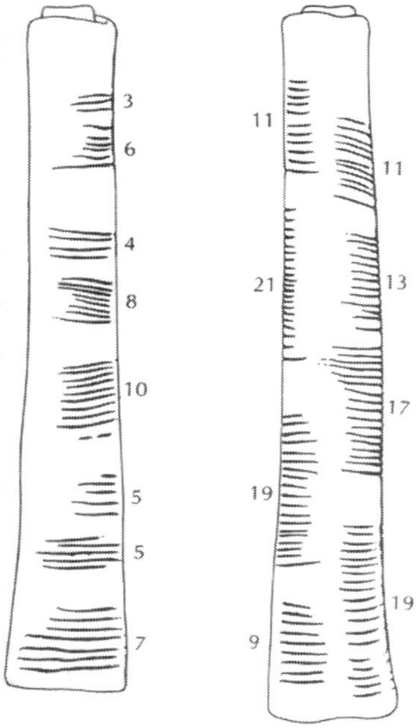

그림 2-1 2000년 이상 된 이샹고 뼈의 2가지 형태. 이 음각된 뼈는 자이르(콩고공화국)에 있는 에드워드 호수의 이샹고라는 곳에서 발견되었다. 이 뼈는 이 지역에 살았던 수렵인들이 달력 체계나 명수체계를 알고 있었음을 암시한다.

그림 2-3 이샹고 뼈를 육안으로 볼 수 있도록 하기 위해 뼈에 있는 눈금을 체계적으로 그린 도식적 배치. 이 눈금들은 2단 구구와 소수에 대한 지식을 시사한다. 현미경으로 조사하면 더 세부적으로 볼 수 있다.

눈금들은 아마도 달의 주기를 따른 음력이었을 것이다. 하지만 농업 경제는 양력의 발달과 양력과 음력의 기록 방법을 일치시킬 필요가 있었다. 우리는 태양력을 나타나는 부표들이 이집트에서 수천 년 전에 시작했고, 메소포타미아에서 그보다 이전에 시작했을 것이라고 믿는다. 달력의 발달로부터 천문학이 발생했다.

소를 방목하는 사람과 전답을 경작하는 농부는 날짜와 계절의 흐름을 관찰해야만 한다. 하지만 실용적 지식을 과학적 연구와 종교로 추상화한 것은 이들과는 계층이 다른 성직자들이었다. 성직자들은 수세기 넘게 관찰한 결과 계절의 변화와 천체의 현상을 예언할 수 있었다. 성직자들은 이런 지식을 비밀로 했다. 성직자들은 대리인이었다. 사람들은 성직자들을 통해서 비가 오게 해달라고, 새로운 달이 뜨게 해달라고, 자신이 속한 공동체의 생존과 번영을 빌었다. 종교 의식을 통해서 성직자들은 대중들에게 영향력을 행사했다. 성직자들은 자연적 사건들을 통해서 예언을 할 수 있었고, 자신들이 한 일에 대한 답례를 주장하게 되었다. 빈번히 이들은 또한 땅을 분배하고, 진상품을 요구하고, 공공 작업을 조직하고, 신의 은총과 왕의 영화를 기리는 웅장한 기념비를 세울 수 있는 권력을 쥐고 있었다. 헐벗은 최소한의 생활 수준을 넘은 안정된 사회에서만 생업에 종사하지 않는 통치자와 성직자 같은 상류층을 보유할 수 있는 여유가 있을 수 있다.

고대 이집트의 수학

고대 이집트는 나일 강의 범람 때문에 해마다 땅을 재분배해야만 했다. 개인이 땅을 소유하였고, 땅에서 과잉생산된 생산물을 소유자들은 필요한 다른 물건과 물물교환을 하는데 사용하거나 훗날 사용하기 위해 저장하였다. 그래서 무게와 측정 시스템이 필요하게 되었다. 덧셈, 뺄셈, 곱셈, 나눗셈과 같은 수학적 연산 및 분수를 사용한 기록이 고대 이집트의 파피루스에 기록되어 있다. 고대 이집트 사회에서 발생한 실생활 문제들을 해결하는 데 문제들로 구성되어 있다.

고대 이집트인들이 사용한 '2배 하기'를 이용한 곱셈과 나눗셈은 중세 유럽의 '2배 하고 조정하기'라고 불리는 '2배 하고 반으로 줄이기' 방법으로 발전하였다.* 다음에 설명하는 것은 이집트인들이 '2배 하기'를 사용해서 곱셈을 수행하는 방법을 보여준다. 27과 11의 곱을 찾아보자. 2개의 열을 만들고, 첫째 열에는 숫자 1을 적고, 다른 열에는 숫자 27를 적는다. 각 열의 숫자들을 계속해서 2배 한다. 첫째 열의 숫자가 11을 넘기 전에 멈춘다.

* 이에 대한 자세한 설명은 다음 논문을 참고하라. 김진호(2005), 발생론적 인식론을 적용한 수학 수업 : 두 자리 수의 곱셈을 중심으로, 한국수학교육학회 수학교육논문집 시리즈 E, 제19집 제1호 1-14.

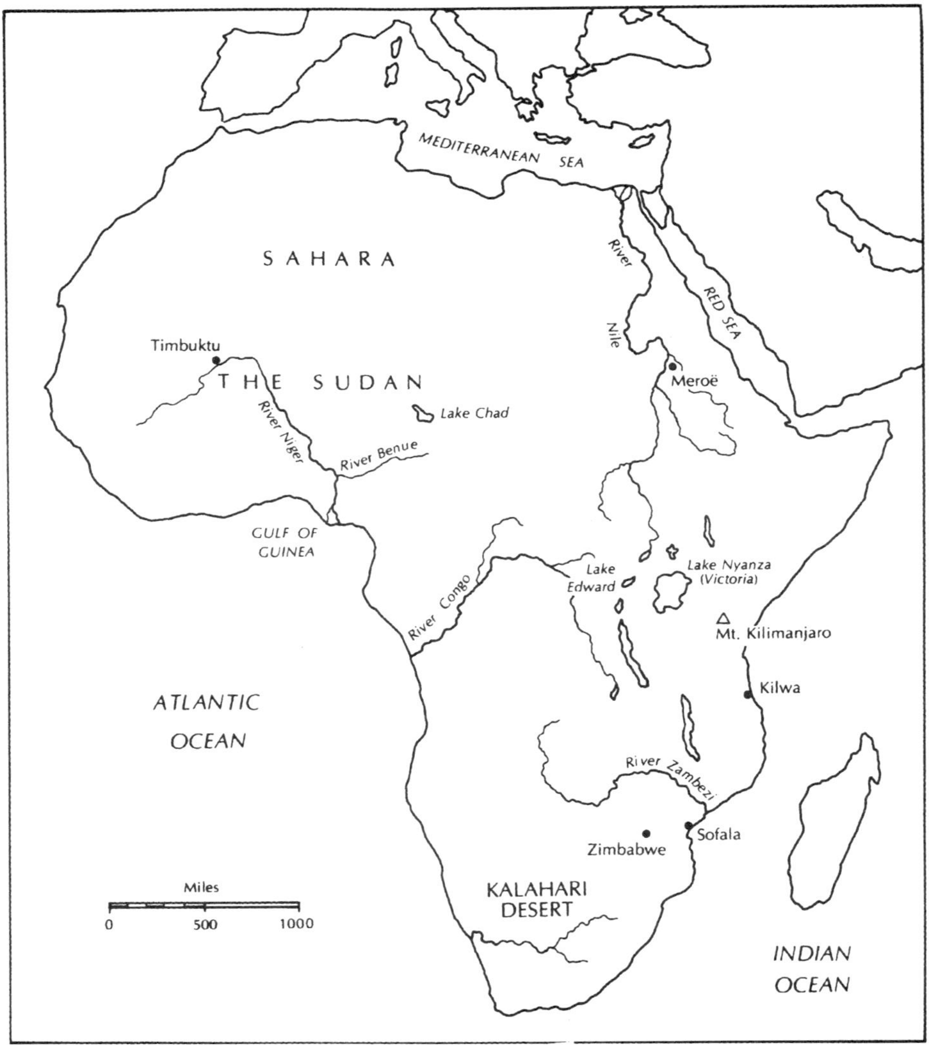

그림 2-3 아프리카 : 지리적 모양과 고대 도시

1*

2*

4

8*

11은 1+2+8과 같다.

여기서 우리는 첫 번째 열에서 별표된 숫자들에 대응하는 27의 배수들의 합, 즉 27+54+216=297*은 11곱하기 27의 정답이다.

현대 건축가들은 이집트 기술자들의 뛰어난 솜씨에 몹시 놀란다. 그들은 작은 오차도 없이 피라미드와 사원을 건축할 수 있었다. 원의 지름에 대한 원주의 비율인 π의 값으로 이집트인들은 3.16을 사용했다. 이 값은 바빌로니아인들이 사용한 값 그리고 성서에서 사용한 값인 '약 3' 보다 훨씬 더 정확한 값(3.14159…)에 근접한다. 이들은 각뿔대(피라미드의 벽돌)의 부피를 구하는 정확한 공식을 찾아내었다. 직교 좌표 기하학의 초기 예가 어두운 밤 동안 시간을 정하기 위해 별들의 위치를 알아보는 방법을 설명하는 천문학 교재의 형태로 파라호의 무덤에서 발견되었다. 이 '별 시계'는 사원에서 밤 예배를 위한 정확한 시간을 나타낸다.

서양 문화는 이집트와 메소포타미아에 크게 의지하고 있다. 고대 그리스인들은 서양 문명의 아버지로 간주되어 왔으나, 고대 그리스인들의 전성기 이전에 오랜 시간 동안 고대 이집트 성직자들은 자신들의 백성들을 교육시킬 목적으로 완벽한 교육과정을 개발하여 왔다. 이 교육과정에는 철학, 작문, 천문학, 지리학, 공학, 농업이 포함되었다. 실제로 그리스의 상류층은 메소포타미아나 이집트 교사와 공부를 함으로써 자신들의 교육을 완성하였다. 고대 그리스의 천문학자들은 달력의 형태로는 인류 역사상 최초로 만들어진 이집트의 상용 달력을 채택하였다. 1년은 30일을 한 달로 해서 12달에다가 5일을 더한 날짜로 이루어졌다.(이집트인들은 또한 종교 의식을 정하기 위해 음력을 사용하기도 했다. 음력은 오늘날에도 여

* 27×11=27×(1+2+8)이기 때문에 위의 계산은 맞고, 한편 이들이 '2배 하기' 를 사용해서 곱셈을 하였다는 것은 '모두 자연수는 2의 거듭제곱의 합으로 나타낼 수 있다' 는 정리를 알고 있었기 때문인 것으로 추정된다.

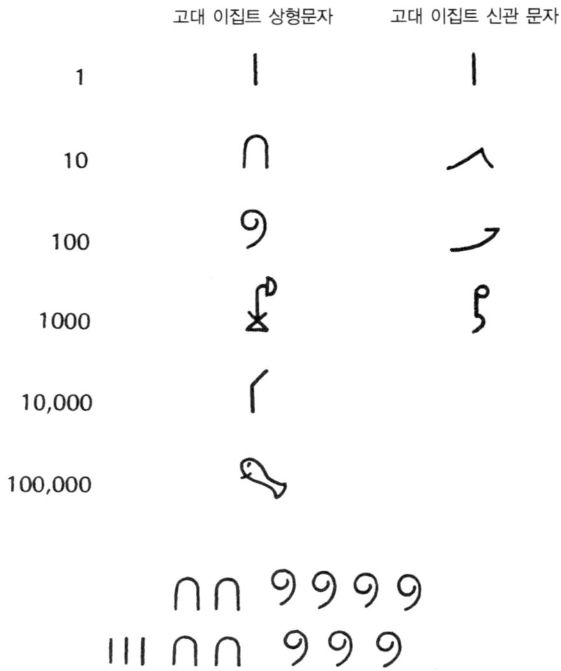

$3 + (4 \times 10) + (7 \times 100) = 743$

그림 2-4 이집트 숫자. 고대 이집트 상형문자는 약 기원전 3400년쯤부터 나타나기 시작하며, 주로 비문으로 쓰여 있다. 성직자들은 파피루스에 글을 쓸 때 신관문자*를 사용했다. 아멘호테프의 원정대 보고서인 그림 2-5의 사암 비석의 왼쪽 아래 부분에 숫자 743이 나타나 있다. 자릿값이 낮은 기호들이 자릿값이 높은 기호의 왼쪽에 새겨져 있다.

전히 기독교의 부활절과 유대교의 유월절 날짜를 계산하는데 사용된다.) 방문객들은 광대한 이집트의 도서관을 이용할 수 있었다. 그리스인들은 수세기의 수많은 지혜를 필사했음에 틀림없다. 따라서 그리스인들은 이집트와 동방세계로부터 단순히 물려받은 지식들을 가지고 영예를 얻어온 것이다.

---

* 상형문자는 쓰기 까다로워 많은 시간이 걸리기 때문에 빨리 쓰기 위한 서체를 개발한 것이 신관문자이다. 신관문자는 그림을 간단하게 만든 것으로 한자와 비교할 때 해서체와 초서체의 중간이 되는 행서체에 해당한다.

그림 2-5 기원전 1450년 아멘호테프 3세가 이끄는 원정대가 수단의 북쪽을 침공했음을 보여주는 이집트인의 석비. 아래로부터 셋째 열, 왼쪽 편에 743이란 숫자가 있음을 주목하기 바란다. 대영박물관.

그림 2-6 $8\frac{1}{6}$힌*이 표시된 이집트 계량 그릇. 약 기원전 1250년. 대영박물관.

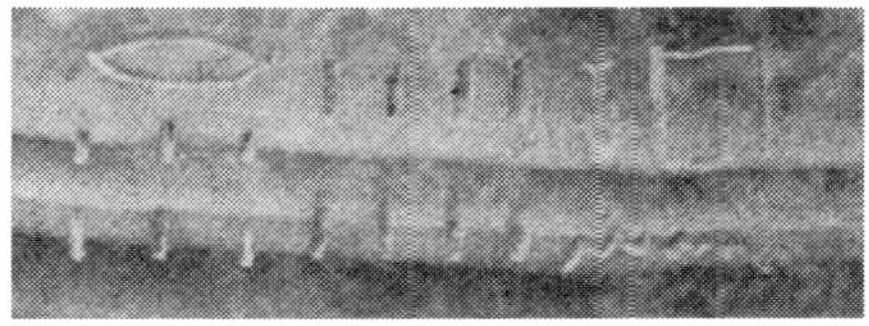

그림 2-6의 세부 그림

* hin. 고대인들이 사용하던 액체의 양 단위. 약 5.7리터에 해당.

그러나 고대 그리스 시대가 도래하기 전에 지성의 침체기가 이집트에 다가왔다. 고대 세계의 상업 중심지인 메소포타미아와 비교하여, 이집트는 고립되어 발전되었다. 고대 농경사회가 생산할 수 있는 소량의 잉여 부富는 제한된 상류층만이 혜택을 누렸고, 점차적으로 귀족들은 이 부를 유용하여 자신들의 개인적 유희를 즐기며, 사원이나 무덤의 모양을 본따서 웅장한 기념물을 축조하는 데 사용하였다. 그 결과 가난한 농부와 장인들이 실질적으로 노예와 같은 삶을 살게 되었다. 여러 다른 왕조의 왕들간의 분쟁과 왕족과 각 성직자 파벌간의 분쟁이 국가의 전체적 구조를 약화시킬 뿐이었고 더욱 쇠퇴하게 이끌었다.

방대하게 축적되었던 문학, 과학, 공학적 업적물들에 어떤 일이 일어났을까? 많은 것들이 사라졌다. 한편, 고고학은 우리가 얼마나 많은 것들을 흡수하였는지 그리고 후대 사회가 인수받았는지를 밝혀주고 있다. 우리가 알고 있는 성경의 구절들은 《이집트의 몰락The Egyptian Mysteries of the Dead》이라는 책으로부터 문자 그대로 옮긴 것이다. 그리스인의 과학은 이집트의 수천 년에 걸쳐 축적된 지식을 기반으로 발생한 것이고, 이 과학의 영향이 인도부터 서유럽까지 유럽에 르네상스가 다가올 때까지 널리 퍼져 있었다.

아프리카의 전성기

지금까지는 이집트와 아프리카의 남쪽과 서쪽에 있는 국가들 사이에 서로간의 영향력을 조사하기 위한 노력을 거의 하지 않았다. 최근까지 이집트 역사와 고고학에 대해 공부하는 학생들은 아프리카 대륙의 한 부분으로서 이집트와 나일계곡을 포함시키기를 거부해 왔다. 고대 이집트 사회에서 흑인들이 두드러진 역할을 했다는 방대한 증거가 있음에도 불구하고, 실제로 고대 이집트인들은 '백인종'의 한 부류인 '함족'으로 분류된다. 다행스럽게 인종주의적 '함족' 신화는 타파되고 있다.

이집트에 이웃하고 있는 고대 아프리카 사회에 대한 우리의 지식은 기껏해야 개략적이다. 현재의 수단 공화국 영토인 나일 강 상류에서 쿠시Kush 왕국이 발원하였다. 기원전 100만 년 동안 한때 이집트는 쿠시 왕국의 통치세력들로부터 통치를 받았다. 쿠시 왕국의 사원과 피라미드가 여전히 남아 있지만, 이 기록들은 여전히 해독 중이다. 주요 도시인 데로에는 아마도 아프리카 최초의 철강 산업의 중심지였을 것이다.

철기 문화로 아프리카인들은 새로운 농업 기술을 발전시켰다. 이것이 차례로 잉여 생산된 식량의 축적, 철강업자나 성직자와 같은 전문가들의 부양扶養, 상임위원회의 설립, 그리고 다른 민족들과의 교역을 가능하게 하였다. 고고학자들이 밝혀낸 증거들은 철강 산업이 2000년 전 아프리카의 많은 지역에서 성행했음을 입증하고 있다.

서아프리카에 있었던 한 독립 농업 부락은 이집트 문명과 대략 같은 시대에 서서히 나타나기 시작했다. 이 지역은 면과 우리가 마시는 음료수인 콜라의 원료인 콜라나무의 원산지이다. 서아프리카의 초기 역사에 대한 우리의 지식이 부족하다는 것을 알고 있는 머독Murcock은 고고학자들이 "지금까지 나일 강에서 체질돼서 떠내려온 방대한 양의 흙에서 니제르 강의 흙 중 극소량만을 퍼올렸다."고 말했다(p. 73).

아프리카 사람들이 그들 자신들을 통치하기 위해 계발한 정치 체계는

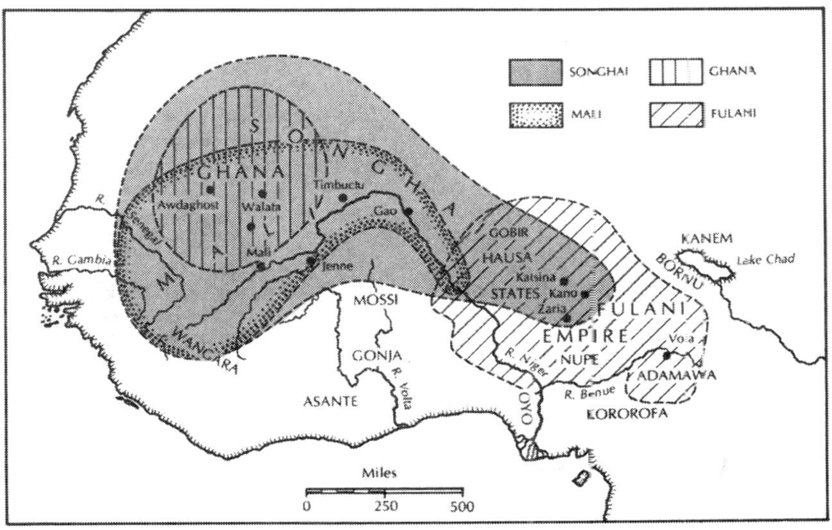

그림 2-7 고대 수단 왕국

중앙집권국가부터 무국가 사회에 이르기까지 다양하다. 정치 기구 또한 복잡하였다. 이 기구들 중에는 법을 제정하고, 세금을 징수하고, 국가의 기능을 수행하도록 발달한 기관들이 있다. 일반적으로 말해서 중앙집권화된 정치 세력과 발달된 경제 사이에는 상호관계가 있다. 또한, 이런 일반화에는 놀랄 만한 예외들도 있었다.

중앙집권화된 국가들의 결속은 대서양과 나일 강 사이, 즉 사하라 사막과 기니 해안의 열대우림 지역 사이의 수단 지역에서 발생하였다. 우리는 가나, 말리, 송하이와 관련된 지식은 꽤 많이 알고 있다. 이러한 지식들은 이들 국가들을 통행하는 아랍과 북아프리카 여행객들이 작성한 보고서들로부터 유래한 것이다.

고대 가나의 소닌케 왕국은 이미 8세기 아랍인들에게 '황금의 땅'으로 알려져 있었다. 소닌케 사람들은 왕국의 남쪽 지역에서 채굴한 황금을 아랍 무역업자들이 사하라 사막을 건너 가져온 소금과 같은 상품들과 물물교환하는 중개인이었다.

11세기가 되면서 금의 원료는 고갈되어 갔으며 무역도 시들해졌다. 결과적으로 고대 가나는 쇠퇴하였다. 아프리카인들이 통치하던 말리 제국의 동쪽까지 이슬람권역으로 바뀌었다. 아랍 여행자 바투타Ibn Battuta는 14세기에 이 사람들에 대해서 다음과 같이 적었다. "이들은 불공정하지 않았고, 다른 어떤 민족보다도 더 부정을 싫어한다. … 이들의 국가 치안은 완벽하다. 이 국가에 있는 여행객이든 주민이든 모두 다 강도나 폭력배에 대한 어떤 두려움도 갖지 않는다." 이 시기에 팀북투, 젠느와 같은 아주 멋진 도시를 갖고 있던 말리는 세계에서 가장 큰 왕조 중의 하나였다. 그러나 유럽인들은 자신들의 지도 위에서 말리를 오늘날 처음으로 찾았다.

송하이의 말리 합병은 아프리카 무슬림 제국을 탄생시켰다. 이 제국의 크기는 15세기 유럽의 모든 국가들을 합한 것만큼 컸다. 정치 체계는 토지소유권과 경작의 봉건적 관계에 기반을 두고 있었다. 노예 출신인 아스키아 모하메드 투레Askia Mohammed Touré 통치하에서 환경을 보호하고 농업을 통제하고 제국의 재정을 관리하고, 기병 및 보병의 상비군과 니제르 강변에 대규모 함대를 유지하기 위한 내각들이 구성되었다. 모든 시장에서 사용할 수 있는 도량형을 통일하였고 이러한 체계는 검사관들에 의해서 강력하게 집행되었다. 도량형을 통일시키려는 이들의 노력에도 제국의 다양한 민족들은 자신들의 관습과 종교적 신념을 보존하였다. 이런 노력에도 불구하고 왕립 법정과 마을 안에는 이슬람의 관행들이 거의 영향을 미치지 못했다.

사회구조가 전반적으로 다르다는 사실은 아프리카에서 가장 비옥하고 인구 밀도가 높은 지역인 동남나이지리아의 이그보족으로 본보기를 들 수 있다. 고고학적 발견물에 따르면, 이그보족 문화는 적어도 1000년은 된다. 이그보족은 사업 수완, 권위에 대한 깊은 불신, 그리고 무엇이든 새로운 것을 시도하려는 열망으로 유명하다. 이 지역에서는 왕권이 거의 발달하지 않았다. 정부는 연장자들로 이루어진 부족회의가 대신하지만, 중요한 결정을 내려야 할 때 마을에 있는 모든 사람들이 참여한다. 결정은 만장일치여야 하기 때문에, 젊은이들도 자신들이 반대할 만한 것이 발견되면 반대할 수 있는 위치에 있었다. 이그보족 여자들은 지방정부에는 참여하지 않았지만, 상거래 활동에서 중요한 위치를 오랫동안 차지하고 있었다.

16세기 무렵, 이보다 더 일찍은 아니라고 생각되지만, 이그보족은 종합경제로 들어섰으며, 이 경제 체계에서 노동부가 4일 또는 8일 장을 지원하였다. 1700년경, 노예무역이 기니 해안을 따라서 그리고 니제르 삼각주에서 모든 민족들에게 우위를 점하게 되었다. 유럽인들이 전한 총과 술과 같은 뇌물을 받으면서, 해안 민족들은 내륙의 인질들을 유럽인들의 노예로 넘기는 중간 역할을 했다. 세계의 다른 곳에서와 마찬가지로 여기서도 종교와 경제가 손을 맞잡았다. 아로쿠쿠 지역의 무역업자들은 이그보족의 신전인 에비녹파피에 예배한 것으로 유명해졌다. 인질로 잡힌 남자, 여자, 어린이들이 강한 영혼powerful spirit에게 제물로 바쳐졌다. 이 영혼의 노여움을 사게 되면 전국토가 재앙에 빠질 것이라고들 믿었다. 일단 인질들을 신전에 제공하고 나면, 인질들은 대기하고 있던 유럽 노예선들로 빠르게 인계되었다.

중앙 아프리카 국가들과 서부 아프리카 국가들의 초기 역사를 말해줄 수 있는 기록으로 남아 있는 유물은 없다. 현재의 로디지아에 있는 짐바브웨 유적들은 이 지역에 사라진 문화가 있었다는 증거물이다. 이 엄청나게 큰 돌 구조물 중 가장 초기의 것은 아마도 반투어를 사용하는 민족이 1000년 전에 세웠다. 15세기 무렵, 짐바브웨는 모노모타파 왕국의 아프리카 국가의 속국이었다. 이 왕국의 영토는 서쪽 인도양으로부터 칼라하리 사막에 이르기까지 광활하였다. 모노모타파 왕국의 금광은 중세 인도의 엄청난 부를 축적하는데 일차적으로 기여하였다. 광산 전문가들의 추정에 의하면, 1500만에서 7500만 파운드의 은화를 생산했다고 한다. 불행하게도 1896년부터 1901년까지 영연방의 기업체인 '고대 유적 합작회사'가 고대 금 인공유물을 녹이고 가치 있는 역사적 증거물들을 파괴하면서 짐바브웨의 광산 지역은 황폐화되었다.

아프리카 사회에 대한 몇 안 되는 이러한 예는 아프리카 민족들의 광범위하고 다양한 역사적 배경을 시사해 줄 수 있다. 동아프리카와 서남나이지리아를 중심으로 이 책의 앞부분의 절들은 중앙집권화된 국가, 무역도시, 그리고 이들 지역의 촌락 단위의 정치적 구조와 경제를 다루었다.

제 2 부

수 · 수어, 몸짓, 의미

특정 사회에서 명수체계는 궁극적으로 그 사회의 경제 발전에 따라 발전한다. 단 몇 개에 불과한 수어數語로부터 백만까지 셀 수 있는 잘 구조화된 체계에 이르기까지 아프리카 사람들의 명수체계는 참 다양하다. 많은 문화권에서는 수어와 함께 정형화된 몸짓 수세기 체계도 있었다. 아프리카 사람들은 일부 숫자가 가지고 있는 특별한 의미(좋은 뜻이든 나쁜 뜻이든)에 대해 아프리카의 다른 민족들과 생각을 공유했다.

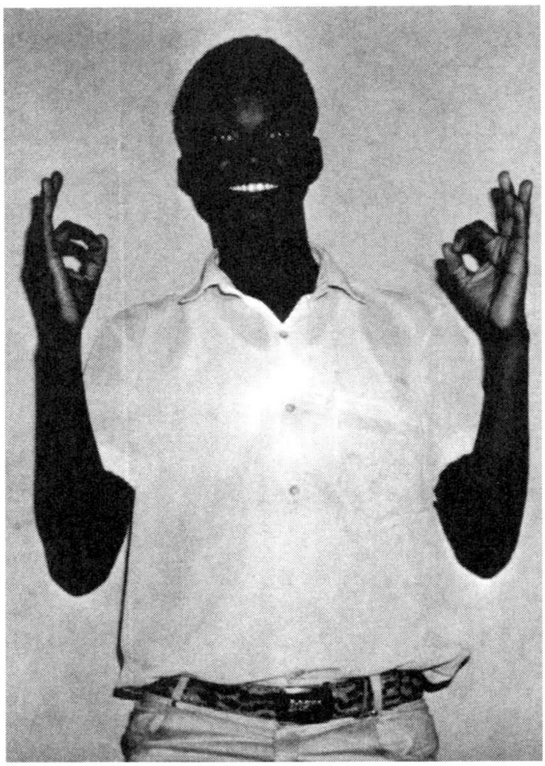

그림 3-1A 르완다와 서탄자니아에서 사용하는 '6'의 몸짓. 몸짓 수세기는 시장에서 이루어지는 모든 매매에서 필수적이다. 입으로 수를 말하는 것처럼 손가락을 이용한 수는 손목에 스냅을 주면서 시각적으로 흔들어 표현한다. 1은 집게손가락을 펼쳐서 나타내고, 2는 두 손가락을 펼쳐서 나타내고, 3은 6에 해당하는 손가락 모양과 비슷한 몸짓을 취하지만 한 손으로만 한다. 5는 새끼손가락이나 엄지손가락을 내민 채 꽉 쥔 주먹으로 나타낸다.

그림 3-1B 남아프리카공화국의 코사족 여인. 그녀는 자식이 몇 명인지 몸짓 수로 보여주고 있다.

제3장 명수체계의 구성

아프리카 사람들의 수세기에 대한 미국인들의 편견은 유명한 '양sheep의 거래' 이야기를 담은 문헌으로부터 유래한다. 영국의 과학자이며 탐험가이며 고고학자인 갈톤Francis Galton이 1889년 런던에서 펴낸 《한 탐험가의 열대지방 남아프리카공화국 이야기Narrative of an Explorer in Tropical South Africa》에서 처음으로 유럽인들에게 소개되었다. 나미비아의 다마라족(서남아프리카)은 무리지어 유목을 하며 가축들에게 풀을 뜯어 먹게 하면서 이동생활을 한다. 이브Howard Eve의 《수학적 원Mathematical Circles》(p. 9)에 이 이야기가 재인용되어 있다.

> 담배 두 대에 양 한 마리 비율로 물물교환하던 아프리카의 미개 다마라족 사람은 백인 무역업자가 한 번에 담배 4대에 양 두 마리를 물물교환할 것을 원했을 때 어찌할 바를 몰라 했다. 다마라족 사람은 백인 무역업자를 의심했고, 매매는 수정되었으며 전보다 더 천천히 이루어졌다. 처음 두 대의 담배를 주고 양 한 마리를 받고, 그러고 나서 담배 두 대를 더 주고 두 번째 양을 교환하였다. 그 결과가 무역업자가 애초에 했던 제안과 같았음을 설명했을 때, 부족민들은 무역업자가 마력을 소유했다고 생각하게 되었다.

이브는 많은 다른 수학사의 일화들에서 생략된 야담을 곁들이면서 이 이야기의 결론을 내리고 있다.

하지만 다마라족 사람들은 지능이 없는 것이 아니다. 이들은 양떼나 소떼의 크기를 정확하게 알고 있고, 모든 동물들의 얼굴을 알고 있기 때문에 단번에 잃어버린 것을 알아챘다. 우리들에게 이런 형식, 즉 사실에 바탕을 두며 예리한 관찰을 하는 지능은 수세기와 관련된 지능을 연마하는 것보다 굉장히 더 어려울 수 있다.

아프리카 사람들이 수를 사용한 기법은 관련 문헌에 매우 많은 증거가 있다. 니제르 강 지역에서는 별보배조개 껍데기를 화폐로 사용한다고 1826년에 보고한 바 있는 영국의 무역업자인 클래퍼톤Clapperton은 "가장 큰 합을 수세기로 알아내는 원주민들의 영리함"에 탄복했다(Hodgkin, p. 125). 《원시인의 화폐Primitive Money》에서 아인지그Paul Einzig는 상인들은 큰 수를 셀 수 있어야 하고, 이런 목적에 부합하는 고급 산술 능력을 계발했다고 진술하고 있다. 《식민통치하에 있는 서아프리카West Africa under Colonial Rule》에서 크로우더Michael Crowder는 요루바족에 대해 이야기하고 있다. 각 세대가 다음 세대에게 전수해야 하는 문화 중 하나는 당시에 사용 중인 다양한 종류의 화폐를 다룰 수 있는 능력이다. 가치가 낮은 별보배조개 화폐를 기준으로 사용했기 때문에, 마을의 경계를 벗어나서 상거래를 하려면 상당한 산술 기능이 필요하다. "일반적으로 유럽인들이 갖고 있는 아프리카 사람들은 10을 넘겨서는 셀 수 없다는 견해와는 대조적으로, 요루바족들은 백만까지 셀 수 있다(p. 273)."

18세기와 19세기 초에 서부 캐롤라이나와 조지아 주의 해안 지역으로 끌려온 노예들의 후손들은 영어와 자기 조상들의 언어인 서아프리카어의 조합어인 걸러어Gullah로 여전히 말한다. 터너Lorenzo Turner의 연구에 의하면, 1940년대까지 살아남은 아프리카니즘Africanisms 중에서 몇몇 서아프리카 언어에서 1에서 10까지의 언어가 있었고, 풀라니Fulani족의 언어에서는 1에서 19까지의 언어가 있었다. 이들 수어數語의 생존은 이 수사들이 아프리카에서 온 노예들이 사용하던 어휘의 중요한 부분을 구성하고 있었음을 보여준다.

게이Gay와 콜Cole에 의해 집필된 훌륭한 단행본은 크펠로Kpelle족이 수와 측정값을 이용하던 경험에 대해 설명하고 있다. 돌더미를 이용해 대부분의 산술적 연산이 수행된다. 결과적으로 이 종족은 이런 방법으로 수를 아는데 매우 잘 적응되어 있다. 사실상 다양한 크기의 돌더미 속에 있는 돌의 개수를 추정해야 하는 실험에서, 문맹자인 크펠로족 성인들이 예일 대학교 학부 학생들보다 훨씬 더 좋은 점수를 얻었다. 이들은 또한 여러 그릇에 담겨 있는 쌀의 양을 어림하는데도 탁월했다. 쌀의 양을 측정하는 활동은 이들 삶의 필수적인 부분이다. 그러나 자신들이 살고 있는 마을의 사람이나 집의 수를 질문받았을 때, 크펠로족 사람들의 어림은 형편없었다. 아마도 이런 것들은 세금 징수원에 대한 두려움으로 인해 억제되었을 것이다!

우리가 셈하는 방법은?

우리의 명수체계에 대해 이야기할 때, 두 개의 서로 다른 아이디어, 즉 일단의 기호나 일단의 수어數語 중 어느 하나에 대해 이야기하면 된다. 아프리카인이 그들의 전통적인 명수체계에 대해 말할 때, 그들은 일단의 수어 또는 그 단어들을 동반하거나 대체될 수 있는 일단의 표준화된 몸짓을 의미할 것이다.

진법의 의미

우리는 수를 나타내기 위해 기호를 이용해 간단한 식으로 별까지의 거리 또는 전자의 크기를 표현하는 것이 가능하다. 이런 인도 · 아라비아 수사들은 0, 1, 2, 3, 4, 5, 6, 7, 8, 9의 단 10개의 상이한 기호와 '자릿값'이라고 하는 경이로운 창조물을 필요로 한다. 이 10개의 기본 기호를 토대로 하는 덧셈과 뺄셈에 의해서, 수만 가지의 양量이라도 표현이 가능하다. 이들 연산들은 명료하게 표현된다기보다는 암시적이다. 우리가 (2×10)+3을 표현하기 위해서 기호 23을 쓰는 것이 가능한 것은 바로 자릿값 원리에 의해서이다. 우리가 사용하는 체계는 10을 진수로 한다고 말하고, 이것을 10진법이라고 일컫는다. 왜냐하면, 한 수에서 각 수의 위치는 각 수의 오른쪽에 있는 값의 10배의 값을 갖는다.

예를 들어, 수 4306의 의미를 분석해 보자. 다음의 연산은 명료하다.

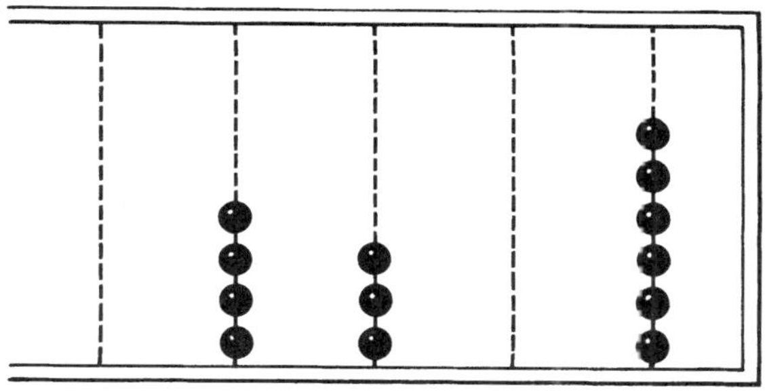

그림 3-2 10진법에 따른 주판

$$(4 \times 1000) + (3 \times 100) + (0 \times 10) + (6 \times 1)$$

자릿값 원리는 주판에 통합되어 있다(그림 3-2).

인간이 수세기를 할 수 있었던 시기부터 수를 표현하는데 매우 편리한 방법을 계발하기까지는 수천 년의 시간이 흘렀다. 영어의 수어들에도 수세기의 원시적인 아이디어들이 내포되어 있음을 볼 수 있다. 일부 역사학자들은 three라는 단어를 '~을 넘는beyond' 에 해당하는 단어(사람이 셀 수 있는 것 이상의 것)와 관련 있고 '많은' 을 의미하는 것으로 생각해 왔다(Menninger, p. 17). 두 수어 three(삼)와 third(세 번째) 그리고 four(사)와 fourth(네 번째) 사이에는 분명한 관계가 있지만, one(일)과 first(첫 번째) 그리고 two(이)와 second(두 번째) 사이에는 어떤 관계가 있겠는가? 수어 one과 two는 수세기 체계가 만들어지기 이전 시대부터 사용되어 온 것으로 본다.

ten(십) 이후의 수어들을 분석해 보자. eleven(십일)은 '하나 남음', 즉 '십과 하나 남음' 의 약어이다. 반면에, twelve(십이)는 글자 그대로 '두 개 남음' 이다. 의심할 바 없이, 이런 용어들은 두 손에 있는 10개의 손가락(기본수 10개)을 모두 다 사용한 후에 필요한 부가적인 손가락의 개수를 의미한다. 이 수어의 계열을 계속하면, thirteen(십삼)은 기본수 10과 덧셈을 기본으로 구성해 낸 '삼과 십'을 의미한다. twenty(이십)이 되었을 때, '십의 두 배'를 표현하기 위해서 곱셈 과정을 이용한다. thirty(삼십)은 '십의 세 배' 등등 해서 ninety(구십)까지 간다. hundred(백)은 '십이 열 개 있음'을 나타내는 수어들로부터 많은 언어적 변형 과정을 거치면서 파생된다(Menninger 참고). ten thousand(만)에서처럼 다음 단위를 형성하기 위해서 현재의 단위를 곱한다는 것은 자명해 보인다. '천'을 의미하는 라틴어 mille로부터 백만million이란 수어가 만들어지는 것은 당연하다.

많은 언어에서 수어들은 5진법으로 구성된다. 이것은 틀림없이 한손에 있는 다섯 개의 손가락과 관련되어 있다. 이런 경우, 대개 10이나 20을 2차 기본수로 한다.

소로반이라고 하는 일본식 주판은 기본수로 5와 10을 사용한다. 각 줄 아래 칸에는 4개의 주판알이 있고 위 칸에는 1개가 있다. 1부터 4까지의 수는 아래 칸에 있는 주판알을 해당 수만큼 밀어올려서 나타낸다. 5는 위 칸에 따로 있는 주판알을 내려서 나타낸다. 6부터 9까지의 수는 5와 아래 칸에 있는 주판알 개수의 합으로 나타낸다. 각 줄은 그 줄의 오른쪽에 있는 줄의 값보다 10배의 값을 갖는다. 따라서 기호로 10,653으로 표현하는 수는 아래 그림에서 볼 수 있는 것처럼 소로반 위에서는 표시된다.

언어적으로, 우리는 '기본수'라는 낱말로 수어의 구성을 지배하는 수를 나타낸다. 기본수는 암묵적이건 명시적이건 수계열number sequence을 만들

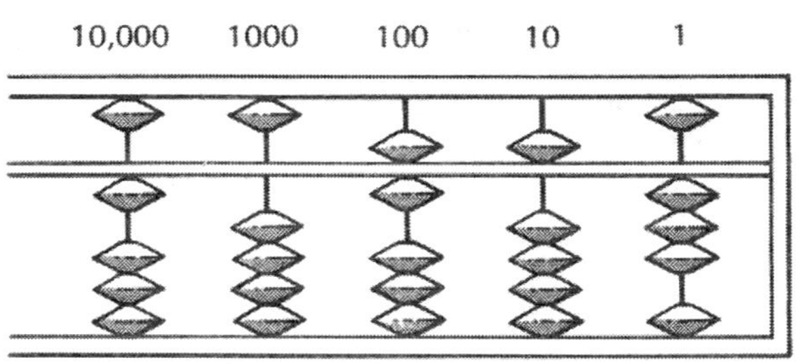

$(1 \times 10000) + (0 \times 1000) + [(5+1) \times 100] + (5 \times 10) + (3 \times 1)$

그림 3-3 5와 10을 기본수로 하는 일본식 주판

기 위해서 다른 수어들과 결합되어 사용된다.

대부분의 아프리카 명수체계는 5진법이다. 즉, 아프리카 명수체계는 5개의 기본수를 갖고 있다. 각 종족이 사용하고 있는 2, 3, 4에 대한 낱말은 그 종족의 가장 초기 사회부터 사용되어 왔던 것이다. 왜냐하면 궁핍한 실물경제는 수를 세는 방법에서 큰 수를 필요로 하지 않기 때문이다. 실제로 이런 수어들을 이용해서 아프리카 언어를 분류한다. 경제구모가 커짐에 따라서 명수체계도 커진다. 일부 종족은 10을 이차 기본수로 채택한 반면, 다른 종족은 20을 이차 기본수로 사용했다. 우리는 5와 5의 거듭제곱에만 기초해 자릿값이 점차 커지는 것을 어디에서도 찾아볼 수 없다(예를 들어, 5^2). 수를 세는 과정은 어떤 경우에는 손가락을, 다른 경우에는 손가락과 발가락 모두와 같은 신체의 부분들과 일대일대응하는 것에서부터 진화되었기 때문에 아주 자연스러운 것이다. 그러나 그렇게만 했다고 말할 수는 없을 것이다. 수세기가 실제로 손가락이나 손가락과 발가락을 사용하여 수행되었다고 결론내릴 수는 없다. 몸을 이용한 수세기는 기본수를 10을 사용하느냐 20을 사용하느냐에 따라 달라진다. 소수의 아프리카 종족들만이 발가락으로 수를 센다. 20진법을 계발한 세상의 많은 민족들 중의 한 종족인 에스키모족은 자신들의 발가락에 쉽게 접근할 수 없다! 일부 언어에서 20에 해당하는 수어(완전한 인간man complete) 속에 함축되어 있는 개념은 인간의 신체 일부인 손가락이나 발가락이 셀 대상물과 분명하게 일대일대응을 이루었다는 것을 의미한다.

5–20진법quinquavigesimal이라고 부르는 이중진법은 5와 20을 기초로 하는 수세기*로 전세계에 두루 퍼져 있다. 고대 멕시코의 아스텍족과 마야족은 이 체계를 사용하였다. 프랑스의 수계열은 70이 될 때까지는 soixante–dix, 즉 '60–10' 하며 10씩 술술 넘어간다. 80은 20씩 증가를 토대

---

* 지금까지 이야기하고 있듯이, 초기 명수체계의 발달은 특정한 수를 기본으로 하는 진법에 의한 것이 아니고 두 수의 가법적 합성에 의한 체계로 이루어져 있음을 이 대목에서 알 수 있다. 아직 입증된 것은 아니지만, 우리 언어의 수어에서도 기본수가 10이 아니라 3이라는 가설을 조심스럽게 언급하는 학자도 있다. 그는 하나, 둘, 셋은 모두 다른 언어로 이루어져 있으나 넷, 다섯, 여섯은 셋으로부터 변형된 것이라고 본다. 즉, 넷은 셋과 하나과 만나서 '하' 가 탈락하고 나와 셋이 만나서 넷이 되었을 것으로 설명한다.

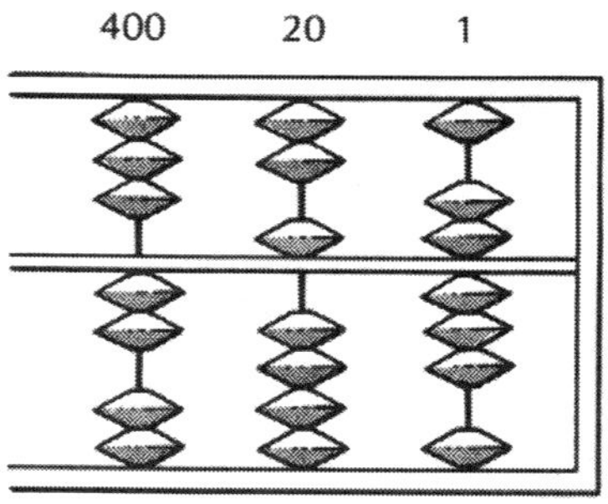

$(2 \times 400) + (5 \times 20)[(5+5+3) \times 1] = 913$

그림 3-4 5와 20을 기본으로 하는 일본식 주판. 존재하지 않을 것 같은 913이 표현되었다. 각 행의 하단에 있는 4개의 구슬은 단위값을 나타내는 반면에, 상단에 있는 구슬은 5를 나타낸다. 각 줄은 오른쪽에 있는 줄의 20배의 값을 갖는다.

로 한다. 즉, 80quatrevingt은 '20이 4번' 이다. 그리고 90은 같은 방법으로 이어진다. 즉, 90은 '20이 4번' 더하기 10이다. 그 이후로는 10진체계에 의해 규정된다. 아브라함 링컨의 유명한 담화인 "87년 전four score and seven years ago…"에서처럼 영어에서 score(20)라는 용어가 흔하게 사용되었던 것은 그리 오래전 일이 아니다.

가장 흔하게 유통되는 통화의 액면가와 같은 특별한 경우는 수어 체계에서 사용하는 체계와는 다른 진법을 도입해 사용한다. 이러한 흔적이 영어에서는 10이 아닌 많은 주요 수가 있음이 나타나고 있다. 예를 들어, 피트나 다스의 12, 시간, 각의 측정에서 60, 각종 점수에서 20이 있다. 아프리카에서 별보배조개 화폐는 많은 특별한 수와 관련을 맺고 있다.

기본수로 덧셈과 곱셈과 같은 연산을 하거나 경우에 따라서는 뺄셈과 2배 하기를 해서 더 큰 수를 만든다. 일반적으로, 아프리카의 수어는 '5와 1', '20의 3배', '20에서 1 빼기', '4-4' *처럼 암묵적으로 연산을 표현한다.

* 뺄셈이 아니라 4가 4번 있음을 의미하는 것으로 4의 4배를 4-4로 표현한 것임.

손가락 셈

영어권에서 수어인 eleven과 twelve에서 손가락 수세기의 흔적을 살펴보았다. 일부 아프리카 언어들에서 수어들은 명료하게 손가락으로 표현한다. 줄루어에서 6에 해당하는 낱말은 문자 그대로 '엄지손가락을 올리다.'를 의미한다. 이것은 한 손의 모든 손가락들을 셌고 두 번째 손의 엄지손가락부터 시작해야 한다는 것을 뜻한다.

신체의 부분들을 수어와 관련시키는 것에 대해서, 챔프먼Frank Chapman은 《과학과 아프리카Science and Africa》에서 아래와 같이 적고 있다.

> 역사 발전 과정 중 어느 단계에서 인간이 추상수에 대해서 생각하기 시작했는지 확실하게 말할 수는 없다. 내가 어떤 것이 20피트(발뼘)라고 말했을 때, 나는 20명의 발뼘이라고 생각하지 않는다. 같은 이유로, 줄루족이 '엄지손가락을 올리다.'라고 말할 때, 졸루족이 반드시 자신의 엄지손가락을 생각한다고 생각하지 않는다. … 얼마나 많은 고고학자들이 이들 종족들의 표현을 글자 그대로 받아들이는지 궁금하다.

많은 아프리카 사회에서 손가락 셈이 구어적 수어와 동등한 위상을 갖고 있고, 구어적 수어의 유래가 손가락 셈과 일치하는 것도 있고 일치하지 않는 것도 있기는 하지만 손가락 셈도 적절한 명수체계를 갖고 있다.

손가락 수세기에 대한 기록의 예는 고대 이집트까지 거슬러 올라간다. 《사자死者의 서 The Book of the Dead》라는 피라미드 부장품인 두루마리에 의하면, 타계한 왕이 강을 건너 자신을 저승으로 데려갈 선박을 예약하려고 하였다. 노이게바우어Neugebauer는 이 이야기를 관련시키고 있다(p. 9).

> 뱃사공이 이의를 제기했다. "근엄한 신께서 '네가 나에게 자신의 손가락 개수도 모르는 사람을 데리고 왔느냐?'라고 말하실 것입니다." 하지만 타계한 왕은 대단한 '마술사'였고, 자신의 열 개의 손가락을 셀 수 있는 운율을 암기할 수 있었다. … 이런 행동은 매혹적인 의미를 갖는다.

수 체계의 확장과 현대화

아프리카 사회가 점점 더 복잡해짐에 따라서 종족들은 더 큰 단위가 있는 수사들을 필요로 하게 되었다. 이웃나라의 언어에서 차용하는 경우도 있었으며, 토속 용어로부터 조어를 해내는 경우도 있었다. 대부분의 아프리카 사회는 문자 기록물을 갖고 있지 않기 때문에, 수사사數詞史를 추적하기가 어렵다. 우리는 아랍어 '알리프alif' 라는 단어를 발견하였는데, 이것은 (아랍) 알파벳의 첫 번째 단어로 일부 수단어에서 '1000' 을 의미하는 데 사용되었다. 멘데어에서 '100' 에 해당하는 언어는 혼도hondo로 영어에서 온 것이다. 상업, 대규모 인구 이동, 한 민족이 다른 민족을 정복함으로써 외계 민족들의 낱말들이 언어에 유입되었다. 미지오드W. L. Migeod를 인용하면, "이런 수 체계 전쟁은 고대인들의 침략, 전쟁, 그리고 인류의 고통에 의해 남겨진 유일한 역사적 기록이다. 수어는 과거의 투쟁 속에 남아 있는 역사가들이며, 그 누가 한 언어에서 발견되는 낯선 단어나 불변화사* 의 혈통의 가치를 말할 수 있는가?(p. 116)

해가 거듭해 가면서, 수사와 수사의 의미는 변화를 겪는다. 이런 변화를 겪게 되는 것은 수 체계의 확장이라기보다는 다른 이유가 있기 때문이다. 별보배조개 화폐와 같은 특정 대상의 수세기와 관련된 특정한 수사들은 사회 변화 속에서 필요하지 않게 되어 점차 사라지거나 좀더 일반적 응용을 가정한다. 더욱이 문자 언어가 발달하면서, 하나의 주어진 언어 속에서 나타나는 서로 상이한 방언들 사이에 한 가지 개념에 맞는 여러 가지 낱말들의 표준화가 따른다. 하나의 수에 해당하는 표현의 길이를 줄이는 것은 사람들 사이에서 공교육을 전파하려고 노력하는 사회에서 중요한 목적이다.

간소화를 설명하기 위해서, 이리나Cecilia Irina는 나에게 99에 대한 성가신 소토어 어문 구조를 설명했다.

mashome a robileng meno o le mong a (nang le) metso e robileng

---

* 영어에서 관사, 접속사처럼 변화가 없는 것

mono o le mong.

문자 그대로 해석하면,

손가락 하나를 구부린 십의 단위들 그리고 손가탁 하나를 구부린 일의 단위

위의 말이 다음과 같이 변화되었다.

mashome a robong a metso e robong.
십 단위 9 그리고 일의 단위 9.

제4장 아프리카 사람들의 수세기

1부터 9까지의 수

아프리카 사람들이 전세계에 퍼져 있고 수천 종의 언어가 아프리카 대륙에 존재할 것임에도 불구하고, 2, 3, 4에 대한 단어들은 아프리카 대륙의 약 절반에 걸치는 지역에서 유사하다. 이 지역에 포함되는 지역으로는 수단(사하라 사막의 남쪽으로부터 기니만 그리고 대서양에서 나일 강까지) 그리고 아프리카 대륙의 남쪽 지역의 대부분(지금은 반투어를 사용하는 사람들이 주거한다.)이 해당된다. 그린버그는 300종의 반투어를 니제르 · 콩고어족으로 분류하였다. 이 반투어는 일부 기본어들을 비교해 보았을 때 수단의 서쪽 지역 사람들이 사용하는 언어들과 굉장히 닮았다. 언어학자들은 이 두 언어족은 같은 뿌리를 갖고 있고 반투어를 말하는 민족들이 나이지리아 · 카메룬 지역으로부터 아프리카의 남쪽의 반에 걸쳐서 흩어져 살고 있는 것으로 결론을 내렸다.

아프리카 언어에서 1에 해당하는 단어는 굉장히 다양하다. 이에 대해서는 독자들이 이 책에 나타나는 수어들의 목록을 살펴보면 알 수 있을 것이다. 그러나 2, 3, 4에 해당하는 단어들은 그렇지 않다. '2'는 일반적으로 '리li' 또는 '디di' 형식이다. 3에 해당하는 단어는 '타ta' 또는 '사sa' 음절을 포함하고 있고, '4'에 해당하는 단어는 일반적으로 '네ne'와 같은 비성鼻聲 자음이다. '5'에 해당하는 단어는 다양한 형식을 취한다. 흔히 이 단어는 손을 지칭하는 단어이다.

슈미들 박사는 이런 단어들로 구성된 반투어의 명수체계에 대한 논의를 소개하고 있다(p. 168).

다양한 반투어종에서 1부터 9까지의 수어들을 비교했을 때, 2, 3, 4, 5에 대한 단어들 간의 유사성을 찾았지만, 이들 수에 대한 몸짓은 상당히 달랐다. 기본 어기語基는 다음과 같다.

2 -빌리-vili 또는 -발리-vali
3 -타투-tatu
4 -나-na
5 -타노-tano

… '1' 에 대해서는 다양한 표현들이 있었지만, 일반적으로 이 표현들은 -뭬-mwe와 연관되어 있다.

대조적으로 6, 7, 8, 9에 대한 단어들의 변형은 폭넓다. 반투어종의 어파語派별로 별개로 다룰 필요가 있다.

6, 7, 8, 9에 해당하는 단어들이야말로 매우 흥미를 돋우는 구성을 보인다. 몇몇의 경우 우리는 5에 단순 덧셈을 했다는 것을 알아냈다. 예를 들어 남서아프리카 지역의 콴야마Kwanyama 언어에서 6, 7, 8, 9에 해당하는 수어는 다음과 같다.

6 타노-나-뭬 tano-na-mwe
7 타노-나-발리 tano-na-vali
8 타노-나-타투 tano-na-tatu
9 타노-나-네 tano-na-ne

'6' 을 표현하기 위해서 5와 1을 합성했는지는 그리 분명하지 않을 수 있다. 니제르 강 상류에서 사용되는 언어인 마린케 언어에서, '6' 은 '우로woro' 또는 '울로wolo' 로 표현된다고 델라포스Maurice Delafosse는 기록하고 있다. '우' 는 5에 해당하는 단어의 축약형이고, '로' 는 '1' 의 간소화된 표현이다.

많은 언어에서 6부터 9까지에 해당하는 단어들은 이들 수들에 해당하는

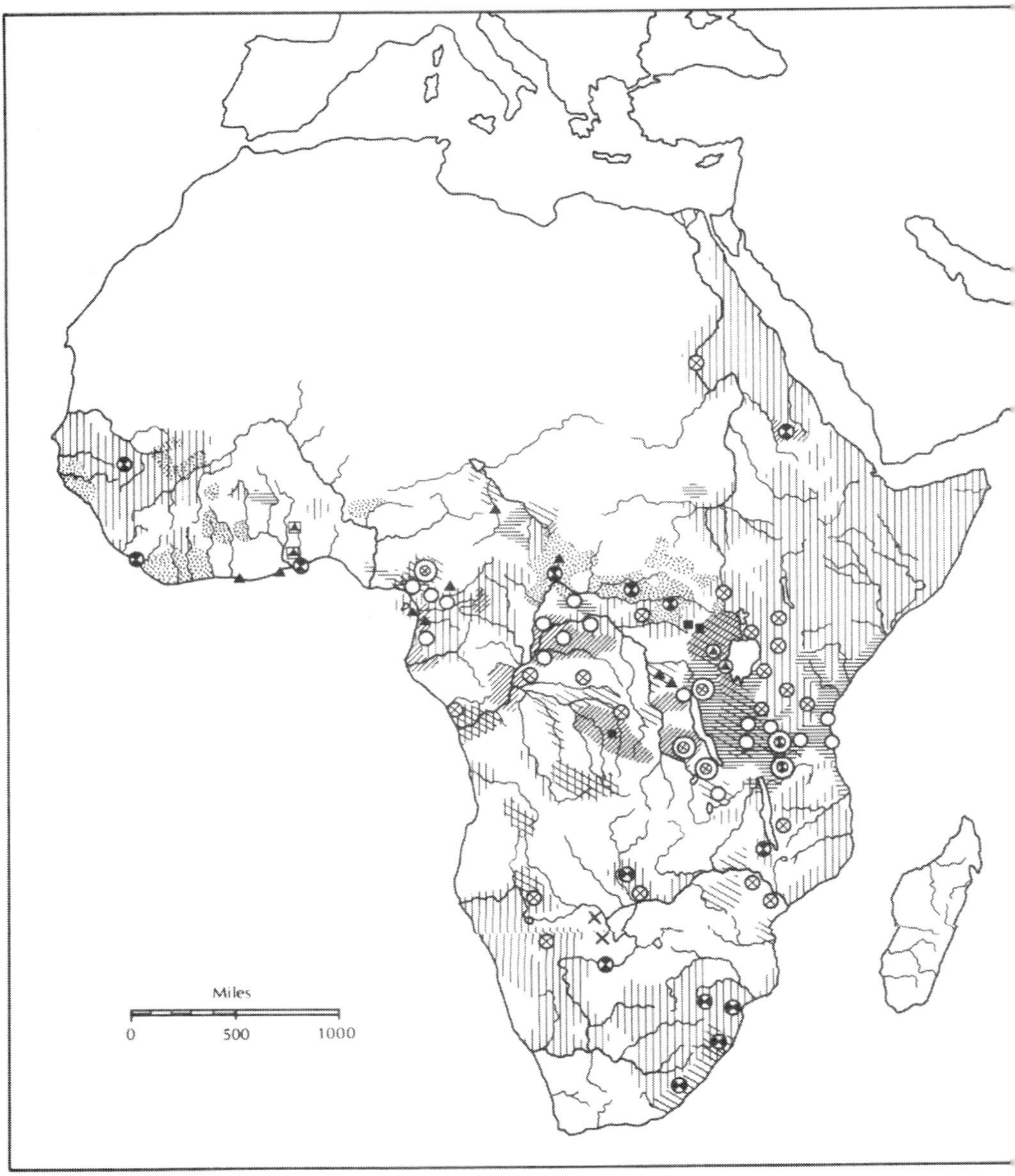

그림 4-1 아프리카어의 명수체계 분포(슈미들의 연구에서)

그림 4-1의 지도에 대한 해석표
아프리카어의 명수체계 분포(슈미들의 연구에서)

부호

Ⅰ. 구어적 명수체계
   A. 6, 7, 8, 9에 해당하는 수사의 형성
      1. 10진체계에서
         a. 두 개의 대략적으로 같은 용어의 원리
            적어도 두 개의 수
            단 하나의 수
         b. 5와의 합성
            적어도 두 개의 수
            단 하나의 수
      2. 20진법체계에서
         5와 합성을 하면서 적어도 두 개의 수르 형성
   B. 특이한 진법체계에서
× 1. 2진법 수세기의 증거
▲ 2. 6과의 합성
■ 3. 8과의 합성

Ⅱ. 몸짓 수세기
○ A. 삼바아Shambaa(Ehsms Shambala)의 방법으로
B. 히마Hima의 방법으로
C. 줄루Zulu의 방법으로
⊗ E. 5와 10을 기본어로
D. 5-20을 기본어로

몸짓으로부터 파생되었고 이 단어들은 몇 가지 서로 상이한 몸짓 수세기 체계에 근간을 두고 있다. 이 주제는 몸짓 수세기와 관련지으면서 이 장의 후반부에서 충분하게 논의될 것이다.

두드러지게 9에 해당하는 마린케어의 단어인 코는토konontc는 문자 그대로 해석하면 '만삭이 되기 전 한 달'이란 의미를 담고 있다. 이것은 분명히 일반인들의 단어이다.

5-10진법 체계

니제르 · 콩고어족의 수단어와 반투어파는 다양한 이중진법 체계를 사용한다. 예를 들어, 이들 언어는 일반적으로 우선적으로 20진법 체계에 따른 기본어로 구성하고 난 후 그 이후의 수들은 10진법 체계에 따른다.

대부분의 반투어는 10에 해당하는 단어로 '코미komi' 또는 '롱고longo'를 사용한다. 이 단어의 원래의 의미는 정확하게 10을 뜻하는 것은 아니다. 더 큰 10의 자리 수들은 10의 배수로서 순조롭게 나아간다. 100, 1000, 그리고 더 큰 상위 단위들에 대한 수어들은 셀 수 있는 특수한 대상들과 관련되는 경우가 아니고서는 거의 사용되지 않았다. 지바언어에서 100, 1000, 10000에 해당하는 단어는 다음과 같다.

100	치쿠미tsikumi (100개의 별보배조개 한 줄을 의미)
1000	루쿠미lukumi (별보배조개 화폐 10줄로 된 다발)
10000	카쿠미kakumi (열 다발의 한 더미)

필요한 상황이 발생할 때, 위의 단어들이 다른 사물들에 응용되거나 새로운 단어들이 조어되었다.

동아프리카에 대한 내용을 다룬 절에서 좀더 상세하게 반투어뿐만 아니라 닐로틱Nilotic 언어들(마사이어, 루오어, 칼라진어) 대해 논의할 것이다. 후에 명수체계는 10진체계 또는 5와 10의 합성으로 된 진법 체계를 토대로 한다.

5-20진법 체계

이중진법으로 20진법을 활용하고 있는 언어들에서, '10' 은 독립된 단어이거나 '두 손' 또는 '5가 두 번' 을 의미한다. 그리고 '10과 1' 부터 '두 손과 한 손' 또는 '십과 한 손' 또는 심지어는 독립 단어(기니 · 비사우공화국의 드욜라Dyola 언어에서 '15' 는 '활bow' 을 의미한다.)로 표현되는 '15' 까지를 나타내는 표현들이 따른다. 1, 2 등을 더하면서 15까지 계속 가고 15 이후 20이 될 때까지 이렇게 수어가 만들어진다. 일부 언어에서 20은 글자 그대로 해석하면

'완벽한 인간'을 의미한다. 중앙아프리카공화국의 반다어에서 15에 해당하는 단어는 '3개의 주먹'을 의미하고, 20에 해당하는 단어는 '한 사람을 갖다'를 의미한다. 그 이후에도 같은 방법들이 20-1부터 30-9*까지의 수사들을 형성하기 위해서 이 단어에 추가하면서 반복해서 모든 단어에 이용된다. 40은 '완벽한 인간 둘'로써 표현되고, 100은 '완벽한 인간 다섯'으로 표현된다. 다시 말해서, 손과 발가락에 있는 모든 수들을 5번 반복해서 세었음을 의미한다. '40'에 대한 말린케 언어의 한 표현은 '디비dibi'이다. 이 단어는 침상寢牀을 의미한다. 남편과 아내가 같은 침상에 누워 두 사람의 전체 손가락과 발가락의 수를 세면 40이 되기 때문에, 이들은 침상을 40을 뜻하는 단어로 사용한다(Delafosse, p. 389).

이것은 5-20진법 체계의 기본 형태이다. (5와 20을 기본수로 하는 진법으로 5가 일차진법이고 20이 이차진법이다. 이와 같은 진법 체계를 이중진법 체계라고 한다.) 이런 진법 체계는 수단 지역의 많은 언어(수단의 서부 지역에서 드욜라어, 발란테어, 날루어, 나이지라아 지역에서 요로바어, 누페어, 에픽어, 라이베리아 지역에서 바이어와 크루어, 그리고 동부 수단의 누바어Nuba)에서 발견된다.

명수체계가 발달하면서, 특별한 단어들이 도입되거나 단어들이 새로운 의미를 갖게 되었다. 외국의 영향이 언어의 변화를 가져왔을 것이다. 말린케 언어에서 '큰 수'를 의미하던 케메keme는 '100'을 의미하게 되었고 이 단어를 '완벽한 인간 다섯'이라는 좀더 성가신 표현 대신에 별보배조개 화폐를 세는데 사용되었다.

한 언어에서 수어들은 시대에 따라 어원이 다를 수 있다. '미즈'오디는 멘디족은 100을 표현하기 위해서 '완벽한 사람 다섯'이라고 말한다고 진술하고 있지만, 최근의 멘디어에 관한 설명서에서는 '혼도 이일라hondo yila'를 제공하고 있다. '혼도'란 단어는 영어의 hundred에서 파생한 단어이고, 이일라는 1을 의미한다.

---

* 21과 39를 의미하는 것으로 20-1은 21을 20과 1에 해당하는 수어들의 합성어로 되어 있음을 표현한 것이다.

이그보어 명수체계는 20진법을 토대로 하고 있다. 5 또는 10이 기본수인지 아닌지는 그렇게 명료하지 않다. 30은 20과 10의 합으로 표현된다. 50은 40과 10이고, 더 큰 수들에 대해서도 유사한 방법을 취하고 있다(표 1 참고). 대부분의 방언에서, 어떠한 수든 간에 10에서 99까지의 수들의 형성은 10의 배수에 해당하는 적절한 단어에 1부터 9까지의 수를 더하는 것으로 된다. 아브라함은 대안적인 방법을 제시하였다. 그는 16, 17, 18, 그리고 19는 20으로부터 상대적으로 4, 3, 2, 1을 감함으로써 형성될 수 있고, 더 큰 수들에 대해서도 이 방법과 유사한 방법으로 수를 형성할 수 있다고 주장하였다. 나에게 정보를 제공해 주는 동료들 중 어느 누구도 이런 수의 구성에 대해서 확신하지 않았다. 20세기 초에 활동한 영국의 인류학자인 토머스는 이그보족 사람들은 별보배조개 화폐를 셀 때를 제외하고는 기본수로 25를 사용한다고 진술하였는데, 나는 토머스의 진술을 지

1	오투 otu
2	아부오 abuo
3	아토 ato
4	아노 ano
5	이소 iso
6	이시이 isii
7	아사아 asaa
8	아사토 asato
9	토올루 toolu
10	이리 iri
11	이리 나 오투 iri na otu (10과 1)
12	이리 나 아부오 iri na abuo (10과 2)
20	오후
21	오후 나 오투 ohu na otu
30	오후 나 이리 ohu na iri (20과 10)
31	오후 나 이리 나 오투 (20+10+1)
40	오후 아부오 (20×2)
50	오후 아부오 나 이리 [(20×2)+10]
60	오후 아토 (20×3)
100	오후 이소 (20×5)
200	오후 이리 (20×10)
300	오후 이리 나 오후 이소 [(20×10)+(20×5)]
400	엥누 nnu

표 1 이그보어의 수 단어들

지할 수 있는 어떤 근거도 발견하지 못했다.

20의 제곱수인 400에 해당하는 특별한 단어 '엥누nnu'가 있다. 일반인들은 이 단어로 인해 20진법을 기대할 수 있다. 400의 제곱수, 즉 160000은 엥누 크후루 '엥누nnu khuru nnu'로 표현된다. 글자 그대로 해석하면, '400이 400을 만나다.'이다. '셀 수 없는 큰 수'는 '푸후pughu'이다.

20진법을 토대로 하는 독특한 명수체계는 서남나이지리아의 요루바족의 명수체계이다. 요로바족의 명수체계는 오늘날에도 여전히 효과적인 특별한 뺄셈 원리를 설명해 주고 있다. 예를 들어 46이란 수는 글자 그대로 해석하면 '20의 3배에서 10 적고 4 적은 수', 즉 (20×3)−10−4이다. 이 체계는 서남나이지리아의 수학에 관한 내용을 다루는 장에서 좀더 충분하게 다룰 것이다.

니제르 강을 따라서, 이 해안의 수백 킬로미터에 걸쳐서 수어들을 형성하는 감산 방법들을 흔하게 발견할 수 있다. 아마도 이것이 별보태조개 화폐를 셀 수 있는 가장 쉬운 방법이었거나 한 종족의 무리로 구성된 상행위자들이 영향을 미쳤을 수 있고 이들이 어느 정도는 이 명수체계를 표준화시켰을지 모르겠다. 주어진 한 언어 내에서 방언들은 이 방언들이 가산이나 감산을 사용하여 명수체계를 구성하였는지 정도에 따라서 차이가 생긴다. 연구자들은 자신들이 연구한 지역이나 시기에 따라서 대조적인 단어 목록을 제공한다. 언어를 표준화하려는 요즈음의 추세로 볼 때, 언어적인 모순은 시간이 지나면서 완화될 것이다. 문학과 정규 교육은 수어의 통일된 구성 및 철자를 필요로 한다. 이런 요소들은 대중 매체들에 의해서 강화되고 있으며 지방색의 다양하고 미묘한 차이들을 제거하는 경향이 있다.

언어의 변화

아랍인들이 무함마드가 창시한 새 종교를 7세기 동안 북아프리카에 들여왔다. 11세기까지 상당한 규모의 이주가 있었고, 이슬람교가 천천히 사하라 사막을 횡단하면서 남쪽으로 퍼져갔다. 이주와 상업적 접촉을 통해서 이슬람 문화의 영향이 수단의 여러 제국들의 많은 대규모 중심지에 퍼지게 되었다. 이 종교를 수련한다고 고백하는 사람이라면 누구나 원어原語인 아랍어로 코란을 읽도록 강요받았다. 따라서 아랍어는 문화중심지의 언어가 되었고, 아랍어의 명수체계가 토착 언어체계를 대체하거나 보완하였다. 그러나 상공업자들이나 지성인들을 제외한 서민들은 전통적인 방식을 고수하였다. 이것이 수단에서 이웃 부족들은 이중진법으로 20을 사용하고 있었던 반면에 소닌케족, 하우사족, 풀라니족, 송하이족이 십단위들(10, 20, 30, 등)을 토대로 세었으며, 심지어는 일부 아랍 단어들을 사용하였다는 것을 설명해 줄 수 있을지 모르겠다. 기니 해안 가까운 더 남쪽으로 가면서, 우리는 가어Ga, 트위어Twi, 크펠어Kpelle에서 십진체계를 사용한 흔적을 발견하였다.

아랍어의 영향은 북나이지리아에서 가장 광범위하게 사용되는 언어인 하우사어에서 분명하게 나타난다. 19세기 언어학자들은 하우사 명수체계는 5-20진법이지만, 13부터 18까지에 해당하는 단어들의 형성에는 기본수로 12를 사용한 것으로 구분하였다. 후기 자료들에 따르면, 십진 아랍어 체계와 6에 해당하는 아랍 단어의 사용뿐만 아니라 20부터 시작하는 수사들과의 관계는 분명하다. 일부 동부 하우사 민족들의 명수체계의 흥미로운 면은 8과 9로 끝나는 혼합수들에 대해서 감산 원리를 사용했다는 점이다. 예를 들어, 18=20-2 그리고 19=20-1. 그러나 최근에 출판된 하우사 문법은 순수 십진체계에 의한 명수체계를 제공하고 있다.

미지오디는 동시에 사용 중이던 20에 해당하는 3가지의 명칭들을 보고하였다. (1) 하우이야hauiya는 화폐로 사용되는 20개의 별보배조개에 활용되는 특수한 단어였고, (2) 10에 해당하는 단어인 고마goma의 복수형이 있었고, (3) 20에 해당하는 아랍 단어가 있었다. 일부 하우사어의 방언들은 20,000 별보배조개 한 자루에 해당하는 특수한 단어들을 갖고 있었다.

현재 사용 중인 하우사어의 수사들이다.

1 다야 daya
2 비이유 biyu
3 유쿠 uku
4 후두 hudu
8 타콰스 takwas
9 타라 tara
10 고마 goma
19 고마 샤 타라 goma sha tara

5	비야르 biyar	**20**	(아랍어로부터) 아시린 ashrin
6	(아랍어로부터) 시다 shida	**30**	(아랍어로부터) 탈라틴 talatin
7	바콰이 bakwai	**100**	다리 dari

특이한 수 진법들

아프리카에서 수어를 구성하는 가장 일반적인 방법은 5를 기본수로 하고 10이나 20과 같은 이차 기본수로 하는 것이다. 기본수들에 관한 덧셈, 뺄셈, 곱셈의 수학적 연산은 큰 수에 적합한 단어들을 발생시킨다. 그러나 일부 명수체계들은 5, 10, 20이 아닌 다른 진법의 흔적들을 볼 수 있다.

앞서도 주목했지만, 북나이지리아의 하우사족은 12에 덧셈을 해서 13부터 18까지의 수사들을 형식적으로 구성하였다. 이 민족 중 일부는 남쪽에서 일정 거리를 유지하며 살고 있었다. 이들은 기술공학적으로 원시 종족들이었다. 이들은 또한 5-10진법 구조로 보충된 12진법을 사용하고 있었다. 이 진법에서 6에서 10까지는 5와의 합성으로 조어된다. 이들 종족들이 10까지 이르는 수들에 대하여 서로 상이한 언어를 가지고 있을지라도, 이들 종족의 모든 언어들은 11과 12에 해당하는 유사한 단어를 가지고 있고, 이 언어들은 모두 12와 1로 13을, 12와 2로 14를 그리고 기타의 수들을 같은 방법으로 조어한다. 사람들은 이들 수어들의 공통적인 출처에 대해 궁금해할 수 있다. 이 출처에 대한 그럴듯한 가설은 이들 민족들이 자신들의 지역에서 주석 광산을 수세기 동안 작업한 하우사 민족으로부터 차용했을 것이라는 것이다.

기니비사우 공화국의 브람Bram과 만칸예Mankanye 민족들의 언어에서 5는 '손'에 해당하는 단어로 표시되고, 10은 '두 손'이고, 9는 '손과 하나 모자라는 손'이고, 19는 '두 손과 손 그리고 하나 모자라는 손'으로 표현된다. 확실히 5진법이다. 그러나 12는 '2의 6배'이다! 12는 기니 공화국의 발란Balan족의 언어 구성과 같은 방식으로 조어되었다. 이들은 좀더 나아가 이 아이디어를 24는 4×6인 것으로 발전시켰다. 이들의 이웃 민족인 발란테족은 7부터 12까지의 수사들을 형성하기 위해서 6을 합성하였다. 예를 들어, 7=6+1, 8=6+2 등. 가나의 갈어Gal에서 7과 8 두 수어 모두

6을 기반으로 하고 있다. 7=6+1, 8=6+2.

중앙아프리카의 후쿠Huku어는 가장 큰 변형을 보여 주고 있다. 이 언어에서는 많은 수어들이 4와 6을 기초로 하고 있다.

7=6+1	13=12+1
8=2×4	16=(2×4)×2
9=(2×4)+1	17=(2×4)×2+1
10은 독자적인 단어	20=2×10

몸짓 수세기

이 책을 읽는 여러분은 지금쯤이면 초대한 손님의 수 또는 다음 공휴일까지 남은 일수를 손가락으로 술술 세어갈 수 있을지 모르겠다. 아마도 수세기를 엄지손가락이나 새끼손가락부터 시작했을 수 있다. 수를 세는데 사용한 손이 오른손인지 왼손인지 의식하는가? 수를 셀 때 손가락을 펼치면서 세었는지 구부리면서 세었는지 또는 다른 손의 집게손가락으로 이 손을 가리키면서 세는 것이 중요하다고 생각하는가?

여러분이 "삼, 일, 육, 십일 …" 하며 세는 것과 마찬가지로 아프리카 사람들도 무의식적으로 손가락을 이용하므로 위의 질문들에 대해 생각하지 않는다. 아프리카 사람들에게 손가락 수세기는 구어만큼이나 공식적인 수세기 방법으로 이용된다. 손가락으로 수세기를 표현하는 두 가지 방법이 아주 자주 동시에 사용된다. 이 몸짓은 구어들을 수반한다. 하우사족 시장에 가면, 가격에 대해서 손가락 몸짓을 동원해서 흥정하는 사람들을 볼 수 있을 것이다. 5를 가리키기 위해서 다섯손가락을 펼쳐서 함께 붙인 손을 올리고, 10을 가리키기 위해서 두 손의 손가락들의 끄트머리들을 맞닿도록 하면서 두 손을 함께 모은다.

본래 타고난 계산기기인 우리의 두 손은 많은 유럽언어의 수세기에서 십진체계를 발생시켰다. 수어와 손가락 수세기 사이의 긴밀한 관계는 많은 아프리카 언어에서 훨씬 더 명확하다.

줄루어의 수어들을 고려해 보고, 이 수어들과 손가락 수세기의 관계를

	수어	파생	손가락 수세기
1	녜 nye	혼자 있는 상태	왼손 새끼손가락을 편다
2	빌리 bili	손가락 떼어놓기	왼손 새끼손가락과 약지를 편다
3	타투 thathu	집기	바깥쪽 손가락 3개를 편다
4	네 ne	오므리기	손가락 4개를 편다
5	흘라누 hlanu	(모든 손가락을) 모으기	손가락 5개를 편다
6	이시투파 isithupa	오른손 엄지손가락 들기	오른손 엄지손가락을 편다
7	이시콤비사 isikhombisa	오른손 집게손가락으로 가리키기	오른손 엄지손가락과 집게손가락을 편다
8	이시시야갈롬빌리 isishiyagalombili	두 손가락 가리기	오른손의 손가락 3개를 편다
9	이시시야갈루녜 isishiyagalunye	한 손가락 가리기	오른손 손가락을 4개를 편다
10	이수미 ishumi	일어서기	모든 손가락을 편다

생각해 보자. 손가락 수세기는 왼손부터 시작한다. 손바닥은 위로 향하고 손가락들을 굽힌다.

줄루어에서 수어의 어원에 관해서는 의심의 여지가 없다. 일부 단어들은 길고 성가신 것이 사실임에도 불구하고, 이런 단어들을 간소화하려는 노력에 학회 권위자들은 열성을 거의 보이지 않는다.

남아프리카의 소토족은 6에 해당하는 단어로 첼렐라tselela 또는 첼라tsela라고 말한다. 이 단어는 '가로지르기'에 해당하는 표현으로부터 유래하였다. 이 수어는 줄루어의 수어와 유사한 구성으로 양손바닥이 마주 보면서 잡은 두 손 모양인 몸짓이다. 소토어의 수사들을 계속해서 안내하면 다음과 같은데 이는 줄루어 표현과 유사하다.

7 수파supa '점'
8 로벨리robeli '두 개를 구부리다.'
9 로봉robong '하나를 구부리다.'

일부 반투어와 수단어들은 6에 해당하는 단어로 '3 그리고 3', 7에 해당하는 단어로 '3 그리고 4', 8에 해당하는 단어로 '4 그리고 4' 그리고 9에 해당하는 단어로 '4 그리고 5'를 의미하는 단어를 사용한다. 8에 해당하는 '나나nana'와 유사한 단어가 반투어에서는 특히 흔하다. 이 단어는 어미가 '나-na'로 4를 의미하는 단어에서 파생하였다. 이처럼 단어들을 합성하는 원천은 '두 개의 대략 같은 용어들로 하는 표현'이라고 불리는 손가락 계산 방법에 놓여 있다.

손가락 몸짓은 다음과 같다.

6 각 손의 손가락 3개
7 한 손의 손가락 3개와 다른 손의 손가락 3개
8 각 손의 손가락 4개
9 한 손의 손가락 5개와 다른 손의 손가락 4개

한 좋은 예가 카메룬의 에코이어이다.

3	에사esao	**6**	에사알에사 (에사 그리고 에사, 즉 3+3)
4	에니enio	**7**	에니알에사 (에니 그리고 에사, 즉 4+3)
5	엘론elon	**8**	에니알에니 (에니 그리고 에니, 즉 4+4)
		9	엘론알에니 (엘론 그리고 에니, 즉 5+4)

이 변형은 탕가니카 호수의 동쪽, 카메룬에 있는 상류 콩고 강 지역, 차드 호수 근역, 그리고 남코르도판Kordofan에 폭넓게 퍼져 있다. 세네갈의 펠업족Felup은 두 방법을 혼합해서 사용한다.

6 = 5+1 (오진법)

7 = 4+3 (두 개의 대략 같은 용어)

8 = 4+4

9 = 5+4

일부 언어에서 6부터 9까지에 해당하는 단어들은 한 손의 손가락들과 다른 손의 다섯 손가락 모두의 단순한 조합에 기반을 두고 있다. (남서아프리카의 반투어인) 헤레로족Herero의 한 단어인 '함바hamba'는 손가락으로 세기를 할 때 다른 손으로 '바꾸기'를 의미한다. 아래와 같은 수어들이 있다.

6 함바 그리고 우뭬(1)로부터 함보우뭬 hamboumwe

7 함바 그리고 임바리(2)로부터 함봄바리 hambombari

8 함바 그리고 인다투(3)으로부터 함본다투 hambondatu

9 함바 그리고 임유비유(설명없음)으로부터 (함보) 무비유 (hambo) muviu

대응하는 몸짓은 다음과 같다.

6 왼손의 엄지손가락 위에 오른손의 새끼손가락* 올려놓기

7 왼손의 엄지손가락 위에 오른손의 두 개의 바깥쪽 손가락 올려놓기

8 왼손의 엄지손가락 위에 오른손의 세 개의 바깥쪽 손가락 올려놓기

9 왼손의 엄지손가락 위에 오른손의 네 개의 바깥쪽 손가락 올려놓기

---

* 우리나라의 손가락에 대한 호칭은 아래와 같이 다양하다. 본문에서는 각 손가락을 지칭하면서 익숙한 어휘를 사용하기로 한다.

첫째 손가락 : 엄지손가락, 무지(拇指), 벽지(擘指), 대지(大指), 거지(巨指)

둘째 손가락 : 집게손가락, 검지, 식지(食指), 인지(人指), 염지(鹽指), 두지(頭指)

셋째 손가락 : 가운뎃손가락, 중지(中指), 장지(長指), 장지(將指)

넷째 손가락 : 약손가락, 약지(藥指), 무명지(無名指)

다섯째 손가락 : 새끼손가락, 소지(小指), 계지(季指), 수소지(手小指)

우리는 이제 손가락 수세기에 관해서 몇 가지 일반화를 해볼 수 있다. 5에 덧셈을 해서 형성된 수세기 체계에서, 수세기는 한 손의 새끼손가락에서 시작해서 적절히 손가락들을 연속으로 더해가면서 5까지 진행된다. 이 수, 즉 5는 일반적으로 쥔 주먹으로 표현된다. 6은 다른 손의 새끼손가락을 수세기에 첨가한다. 둘째 손의 손가락들이 첫째 손가락을 사용했던 것과 같은 방법으로 사용된다. 이렇게 일반화하는 데 예외적인 경우는 줄루족과 소토족이 사용하는 체계이다. 이들의 6부터 9까지의 수세기는 둘째 손가락의 엄지손가락부터 시작해서 새끼손가락을 향해서 나아간다. 헤레로어와 줄루어에서처럼 손가락들이 펼쳐질 수도 있거나 말린케어와 서부 수단의 에웨어에서처럼 굽힐 수도 있다. 이런 유형의 손가락 수세기는 5를 기본수로 하기 때문에 오진법이라고 부른다.

대략적으로 같은 두 용어들의 원리가 지배하는 체계에서, 수세기는 일반적으로 집게손가락을 펴는 것으로 시작한다. 그리고 한 손에 있는 네 개의 손가락을 펼칠 때까지 각 수에 해당하는 손가락들을 연속해서 이용하면서 나아간다. 4에 해당하는 몸짓은 집게손가락과 가운뎃손가락을 붙이고 약손가락과 새끼손가락을 붙인 후 이 둘을 벌려서 표현한다는 점에서 중복연산을 기본으로 한다.

몸짓 수세기에 대해서는 동아프리카 명수체계에 관해 서술하고 있는 21장에서 매우 상세하게 논의될 것이다. 이 장에서 몇몇의 반투어와 나일어 Nilotic 체계가 논의되고 비교될 것이다.

우리는 줄루어, 에코이어, 헤레로어에서처럼 수어들은 몸짓 언어로부터 파생될 수 있다는 것을 살펴보았다. 이 두 언어(몸짓어와 수어)가 항상 일치하는 것은 아니다. 모순이 발생하는 경우도 종종 있다. 우리는 두 개의 대략적으로 같은 용어들에 기초한 구어적 표현들을 동반하는 순수 오진법 몸짓을 발견할 수 있다. 사실상, 역사학자들과 인류학자들은 한 민족의 구어와 몸짓을 활용해서 이 언어의 분포 패턴 및 다른 인종 집단과의 관계를 추적한다.

두 배, 즉 중복 연산에 기초한 두 개의 대략적으로 같은 용어에 의한 표현 방식이 적절한 실례가 될 수 있다. 이것은 이집트인들의 '두 배 하고 조정하기'란 곱셈, 나눗셈 방법(2장 참고)과 고대 이집트인의 상형문자에 의한 수사들을 떠올리게 한다. 많은 기념비와 사원의 벽 위에서 다음과 같은 것을 발견할 수 있다.

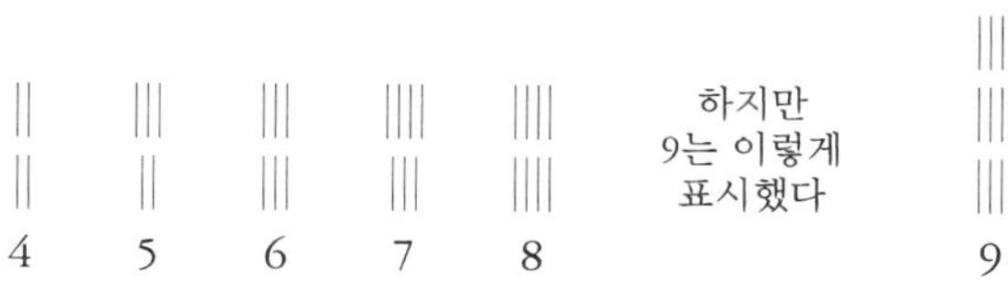

후기 신관문자로 나타나는 기호들은 다음과 같다.

그림 4-2

이들 수사들과 이집트인들이 이 원리에 기초한 손가락 수세기를 사용했다는 사실은 (이집트인들은 또한 오진법 손가락 수세기를 사용했다.) 이집트인들의 명수체계의 발달에서 2단 곱셈이 우세하였다는 것을 확인시켜주는 것이다. 수천 년 전으로 거슬러 올라가 보면, 사람들은 이샹고 뼈에 새겨진 눈금들은 두 배 하기 기호체계를 암시해 주고 있음을 발견할 수 있다. 3의 두 배가 6이고, 4의 두 배가 8이고, 5의 두 배가 10이다(2장 참고). 이 체계가 이샹고로부터 북쪽으로 내려가면서 나일 계곡까지 퍼져 있다는 것은 이해가 간다. 이 뼈가 두 개의 대략적으로 같은 용어들의 원리가 오늘날 널리 퍼져 있는 지역의 중심지인 에드워드 호수의 해변 여기저기서 발견되었다는 것이 우연의 일치이겠는가? 아마도 고고학 연구가 답을 줄 것이다.

큰 수의 명칭에 해당하는 몸짓 언어에 대한 설명은 니제르 계곡 하부에 살고 있는 에픽족이 사용하는 언어로부터 확인할 수 있다. 슈미들의 논문(p. 191)에 인용된 레오나르드Leonard의 저서에 따르면, 에픽족은 다음과 같

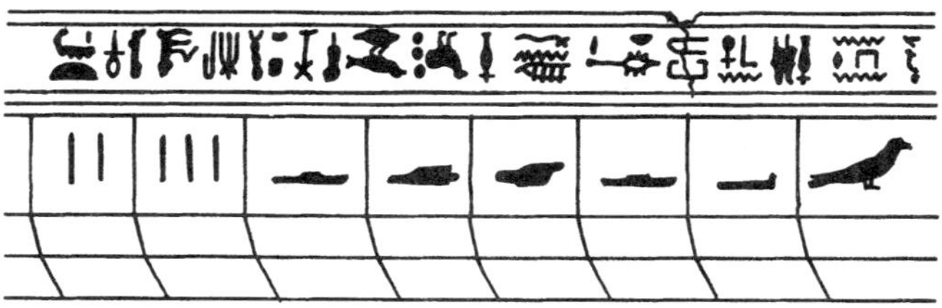

그림 4-3 '엘ell'이라는 측정 도구를 음각으로 표현한 이집트인들의 유물. 이 유물은 28개의 '손가락'을 담고 있다. 처음 3개는 대응하는 수에 해당하는 획수로 표현되어 있고, 4, 5, 6, 7에 해당하는 손가락 모양이 따르고 있다. 4는 엄지손가락을 손바닥으로 움켜진 손의 상형문자이고, 5는 엄지손가락을 펼친 상형문자이고, 6은 엄지손가락을 핀 상태에서 쥔 주먹이고, 7은 명료하게 그림으로 표현되어 있지 않다.

은 정교한 체계를 사용하고 있었다.

주먹을 쥔 손은 5를 의미하고, 6부터 9까지 한 손가락씩 네 손가락을 올리면서 표시하고, 10에 해당하는 것은 악수하고 있는 두 손이다. 11에 해당하는 것은 한 손가락을 다시 추가하는 것이고, 14까지 이렇게 나아간다. 15는 팔을 구부려 손으로 어깨를 만지는 것이다. 몸 앞에서 한 손가락을 흔드는 것으로 20을 표현한다. 30이 될 때까지 전과 마찬가지로 손가락 수세기는 나아간다. 30은 손뼉을 치고 한 손가락을 흔든다. 40에 해당하는 것으로 두 손가락을 흔들고, 50에서 손뼉을 두 번 치고, 같은 방법으로 나머지 손가락들로 100까지 신호를 보낼 수 있다. 100은 쥔 주먹을 흔드는 것이고 간단한 덧셈의 합으로 끝을 맺는다.

카메룬의 에코이족은 사람의 발가락을 수세기에 실제적으로 사용하는 몇 안 되는 아프리카 종족들 중의 하나이다. 이런 종족들의 구어와 몸짓어 모두 두 개의 대략적으로 같은 용어들에 의한 표현에 기초하고 있지만, 이 언어들은 오진법 수세기와 마찬가지로 집게손가락이 아닌 새끼손가락으로 '1'을 나타낸다. 그리고 이들 언어의 이차 진법은 20이다. 20진법은 수단 사람들에게 익숙한 것이다. 반투족과 수단인의 발생지가 이웃하고 있기 때문에, 반투어 체계와 수단 체계의 조합은 놀라운 것이 아니다.

제5장 금기 그리고 신비주의

"만약 인간들이 안전하게 살기 위한 어떠한 금기를 만들지 않았다면, 그들은 자연의 질서와 사회적 삶의 질서를 위반하는 결과를 계속해서 저지를 것이다."라고 산업혁명 이전에 마가렛 미드Margaret Mead가 말했다.

수세기에서의 금기

아프리카인들은 사람과 집에서 기르는 가축, 가치 있는 물건의 개수를 세는 것은 자신들을 파멸로 이르게 할 것이라고 믿기 때문에, 일반적으로 이런 것들을 세는 것을 두려워한다. 금기를 피하기 위해 다른 형태의 일대일대응으로 짝을 지워 간접적으로 수세기를 했다.

수세기에서 금기사항은 전 세계, 전 시대를 통해 발견된다. 유대인들은 예배를 위해 사원 안에 열 명의 사람minyan이 있어야만 한다고 요구한다. 'minyan'이라는 단어 자체의 의미는 '수를 세다'라는 뜻이다. 열 사람이 다 채워졌는지를 확인하기 위해서 10개의 단어로 된 한 문장을 읽는다. 이때 유대교회당 안에 있는 예배자들과 문장의 단어와 일대일대응을 시킨다.*

성경에 나오는 요압Joab과 장군의 충고를 어기고 인구조사를 단행한 다윗 왕에 대해 사람들은 기억하고 있다. 왕은 그 수를 전달받은 뒤에야 자신의 실수를 깨달았지만 이미 너무 늦었다. 여호와는 사람들에게 끔찍한 역병을 내렸고, 많은 사람들이 죽었다. 결국 제물을 바치는 것만이 그가 할 수 있는 것이었다.

수세기에 대한 미신은 자이덴버그A. Seidenberg의 논문 〈수세기의 종교적

---

* 이와 관련된 더 자세한 내용은 변광배, 《수의 신비》(살림, 2006)를 참고하기 바란다.

기원〉에서 길게 다룬다.

그러나 중앙 집권형 국가는 세금을 걷어야 하기 때문에 나라 안에 살고 있는 사람들의 정확한 수를 세어야만 했다. 이것은 다양한 형태의 간접적인 조사를 통해 식민지 시대 이전의 아프리카 국가에서 이루어졌다. 헤르스코비츠Herskovits는 궁궐의 여인들이 모든 거래를 관리했던 매우 조직화된 다호메이Dahomey 왕조의 조사과정을 설명한다. 장날에 성스러운 강의 정신을 가진 성직자장長은 정리廷吏를 내보내 그의 예언을 따르지 않는다면 농작물이나 가축이 멸종 위기에 처할 거라는 재앙을 알리도록 시켰다. 모든 남자와 여자는 그가 가지고 있는 각각의 동물의 수만큼 별보배조개와 바꾸고, 양, 염소, 소로 나누어져 있는 무리를 조개로 바꾸기 위해 가져온다. 첫 번째로 그는 별보배조개로 동물들을 쓰다듬고 동물들로부터 조개로 위험을 옮겨와야 한다. 왕은 같은 수의 별보배조개를 기증하고 그가 기증한 각각의 조개 수만큼 조약돌을 보유한다. 그러므로 왕조의 관료들은 종류별, 마을별로 가축의 정확한 수를 확보하고 국고 재정의 계산을 위한 기초로써 이용할 수 있게 된다.

다호메이 왕조의 사냥꾼들은 사냥의 신을 위한 종교 의식을 하는 동안에 간접적으로 수세기를 한다. 동물을 죽여 그 머리를 모두 궁궐로 보냄으로써 사냥감의 양을 조절해야만 했다. 농부, 대장장이, 직조공, 상인들은 농작물이나 매매품의 일부분에 대해 세금을 부여받고, 기증자의 수를 제공하고 전체 나라의 생산품을 추정하게 된다.

뉴얌New Yam의 제사의식은 새해의 시작과 풍년을 기원하는 가장 중요한 이그보족 축제이다. 이것은 1년간의 수량 조사를 위한 특별한 행사이다. 모든 성장기의 남자는 각각의 가족을 위해 참마(yam, 고구마의 일종)를 성전에 바치기 위해 가져온다. 사제가 마을에서 재배된 참마의 개수를 세고 그 수를 모인 대중에게 발표한다.

식민지 침략자들은 일부 아프리카 사람들이 가지고 있는 이러한 두려움에 대해 거의 이해하지 못했고, 공감하지도 못했다. 통치자들이 아프리카인들에게 사람, 발, 가축의 수를 세도록 한 명령은 틀림없이 공개적인 투쟁을 촉발시켰다.

수의 상징과 미신

유럽의 연구자들은 수의 상징성과 금기 같은 것이 아프리카 수와 연관된 현상이 없다고 오해해 왔다. 종종 그들이 했던 해석은 유럽인의 것이었고 아프리카인의 것이 아니었다. 결과적으로 사람들의 세계관과 관련된 수와 미신 때문에 금기시되는 수 사이의 구분이 어려웠다. 여기에서 나는 유럽과 아프리카의 자료 제공자가 모두 제공해준 보고서의 내용을 설명하고, 이 보고서의 내용들을 서양 문화의 발전에 영향을 준 신념과 관계 지을 것이다.

고대 그리스의 피타고라스학파는 짝수를 여성적이고 지상에 속한 것으로, 홀수를 남성적이고 천상계와 관련 있는 수로 간주하였다. 수단의 많은 민족들은 수를 남성 그리고 여성과 관련지은 유사한 신념을 가지고 있다.

니제르 삼각주의 콜로쿠마 르조Kolokuma Ijo족은 홀수 중 특히 '3'은 남성과 연관이 있고 짝수 중 특히 '4'는 여성과 관련이 있다고 믿는다. 4일을 일주일로 하는 달력에서 첫째 날과 셋째 날은 남성에게 유리하며 강해지는 날이고, 둘째와 넷째 날은 여성에게 운 좋은 날이다. 비슷한 선상에서 크펠로족 남성을 가리키면서 '4'라고 언급하는 것은 그에게 저주가 있기를 바라는 것이다. 니제르 강 중류 지역인 도곤Dogon에서 여성들은 여성성을 보여주기 위해서 4줄로 줄무늬를 짠 옷을, 남자의 수 '3'은 남자들의 바지를 만들기 위해 함께 꿰매는 세 개의 줄무늬 세 세트로 표현된다.

프로베니우스Frobenius에 의하면, 아칸족들은 여왕은 '3', 그리고 왕은 '4'와 연관 짓는다고 한다. 그들은 좋아하는 수로 3, 5, 7, 9와 같은 홀수를 말한다. 그러나 라트레이Rattray에서는 아칸족의 한 부족인 아산테족은 5를 가장 불길한 수로 인식한다고 기록하고 있다. 아산테족 사람이라면 자신의 최악의 적에게만 무엇이 되었건 간에 5개의 물건을 줄 것이다!

어떤 사람이 고민(도시에서 직장을 구하기 위해 집을 떠나야 할 것인지, 사랑했던 사람을 배반해야 하는지, 엄마의 병이 뱃속 태아에게 영향을 줄 것인지)에 빠졌다면 점쟁이에게 조언을 구할 것이다. 이그보족의 신비술사가 점을 보는데 사용하는 물건에는 4개의 별보배조개가 포함되어 있다. 신비술사는 조개를 굴려 위치를 살핀다. 4개 모두가 벌려진 쪽이 아래로

그림 5-1 이그보족 신비술사는 4개의 별보배조개를 던졌을 때 나오는 결과를 가지고 예언을 한다. 가장 좋은 것은 4개 별보배조개 모두가 닫힌 부분이 위로 올라오도록 놓이는 것이다. 3개의 조개는 같은 모양이고 다른 하나만 반대의 모양으로 놓이는 것은 나쁜 예언이라고 생각했다.

놓인 것을 예언자는 가장 좋아한다. 가장 나쁜 재앙은 별보배조개 3개는 같은 모양이고 4번째 조개는 반대의 모양일 때이다.

이그보족 결혼식에서 빠지지 않는 필수적인 부분은 예언자에게 젊은 부부를 기다리고 있는 미래가 어떤지에 대해서 듣는 것이다. 여기에서 기호 4는 남부나이지리아의 대표적인 수이다. 아체베Achebe는 주술가의 의식용 물건은 4개의 작은 참마, 4조각의 흰 분필, 어린 야자수잎 4장이라고 설명한다. 그러고 나서 젊은 남자의 어머니는 시장에서 했던 것처럼 6마리씩 4무리의 가축을 센 후, 예언자에게 그것들을 주었다(《신의 화살》에서).

그리올Marcel Griaule이 저서 《오고뎀멜리와의 대화Conversations with Ogotemmeli》에서 언급했던 것처럼, 유럽 연구자들은 아프리카 사람들의 믿음에 대한 통찰을 파악하지 못했다. 인상적인 인터뷰 중에서, 도곤족의 한 맹인이 자신의 조상들이 갖고 있던 믿음을 밝혔다. 도곤족이 갖고 있는 우주론의 중심에는 수 8이 있다. 태초에 8개 도곤족의 조상인 8명의 시조가 있었다. 세계 질서의 설계자인 누모Nummo신령*이 여덟 개의 신성한 돌dougue을 일정한 배열로 동시에 낳았다. "이 신성한 돌은 8명의 시조 또는 8종류의 부족과 같은 수이다. 이들은 인류의 기원인 8명의 조상을 나타낸다. 즉, 8명의 인간, 8개의 씨족, 8개의 집단은 모두 신성한 돌과 같은 지위를 갖는다(p. 51)." 누모신령이 모든 축생을 창조했다는 의미에서 인간 영혼을 음미한다면, 8개의 별보배조개는 각각의 손과 발의 적당한 곳에 놓는다. "노인은 사람들이 손가락으로 수를 세기 때문에 '7번째 누모'가 손이 닿을 수 있는 가까운 곳에 가축을 두었다고 말했다. 사람들이 무역을 처음으로 시작하였을 때 여덟 개씩 세었기 때문에, 누도가 각 손에 여덟 개를 놓았다(p. 200)." "8을 넘는 수들에 대해서 사람들은 두 손의 손톱의 수만큼 8의 배수들로 세었다. 즉, 이것은 80이 된다. 8 곱하기 80, 즉 640이 최대수였다(p. 53)." 그리올은 후에 도곤족은 불어에서 '100'을 가리키는 말로 80의 단위를 세었지만, 10개의 80을 합쳐서 다음 단위인 800을 형성하였다고 덧붙였다. (이 책에서 '밤바라족의 100Bambara hundred'이란 주제로 한 화폐 관련된 장을 참고하라. 밤바라족은 니제르강 만곡부의 남쪽 도곤족 지역에 가깝게 살고 있다.)

쌍둥이의 출생은 도곤족 사이에서는 매우 주목할 만한 일이고, 수 8은 쌍둥이의 출생을 축복하고 행복하게 자라도록 기원하는 의식과 밀접하게 연관되어 있다. 실제로 8은 도곤족의 삶과 신념에 어디에나 존재한다. 붉은 구리선으로 둘러싸인 8개의 나사선이 태양을 둘러싸고, 8개의 기둥이 전통가옥을 지탱하고 있으며, 벽면의 길이가 8큐빗**인 정사각형 방을 만들고, 농사를 짓기 위한 작은 넓이의 땅도 같은 넓이로 만들었다.

도곤족의 우주론에서 8명의 조상 중 일곱 번째 조상이 세계 질서의 설계자이다. 이 조상은 천을 짜고, 천에 해당하는 언어를 모든 인간들에게 알려준다. 천으로 만든 물건을 뜻하는 단어인 소이scy는 '입말'을 의미한다. soy는 또한 7을 의미한다. 왜냐하면, soy를 만든 조상이 8명의 조상 중 일곱째에 해당하기 때문이다.

---

* 우리나라의 단군신화에 나오는 환인과 같은 인물

** 고대의 척도로, 팔꿈치에서 가운뎃손가락 끝까지의 43~53cm 정도의 크기

전세계의 많은 곳에서 숫자 7은 모든 다른 수들의 특징을 능가하는 신비로운 특징을 부여받았다. 메소포타미아인들이 7에 부여한 중요한 의미는 지구와 하늘에 대한 그들의 관점을 반영하고 한 주가 7일로 이루어진 형태로 우리에게 남아 있다. 19세기 후반에, 철학자 헤겔은 철학에 관심을 기울이지 않은 것에 대해 천문학자들을 비판했다. 그들은 7개의 행성 이상이 존재할 수 없다고 하여, 발견되지 않았던 행성을 찾는데 오랜 시간이 걸렸다.

7은 특히 많은 아프리카 민족들 사이에서 불길한 수이다. 콜로쿠마 르조족에게 7은 위대한 신성함과 연관되었기 때문에 피하는 수이다. 다음 장에서는 동아프리카의 키쿠유족이 갖는 7의 특별한 의미에 대해 이야기할 것이다.

수 7의 이름을 말하기를 피하고자 하는 바람은 같은 언어에서 발견되는 복합적인 이름에서 증명된다. 서부 수단의 만디악족Mandyak은 7=6+1로 7을 불렀던 것처럼 9에 대한 이름도 9=8+1로 합성해서 사용했다.

내가 수에 대한 합성어로 발견한 것 중 가장 이상한 예는 앙골라의 음분두족Mbundu의 언어에서 생겨난 것이다. 일곱(7)의 이름은 정말로 '6과 2'을 뜻한다! 나는 전도사로 오랫동안 그곳에서 지낸 헨더슨Lawrence Henderson과 이 주제에 대해 이야기를 나누었다. 그는 일곱(7)을 일컫는 원조 단어가 금기시된다는 사실을 음분두어로 이야기하는 사람에게서 들었고, 그 사람은 차례로 인류학자와 만난 적이 없는 더 나이 많은 사람에게서 전해 들었다. 그러므로 여덟(8)을 일컫는 단어도 그곳에 살짝 미끄러져 들어왔다. 여덟(8)에 대한 명칭은 '4와 4'를 의미하는 정통 반투어 낱말이다.

비슷한 구조가 말린케어에서도 나타나는데 6은 'woro', 2는 'fila' 그리고 7은 'woro-fila'이다. 델타포스Deltafosse는 7은 금지된 수이기 때문에 적당한 단어가 없었을 것이라고 진술한다. 그러므로 '6과 2'를 뜻하는 표현으로 대체되었다.

금기의 수는 또 다른 방법으로 다루어졌을 수도 있다. 화자는 금지된 수에 해당하는 몸짓만을 만들고, 반면에 청자가 이에 해당하는 단어를 말한다. 그러한 방법으로 위험은 둘 사이에서 나누어진다.

고대 헤브라이 사람들(유대인)은 또한 금기에서 빠져나갈 길을 찾기 위해 대용어를 만들었다. 헤브라이 수 기호는 알파벳 문자로 수어를 나타내는 그리스어와 닮았다. 보통 15는 10을 의미하는 'yod', 뒤에 5를 의미하는 'hed'를 썼다. 그러나 10 더하기 6뿐만 아니라 이러한 조합은 여호와의 금기된 이름과 철자가 같아진다. 그러므로 헤브라이어로 9+6의 조합은 10+5의 대용어로 쓰고, 16은 9+7로 나타냈다.

그리고 미국에는 얼마나 많은 빌딩들이 층수로 13을 건너뛰고 있을까? 내가 공동 소유의 아파트를 구입하려고 협상할 때, 나는 중개업자에게 (전망이 좋은) I 라인에 있는 모든 아파트 중 13-I만 제외하고 모두 팔렸다고 들었다. 특별히 싫어하지 않았기 때문에, 나는 13-I를 구입하기로 동의했다. 중개업자는 진지하게 나와 악수를 하며 나의 배짱을 칭찬했다. 우리가 이사한 후 바로 젊은 조합원이 조합 신문에 기사를 썼다. "우리 건물은 어린이들이 (우리 빌딩의) 층수를 세는 방법을 간단하고 정확하게 배울 수 있다. 이것은 엠파이어 스테이트 마천루와 다른 유명한 건물에서도 사라진 13층이 있기 때문이다."

제 3 부

일상생활 속의 수

20세기 초 영국 출신의 연구자 루트리지W. S. Routledge는 케냐의 키쿠유족이 거주하는 지역에서 나무와 단단한 덩굴식물 위에 세워진 훌륭한 현수교에 대해 기술한 바 있다. 루트리지는 영국에 있는 현수교들이 기술공학적으로 더 발달한 것이 없다는 것에 주목하였다. 직관적으로 판단컨대, 키쿠유족은 사람과 동물을 운반하기 위한 안정적인 구조물을 축조하기 위해서 수학적 개념들을 사용했음에 틀림없다.

수는 시간의 분할, 화폐의 사용, 시장에서 생활필수품의 무게를 달고 길이를 재는 다양한 방법으로 아프리카 사람들의 일상생활 속으로 스며들었다. 우리는 이런 것들 중 일부에 대해서 알아보고자 한다.

그림 6-1 사금의 무게를 재는데 사용된 아산테족의 황동 저울추. 옛날에 상거래를 정기적으로 하는 모든 사람들은 자기 소유의 12개가 한 벌인 저울추를 소유하거나 저울 추 한 벌을 빌릴 수 있는 길을 알고 있었다. 왕실의 국고에 있는 한 벌의 저울 추는 가치가 매우 높다. 저울 추는 값싼 물건을 포함한 모든 상거래에서 사용되었다. 역사적으로 이들 저울 추는 적어도 1600년대로 거슬러 올라간다. 여기에 소개한 것은 현존하는 수천 개의 패턴들 중 일부이다. 상단 왼쪽에 있는 이중 나선형 장식은 절대자가 창조했다는 징표이다. 하단 오른쪽에 있는 것은 아프리카인들의 게임인 와리용 게임 판으로 약 4센티미터 길이의 작은 판이다. 실제 땅콩 같은 저울 추, 개복치(하단 왼쪽) 저울 추, 상상의 동물과 새 모양을 한 저울 추, 일상적인 삶을 수행하는 사람 모양의 저울 추 등 모두 아름답게 만들어졌다. 워싱턴 D.C. 스미소니언 박물관

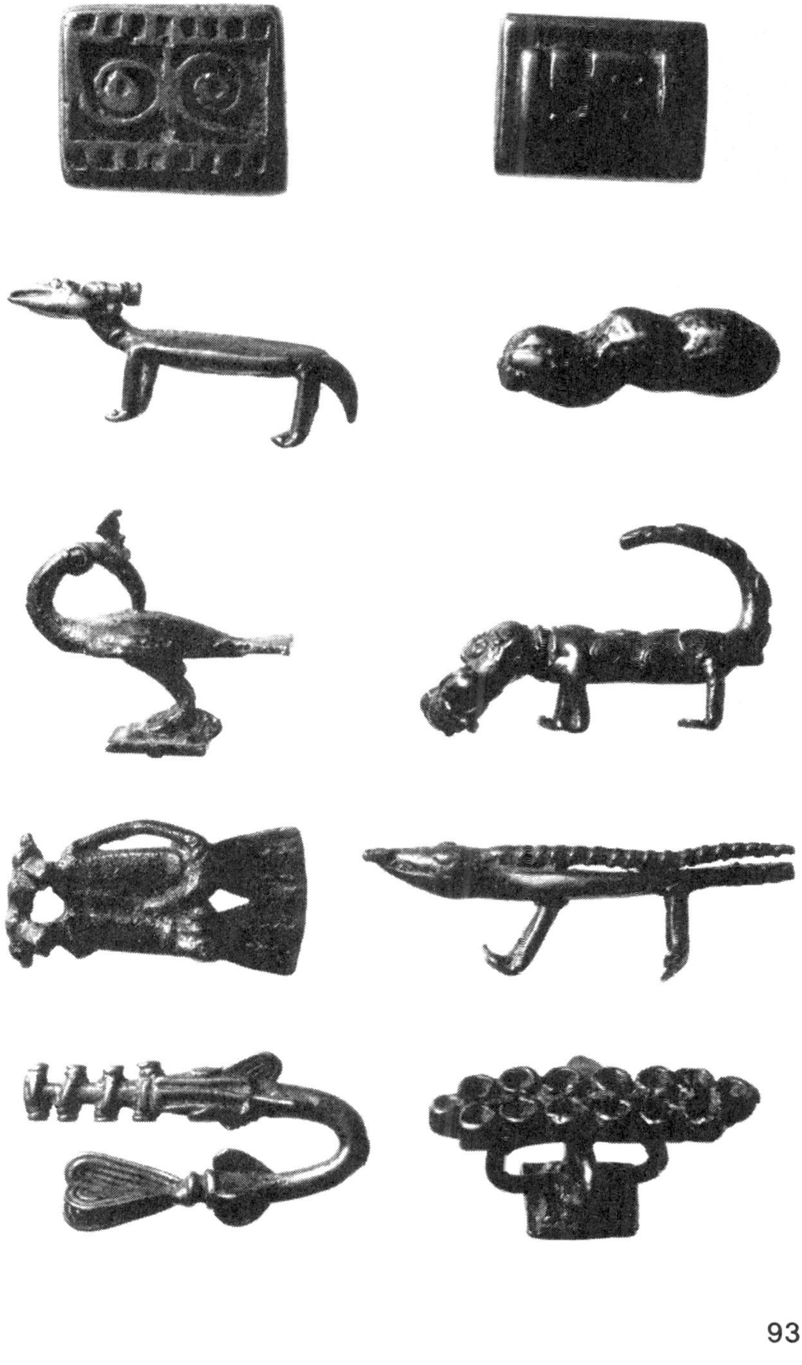

제6장 아프리카 사람들의 시간 개념

시간의 자연스런 분할

고도로 산업화된 사회에 살고 있는 사람들 중에서 시간의 편제에 영향을 받지 않은 사람은 거의 없다. 열차 시각에 맞추고, 직장 또는 학교에 제 시각에 도착하고, 점심시간에 맞추어 쉬는 시간을 갖고, 귀가 기차를 타고, 6시 뉴스 시간에 맞추어 텔레비전을 켠다. 아프리카 사람들의 전통적인 생활에서 자연 그 자체가 시계이다. 이그보족 출신의 작가인 오지크Mbone Ojike는 하루일과를 자신의 민족과 관련지었다. 해와 달은 들꿩의 울음소리, 올빼미의 울음소리, 수탉의 아침 홰소리를 동반하는 시간 계시자이다. 두 번째 수탉의 홰소리가 마을을 깨우고, 세 번째 홰소리는 일꾼들을 들판으로 내보낸다. 저녁 식사 시간은 땅거미 질 무렵의 새들의 노래소리로 알게 된다.

빈번하게 하루의 한때를 '물 길어올 시간', '소 떼를 집으로 몰고갈 시간'과 같은 주 활동에 상응하는 이름들을 부과한다. 밤에 귀뚜라미의 울음소리는 잠자리에 들라는 배경음악이 된다. 귀뚜라미가 울지 않으면, 날이 밝아 온다. 농부들과 짐승 몰이꾼들은 행성들의 위치, 특히 금성의 위치에 따라서 아침과 저녁을 인식한다.

우간다에 있는 마케레레Makerere 대학의 종교학과 학과장이며, 신부인 음비티John S. Mbiti 박사는 《아프리카인의 종교와 철학African Religions and Philosophy》에서 아프리카 사람들의 시간 분할에 대하여 논의하고 있다(pp. 20–21).

전통 사회에서는 **하루**日를 중요 일과에 따라 판단한다. 예를 들어, 우간다의 안코레족Ankore은 소가 사람들의 최대 관심사이다. 그래서 하루는 소와 관련된 일과를 참고로 판단한다.

달月은 달이 변하는 모양 때문에 태양력보다는 태음력으로 인식된다. 사람들의 생활에서 어떤 행사는 특정한 달과 관련지어 달의 이름을 가장 중요한 행사나 가장 일반적인 기후 조건을 따서 붙인다. 예를 들어, '더운' 달, '첫 비가 오는' 달, '씨 뿌리는' 달, '콩 수확' 달, '사냥' 달 등이 있다. '사냥' 달이 25일 또는 35일 지속되는 것은 중요하지 않다. 사냥이라는 행사가 그 달의 수학적 길이보다 훨씬 더 중요한 것이다.

년年도 마찬가지로 행사로 구성되어 있는데 하루나 달을 구성하였던 행사보다 더 큰 규모로 이루어져 있다. 공동체가 농경사회였다면, 계절별 활동으로 농사력農事曆이 구성된다. 예를 들어, 적도 근처에 살고 있는 사람들은 두 번의 우기와 두 번의 건기를 인식한다. 4번의 절기가 일년이 되기 때문에 4번의 절기가 돌아가면 한 해가 지난 것이다. 실제 날짜의 수는 상관없다. 왜냐하면 일 년을 수학적 날짜의 수로 인식되는 것이 아니라 행사로 인식하기 때문이다. 그러므로 어떤 해는 날짜가 350일이 될 수도 있고, 어떤 해는 390일이 될 수 있다. 매년 날짜의 수가 다를 수 있지만 절기의 수와 정기 행사는 같다.

매년 수학적 길이가 다르기 때문에, 전통사회에서 수로 표시한 달력은 불가능할 뿐만 아니라 의미가 없다. 한 해年를 청산하고 나면, 아프리카인의 시간 개념은 기록으로 남지 않고 중요하지도 않다. 사람들은 밤이 가고 낮이 오고, 달이 이울어지고 다시 차가는 것처럼 끝없이 반복주기로 해가 가고 또 오기를 기대한다. 사람들은 우기의 행사, 파종, 추수, 건기, 다시 우기, 다시 파종 등등이 영원히 계속될 것을 기대한다.

음비티 박사는 아프리카인의 시간 개념을 요약하였다(p. 19).

아프리카인이 시간을 계산하는 것은 행사와 관련한 구체적이고 특정한 목적 때문이지 수학적 목적을 위해서가 아니다. 시간은 여러 행사로 구성되어 있기 때문에, 아프리카인은 행사와 관련 없이 시간을 계산할 수도 없고 하지도 않는다. 한두 예외가 있을는지 모르겠지만, 수를 기반으로 한 달력은 내가 알고 있는 한 아프리카 전통 사회에서는 존재하지 않는다. 그런 달력이 존재한다면, 그것은 아마도 현재로부터 수십 년 전까지의 짧은 기간 동안 존속하였을 뿐 수백 년 전까지 거슬러 올라가지 않는다.

수를 기반으로 한 달력 대신에 아프리카 사람들은 '현상달력'phenomenon calendar이라고 부르는 달력을 사용한다. 이 달력에서 시간을 구성하고 있는 행사 또는 현상은 이들 간의 관계에 의해서 계산되거나 고려된다. 예를 들어, 임신부는 임신한 개월 수를 음력으로 센다. 여행자는 한 여행지에서 다른 여행지까지의 날짜 수를 센다. 하루, 한 달, 일 년, 사람들이 살아가는 시간, 즉 인간의 역사는 특정한 행사로 나누어져 있고 계산된다. 왜냐하면 이런 행사들이 그들에게 의미 있기 때문이다.

예를 들어, 태양의 일출은 모든 공동체가 인식하는 행사이다. 그러므로 태양이 떠오르기만 하면 일출 시간이 아침 5시이건 아침 7시이건 중요하지 않다. 어떤 사람이 누군가를 일출 시간에 만날 것이라고 말할 때, 만남이 일반적인 일출 시간이기만 하면, 아침 5시든 7시든 중요하지 않다. 마찬가지로 사람들이 저녁 9시에 잠자리에 들건 자정에 잠자리에 들 건 시간은 중요하지 않다. 중요한 것은 잠자리에 드는 행사이다. 어느 날은 밤 10시에 잠자리에 들고 다른 날 밤은 자정에 잠자리에 들건 그것은 중요하지 않다. 사람들에게 시간은 행사란 점에서 의미 있는 것이지 수학적 관점으로 의미 있는 것이 아니다.

서구 사회나 과학문명 사회에서 시간은 활용되고 매매되는 상품이다. 그러나 전통적인 아프리카 사회에서 사람들은 시간을 만들어내야 한다. 인간은 시간의 노예가 아니다. 대신에 인간은 자신이 원하는 만큼의 시간을 '만들어낸다.'

아체베는 자신의 소설 《신의 화살Arrow of God》에서 이그보족 성직자의 이야기를 한다. 이 성직자는 자신의 목적에 맞게 시간을 '재생산한다.'

나이지리아의 이그보족에게 참마는 주식이다. 추사감사절 의식 중 참마 축제에서, 새 달月 의식에 사용하기 위해서 그 마을의 성직자의 저장고에 보관하려고 13개의 아주 잘 익은 참마를 선정한다. 새 달이 처음 시작되는 저녁에, 이 성직자는 모든 사람들이 들을 수 있게 징을 친다. 그러고 나서 성직자는 자신의 저녁 식사를 위해서 잘 익은 참마 중 하나를 굽는다. 이 신성한 의식을 하는 동안 누구도 성직자를 방해해서는 안 된다.

아체베는 이 종교의식이 방해받았을 때 전 부족에게 닥칠 끔찍한 결과를 진술하고 있다. 성직자의 의무로 단 한 개의 잘 익은 참마가 저장고에 남았을 때 햇참마를 추수할 시기를 알린다. 전체 농사 주기와 부락민들의 생존은 음력 달력에 의존한다. 그러나 성직자 에체울르Ezeulu는 선례가 없는 행동을 어쩔 수 없이 하게 되었다. 이 지역에 영국에서 파견된 관리자가 그를 관리사무실로 오라고 소환하였고, '추장' 직을 맡아줄 것을 요청받았다. 이를 통해서 영국은 간접 통치 정책을 펼치려는 의도를 갖고 있었다. 에체울루는 영국의 흉계를 알아차리고 거부하여 투옥되었다. 두 번의 새 달이 지나고 난 후에야 에체울루는 석방되었다.

곧 참마는 도톰해지고 실해졌지만, 에체울루는 수확일을 공포하기를 거부하였다. 사람들은 굶주려 야위어갔다. 자포자기한 부족회의 대표단은 에체울루에게 사정하였지만 끄덕도 하지 않았다. "당신들 모두 우리가 어떤 관습을 지키고 있는지 알고 있지요. 나에게 단 하나의 참마가 남았을 때 그리고 나만이 새로운 축제를 선포할 수 있습니다. 오늘 나는 3개의 참마를 갖고 있어요. 그러니 그 시기가 아직 되지 않았습니다. 돌아들 가시오(p. 259)." 대표단 중 한 사람이 마을 사람들에게 "우리는 성직자에게 저장고에 가서 참마를 먹으라고 요구하고 그 결과에 대한 책임은 우리가 지겠다고 했습니다. 그러나 그는 그렇게 하지 않았습니다. 왜냐하면, 여섯 부족이 백인에게 그를 죽이는 것을 허락하였기 때문입니다. 그는 우무아로족을 징벌할 방법을 찾고 있었고 바로 지금 그 기회를 잡았습니다."라고 말했다.

인간이 만들어낸 시간의 분할

아프리카 대륙, 특히 서아프리카의 도시화된 지역에서 시장 경제는 3일, 4일, 5일, 6일, 7일, 8일을 일주일로 삼는 달력과 관련이 있다. 서부나이지리아의 요루바족, 이그보족, 비니족은 4일을 일주일(이런 달력을 이하 '4일-일주'로 표기)로 한다. 콩고의 일부 민족들도 그렇게 정하고 있다. 서아프리카의 일부 지역에서 일주일의 각 요일의 이름은 요즈음 시장이 열리고 있는 지역에 실재하는 주요 도시들의 이름이다. 이그보족 사람들은 마을 부락들을 소부락으로 분리한다. 소부락은 4일-일주 범위 내에서 서로 다른 요일에 안식일을 갖는다. 또는 이들은 '대주大週'라고 부르는 '2주' 범위 내에서 안식일을 갖기도 한다. 안식일에 마을 사람들은 집안의 소소한 일을 하고, 취미 생활을 즐기고, 지인을 방문하기 위해서 농사일을 자제한다. 이 특별한 날에 같은 장소에서 축제를 개최하고, 의식을 치르고, 시장을 연다. 오늘날 이그보족은 대부분 8일장을 고수하고 있다.

나이지리아 북쪽 깊은 곳에 살고 있는 티브족은 5일장을 연다. 즉, 이들은 5일-일주로 일주일을 정하고 있다. 사람들은 각 마을을 5개 시장 중의 하나의 중심지로 보고 순회하는 기준에 따라 다른 날에 각 마을에 모인다.

7일-일주는 일반적으로 이슬람교나 개신교들의 밀집 지역에서 사용된다. 또한 종교로부터 영향을 받지 않은 가나의 일부 지역에서도 7일-일주를 또한 관례적으로 사용된다.

연령 계급

많은 아프리카 사회에서 공통적으로 사용하는 연령 계급 체계를 살펴보면 시간을 기록하는 독특한 방법을 알 수 있다. 연령 계급 체계가 존재하는 지역에서, 연령 계급을 구분하는 것은 사회 조직의 가장 뚜렷한 특징이다. 예로 동이그보족 마을을 보자. 3년 주기로 같은 주기에 태어난 어린이들을 같은 연령 주기로 묶어 서로 협력하며 살도록 한다. 매 9년 주기로 35세와 45세 사이의 남자들로 이루어진 세 집단을 한 연령 계급으로 구성하는데, 이 집단은 경찰 기능과 마을의 연장자들의 결정을 수행하는 책무를 진다. 그러고 나서 이들은 원로의 반열로 승진하고, 마을과 지역을 위한 결정권자로서의 기능을 하게 한다.

아체베의 책《신의 화살》에서, 영국 식민 통치 정부를 위한 길을 건설하기 위해 젊은이들을 징집하는 문제로 부족회의가 열렸다. 마을 부족회의는 토론에 참여시킬 영국 관리자를 위해 일하는 마을 주민 한 사람을 초대하였다. 일부 부족회의 구성원들은 자신들의 심의에 다른 연령 집단의 참여를 반대하였다. 다른 부족회의 구성원들은 이것은 특수한 경우라고 하며 백인에 관해서 알고 있는 사람을 참여시켜야 한다고 하였다.

특정 연령대에 따른 이름으로 과거의 사건 발생 시기를 알 수 있다. 케냐타Kenyatta는 자신의 책《케냐 산과의 직면Facing Mount Kenya》에서 각 연령 집단이 몇 가지 중요한 사건, 예를 들어, 기근이나 유럽인에 의한 매독의 소개에 따라 부여되는 것에 대해 이야기하고 있다.

자신의 연령대에 대한 충성은 자신의 가정에 충실한 것과 동일시된다. 갑작스럽고 순식간에 일어난 마사이 소떼의 급습 또는 19세기 줄루 왕 샤카의 정복군에 대항하기 위해서 군인들을 징발해야 할 때 이것을 토대로 하였다. 기니비사우의 식민지 시대에 포르투갈에 대항한 게릴라전은 잘 조직되고 훈련되었다. 이 전투는 바란테족의 연령 체계에 기초하였다.

구전

구전은 문자를 갖지 않은 사회에서 과거 사건들의 연대를 추정하는 데 중요한 역할을 한다. 저녁마다 노인들은 어린이들을 불러 모아 조상들의 이야기를 재강조한다. 대규모로 각 왕정은 역사가를 두었다. 역사가는 현 왕조에서 뛰어난 업적을 암송하는 '역사 구송자口誦者' 기능을 한다. 세대를 거치면서 왕명의 목록은 역사에서 사건의 연대를 추정하는 중요한 수단이다. 몇몇의 왕명 목록을 어림잡아 보면, 왕조가 7세기 또는 8세기에 걸쳐 이어졌음을 알 수 있다. 사실상 콩고 지역의 쿠바족의 왕조는 15세기에 걸쳐 번성했다.

르완다에서 광범위한 연구를 한 포기스Des Forges는 다음과 같이 적고 있다. 세대가 지남에 따라 시간은 주어진 군주 또는 한 지역의 대표자의 통치, 또는 일부 관계자들의 생애에 의해서 계산된다. 하지만 르완다에서 구전 역사는 성행하고 있다. 나는 자신들의 조상을 10세대 그리고 14세대까지 말하는 어린 아이들을 만난 적이 있다.

제 7 장 수와 돈

무역과 통화에 관한 질문은 대개 수 체계와 무게와 부피 체계의 발달과 관련된다. 인류의 초기 시대부터 생활필수품의 교환이 아프리카인들끼리, 또는 그들과 다른 세계 사이에 이루어졌다는 증거들이 많다. 원거리 무역의 위대한 시기는 기원후 900년경부터 이슬람 권력의 시작과 함께 이루어졌고, 지식의 대부분은 아랍어 기록에 의존한다. 이러한 무역은 사하라 북쪽과 남쪽을 연결하였다. 그리고 이집트로부터 서쪽을 가로질러 수단까지, 북쪽 아래로 동부해안까지 확장되었다.

아프리카의 통화는 가축에서부터 금까지, 소금에서부터 노예까지 범위가 다양하다. 어떤 사회에서는 물물교환이 무역의 기본이었으며, 반대로 어떤 사회에서는 금의 표준화된 형태가 통화의 기본이었다. 내적 사용가치를 지닌 물건이 통화로서 사용되었다. 별보배조개껍데기와 구슬은 장식에 사용했고, 동괴銅塊와 철은 도구를 만드는 데 사용했다.

물물교환

통화가 대중적으로 널리 사용되기 전과 통화가 소개된 후에도 무역은 물물교환으로 이루어졌다. 2000년 전에 헤로도토스는 서부해안에서 카르타고인과 아프리카인 사이에 있었던 조용한 물물교환에 대해서 기록하고 있고, 이러한 물물교환은 의사소통이 되지 않는 사람들 사이에서 지금도 행해지고 있다. '벙어리 물물교환Dumb barter'의 전형적인 형태는 고대 가나인이 금을 채광하여 소금, 구리, 옷, 별보배조개와 거래하는 것이다. 가나를 부자로 만든 금은 가나의 정치적 지배를 받지 않던 왕가라족Wangara이 채광하였다. 아랍인으로 여행가인 마수디Masudi는 기원후 950년에 이 무역에 관해 서술하였다(Shinnie, p. 45-

46). “상인들은 이 지역에 도착하면, 물건과 옷을 바닥에 놓고, 수단 사람들은 가지고 온 금을 물건 옆에 놓고 물건을 들어 올린다. 물건 주인들은 물건을 다시 제자리로 돌려놓고 가격이 정해질 때까지 가격을 올린다.” 1832년에 유럽인은 참마를 소리 없이 거래하는 나이든 이그보족 여인을 묘사했다. 서로 말을 하지 않는다. 이러한 교환은 정직성을 바탕으로 이루어진다.

어느 지방의 7일 장터에서 한 바구니의 참마와 창을 교환하였고, 어떤 종류의 통화수단도 그림 속에 나타나지 않는다. 1903년경에 로열 니제르 회사는 이러한 물물교환에 바탕을 두고 대부분의 교환을 실시하였다. 이 영국 회사는 이러한 방법으로 많은 추가 이익을 만들어냈다.

아프리카 일부 지역에서는 현재까지도 원주민들은 세금을 내지 않고, 시장을 가고 돈이라는 것을 전혀 사용하지 않고 있다. 탄자니아의 니안자 호수 근처의 무엔지 지역에서는 1965년에 하루 일당이 콩 2파운드였으며, 근로자들은 이 콩을 다른 물건들과 교환할 수 있었다. 만약 그가 참마를 원한다면, 참마를 가지고 있고 콩이 필요한 사람을 찾아가 “나는 콩을 가지고 있고 참마를 갖고 싶소.”라고 말한다. 그러면 뒤이어 콩의 양을 대체하는 참마의 수를 정하는 토론을 한다. 만약 합의를 못하면, 교환을 할 때까지 더 멀리 찾아다녀야 한다. 어떤 사람은 음식을 소금으로만 교환하려고 했으며, 이 지역에서는 이것이 전통적인 방법이었다.

황금무역

951년에 아랍 여행자인 호칼Ibn Hawkal은 세계에서 가장 부자인 가나 왕국에 대해 기술하였고, 사하라를 왕복하는 무역에서 4만 2000골드디나르*를 받았다고 서술하였다. 약 100년 후 알 바크리Al-Bakri는 아프리카 무역의 전체적인 시스템에서 가장 가치 있는 고대 가나의 금화폐에 대해 서술하고 있다. 통치자는 금의 가치를 유지하려면, 공급을 통제해야만 한다는 것을 알았다. 결과적으로 모든 금덩어리는 왕이 소유하였고, 사금은 일반인들이 소유할 수 있었다.

* 이라크, 요르단, 튀니지, 이집트 등의 고유 화폐단위

그림 7-1 아산테의 놋쇠는 사금의 양을 재기 위한 것이다. 이와 같은 무게의 표현은 일반적으로 속담과 관련이 있다. 무게의 패턴과 거래하는데 포함되는 사금의 양과는 관련이 없다. 맥르드M. D. McLeod는 다음과 같이 적고 있다. "값의 절대적인 크기는 이론상으로 존재하고, 보통은 공식적으로 이해했다. 그러나 각각의 값은 특정한 무게의 구성과는 관련이 없다." ("Goldweight of Asante," Africa arts, UCLA, V#1(Autumn, 1971), pp. 8-15.) 워싱턴 D.C. 스미소니언 박물관.

고대 말리 왕국의 전설적인 왕은 만사 무사Mansa Musa이다. 1324년에 그는 메카로 순례여행을 하였는데, 그곳은 몇 년 후에 동아시아로부터 경제적인 영향을 받았다. 그는 6000명의 카라반과 함께 여행을 하였고, 25만 미스콸*의 금(백만 파운드가 넘는 양)을 가지고 돌어왔다. 그는 매우 관대하게 이 재산을 유통시켰으며, 이것은 12년 동안 이집트의 디나르의 가치를 떨어뜨렸다.

이 시기에 아프리카의 금광산은 유럽 통화의 근간을 제공하였다. 송하이 제국은 자국의 금을 사하라의 북쪽을 가로질러 상아, 흑단, 노예와 함께 보냈다. 그 대가로 송하이 제국은 구리와 철, 놋쇠로 만들어진 물건과

* 약 3641g

유럽의 검, 섬유, 무엇보다 가장 중요한 소금을 받았다.

사금의 무게를 측정하는 아산테족 체계는 서아프리카에서 널리 사용되었다. 무역업자들은 아산테족의 추장과 상인이 소유하고 있는 다양한 형태의 놋쇠 모양과 기하적인 형태에 점차 익숙해졌다. 그들은 사금의 양을 재기 위해 보석의 부피를 사용하였다. 예를 들면, 18세기에 금의 양을 환산하면, 24담바damba 또는 12타쿠Taku는 1골드아키gold ackie, 즉 16온스로 환산된다.

동부해안에서 상아와 금은 가장 중요한 수출품이었다. 킬와Kilwa*와 같은 도시 형태의 스와힐리Swahili에서 아프리카 무역업자들은 모노모타파 광산에서 채취한 금 또는 내륙지역의 상아를 해외에서 들여온 옷이나 구슬과 교환하여 구입하였다. 아랍과 포르투갈의 기록에서 우리는 킬와의 통치자가 구슬과 의류 상인으로부터 금과 상아를 교환하기 위해 정해진 금의 무게 단위를 필요로 했음을 알 수 있다.

포르투갈인은 16세기부터 이러한 무역을 지배하기 시작했고, 잠베지Zambezi 제국과 모노모타파 제국의 전설적인 부의 근원인 금광산과 은광산의 위치를 알아내려고 부단히 애를 썼다. 비록 이들 제국의 통치자는 잠시 동안이나마 포르투갈인으로부터 광산의 위치를 숨길 수 있었으나, 노예로 끌려가는 것을 막지 못했고 결국 그들의 문화는 파괴되고 말았다.

조개 화폐

아프리카에서 가장 대중적인 화폐는 별보배조개라는 조개껍데기였다. 구석기 시대 사람들이 그린 동굴벽화에 별보배조개가 나타나 있다. 고대 이집트인들에게 별보배조개는 주술적인 의미를 지니고 있으며 풍요의 부적이었고, 어떤 경우에는 외부와의 거래를 위한 화폐 기능을 하였다. 고고학자들은 파라오의 무덤에서 수백만 개의 별보배조개를 발견하였다. 13세기까지 아프리카는 작은 조개껍데기로 홍수를 이루었다.

별보배조개는 인도양에 있는 몰디브 원주민으로부터 사하라를 거쳐 이

---

* 탄자니아에 있는 도시로 세계문화유산에 등재되어 있다.

집트에서 서쪽의 수단지역에 이르기까지 아랍 상인들에 의해 소개되었다. 그 후에는 서아프리카의 기니아 해변의 항구에 입항하는 수단으로 이용되었고, 독일인과 영국인들은 중개인의 역할을 하였다. 이 화폐는 부분적으로 19세기 동안 화폐의 가치를 저하시킨다는 이유로 유럽인으로부터 경멸의 대상이 되기도 하였다. 무명의 독일 여행가는 1747년에 다음과 같이 서술하였다. "조개껍데기를 경멸하기를 좋아하는 사람들은 조개껍데기가 금이나 은과 같은 내재적 가치를 가진 일반적인 표준으로 적절하다는 것을 생각하지 못한 것이다." 영국의 상인인 클래퍼턴Hugh Clapperton은 별보배조개껍데기 화폐를 위조의 가능성이 전혀 없는 편리한 수단으로 보았다.

유럽의 상인은 아프리카인이 금 화폐보다 별보배조개껍데기 화폐를 더 선호하는 것을 이상하게 생각하였다. 우리는 적어도 3가지 기능(가치의 척도, 교환의 중개물, 부의 축적 수단)을 가지고 있어야 화폐로 생각하는데 익숙하다. 동전이나 지폐는 본질적으로 기능적인 가치를 가지고 있지 않다는 것을 인정한다. 그러나 전통적인 아프리카인의 태도는 매우 달랐고 아프리카인은 참마는 점점 비싸지고, 별보배조개는 점점 싸질 것이라고 생각하였다. 유럽의 상인들은 내재적 가치를 갖고 있는 물건으로서의 화폐의 필요성에 직면하게 되었다. 1592년에 작성된 보고서에 따르면, 앙골라의 르완다 사람들은 노예 값으로 별보배조개 화폐를 대신해서 금화폐 받는 것을 거절했다고 보고하고 있다. 사실 그들은 물건 두 개마다 15%를 할인해 별보배조개 1루푸쿠(lufuku, 1개의 단위)를 받기를 선호하였다. 별보배조개는 수천 가지의 다른 방법으로 꾸며졌다. 그들은 신부를 데려오기 위한 수단 또는 세금을 지불하는 방법 등의 여러 가지 특별한 목적으로 화폐가 필요하게 되었고, 작은 물건들을 구입하는데 이용하였다. 금화폐가 어디에 쓸모가 있었겠는가?

심지어 국제적인 교환 화폐로서 금이 선호되는 지역에서조차 별보배조개는 사소한 것(한 끼 식사, 진흙 도자기 등)을 구입하는데 여전히 필요했다. 아프리카누스Leo Africanus는 16세기에 이렇게 적었다. "팀북투Timbuktu의 동전은 어떠한 도장이나 서명이 없는 금이다. 하지만 페르시아 왕국에서 가져온 물건들을 살 때, 가치가 작은 물건은 조개 껍데기를 사용한다."

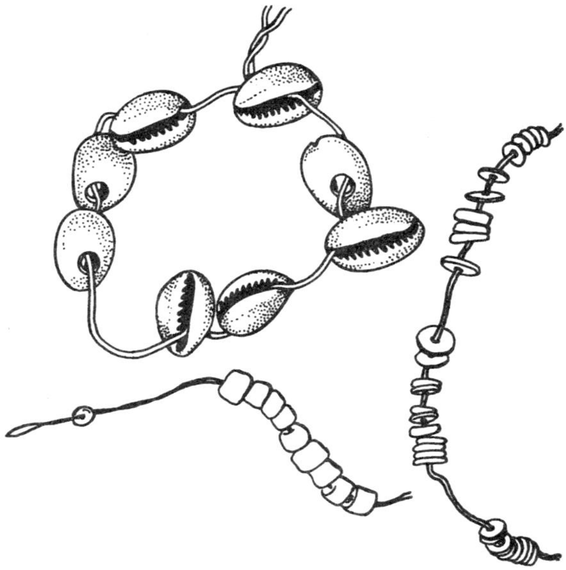

그림 7-2 통화 꾸러미 : 별보배조개껍데기, 무역 구슬, 상아 원반

탕헤르Tangie의 여행가인 바투타Ibn Battuta는 14세기 중반에 다음과 같이 보고하였다. "가오Gao의 원주민은 물건을 사고파는데 조개껍데기를 이용하였으며, 말리Malli에서도 마찬가지였다." 그는 계속해서 별보배조개와 금의 환산에 대해 이야기하였다. 가와와 말리에서는 금화 한 닢은 1150별보배조개껍데기인 반면, 1200개의 별보배조개껍데기는 큰 미스콸과 교환된다. 이 미스콸은 아랍 무게 단위로 75그레인*과 같다.

별보배조개 세기

여러 민족의 수 체계와 별보배조개 화폐의 관계를 분석하는 것은 매력적인 학문 분야이다. 어떤 셈법 체계는 별보배조개를 세는 법 때문에 널리 퍼지게 되었다. 별보배조개

---

* 야드-파운드법의 질량단위. 기호는 gr. 그레인은 '곡식의 낟알'을 뜻하며, 고대에서는 도량형의 기준이 되었다. 상용 1그레인은 1/7000파운드로 64.8mg에 해당한다.

를 산술적으로 세기 위해 특별한 셈법이 종종 사용되었다.

리움Raum 박사는 《아프리카의 산술Arithmetic in Africa》(p. 58)에서 "에웨족Ewe의 경우에 원주민의 경제 활동은 매우 철저하게 연구되었으며, 비록 여기서 언급한 일부 풍습은 없어졌지만 이들은 특히 아프리카인에게 아직도 알려져 있는 일종의 곱셈 과정을 보여준다." 기니아 해변에서는 40개의 별보배조개껍데기가 줄로 묶어져 있는데 이것을 에웨족 사람들은 호카라고 부른다. 일용품의 가격은 40의 요소와 나머지가 첨가되어 구성된다. 내륙지역에서 호카는 35개의 별보배조개로 만들어지고, 이 단위는 7개씩 5묶음으로 센다. 라움 박사는 "빠르게 세는 에웨족 사람들은 (20×3)+10=70으로 나타내기도 하고 2호카라고 나타내기도 한다."고 적고 있다. 별보배조개껍데기가 아닌 다른 물건의 수를 셀 때에는 20개씩 1묶음(10개씩 2개)으로 세기도 하며, 이를 아메누amenu라고 부른다. 5아메누는 1ga이고, 100을 나타낸다.

이그보족 사람들은 특별한 명명법으로 고유한 별보배조개를 세는 방법을 가지고 있다. 먼저 그들은 6개씩 세며, 6개씩 10묶음은 60개를 나타낸다. 디크 박사는 100년 전에 별보배조개 사용이 그 지역에서는 가장 일반적인 방법이었다고 회상하고 있다. 몇 가지 환산의 예는 다음과 같다.

6 별보배조개 = isiego (isii=6, ego= 돈)
12 별보배조개 = ego nabo (2개의 단위 돈)
18 별보배조개 = ego nato (3개의 단위 돈)
60 별보배조개 = ego neri (10개의 단위 돈) = ughu (새로운 단위)

다음 단위는 1200(20×60)과 24000(20×1200)이다. 제프리스Jeffreys는 '별보배조개'에서 완성된 체계를 설명하고 있다. 그는 9600000(10×60×20^4)까지 표로 작성하였다.

어떤 사람도 팀북투와 가오 지역의 니제르 협곡을 지나는 기니아 해안가로부터 니제르 강에 이르기까지 여행을 하면서 별보배조개를 세는 방법에 적용된 다양한 체계의 수수께끼를 풀어내지 못했다. 유용한 자료에 따

금의 양(온스)	금 단위의 이름	별보배조개 화폐 환산
3/20＝0.15 (대략적인 값)	큰 mithqal(75 grains)	12×100＝1200 별보배조개 12 Muslim hundreds
12/100 ＝ 0.12 (대략적인 값)	작은 mithqal 또는 gros (60 grains)	12×80＝960 별보배조개 12 Bambara hundreds
	soa(Asante 체계에서의 기본 무게 단위)	12×60＝720 12 Mandingo hundreds
1/16 ＝ 0.06+	ackie(coastal)	12×40＝480 12 strings

표 2 별보배조개과 금 화폐 환산표(1500년경)
(Marion Johnson : "The Cowrie Currency of West Africa," Part Ⅱ, Journal Of African History, 1970 No. 3. Page 333.)

르면, 표 2는 1500년경의 별보배조개 화폐의 상태를 나타내 주고 있다.

19세기 유럽인의 자료에서 더 많은 정보를 얻을 수 있다. 별보배조개는 대체적으로 5씩 묶어 세며, '100' 으로 한 더미를 만든다. 그러나 '100' 은 그 지역의 관습에 따라 60, 80, 100이 될 수도 있다. 비록 밤바라족은 8×10별보배조개를 'Keme' 라 부르지만, 별보배조개가 아닌 다른 물건의 수를 셀 때는 10×10을 나타낸다. 1866년에 프랑스 사무관인 마지Mage는 다음과 같은 환산을 제시하였고, 그 과정을 서술해 놓았다.(M. Jonson Part Ⅰ, pp. 38-39에서 인용)

8 × 10 = hundreds (80)
10 × hundreds = thousand (800)
10 × thousand = ten thousand (8000)
8 × ten thousand = one hundred thousand (64,000)

과정은 다음과 같다. "그들은 오랜 훈련을 통해 민첩하고 빠르게 한 번에 별보배조개를 5개씩 집어낸다. 이러한 방법으로 5씩 16번을 세고, 그것들로 한 더미로 만든다. 그 더미가 hundreds(80)이다. 이러한 더미를 5

개 만든 후, 다시 5더미를 더 만들어 합친다. 그러면 thousand(800)이 만들어진다. 상인과 부인은 실수를 피하기 위해 보통 5개씩 작은 더미를 만드는 것부터 시작해 8더미를 만든 후 절반의 hundreds(40)를 만든다."

이러한 다양한 그룹화를 어떻게 설명할 것인가? 어떤 연구자들은 진법의 기초가 6 또는 8로부터 나왔고, 그러한 경우 아마도 밤바라(8을 기반으로 한) 진법을 계승한 것이며, 초기의 8×8이 8×10으로 조정된 것을 바탕으로 좀더 높은 수준에 적용된 것이라고 주장한다. 그러나 이러한 체계가 왜 별보배조개 세기에만 적용되었는가? 앞에서 보았듯이 밤바라족 사람들은 별보배조개가 아닌 다른 것을 셀 때는 10×10=100을 사용한 것이다.

좀더 신뢰성 있는 설명은 아인지그와 존슨의 설명이다. 이들의 설명은 이익금이 명수체계로부터 발생한다는 것이다. 예를 들면, 대상大商이 소금 막대 5개를 '1hundreds thousand' 별보배조개(실제로는 64000)로 샀다. 그러고 나서 작은 양으로 나누어 1막대당 20000을 받았다면, 이익은 1막대당 7200별보배조개의 이익을 보게 된다.

이제 다시 1500년경에 별보배조개와 금을 환산하는 것으로 돌아가자. 존슨은 다양한 경우에 이익금을 따지기 위한 논리적인 설명을 제공한다. 니제르 강을 따라 북쪽으로 올라서 있는 첫 번째 큰 시장에서 한 상인이 해안가에서 아산테 체계의 단위 무게로 '아키ackie' (480별보배조개)인 물건을 '소아soa' (720별보배조개)에 팔았다. 그 다음 시장에서는 '그로스gros' (960별보배조개)에 팔고, 니제르 지역을 넘어가면, 큰 미스칼어 가격이 형성된다. 이와 같이 금이 북쪽으로 흘러감에 따라 물건도 북쪽으로 올라가고, 거기에서 생긴 이익은 화폐의 체계를 형성하게 된다고 설명하였다.

별보배조개의 가치하락

유럽인은 작은 해안에서 엄청나게 많은 양의 조개껍데기를 아프리카로 들여옴으로써 별보배조개를 교묘히 다루었다. 16세기가 시작될 무렵 유럽 상인의 이익을 위해 화폐 가치가 큰 폭으로 꾸준하게 평가절하되었다. 가치가 하락할수록 일용품의 가격은 올라가고 점점 더 큰 값을 요구하는 계산법으로 확장되어야만 했다.

주조화폐와 비교하여 별보배조개의 가치가 하락함에 따라 수입품의 가격은 시장을 거칠 때마다 비싸졌다. 가격은 별보배조개의 단위로 매겨졌으나 실제로 높은 가치를 가지는 물건은 사금, 콜라나무 열매, 소금, 가축이나 노예였다. 시장 안에서 글을 아는 상인은 별보배조개의 단위를 사용하여 계산하였고, 좀더 간편한 중간 매개물을 이용하여 계산을 확인하였다.

1860년경에 2만 개의 별보배조개를 하나의 단위로 하는 큰 단위를 사용하게 되었다. 니제르 강 유역의 밤바라국에서는 이 단위를 프랑스 이름을 딴 캡티프(captif, 노예)라고 불렀다. 2만 별보배조개는 50에서 100 파운드의 무게, 즉 한 사람이 나를 수 있을 정도의 무게이다. 그러나 캡티프는 노예의 가격은 아니었고, 그 당시에 4000에서 4만 사이의 가치였다.

달라포스는 20세기 초에 프랑스 사람들은 식민지에서 1프랑과 1000별보배조개와 같은 값으로 환산하도록 정했다고 설명하고 있다. 그는(M. Jonson, Part Ⅰ, p. 40에 따르면) 어떤 단일 국가 내에서도 별보배조개의 가치는 돈의 공급에 따라 다양하며, 1프랑에 말린케 1000(실제로는 600)과 무슬림 1000의 비율로 왔다갔다했다고 주장하였다. 일부 아프리카인들은 별보배조개의 교환율을 높이기 위해 시장을 독점하곤 했다.

단위	별보배조개의 수	영국 환산
Tocky (또는 toque), 한 줄	40	
Gallina(포르투갈의 galinha, 'hen')	200	6d.
Ackey	1000	2s. 6d.
Cabess(포르투갈의 cabeca, 'head')	4000	10s. 0d.
온스 'trade' (40파운드 정도 되는 무게의 16000 별보배조개)	16,000	40s. 0d.

표 3 18세기의 기니아 해안가에서의 별보배조개와 영국단위의 환산
(Archibald Dalzel : History of Dahomey. London, 1793)

다른 화폐들

별보배조개와 금 이외에 다양한 물건이 화폐로 사용되었다. 고고학자는 잠베지 강 유역에서 많은 증거를 발굴하였으며, 17세기와 18세기로 거슬러 올라가면 돈으로 사용되던 금과 구리 보석, 용접된 철 접시,* 옷, 구슬, 커다란 구리 등이 실제로 거래되던 지역에서 발굴하였다. 18세기와 19세기의 커다란 모가 있는 지역에서 구운 토기, 구리 보석, 수입된 구슬, 그리고 구리로 만든 십자가 도양으 칸다(handa 또는 Khanda라고 함)** 등의 구리 합금이 콩고의 카탕가 지역에서 발견되었다. 콩고의 부송고족 사람들은 화폐로 사용된 칼 던지기throwing-knife 또는 송고Shongo 때문에 이름이 부송고Bushongo라 불렸다.

아프리카 열대지방에서 음식 섭취에 꼭 필요한 소금은 많은 지역에서 필수품의 가치를 지녔다. 표준화된 크기의 소금 막대는 교환의 매개물이었다. 콜라나무가 자라는 지역에서 콜라열매는 돈으로 이용되었고, 별보배조개로 환산되었다. 동아프리카에서 가축은 부의 척도가 되기도 했다.

15세기초의 이집트 역사학자인 알마크리지Al-Maqrizi는 카넴 제국(현재의 북동나이지리아)에 대해 이렇게 쓰고 있다. "그들은 자신들이 만든 'Wendy'라고 부르는 옷감을 화폐로 사용하였다. 하나의 길이가 10큐빗이지만 편리한 교환을 위하여 1/4큐빗이나 그보다 작은 조각으로 잘라서 사용하였다. 다른 종류의 조개껍데기과 같은 대체물이나 구리와 금 조각이 상거래에서 사용되었고 그 가치는 옷감으로 환산되었다(Hodgkin, p 77에서 인용)." 이러한 상황은 그 후 4세기 동안 변화하지 않았다. 보누 제국 시기에 카넴 제국의 성공한 사람들은 별보배조개의 환산을 '가바가gabaga' 란 단위로 표현하였고, 이것은 옷감 한 장의 전통적인 화폐단위였다.

여기서 별보배조개는 4개씩 세었고, 8별보배조개는 1가바가와 같다. 보누 제국의 별보배조개 단위는 18세기와 19세기의 구리 화폐주조의 근간을 이루게 된 것 같다. 'rotl' 또는 'pound' (구리에서 나온)는 4가바가와 같고, 32별보배조개와 같다. rotl를 셀 때마다 몇 개의 조개껍데기를 더하

* 징과 같은 모양
** 검의 일종으로, 보통 외날로 폭이 넓으며 쑥 내민 원반 모양의 날밑이 갈려 있다.

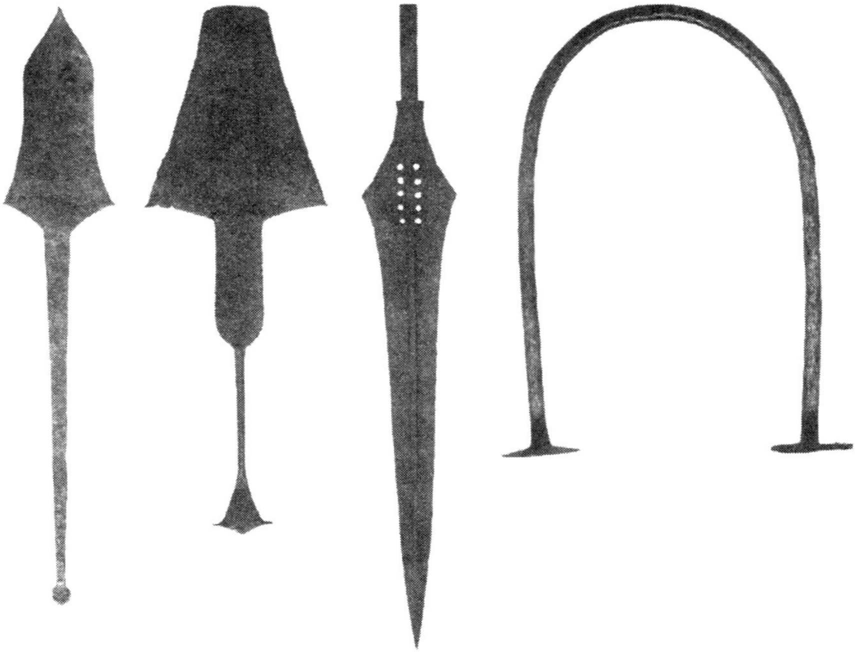

그림 7-3 철제품들. 길이는 몇 피트 정도 되고, 콩고 지역에서 화폐로 이용되었다. 대영박물관

고, 3rotl는 대략 100 별보배조개와 같다고 셈하였다. 아마도 이런 방법은 각각이 40개씩 5줄로, 66개씩 3줄 또는 100 별보배조개 2줄을 200으로 다루던 나이지리아의 남쪽과 북쪽의 셈법을 일치시키기 위한 시도였던 것 같다.

시장은 화폐로 사용 가능했던 다양한 단위의 근원지였다. 콩고 지역에서는 구슬 화폐 5개를 한 줄로 하여 단위로 사용하였고, 1줄을 합쳐 좀더 큰 단위를 만들었다.

5 알 = 1 단위
5 단위 = 25 알 = matanu ('5' 라는 말)
2 matanu =50 알 = lufuku (셀 때 '끝' 이라는 말)
3 lufuku = 150 알 = mufuku tatu ('세 번의 끝' 이라는 말)

콩고의 다른 지역에서는 놋쇠 막대를 화폐로 사용하였고, 하나의 놋쇠 막대를 다른 막대에 감아 하나의 뭉치를 만들고, 많은 종류의 수 막대를 만들었다.

탄자니아와 케냐 지역에서는, 유럽인과 아랍 상인이 도착한 후부터 구슬이 기본 화폐로 사용되었다. 20개씩 묶을 수 있는 편리성 때문에 10줄의 묶음을 'fundo'라 불렀다. 아프리카인의 관광 숙소에 대한 광고에서 새로운 관광객은 다르에스살람 근처에서 다음과 같은 문구를 읽게 된다. "관광객들은 돈을 구슬로 바꾸고, 구슬을 이용하여 서비스와 마을에서 파는 물건들과 물물 교환합니다(Daily Nation, Nairobi, 1970년 2월 12일)."

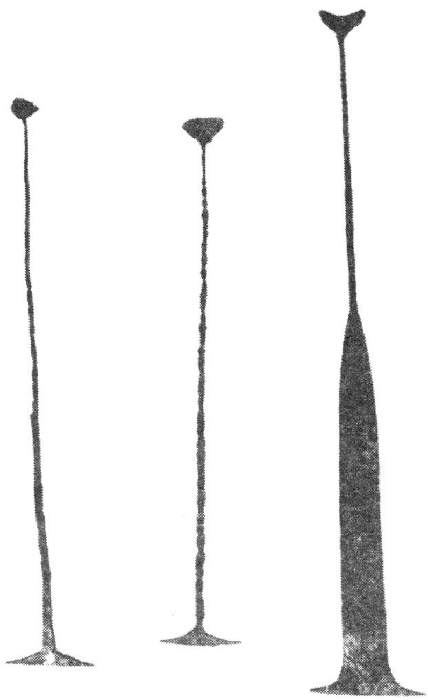

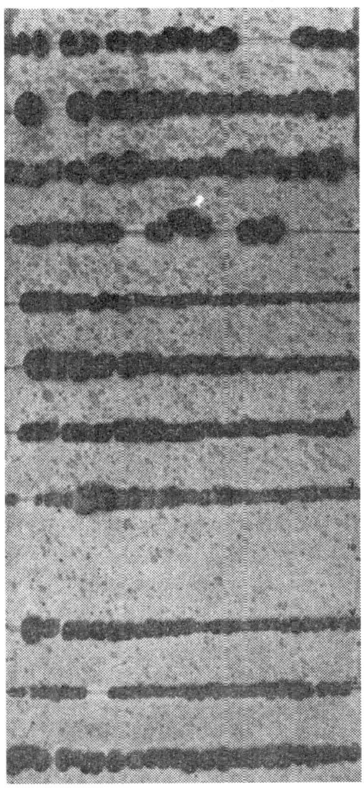

그림 7-4(왼쪽) 키시 부족의 1전 화폐. 시에라리온. 영국박물관

그림 7-5(오른쪽) 초기 유럽인들의 무역 구슬. 대부분의 구슬은 인도로부터 들여온 유리로 만들어졌다. 또한 홍옥수나 마노, 석영으로 만들어진 것도 있다. 탄자니아 국립박물관

세금 징수

세금 징수는 산술적인 계산을 포함한다. 몇 가지 경우에서 우리는 이런 계산의 범위를 결정할 수 있다. 고대 가나에서는 땅에서 분리되어 있거나 등록되어 있는 모든 물건에 세금을 부과한다. 알바크리는 다음과 같이 쓰고 있다. "나라에 등록된 소금을 실어 나르는 모든 당나귀에 대해 왕은 금 한 닢을 세금으로 부과하고, 남아 있는 모든 것에 대해 금 두 닢을 받는다. 왕은 구리 한 짐당 5미스콸을 받고, 다른 물건은 한 짐당 10미스콸을 받는다."

송하이 제국의 모든 영토에서 걷어 들인 세금은 수도의 금고를 채웠다. 모든 지방은 문요mundyo라는 세금 징수자가 있고, 모든 체제를 조정하는 관리가 있었다. 농부들과 마찬가지로 무역업자들에게서도 세금은 걷었다.

다호메이국의 왕은 줄에 꿰인 별보배조개의 수를 조정하는 방법으로 세금을 받는다. 표준적인 40 대신에 34 또는 37개가 꿰인 별보배조개가 있

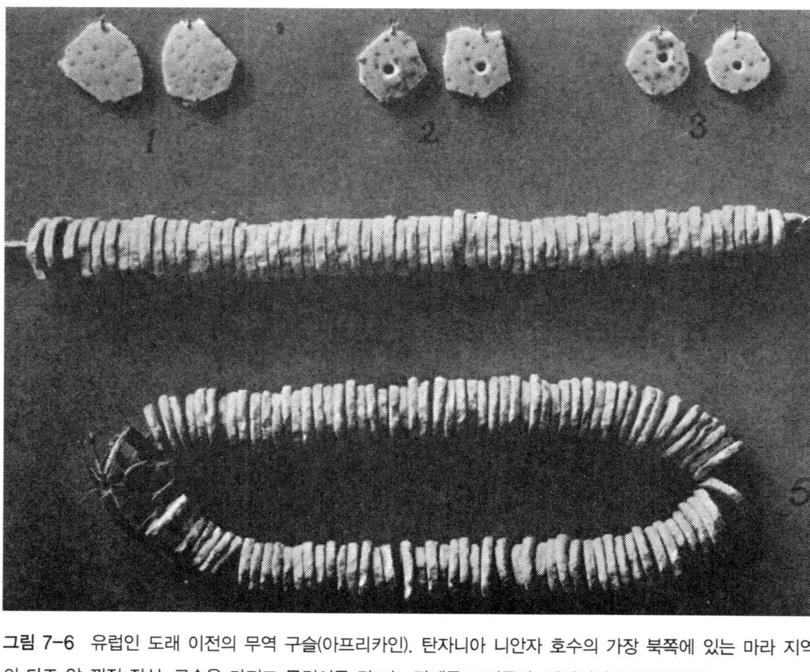

그림 7-6 유럽인 도래 이전의 무역 구슬(아프리카인). 탄자니아 니안자 호수의 가장 북쪽에 있는 마라 지역의 타조 알 껍질 장식. 구슬을 가지고 목걸이를 만드는 단계를 보여준다. 탄자니아의 국립박물관.

었다. 그러면 왕은 정해진 시장의 가격을 지불하는 대신에 15% 할인한 가격에 물건을 구입하였다. 이러한 세금 계산법은 아산테족장의 금 무게와 비교할 수 있다. 그래서 각 단위마다 많은 양의 사금을 보장받을 수 있었다.

세금은 여러 세기 동안에 걸쳐 인도양의 해안에 알려져 있었다. 스와힐리족의 역사를 보면, 성인이 된 남성 무슬림에게 세금을 매겼는데, 이 세금을 '자카트zakat' 라고 한다. 이 수입은 종교와 성스러운 지출, 공적 사업 자금으로 조달되었다. 후에 세금은 노예가 운송하였다.

동아프리카에 있는 부간다 왕국의 세금은 잘 조직화된 절차에 따라 부과되었다. 나라는 몇 개의 주로 나누고 지방 정부를 관리하는 관료가 있었다. 각 관리들은 별보배조개, 괭이, 나무껍질로 만든 옷을 징수하는 책임을 맡았고, 이것을 중앙 관리에게 넘겼다. 체제는 한 사람당 정해진 세금을 내는 농부의 수를 기초로 하여 만들어졌다. 다시 일정한 양만큼을 지방 관료에게 주는 방식이었다. 상업은 카바카(왕의 호칭)의 권위에 의해 조절되었다. 비록 시장은 지방 관리에게 속해 있지만, 개개인은 시장을 열 수 있었고, 매일 판 물건 대금의 10%을 걷어들였다. 징수된 세금은 누락되지 않도록 하기 위해 지방 관료를 거처 왕에게 브내졌으며, 이는 지금의 주민세와 소득세와 거의 비슷하다.

상대적으로 조직화가 덜 된 나라에서는 좀더 비형식적인 제도에 의해 지배자에게 바쳐졌다. 르완다의 왕족들에게 바쳐지는 세금은 생활과 편의를 위해 만들어지는 물건에 부과되었다. 세금의 구조는 매우 복잡하였고, 지역과 신분의 위치에 따라 종류와 부과되는 양이 달랐다. 상인이 물건을 가지고 도착하였을 때, 그들은 왕에게 자신의 물건을 보여주어야 했다. 왕족인 사무관이 만약 지역의 조공으로서 적절치 않다고 생각하면, 지방관을 면직시켰다.

20세기에 유럽인은 그들이 점령한 아프리카 지역에서 아프리카인에게 노동력을 강요했다. 식민지의 지배자는 땅을 개간하고, 길을 내고, 건물을 지을 노동자가 필요했다. 그러나 아프리카의 경제 체제에서는 금전적인 대가는 가치가 없었고, 보통 성인들은 이러한 목적 때문에 집을 떠나는 것은 설득력이 없었다. 한 가지 대안은 세금이었다. 모든 집에 공식적인 화폐로 세금을 부과하는 '오두막 세금hut tax' 이다. 보하난Bohannan이 나이지리아의 티브족에 대해 적고 있듯이, 심지어 오늘날 일부 아프리카 민족은 주조 화폐를 불신한다고 한다.

많은 아프리카 사회에서는 한 남자가 결혼한 후 일정 기간이 지난 후 두 명의 부인으로부터 생겨난 가족을 부양할 수 있는 재산이 있으면 둘째 부인을 맞을 수 있다. 그리고 실제로 이것을 기대한다! 두 부인은 각자의 집이 있어야 하고, 각 집에서 이들은 최대의 권력을 갖는다. 반면에 남자도 자신의 집을 갖는다. 부인들은 돌아가며 남편이 필요한 것을 제공하고 남편의 방문을 즐긴다.

이러한 관습을 근절시키기 위한 국법이 등장한다. 오두막 세금이 도입된 후, 소수의 좀더 부유한 아프리카인만이 부인과 아이들의 집을 분리시키는 전통을 따르게 되었다.

오두막 세금이 도입된 얼마 후 주민세를 징수하였는데, 정부 발행 통화로 세금을 내도록 하였다. 여자들은 작은 장소에서 생산된 것 중 가족에게 필요한 최소의 양을 따로 떼어 놓고 나머지를 팔았다. 화폐를 사용하는데 익숙하지 않은 사람들은 필요한 현금을 구하기 위해 백인이 주인인 농장에 가게 되었다.

앞에서 마을에서 사람이나 집의 수를 세는 것을 두려워하는 아프리카인에 대해 말했다. 살아 있는 생물이나 가치 있는 개인 소유물을 세는 것에 관한 전통적인 미신은 세금 징수원에 의한 두려움으로 대체되었다! 마을에 집과 사람의 수가 얼마입니까라는 질문을 받은 아프리카인은 실제보다 작은 양을 대답하게 되었다. 가끔 이런 일은 그들에게 불이익으로 돌아갔다. 요로바족 출신의 한 친구는 나에게 각 마을의 인구수를 결정하기 위한 행정 조사에 대해 말해 주었다. 당연히 마을 주민의 편에서 인구 수를 줄였다. 곧 이익을 인구 수에 비례하여 나누어 준다는 말이 돌자 인구 수는 3배가 되었다.

신부대금代金 비록 현재도 주조 화폐가 통용되고 있지만, 전통적인 사회에서는 아직도 신부대금, 공희供犧, 그리고 특별한 의식을 대신하는 특별한 목적의 돈이 필요하다.

'신부대금'이란 개념은 유럽인에게 '신부를 사온다'라고 잘못 이해되었다. 초기의 선교사들은 이러한 전통적인 관습을 두려워하고 없애려고 하였다. 이것의 진정한 기능은 다음을 보면 알 수 있다(Rev. Dr. Mbiti, p. 140).

> 신부측 가족에게 선물을 하는 관습은 아프리카의 모든 곳에서 다양하게 이뤄지고 있다. 다른 말로 표현하면 '신부대금', '신부-예물', '신부값', '지참금'(이 경우에는 틀린 말임), 그리고 '로볼라lobola'라고 말할 수 있다. 이러한 말의 대부분은 적절치 못하거나 잘못 유래된 것이다. 선물은 가축이나 돈, 음식, 또는 물건의 형태이다. 어떤 사회에서는 친분이 있는 가족끼리 신부를 교환한다. 다른 사회에서는 신랑(그리고 그의 친척들)이 노동력을 제공해야 한다. 그리고 데릴사위제 사회에서는 남자가 처가에 몇 년 동안 살면서 장인을 도와 일을 하여 자신의 신부를 '벌어' 온다.
>
> 이러한 결혼 선물은 아프리카 사회에서 아주 중요한 제도이다. 신랑측의 사람이 신부측의 사람에게 신부를 길러주신 은혜와 신부가 되게끔 허락해준 것에 대한 감사의 표시인 것이다. 신부집에서는 그것이 신부를 '대체'하는 것으로, 신부가 떠날 것이나 떠나서 사라지는 것을 의미하지 않는다. 신부는 그녀의 가족들에게 뿐만이 아니라 신랑의 가족들에게도 소중한 사람이다. 결혼이라는 것은 신부를 도둑맞는 것이 아니라 두 집안의 상호 동의하에 데려가는 것이다. 이 선물은 그녀를 한 인간이고 동시에 신부라는 지위로 가치를 상승시킨다. 선물은 그녀의 가치와 결혼 계약을 법제화한다. 이러한 관습은 결혼 제도와 보호의 상징을 구체화하는 것이다. 이러한 '지불'이라는 관습을 겪어보지 못한 외부인들은 잘못된 말을 자주하게 된다. 대부분의 경우 아프리카의 관습하에 이러한 선물은 시장에서 무엇을 사고파는 것과는 다른 표현이다.

더 나아가 주는 남자나 남자의 가족뿐만이 아니라 신부와 신부의 가족도 비록 남자가 한 선물보다는 작은 규모일지라도 선물로서 보답을 한다. 두 가족이 물건이나 선물의 교환을 통해서 하나의 관계가 되는 것이다. 이 관계는 여자가 결혼을 하고 아이를 낳은 후에도 오래도록 지속된다. 어떤 사회에서는 완전히 이혼하고 나면 남자는 여자로부터 받은 선물을 되돌려준다. 그러나 다른 사회에서는 남자에게 전혀 돌려주지 않는다.

그림 7-7 두 가닥으로 꼬은 철 괭이는 어떤 지역에서는 전통적인 신부대금의 필수품이다.

《모든 것이 무너지다Things Fall apart》에서, 아체베는 이그보족 구혼자가 지불해야 할 신부대금을 정하기 위해 조심스레 협상하는 장면을 묘사한다. 몇 잔의 술을 마시고 방문 목적과 다른 어떤 주제로 잠시 대화를 나눈 후, 구혼자의 아버지인 운켄보는 그가 여기에 온 이유를 마지막에 말했고, 신부의 아버지인 오비에리카는 구혼자의 아버지에게 작은 막대 꾸러미를 내밀었다. 운켄보는 30개의 막대를 셌다. 신부의 아버지는 형제와 아들에게 밖에 나가서 노래를 부를 것을 권했다. 그들이 다시 돌아왔을 때, 운켄보는 막대 꾸러미를 오비에리카에게 다시 돌려주지만 막대는 15개밖에 없었다. 어떤 대화를 한 후, 오비에리카의 형제가 10개의 막대를 더하고, 다시 막대 꾸러미를 운켄보에게 주었다. 결국 그들은 신부대금을 20꾸러미의 별보배조개로 정했다.

손님이 떠나고 난 후, 신부측 가족은 다른 마을의 관습에 대해 이야기했다. 어떤 마을에서는 시장에서 염소를 사는 것과 마찬가지로 옥신각신 입씨름을 한다. 또 어떤 마을에서는 구혼자의 아버지가 신부측의 아버지에게 그만이라고 할 때까지 별보배조개를 한 주머니씩 갖다 놓았다. 이러한 관습은 싸움의 원인이 됐다. 물론 그들은 자신들의 방법이 가장 좋은 방법이라고 결론을 내렸다.

현대에 들어와 특별한 목적의 돈이 사라지고 일반적인 화폐가 도입되면서, 신부는 '상품처럼 신부시장에 나오게 되었다.' 나이지리아의 일부 지역에서는 여자의 교육 수준을 근거로 하여 요구하는 돈의 액수를 법적으로 한정할 필요가 있었다. 내가 이 이야기를 탄자니아의 친구에게 말했을 때, 이 친구는 "우리는 여자의 교육에 관해서는 상관하지 않아, 단지 그녀가 처녀인지가 문제지!"라고 말하였다.

구식과 신식 사이의 갈등은 신부대금이라는 주제에서 두드러진다. 시골지역 사람들은 가축과 염소와 옷감 같은 것을 신부와 고환하기를 원한다. 그러나 도시의 젊은 사람들은 이러한 오랜 관습과 관련된 어떤 것도 하지 않는다.

오늘날 잠비아에서 관습적인 로볼라는 5파운드에서 100파운드가 넘도록 다양하고, 로볼라의 정도에 영향을 끼치는 것은 여성의 교육 수준이다. 한 젊은 사람은 장인이 될 사람이 가축 두 마리와 현금 5파운드를 요구한 것에 대해 불만을 나타내며 '실연자를 위한 조언'이라는 신문의 칼럼 담당자에게 편지를 썼다. 그는 광부였기 때문에 가축을 갖고 있지 않으며, 신부의 아버지는 어떠한 절충안도 들으려 하지 않는다고 했다(*Tell Me Josephin*, ed. by Babara Hall).

또 다른 상심한 젊은 사람은 애인의 가족이 로볼라로 가축을 원하는 반면에 자신의 가족은 가축을 소유하고 있지 않다고 말했다. "나에게 좀더 쉬운, 숲에서 얻을 수 있는 야생 들소 같은 것이라면… 그러나 그녀를 놓친다는 생각을 하면, 눈물이 내 앞을 가립니다." 조세핀은 "지참금으로 야생 들소를 원하는 여자는 없습니다. 왜 돈을 모을 생각은 안합니까? 그리고 가축을 키우고 있는 부족에게 가서 가축을 사올 생각은 하지 않습니까? 만약 가능하다면 전통적인 관습을 존중하는 것이 현명한 것입니다." 하고 대답했다.

조세핀은 융통성이 있다. 어렸을 때 부족을 떠난 젊은 남자에게 다음과 같은 충고를 한다. "당신은 로볼라를 지불할 수 있기 대문에, 부인을 선택할 권리가 있습니다. … 당신이 선택한 여자와 결혼하세요. 와 오래된 관습 때문에 당신의 인생을 망치려 합니까? 부모에게 사과하고 그리고 선물을 그들에게 돌려주세요."

제8장 아프리카 사람들에게 익숙한 무게와 측정

미국은 피트와 파운드에 기초한 대영제국의 무게와 측정 단위를 아직도 쓰고 있는 유일한 나라이다. 1965년에 영국 의회는 10년이라는 기간 안에 미터법으로 바꿀 것을 권하였다. 이러한 변화는 지금도 일어나고 있다. 이제 더 이상 영국의 학생들은 그들의 훌륭한 수학적 능력을 3과 12진법에 기초한 야드를 피트와 인치로, 20과 12진법에 기초한 스털링 파운드를 실링과 펜스로, 상형*이라면 16진법, 금형**이라면 12진법에 기초한 파운드를 온스로, 4, 2 그리고 16진법에 기초한 1/4 갤런을 핀트와 온스로 환산할 수 없게 됐다. 이것은 모든 것을 간단하게 10으로 곱하고 나누는 방법과 소수점을 정하는 방법이다.

그림 8-1 케냐, 탄자니아, 우간다에서 미터법으로의 전환을 기념하기 위해 발행한 특별 우표

이런 훌륭한 사건에 동참하는 기념으로 케냐와 탄자니아, 우간다 정부는 아름다운 우표를 발행하고, 대영제국의 단위를 미터법으로 환산하는 그림을 우표에 그려 넣었다. 반면에 세계적으로 산업의 힘을 이끌어가는 미국에서는 측정의 표준화에 있어 원시적인 흔적을 유지하고 있다.

---

* 16온스를 1파운드로 정한 단위, 귀금속 · 보석 · 약품 이외에 쓰는 중량 단위

** 금 · 은 · 보석 따위의 형량衡量. 우리나라에서 한 근이라고 할 때, 소고기 한 근과 상추 한 근의 무게가 다르듯이 1파운드라고 할 때 측정한 물건이 무엇이냐에 따라 다른 기준을 사용했음을 알 수 있다.

대영제국의 체계는 신체의 부분의 길이를 근간으로 만들어졌다(그림 8-2 참고).

인치inch : 엄지의 손끝에서부터 마디까지의 길이
큐빗(Cubit : 성서에 나오는 단위) : 팔꿈치에서부터 손의 중지의 끝 부분까지의 길이, 또는 6뼘
피트Foot : 손바닥의 4배 길이, 또는 손가락 길이의 16배. 몇천 년 전에는 보리알 한 개의 36배의 길이
야드Yard : 에드가 왕의 코부터 팔을 편 상태에서 중지까지의 길이
아름Fathom : 양팔의 손가락 끝에서 끝까지의 길이
에이커Acre : 황소가 하루 동안 경작할 수 있는 땅의 넓이

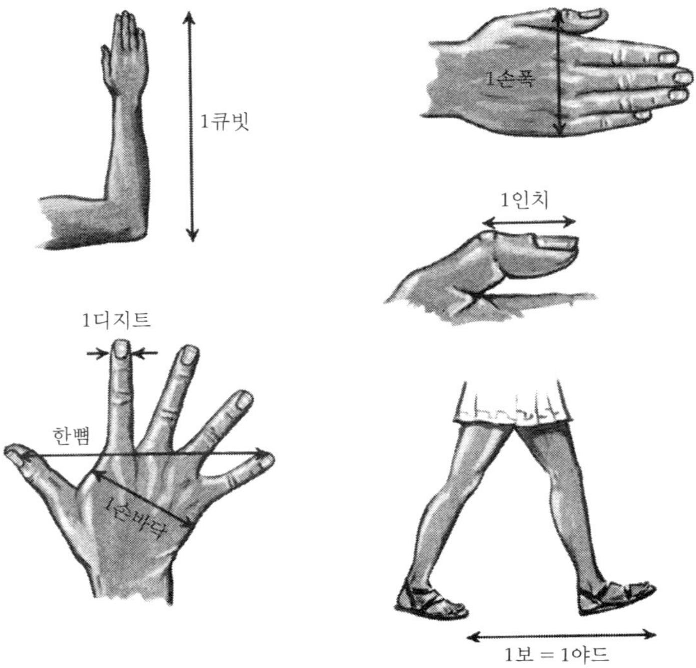

그림 8-2 신체 길이에 근간을 둔 측정 단위

심지어 레오나르도 다 빈치 시대에도 이탈리아에서 팔의 길이는 표준화되지 못했다. 플로렌스에서 밀라노, 로마까지 도시마다 표준적인 단위인 '브라치아braccia'가 있었다.

그 결과로 문제가 많이 발생하였고 해결책을 구하게 되었다. 나라간의 교역이 증가할수록 무게와 측정의 표준화된 단위가 필요하게 되었다. 플로렌스에서 제작된 문짝을 밀라노에 있는 대성당에 꼭 맞게 조정해야만 했다. 만약 영국 상인이 프랑스의 고객으로부터 부정직한 측정으로 인해 고소를 당했다면 국제적인 문제가 발생할 수도 있었다.

영국의 대헌장에서는 와인과 맥주, 옥수수와 옷감의 무게 측정에 대해 자세히 기록하였다. 다른 표준도 마찬가지 방법으로 정해졌고, 대영제국의 단위 체계는 그와 같은 방식으로 수정되었다.

측정에서 십진법 체계는 17세기 초기에 네덜란드의 지방 관리관인 스태빈Simon Stevin에 의해 처음 제기되었다. 십진법에 기초한 미터법은 1790년대에 프랑스에서 처음으로 공식적으로 인정되었고, 나폴레옹에 의해 유럽에 널리 퍼져나가게 되었다. 후에 토머스 제퍼슨과 존 퀸시 아담스도 지지하였다. 그들은 마지못해 1821년에 십진법 체계의 미터법을 채택하지 않도록 미국정부에 충고하였다. 이들이 이렇게 한 것은 "대영제국의 관행에서 이탈하는 것은 위험한 것일 수 있기 때문이다." 백 년 후 영국의 산업주의자들은 그들의 가장 큰 시장인 미국과 단절되지 않기 위해 미터법을 반대하였다.

아프리카에서의 무게와 측정

유럽에서 겪은 것과 거의 흡사한 과정을 아프리카에서도 겪게 되었다. 아프리카에서 가장 흔하게 사용된 측정 단위는 영국에서와 마찬가지로 신체의 일부분을 기초로 한 단위였다.

측정의 표준은 각각의 개인이 속한 사회의 필요에 따라 정해졌다. 통상 규모가 커지면 커질수록, 표준화의 필요성은 더 커졌다. 송하이 제국이 무게와 측정에 대해 표준화를 시도하고 전 국토에 걸쳐 많은 시장에서 표준 단위를 단속하기 위해서 감시관을 파견할 때인 15세기에 높은 수준의 일관성 있는 표준화가 이루어졌다. 이 시기에 아칸족의 족장과 상인은 사금의 양을 측정하기 위해 자신들만의 체계를 만들었다. 이것은 서 있는 인물상 형태 또는 생명력이 없는 기하학적 형태의 청동으로 만든 아산테족의 유명한 공예품이었다. 그러나 모든 것이 부피와 무게를 계산하기 위한 것과 표의 문자 체계와 관련되어 있었다.

지금으로부터 500년 전에 포르투갈이 콩고를 침입하던 초기에 무역업자들은 별보배조개 화폐를 40, 100, 250, 400, 500개씩 담을 수 있는 표준용기를 사용해서 측정하였다고 보고하였다. 조개껍데기의 수가 표준용기를 넘어서면, 1000개의 수량을 담을 수 있는 용기는 '푼다funda', 1만 개의 수량을 담을 수 있는 용기는 '루푸쿠lufuku', 2만 개의 수량을 담을 수 있는 용기는 '코포cofo' 라고 하였다. 대조적으로 대영 니제르 탐험대가 별보배조개의 실제 수를 대신해서 용기로 측정을 대체하려던 노력은 대중화될 수 없는 것으로 판명되었다. 아마도 19세기의 아프리카인은 그들의 기억 속에 새로운 것을 도입하려는 유럽인이 자신을 속일지도 모른다는 두려움을 가지고 있던 것 같다.

그림 8-3 음각 호리병. 케냐의 캄바 지역. 호리병에 그려진 그림과 문양은 이야기를 담고 있다. 대영박물관.

한 정부가 표준을 도입했다고 해서 일반인이 시장에 가서 잉여 생산물을 몇 마리의 닭으로 교환할 때 제국이 정한 표준 단위를 사용한다는 것을 의미하지는 않는다. 사실 아프리카에서 표준화된 측정은 법이기보다는 예외적인 것으로 받아들여져 왔다. 현재까지도 고유한 측정 단위를 계속해서 사용하고 있다. 심지어 오늘날에도

라이베리아의 케펠족은 물물교환하는 모든 생필품 중어서 쌀만은 조절이 가능하고 관련된 용기로 계량하고 있다. 그 이유는 이들의 경제활동에서 쌀이 가장 중요한 곡물이기 때문이다. 다른 대부분의 단위는 단지 대략적이다.

아프리카에서 사용되고 있는 전형적인 측정은 우간다의 간다족이 사용하고 있는 것인데, 간다족이 살고 있는 지역에서 길이의 단위는 인간의 신체 일부를 사용한 것이고, 용량의 단위는 담고 있는 물건에 따라 달라진다. 그들의 언어로 '무코노mukono'는 큐빗을 의미하고, 팔을 폈을 때 팔꿈치에서 가운데 손가락까지의 길이를 나타낸다. 또한 이들은 팔 끝에서 팔 끝까지의 길이를 의미하는 '아름'에 해당하는 말이 있고, 엄지와 둘째손가락을 벌렸을 때의 길이를 의미하는 '뼘'에 해당하는 말이 있다. 집을 지을 때 쓰는 나무 기둥은 실제 일보一步를 나타내는 피트로 측정된다. 고체들은 물건에 따라 다르게 측정된다. '키보Kibo'는 대략 10파운드 정도의 양을 담고 있는 바구니이다. 소금은 작은 단위르 거래되거나 '루뱌lubya'라고 불리는 30에서 40파운드 정도의 단위로 거래되었다. '키립와kiribwa'는 20파운드 정도의 커피콩을 나타내고, '루타타lutata'는 대략 30파운드 정도의 감자를 나타낸다. 맥주는 특정 크기의 호리병으로 측정된다. 우간다가 영국의 지배를 받던 시기에 일반적으로 사용되던 단위는 대영제국의 측정 단위 체계를 따랐다.

지난 몇 세기 동안 동아프리카 해안에 있는 스와힐리에서는 다음과 같은 단위를 사용하였다.

길이 : shibiri = 9인치 정도. 엄지에서 새끼손가락까지의 한 뼘
mkono = 2 shibiri – 큐빗, 약 1.5야드
pima = 4 mkono – 아름, 약 2야드

들이 : kibaba = pint
kisaga = 2 kibaba – 쿼터
pishi = 2 kisaga – 0.5갤런

무게 : wakia = 온스

ratli = 16 wakia – 파운드

frasila = 약 36 ratli

실제 활용에서 위의 단위 환산표는 상당한 변용이 있었다. 어떤 사람이 키바바 차 텔레 또는 키바바 차 음푸토의 곡식을—쌓아올렸거나 파인트 정도로 맞춘—살 수 있다. 옷감의 큐빗은 길건 짧건 상관없이 팔 길이에 따라 재어졌다. 그러면 누구의 팔로 큐빗을 사용할 것인가? 구매자의 팔인가, 판매자의 팔인가? 예전의 사람들은 시장에 물건을 사러 갈 때 팔이 긴 친구를 데려가 물건을 사기도 했다. 좀더 최근에는 표준화된 큐빗 길이를 상인들이 선택하여, 눈에 띄게 전시하였다.

최근에 스와힐리어 수업 책에는 다음과 같이 소개하고 있다.

무게 : aunsi = 온스

kilo = 킬로

ratli = 파운드

들이 : pishi = 2 리터

kibaba = 1.5 리터

debe = 4 갤런

길이 : yadi = 야드

futi = 피트

inchi = 인치

futikamba (lit. foot-rope) = 줄자

maili = 마일

대영제국 측정 단위가 실질적으로 초기의 체계를 대체한 것이다.

팽크허스트Richard Pankhurst 박사는 에티오피아의 여러 민족사에서 에티

오피아인의 측정과 무게 그리고 그들이 사용한 여러 가격 체계에 대해서 많은 연구를 했다. 길이의 측정은 다시 큐빗, 아름, 뼘을 포함하는데 그것과 함께 손가락의 두께, 관절의 길이, 네 개의 손가락을 합쳤을 때의 두께와 같은 작은 단위도 포함되었다. 큐빗은 재는 사람의 팔 길이에 따라 영향을 받았다. 19세기에 한 해설자는 팔이 긴 사람은 팔꿈치에서 가운뎃 손가락까지이고, 중간 정도 길이의 팔은 가운뎃 손가락 끝에서 가운뎃 손가락의 중간 마디까지 더해 주고, 반면에 팔이 짧은 사람은 가운뎃 손가락의 길이만큼 더해 주어야 한다고 말하였다. 그는 팔 길이에 따라 분류화하지는 않는다. 에리트레아국의 고원지대에서는 상인이 물건을 사러 온 사람에게 기준이 되는 팔 길이를 선택하도록 허용했다. 다른 지방에서는 상인의 팔을 사용하기 때문에 팔 길이가 긴 상인이 인기가 있었다. 그러나 1930년대에 표준화된 철자가 측정에 사용되기 시작하였다.

여러분은 사람이 옷감을 구매할 때 얼마나 복잡한 과정을 거치는지 생각할 수 있을 것이다. 에티오피아에는 다음과 같은 속담이 있다. "열 번 재고, 옷감은 한 번 잘라라."

전통적인 부정확한 측정은 19세기에 현대화된 정부가 들어서기 전까지 사용되었고, 토지 등록은 20세기에 와서야 시행되었다. 여기서 우리는 길이의 표준화된 단위인 미터법이 강제적으로 시행되었음을 알 수 있다. 그러나 큐빗은 없어지지 않았다. 어떤 지역에서는 1967년까지 사용하였다.

영국의 에이커를 뜻하는 크기에 대해서, 에티오피아인은 한 쌍의 황소가 하루에 경작할 수 있는 땅의 넓이의 양으로 표현하였다. 아주 먼 거리는 노새가 하루 동안 걸어서 갈 수 있는 거리를 사용하여 나타내었다. 이러한 표준화된 단위는 성경에서 찾아 볼 수도 있고, 세계 각지에서도 찾을 수 있다.

에티오피아(그외 다른 지역도)에서 들이의 단위는 측정되는 물건의 종류, 담고 있는 양 그리고 측정의 목적에 따라 표현되었다. 꿀과 곡물은 세금의 수단으로 사용되었기 때문에 이런 생필품의 단위는 표준화에 가까웠다. 곡물과 같은 물건은 무게에 따라 거래되는 것이 관례였고, 무게를 측정할 수 없는 시장에서는 용기로 측정했다. 한 움큼의 소금 그리고 한 줌의 건포도와 같이 오래 된 방법으로 많은 들이의 단위는 인간의 신체(한 줌, 한 손에 들 수 있는, 한 입)에 기초하였다.

들이의 가장 일반적인 단위는 지역에 따라 진흙, 나무, 가죽, 뿔, 나뭇가지를 엮어 만든 그릇, 호롱박으로 만들어진 다양한 용기에 기초하였다. 후에 사람들은 수입 용기를 받아들였고, 물병이나 통조림의 캔을 측정의 도구로 사용한 흔적도 찾아볼 수 있다.

지금은 나이지리아에 속해 있지만 예전엔 부유한 도시 국가였던 베냉 Benin이라는 도시는 에티오피아로부터 몇 천 마일 떨어진 곳에 있다. 교사를 양성하는 대학에 다니던 이디헨Peter Idehen은 고대의 베닌에서 사용되던 무게와 측정에 대하여 글을 썼는데 다음과 같다.

비교 : 거리와 높이는 길고 짧음, 크고 작음, 두껍고 얇음 등으로 항상 비교하였다. 베닌 사람들은 키가 크고, 길이가 긴 것을 다 자란 야자수 나무, 뱀, 또는 어른의 키에 비교하였다.

측정 : 베닌 사람들은 짧은 거리는 그들의 걸음으로 측정하였다. 그들은 한 발의 앞 끝에 다른 발을 놓아 그것으로 몇 번이 되는가를 세어서 측정했다(족足). 그들은 조각된 나무 공예품의 길이와 같은 아주 짧은 길이는 엄지와 검지 사이의 길이를 이용하여 측정하였다. 만약 100족보다 긴 거리를 측정하고자 한다면, 그들은 그 거리를 걸었다. 두 마을이나 두 도시간의 거리와 같이 아주 긴 거리는 하루 여행하는 거리 또는 아침과 점심 또는 저녁 사이를 나타내는 시간으로써 거리를 측정하였다. 아래와 같이 사용하였다.

피트 = 성인 남자의 발의 길이
손바닥 = 손바닥의 길이
큐빗 = 팔꿈치에서 손끝까지의 길이
보步 = 약 1야드의 길이

이러한 것과 그 외의 다른 원시적인 측정이 베냉 왕국에서 사용되었다. 원주민이 사용하던 길이의 단위는 표준화되지 않았다. 그리고 이러한 원시적인 단위는 1897년에 베닌시 탐험대 후에 바로 영국의 단위가 소개될 때까지 사용되었다.

무게의 측정 : 베냉왕국 사람은 빈틈없는 장사꾼이 아니었고 글을 쓸 줄 몰랐기 때문에 무게 측정에 대한 표준화된 단위를 발전시키지 못했다. 조리된 것이건 아니건 간에 식품은 지방에서 거래되었다. 조리된 음식은 어림짐작으로 측정되었다. 같은 종류의 두 가지 물건의 무게는 느낌에 따라 판정되었다. 손에 쥐어 보고 무게를 느껴봄으로써 물건의 무게를 판정하였다. 또 다른 방법은 물건이 크거나 거대하면 물건을 들어올려 측정하였다. 짐의 무게는 한 사람이 질 수 있는 무게, 두 사람이 질 수 있는 무게와 같이 계산되었다. 어떤 물건은 바구니나 호리병박에 담아 측정하였다. 문제는 사람들이 그들 나름의 측정 도구를 정하고 다른 사람을 이 측정도구를 따라야 한다는 것이다. 다른 사람이 만든 측정도구를 사용해야만 하는 것은 그 물품을 파는 사람이 사용하는 측정도

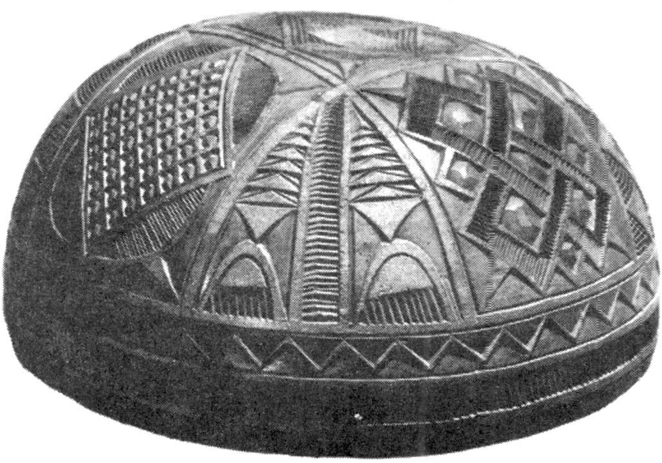

그림 8-4 음각된 조롱박. 나이지리아의 북요로바족 지역 일로린Ilorin에서 출토. 조롱박을 표준 단위로 사용하였으며, 기하 패턴이 아름답게 음각되어 있다. 대영박물관.

구를 사용해야만 하기 때문이다. 이기적인 사람이 대중을 속이기 때문에 그 방법은 만족스럽지 못했다.

이러한 환경에서 유럽인 특히 포르투갈인이 16세기에 베냉왕국에 왔을 때 약간의 발전이 있었다. 그들은 베냉 왕국에 술을 들여올 때 병도 함께 소개하였다. 그들은 화약통과 많은 용기을 가져왔다. 그들은 숟가락을 소개했는데 베냉 왕국 사람들은 이것을 '에큐예Ekuye' 라고 불렀다. (사람들은 Kuye가 포르투갈 낱말이라고 말한다.) 사람들은 이러한 용기를 측정 단위로 사용하였다. 그래서 지금까지도 액체의 양을 재는데 병을 사용하는 베냉족 여성들을 찾아볼 수 있다. 그들은 1/2파인트* 병과 1파인트 병을 가지고 있다. 또한 그들은 고체 물건을 재는데 화약통을 사용한다. 그리고 그것을 '에피파Epipa' 라고 부른다. 화약은 아직도 이 통을 이용하여 그 양을 잰다.

오늘날 상황은 많이 달라졌다. 이디헨은 다음과 말하고 있다.

요즘은 저울을 사용하는 마을을 많이 볼 수 있다. 그리고 나이 많은 할머니들이 부피의 단위로 '에시케Esike' 를 말하는 것도 들을 수 있다.

---

* pint : 들이의 단위로 영국에서는 약 0.57리터, 미국에서는 약 0.55리터를 나타낸다.

제9장 기록 그리고 보존 : 막대와 줄

대부분의 아프리카 사회가 알파벳과 같은 문자를 가지고 있지 않다고 해서 그들이 문자 언어를 소유하지 않았다고 말하는 것은 옳지 않다. 많은 유럽인들이 라틴문자를 적용한 것과 같이 하우사족, 카누리족, 풀라니족, 말린케족, 스와힐리족은 아라비아 알파벳을 적용하였다. 라이베리아의 베이족이 최근에 자신만의 문자를 가진 것과 마찬가지로, 누비아족과 쿠시족과 같은 고대 민족들도 그들만의 문자를 가지고 있었다. 그들은 서구 열강의 침략 이전 시기에 상형문자 또는 더욱 발전된 문자를 가지고 있었다는 증거가 있다. 이에 관해서는 더 많은 연구를 할 필요가 있다.

우리는 아프리카인이 비밀 메시지를 보내거나 재산을 기록할 때 그림문자나 표의 문자를 사용했다는 것을 알고 있다. 아산테족의 금분동分銅과 이그보족의 조롱박에 속담이 새겨져 있고, 줄루족의 구슬세공품에 사랑의 메시지가 새겨져 있다. 부표막대*와 끈 매듭結繩은 모든 종류의 수(여행에 걸리는 시간, 재정 업무, 게임의 점수와 같은)를 기록하는 데 사용되었다.

오케에는 이웃인 우노카에게 빌려준 오래 된 빚을 받으러 왔다. 그러나 우노카는 빚을 갚으려 하지 않았다. 우노카는 배꼽을 잡으며 웃은 후, 오케에에게 자기 집의 담을 보라고 하였다. 벽에는 분필로 그려진 다섯 묶음의 선들이 있었다. 그 중 가장 작은 묶음에는 10개의 V자 꺾음표시가 있었다. 우노카는 각 묶음들이 어떤 사람들에게 진 빚을 적어 놓은 것이라고 설명하였고, 하나의 표시가 100별보배조개를 의미한다고 말하였다.

---

* 부절 막대라고도 한다. 나무에 수를 표시하고, 이것을 둘로 갈라 나누어 가진 후에 이것을 닻추어 수나 금액을 쌍방이 기록하는 수단

우노카가 진 빚 중 가장 적은 빚은 1000별보배조개였다. 그러나 우노카는 갚으려 하지 않았고, 오케에는 빈손으로 돌아오게 되었다. (Achebe, *Things Fall Apart*, p. 8).

킬리만자로의 산등성이에 사는 차가족Chagga의 젊은 남자가 12일 동안 여행을 가려고 한다. 그는 바나나 수염뿌리로 만든 12가닥의 매듭을 부인에게 주고 여행을 떠난다. 아내는 하루에 한 가닥씩 매듭을 풀면서 남편이 돌아오기를 기다린다. 이와 비슷한 상황에서 브웬디족Bwende 남자는 두 줄로 이러한 매듭을 만들어 하나는 자신이 갖고 다른 하나는 부인에게 준다.

임신한 여자는 아이를 언제 낳을지 알아 보기 위해 보름달이 뜰 때마다 매듭을 하나씩 만든다. 짐바브웨의 한 아빠는 나무 막대를 잘라 불에 검게 그슬린 후 각 달의 시작에 V 꺾음표시를 해둔다. 실제로 임신 마지막 달은 '막대의 달' 이라고 부른다. 예전에는 막대를 아이의 생일을 기록하기 위해 보관하였다. 마찬가지로 그가 어느 시기에 태어났는지를 표시하기도 하였다.

줄루족에서는 매듭을 짓는 것이 여자의 특권인 반면에 남자는 막대에 표시하였다. 줄에 매듭을 지어 수를 나타내는 것은 일시적인 표현법으로 생각되기도 하였지만 어떤 사람은 막대에 표시하는 것보다 더 안전하다고 생각하였다.

콩고지역에 사는 순디족Sundi 사람들 중 젊은 남자가 사랑하는 여인에게 구혼을 하고 있다. 관례는 그가 결혼을 하기 위해 그녀에게 선물을 주어야 한다. 양가 사람들이 잠깐 이야기를 한 후, 결혼해서 안정적인 생활을 할 것을 결정한다. 선물 지불은 여러 번에 나누어 한다. 각 가족들의 표시는 그들이 합의한 분납 때마다 각각의 줄에 하나의 매듭으로 표시한다. 게다가 젊은 남자는 좀더 가치 있는 선물을 기억하기 위해 매듭을 만든다. 마지막 정산 때, 증인이 되는 사람은 두 가족이 표시한 줄을 비교한다. 결혼 선물을 위한 줄 매듭은 집의 가장 구석진 곳에 매달았으며, 이혼하거나 죽었을 경우에 과거의 선물 지불을 증명하기 위해 집 밖으로 가지고 나간다. 다른 한편으로 케냐의 캄바족Kamba 사람은 결혼 선물 계약을 기억하기 위해 막대를 이용해서 V 꺾음표시를 한다.

줄 매듭은 물의 할당, 돈 세기, 상업적인 기록, 세금의 징수, 집을 구매하기 위한 갈대나 풀의 더미 수, 팔린 코끼리 상아 수와 같은 다양한 종류의 기록을 위해 사용되고 있다. 옷감을 거래할 때는 한쪽은 사는 사람이, 다른 한쪽은 파는 사람이 매듭을 지어 줄의 양쪽 끝에서부터 매듭을 지었다. 빚을 진 사람은 약속을 기록하는 것으로 채권자에게 매듭을 지어서 주었다. 만약 채권자가 줄을 잃어버렸다면, 그는 운이 없는 것이고, 따라서 채권자는 자신의 돈을 돌려받을 수 있는 권리를 잃어버리게 된다.

많은 문화권에서 줄 매듭과 부표 막대는 지나간 날이나 주 또는 해의 기록에 이용되었다. 모노모타파 제국의 사관史官들은 '왕실 끈royal string'에 각각의 통치자마다 하나의 매듭을 짓는 의무를 지고 있었다. 1929년도에 35개의 매듭이 있었고, 첫째 통치자인 마타페Matope의 누이를 포함한 모든 통치자를 구분할 수 있었고, 그들의 왕조는 15세기 중반까지 거슬러 올라간다.

매듭을 지어 날 수와 물건의 수를 세는 관습은 세계 각지에서 일반적으로 사용되고 있다. '셈 구슬telling of bead'인 가톨릭의 묵주가 한 예이다. 매듭을 만드는 매우 복잡한 형태는 모든 공식적인 업무를 기록하기 위해 페루의 잉카 사람이 이용하였다. 결승문자quipus라 불리는 다양한 줄의 매듭은 10진법에 기초한 자리 값을 가지고 있었다. 결승문자는 부기簿記에 사용되었을 뿐만 아니라 역사, 법 그리고 계약을 기록하는 수단으로 사용되었다.

송지족Songe 사람들은 그들의 인생 여정을 기록하던 정교한 부신 막대를 가지고 있었다. 4피트 길이의 막대는 지팡이의 역할도 하였다.

예전의 북짐바브웨 사람들은 마을 사람들로부터 배운 달력의 표시를 신뢰하였다. 1년이 될 때까지 매일 아침에 막대에 V표시를 하고, 새로운 달을 다시 시작하였다. 빚을 갚은 날이라든가 수확한 날, 타작한 날, 비가 많이 온 날 같이 특별한 날에는 특별한 표시를 하였다. 평소와는 다른 X표시는 다른 사람에게 무언가를 빌린 날이며, 그가 그것을 갚았을 때 X표시를 하여 부합시켰다.

그림 9-1 아랍과 연안의 이슬람인들에게 영향을 받은 민족이 사용한 것으로 알려진 달력. 연대 미상. 1941년 탄자니아 국립박물관. 표시는 두 개의 작은 상아 고리로 각각 10개씩 3그룹으로 나누어져 있다. 흑단 받침 위에 상아로 만든 초승달 모양이 새겨져 있다.

남편이 집으로 돌아오기를 기다릴 때 매듭을 푸는 차가족의 부인도 남편이 한 많은 폭행의 수를 요리용 나무 숟가락에 기록을 하였다. 숟가락의 손잡이에 더 이상 빈자리가 없을 때, 이혼 절차를 밟을 때가 된 것이었다. 차가족의 소년은 사냥한 새들의 수를 활에 표시를 했는데 5마리와 10마리가 될 때마다 더 긴 V표시를 하였다.

나무 조각이나 조개껍데기로 긁어 표시한 부표가 널리 사용되었다. 동쪽 해안에서 사용한 달력은 두 개의 기둥을 줄로 연결한 것이었다. 30개의 나무 조각을 10개씩 묶었으며 묶음 사이는 하얀색 구슬을 꿰어 하루가 지날 때마다 하나의 조각을 한쪽에서 다른 쪽으로 이동시켰다. 비록 이것을 스와힐리 달력이라고 불렀지만, 차가족 사람들도 사용하였고, 차가족 사람들은 10일-일주를 사용하였다. 이슬람교인인 스와힐리 사람들은 여러 세기 동안 7일-일주를 사용하였다.

정부 기록

아산테 제국의 풍부한 금은 군주의 소유였고, 군주의 신하들은 자신들의 교역을 보고해야 했다. 아산테 군주인 아산테헤네의 보물은 정확히 세어졌고, 20일마다 보물과 대응되는 별보배조개의 수를 일치시켜 합계를 기록했다. 이와 유사하게, 많은 아프리카 사회에서 시장에서의 계산은 조약돌 또는 콩의 더미의 도움을 받아 이루어졌다.

19세기 부간다에서 '무테사왕의 두루마리King Mutesa'a Roll' 라고 부르는 군대조직이 결성되었다. 이것은 10개의 구멍이 있는 평행선이 있는 나무 판자였다. 각 구멍마다 흰 색의 나무못이 꽂혀 있고, 각 줄의 끝에는 검정색 나무못이 꼭 들어맞는 좀더 큰 구멍이 있었다. 그리고 10줄마다 붉은색 나무못이 끼워지는 좀더 큰 구멍이 있었다. 흰색, 검은색, 붉은색 나무못은 각각 10, 100, 1000을 나타내는 것이었다. 10의 거듭제곱 수들은 간다의 수 체계인 10진법과 상관이 있다. 왕은 이집트나 영국의 군대가 자신의 나라를 침략했을 경우와 같이 군사가 필요할 경우 그의 족장들에게 많은 나무못을 뽑아 주었다. 이것은 자신이 준 나무못의 수에 대응하는 수의 군사를 제공하라는 명령이다. 전쟁이 끝났을 때 전쟁에서 전사한 군인의 수를 제외한 나무못이 다시 명부roll에 꽂힌다.

앞 장에서 참마나 별보배조개 껍데기를 모으는 것을 기초로 하여 간접적인 인구조사를 하는 것을 설명하였다. 이 체계는 징병에도 적용되었다. 19세기에 다호메이 제국의 왕은 이웃나라인 요로바 제국과 잦은 전쟁을 하였다. 양 진영이 다 유럽으로부터 총을 제공받았다. 1840년에 다호메이 왕국은 5000명의 유명한 여전사를 포함하여 1만 2000경의 군대를 이끌었다. 또한 정부는 군인의 수를 확보해 놓는 명령권을 가지고 있었다. 징집된 사람은 조약돌로 나타냈으며, 각 지역에서는 징집된 인원수와 같은 수의 조약돌을 담은 상자를 중앙 정부로 보냈다.

모든 아프리카의 도시 중에서 다호메이 왕국이 출생과 죽은, 전쟁에서 포로로 잡히거나 죽은 인원수, 질병으로 인해 죽은 인원수의 통계에서 가장 정확하였다. 이것은 상자에 담은 조약돌로 계산하였기 때문이다. 우리는 그들이 현재의 일반적인 수세기와 비교하여 신체를 이용한 수세기가 얼마나 정교했는지는 알 수가 없다.

그림 9-2 의회가 1826년에 부표막대를 폐지하기까지 수세기 동안 정부 통상을 기록하는데 사용된 영국식 부표

부표막대는 세계 각지에서 문자가 있든 없든 사용하던 방법이다. 영국에서도 12세기부터 1826년까지 부과된 세금과 지불된 세금을 기록할 때 정부재정부에서 부표막대를 사용하였다. 기록을 하기 위해 펜과 종이를 사용하는 혁명적인 시도는 조지 3세가 시도하였지만 소용이 없었다. 부표막대의 사용이 없어지기까지 100년이 더 걸렸다. 정부는 그들이 모은 수가 큰 수가 되었을 때 어떻게 처리하였을까? 찰스 디킨스는 정부의 관료주의와 비효율성에 대해 참담한 결과를 묘사하였다.

부표막대는 웨스트 민스터 사원에 보관되었다. 사원 주변에서 비참한 생활을 하고 있던 주민에게 장작 대용으로 사용하는 것 말고는 어떤 지식인에게도 필요하지 않았다. 그래서 이 막대를 땔감으로 사용해도 좋다는 명령이 떨어졌다. 부표막대가 땔감으로 사용되기 위해서 하원으로 보내졌다. 이 비합리적인 부표로 넘쳐나게 된 난로는 벽면에 불을 붙였다. 불이 붙은 벽면은 상원 건물에 불을 옮겼다. 양원 건물은 재로 볼품없게 되었다. 새로운 건물을 짓기 위해 건축가를 불렀다. 그 이후 2000년대에 살고 있는 우리는 그 대가의 덕을 보고 있는 것이다.

제 4 부

수학을 활용한 레크리에이션

수의 패턴, 기하 무늬의 패턴, 운율적인 패턴. 이 모든 것이 아프리카인들의 삶 속에 존재한다. 이번 장에서는 패턴이 중요한 역할을 하는 레크리에이션 활동에 대하여 다룬다. 수의 패턴은 남녀노소 할 것 없이 아프리카 전대륙에 퍼져 있는 '옮기기' 게임에서 볼 수 있다. 확률을 동반하는 게임 또한 별보배조개껍데기나 견과류를 던졌을 때 나오는 패턴에 의존한다. 초기 아프리카의 이슬람 학자들은 수의 마술적인 배열을 완성하려는데 일생을 바쳤다. 어린이들이 모래 위에 그린 기하 무늬의 패턴 속에서, 아프리카인들의 옷감과 나무 공예품 속에 그들이 그려 넣은 무늬들을 찾을 수 있다.

유럽인들이 정규교육과정을 도입하기 이전에, 아프리카 어린이들은 부모나 형제, 친척, 그리고 마을의 연장자로부터 조상의 삶의 지혜를 배웠다. 게임은 아주 어린 시절부터 자신의 특수한 문화적 환경에서 생활하게 되기까지 어린이들의 교육에 있어서 꼭 필요한 부분 중 하나였다. 이번 장의 내용은 아프리카 어린이들의 게임에서부터 어른들의 레크리에이션 활동까지 포함하고 있다.

세계 예술에 지대한 공헌을 한 아프리카 음악에 대해 언급하는 것도 빼놓을 수 없다. 환상적인 기술로 드럼을 연주하는 아프리카 드럼 연주자는 아주 수준 높은 패턴의 리듬 감각을 가지고 있다. 리더가 주 리듬을 연주하고, 다른 드럼 연주자들은 주 리듬을 바탕으로 각각의 연주가 되도록 더욱 정교한 리듬을 만들어낸다. 아프리카인들은 여러 가지 리듬을 들을 수 있는 능력이 발달되어 있고, 무용수들은 동시에 신체의 다른 각 부분을 움직이며 음악을 표현하였다. 부간다의 숙련된 오케스트라는 북아프리카의 실로폰을 접목시켰고, 대륙 전체에서 선발된 합창단은 각각의 개별적인 리듬을 조합하여 아름다운 하나의 리듬을 만들어낸다.

르완다의 전통 시는 가락, 리듬, 억양tone의 세 요소로 구성된다. 키냐르완다족Kinyarwanda의 언어는 음조에 따라 말의 의미가 달라지는 언어인데 이 언어는 정해진 패턴에 따라 각 줄에 음조와 리듬의 패턴이 있다.

그림 10-1 워리(또는 오웨어) 게임을 위한 게임판. 가나의 아산테 족들이 사용. 많은 다른 서아프리카 민족들도 6개의 단지가 있는 두 줄짜리 판을 이용한 게임을 하는데, 매우 보편화되어 있다. 바닥에 있는 천은 켄트천으로 기하적 주제를 갖고 짜기 때문에 모양에 따라서 특별한 의미를 담은 이름을 가진다.

제10장 게임과 성장

운율과 율동 세기

다른 세계와 마찬가지로 아프리카의 어린이들은 수 계열을 알기 전까지 손가락 수세기 운율을 배운다. 어떤 운율은 5까지 있는 반면, 어떤 운율은 20까지 있다. 손가락 수와 관련하여 대부분의 운율은 10까지 있다. 어떤 지역에서는 운율이 12진법에 기초하거나 3 또는 4의 배수를 강조하기도 한다.

대중적으로 알려진 스와힐리의 시구가 있다. 이 시구는 우리말로 해석하면, 대담함을 표현하고 있다. "출발합시다!—어디로?—훔치기 위해서!—경찰을 어떻게 하고?—나는 경찰로부터 자유롭지!" 수세기는 약지로부터 시작해서 엄지로 끝난다. 각 문장마다 하나의 손가락을 펴면서 수세기를 한다.

많은 운율들은 구시대 또는 외국에 어원을 두고 있는 난센스 단어들로 이루어져 있다. 케냐 북서쪽에 위치한 타이타힐 지역의 어린이들은 뜻이 분명하지 않은 단어들로 수세기 운율을 노래한다. 윌리엄슨에 따르면, 아프리카의 성인들은 이러한 단어들 중에 예전에 지방에서 쓰인 적이 있지만 현재는 여러 세기 동안 사용하지 않아 쓸모없어진 단어들이 있다는 것을 발견한다고 한다. 놀랍게도 이러한 단어들은 어린이들의 노래에 계속 남아 있다. 이러한 단어들로 이루어진 어린이들의 노래는 단순한 선율로 되어 있고, 어린이들은 게임을 할 때 심지어 계산을 할 때도 부른다. 어떤 지역에서는 어린이들이 오른손의 약지부터 시작하여 아래로 접으면서 수를 세고, 다시 왼손의 약지부터 접어 수를 세기도 하는데 이는 타이타족 사람들의 수세기 방법하고는 전혀 다른 방법이다.

수세기 노래는 벤다족 어린이들의 노래 곡목 중 하나이다. 그들 역시 손가락을 이용하여 수세기를 하며 노래를 부른다. 그들은 오른손의 집게손가락을 이용하여 왼쪽 손의 약지부터 두드리며 수를 세기 시작하고, 엄지까지 센다. 그러고 나서 오른손의 엄지부터 세서 약지까지 오게 되고, 다시 왼손의 엄지부터 접어주면서 수를 센다. 가끔 어린이들은 열을 세었을 때 박수를 치기도 한다. 실제 사용하는 수어數語들은 벤다어 외에 통가족어Thonga, 소토어Sotho, 아프리칸스어Afrikaans, 영어 등을 포함하고 있다.

벤다족의 어린이들은 하기 싫은 일을 할 아동을 뽑기 위해 수세기 노래를 이용하기도 하는데, 노래 마지막에 남는 아이가 술래가 된다. 어린이들은 자신들이 술래를 하지 않아도 되어서 좋아하면서 술래에게 마녀라고 소리친다.

다리의 수를 세기 위한 벤다족의 특별한 노래는 여러 언어가 섞여 있고, 난센스 음절들로 이루어져 있다. 어린이들은 일렬로 앉아 다리를 앞으로 쭉 뻗고 앉는다.* 노래하는 사람은 줄을 내려가며 각각 다리에 돌아가며 시를 한 줄씩 암송하고 줄의 끝에 왔을 때 반대 방향으로 되돌아가게 된다. 시의 마지막 단어인 'mutshelwa'에 해당하는 다리는 '범죄자의 다리'가 되며, 그 다리는 안으로 접고, 다시 줄의 첫째 번 다리부터 시를 암송하게 된다. 영리한 어린이들은 어디에 앉아야 마지막에 걸리지 않는지를 계산하거나, 만약 그들이 셀 때는 특정 사람을 걸리게 하도록 어떻게 세야 하는지를 계산할 수 있다. 우리 말로 해석하면 이런 의미가 된다.

이제 막 뒤뚱뒤뚱 걷기 시작한 어린이
작은 갈대피리소리
만기옌가예의 갈대피리
마술루 쿵와-쿵와 호리병박
수석 연주자의 피치파이프를 운반하고
황홀경에 빠진다. 이는 잘못된 일.

---

* 난센스 음절을 사용하지 않는 것을 제외하면, 우리나라의 다리셈게임과 유사하다.

쇼나족의 게임 중에는 밤에 모닥불 주위에 둘러 앉아, 이야기를 듣고 수를 세는 게임이 있다. 어른이 어떤 시를 운율에 맞추어 암송하는 동안 어린이들은 기본박자를 센다. 교사는 시 낭독을 빨리 하다가 다시 천천히 할 수 있다. 또는 변화를 많이 주어 어린이들이 박자를 놓치도록 하기도 한다. 박자를 놓친 학생은 게임을 잘한 학생들이 시키는 얄궂은 행동을 하는 것으로 즐거운 웃음거리를 제공한다.

삼목게임*

틱택토는 삼목게임이다. 이 게임의 여러 형태를 아프리카에서 볼 수 있는데, 우리가 익히 아는 'O · X' 게임보다 복잡하다. 삼목게임은 판 또는 땅 위에 선을 그어 놓고 게임을 한다. 짐바브웨의 젊은 남녀들은 판 위에서 게임을 한다. 두 명의 게임 참가자들은 12개의 돌을 가지고 시작하는데, 한 사람이 가지고 있는 돌은 다른 사람이 가지고 있는 돌과 구별이 되어야 한다. 그림 10-2a는 세 종류의 게임을 보여 준다.

이 게임의 첫째 형태는 각 참가자가 한 번씩 돌아가며 자신의 돌을 상대방이 차지하지 않은 교차점에 놓는다. 게임의 목적은 3개의 돌을 어떠한 방향이든지 일직선으로 놓는 것이다. 삼목을 만든 참가자는 상대방의 돌 한 개를 치울 수 있는 권한이 있다. 일단 삼목을 만들면, 게임자는 자신의 다음 차례에서 삼목 중의 한 돌을 집어 들고, 상대방의 또 다른 돌을 잡기 위해서 다른 교차점에 이 돌을 놓을 수 있다.

이 게임의 둘째 형태는 각 참가자들이 12개의 돌을 모두 판 위에 놓고 시작한다. 참가자들은 삼목을 만들기 위해서 줄을 따라 한 번에 하나씩 돌을 움직인다. 분명히 어떤 돌들은 사로잡힐 것이다. 반면에 24개의 돌이 24개의 교차점을 다 채우고도 움직일 수 없게 되기도 한다.

이 게임의 셋째 형태는 두 게임자 중 한 게임자의 돌이 3개만 남았을 때 발생한다. 이 게임자는 한 개의 돌을 자신이 원하는 교차점에 옮길 수 있

---

* 삼목 게임의 다양한 형태는 《수학IQ를 만드는 세계 어린이들의 게임》(김진호 · 유대현 · 안희진, 2005, 경문사)을 참고하라.

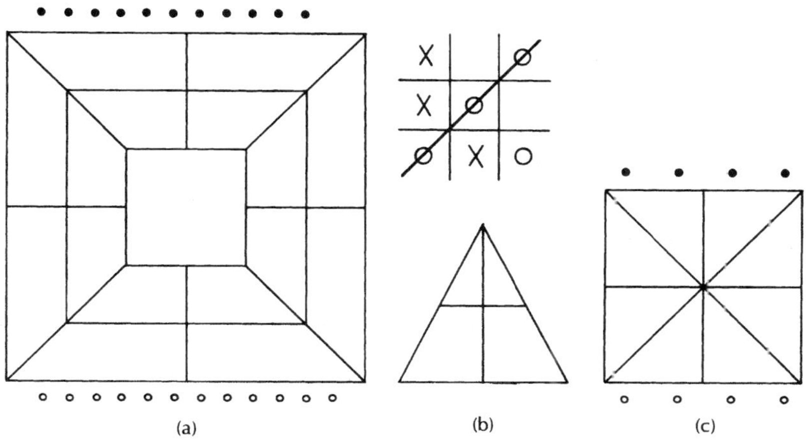

그림 10-2 아프리카에서 삼목게임은 여러 형태가 있다. 모든 게임이 우리에게 친숙한 'O · X' 보다 복잡하다. a게임과 b게임은 짐바브웨에 있는 남자아이들과 성인남자들에게 인기가 있다. c게임은 아산테 어린이들이 주로 한다.

다. 한 사람의 돌이 2개가 되면 게임에 지게 된다.

코퍼레티브 레크리에이션 서비스 출판사에서 발행한 《고대 게임》이라는 책에 있는 '아프리카 모리스African Morris' 라는 이름을 가진 게임이 있다. 이 게임은 짐바브웨 사람들이 사용하는 규칙과 유사하다. 이 게임은 아산테 사람들이 주로 하던 것으로 정말로 오래 되었다. 3300년 전에 쿠르나 지역에 있는 고대 이집트 사원의 지붕을 덮고 있는 널빤지에 게임판이 그려져 있었다. 그 게임 판은 가운데 정사각형에 두 개의 대각선이 그려져 있었다.

비슷한 게임인 '밀Mill' 또는 '아홉 명의 모리스Nine Men's Morris' 라는 게임이 있는데, 스미스Geoffrey Mott-Smith가 《수학퍼즐Mathematical Puzzles》에 이 게임을 설명하였다. 그는 이 게임을 "틱-택-토에 원형을 둔 고대 게임이라고 불렀다. … 수학적 탐구의 대상으로써, '밀' 은 아이디어들의 환상적인 조합이다. 틱-택-토에 완벽하게 스며 있는 기본적인 삼도의 원리는 두 가지 면에서 활력을 불어넣어 준다. 한 가지는 게임 판이 어느 정도의 크기를 가지지만, 참가자들이 '조금만 생각하면 이 게임을 완전히 분석할 수 있어!' 라는 생각을 계속해서 갖게 해준다는 점이다. 그리고 다른 한 가지는 자리의 점유와 움직임이 조합되어 있다. 첫 번째 게임자가 되는 것이 결코 삼목을 만드는데 도움을 주지 않는다(pp. 132–134)."

또 다른 짐바브웨의 변형된 게임은 삼각형 네트워크 위에서 하는 게임으로 'Tsoro Yematatu' (tatu는 '셋' 이라는 의미이다.)라고 부른다. 이 게임 판은 7개의 교차점이 있고, 각 참가자들은 3개의 돌을 사용하고, 돌은 어느 방향으로도 움직일 수 있다(그림 10–2b). 삼목을 먼저 만든 사람이 승자가 된다. 이 게임은 처음에 자세히 보지 않았을 때보다 훨씬 복잡한 게임이다. 왜냐하면 빈 자리가 하나 있기 때문에 모든 돌들이 이동할 수 있기 때문이다.

아산테족 어린이들은 사각형에 선을 그어 게임을 한다(그림 10–2c). 각 참가들은 4개의 막대 또는 색이 있는 돌을 사용한다. 어린이들은 자신의 돌을 한 번에 하나씩 선 위에 놓게 되며 모든 돌을 놓았을 때 한 번에 한 칸씩 빈자리로 이동할 수 있다. 이 게임의 목적도 마찬가지로 삼목을 만드는 데 있다.

네트워크

20세기 초에 헝가리 출신의 토데이Emil Torday는 콩고 지역의 송고족 거주 지역에 살았던 적이 있다. 하루는 어린이들이 둥글게 둘러 앉아 모래로 게임을 하고 있는 곳으로 갔다. "나는 앉기를 권유받았고, 그들 중에 한 사람인 벵겔라Minge Bengela는 허리에 두르고 있던 옷을 벗어 나에게 그 위에 앉으라고 하였다. 여성에게 친절한 이 어린이는 자신의 모든 옷을 벗어 주었던 것이기 때문에, 롤리Walter Raleigh* 경보다 더 정중한 행동이었다. 어린이들은 모래 위에 그림을 그리고 있었으며 그 어린이는 나에게 어떤 그림을 한 번에 그리기를 요구했다. 그리고 내가 실패하자 굉장히 좋아했다(p. 213)."

그들이 해보라고 한 것은 어떤 그림을 손가락을 바닥에서 떼지 않고, 한 번 지나갔던 길을 다시 지나지 않으며** 그림을 완성하는 것이었다(그림

* 1552?–1618, 영국의 군인 · 탐험가 · 정치가

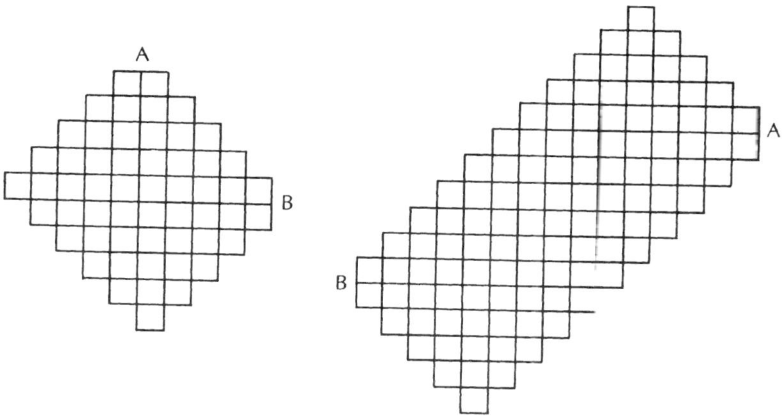

그림 10-3 송고족 어린이들이 손가락을 떼지 않으면서 연속된 선으로 이런 네트워크을 그렸다.(Torday 방식)

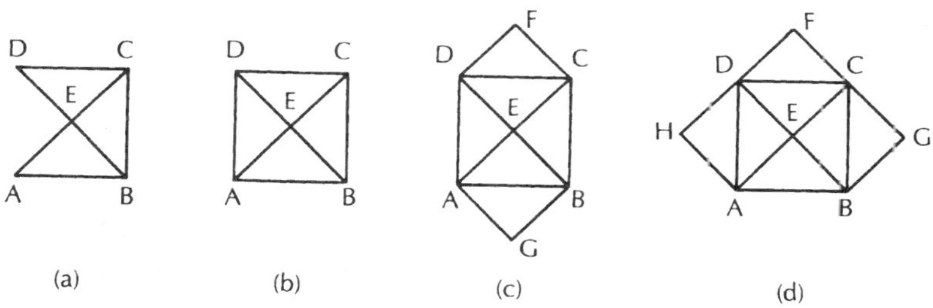

그림 10-4

10-3).

여러분은 이보다는 좀더 간단한 그림이나 연결을 연필을 가지고 떼지 않으며 지나갔던 길을 다시 지나지 않으며 그리는 것을 시도해 봐도 좋다.

네트워크 a, c, d는 한붓그리기가 가능하지만, 네트워크 b는 한붓그리기가 가능하지 않다. 한붓그리기가 가능한지를 알아보기 위해 짝수점과 홀수점의 개수를 알아야 한다. 꼭지점이란 둘 이상의 선분이 간나서 생기는 점이다. 네트워크 a의 연결 상태를 분석해 보면 5개의 꼭지점이 있다.

** 우리말로 '한붓그리기' 라고 한다.

그림	A	B	C	D	E	F	G	H	홀수점	한붓그리기가 가능한가?
a	2	3	3	2	4	–	–	–	2	예
b	3	3	3	3	4	–	–	–	4	아니요
c	4	4	4	4	4	2	2	–	9	예
d	4	4	5	4	2	2	2	2	2	아니요

표 4 각 꼭지점에서 만나는 선분의 수

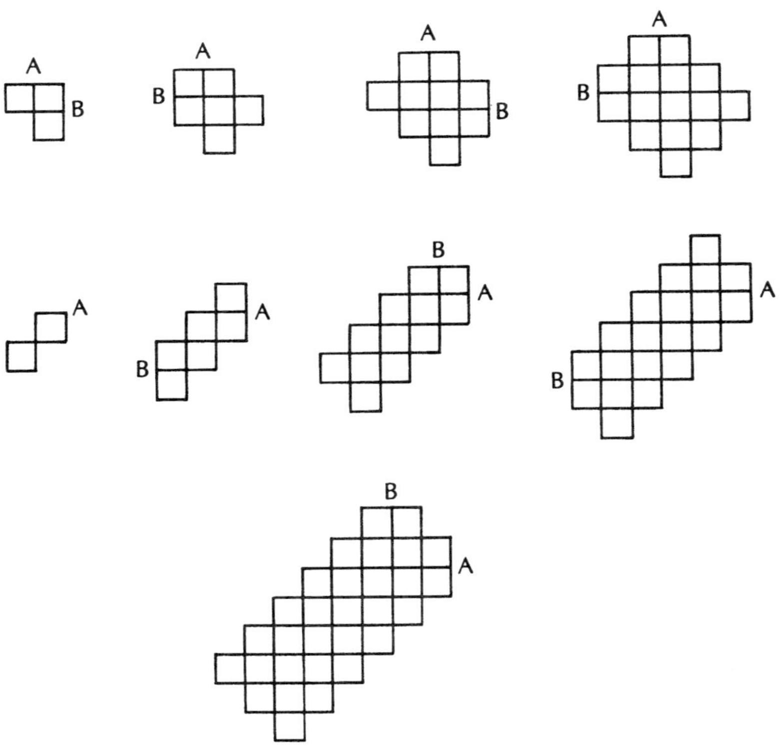

그림 10-5 송고족 네트워크의 간단한 형태

꼭지점 A와 D는 두 개의 선분이 만나며, 꼭지점 B와 C는 3개의 선분이 만나고, 꼭지점 E는 4개의 선분이 만난다. 꼭지점 B와 C는 홀수의 선분이 만나기 때문에 홀수점이라고 부르고, A, D, E는 짝수의 선분이 만나기 때문에 짝수점이라고 부른다.

각 꼭지점에서 만나는 선분의 수를 표로 정리하면 다음과 같다.

홀수점이 두 개인 연결 상태는 한붓그리기가 가능하다. 홀수점 중 하나는 시작점이 되며, 다른 하나는 끝나는 점이 된다.

네트워크 c와 같이 홀수점이 없는 모든 연결 상태는 어디에서 시작하든지 한붓그리기가 가능하다.

이제 전의 그림이 불가능하지 않다는 사실을 알고 송고족 어린이들의 그림으로 돌아가 보면, 각각의 그림에 홀수점이 A, B 두 개씩 있다는 것을 알 수 있다. 여러분은 좀더 단순화시킨 그림 10-5와 같은 그림부터 시작할 수도 있다. 끝나는 점인 꼭지점 A 또는 B를 기억한다면 성공적으로 연결 상태를 확장할 수 있다.

앙골라의 조크웨족Jokwe 사람들의 매우 정교한 네트의크는 태초와 관련된 이야기를 묘사하고 있다(Bastin, p. 39).

그림 10-6 콩고의 자이레 지역에 있는 쿠바족(송고족)이 자수를 놓은 라피아 천. 교차하는 음볼로mbolo 패턴은 쿠바족 어린이들이 모래 위에 그린 것들과 유사하다. 이 천의 연대는 18세기까지 거슬러 올라간다.

태양이 하루는 존경하는 신을 찾아갔다. 그는 신에게 이르는 길을 걷고 걸어서 마침내 신에게 도착하여 자신을 존경하는 신에게 바치었다. 그러자 신은 수탉 한 마리를 주며 “내일 아침 떠나기 전에 나를 보러 오너라.”라고 말했다. 아침이 되자 수탉이 울었고, 태양이 일어나서 신에게 갔다. 신은 “나는 내가 너에게 저녁거리로 준 수탉이 우는 소리를 들었다. 앞으로 그 수탉을 지켜라. 하지만 너는 매일 아침에 돌아와야 한다.” 이것이 매일 아침에 태양이 뜨고 지구를 도는 이유이다.

달도 신을 찾아가 수탉을 받았고, 그 수탉은 아침에 달을 깨웠다. … 신이 말하길 “내가 너에게 저녁으로 준 수탉이 우는 소리를 들었다. 아주 좋다. 그러나 너는 28일마다 나를 보러 돌아와야 한다.” …

그리고 인간의 차례가 되었고 인간은 신을 찾아갔다. 그러나 인간은 먼 여행으로 지쳤고 수탉의 일부분을 저녁으로 먹었고 다음날 돌아갈 여행을 위해 휴식을 취했다. 다음날 인간이 잠에서 깨었을 때 태양은 중천에 떠 있었다. 인간은 서둘러 남은 수탉을 먹고 신에게 찾아갔다. 신이 인간에게 미소를 지으며 말하길 “내가 어제 준 수탉은 어디 있느냐? 나는 아침에 수탉이 우는 소리를 듣지 못했구나.” 인간은 두려움에 떨며 “너무 배가 고파 먹고 말았습니다.” 그러자 신은 다음과 같이 말했다. “괜찮다. 하지만 잘 듣도록 하여라. 너는 태양과 달이 여기에 왔다 간 것을 알고 있지.

그림 10-7

그러나 그들은 내가 준 수탉을 죽이지 않았다. 이것이 그들이 죽지 않는 이유이다. 그러나 너는 수탉을 죽였으므로 너 또한 죽음을 맞이해야 한다. 하지만 네가 죽었을 때 나에게 돌아올 수 있다." 그림 10-7에서 위쪽은 신, 아래쪽은 인간, 오른쪽은 태양, 왼쪽은 달을 의미한다. 선들은 신에게 이르는 길을 나타낸다.

수수께끼 라이베리아의 크펠족 어린이들은 그들 고유의 친숙한 이야기를 전한다. 논리적 추론과 관련된 이 문제는 표범, 염소, 카사바 잎을 가진 사람이 안전하게 강 건너로 건너야 하는 이야기이다. 배는 한 번에 자신과 하나의 짐만을 실을 수 있다. 염소는 표범과 단둘이 남아 있으면 안 되고, 염소는 지키는 사람이 없으면 카사바 잎을 전부 먹고 만다. 어떻게 강을 건널 수 있을까?

표범과 카사바 잎은 어떠한 관계가 없기 때문에 유일하게 단 둘이 놓을

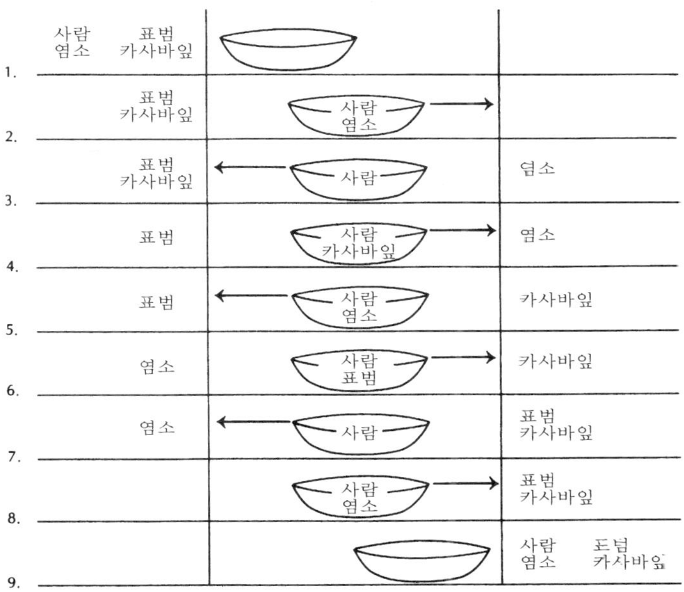

그림 10-8

수 있는 짝이다. 그러므로 남자는 처음에 염소를 싣고 건너야 한다. 여기에 하나의 답을 제시해 두었다. 다른 답이 있을까?

배열

어린이들이 하는 많은 게임은 물건들을 순서대로 배열하는 것과 연관 있다. 크펠족 사람들은 각각 8개씩 두 줄로 16개의 돌을 배열하는 게임을 한다. 한 사람이 물러나서 돌의 배열을 볼 수 없도록 하고, 다른 한 사람이 하나의 돌을 선택한다. 물러나 있던 사람이 돌아왔을 때 선택된 돌이 무엇인지 알아내기 위해 4번의 질문을 할 수 있다. 각 대답을 듣고 나서 그 사람은 2줄 안에서 돌을 재배열할 수 있다. 4번의 대답을 전부 듣고 나서 반드시 하나의 돌을 알아내야 한다.

매번 돌을 재배열하는 과정속에서 문제의 해답을 알 수 있다. 첫째 번 대답 후에 질문자가 8개의 돌을 재배열하면, 남은 8개의 돌은 원래의 배열 순서대로 놓여 있다. 따라서 8개의 돌은 다른 줄에 있게 된다. 둘째 번 대답 후에 질문자는 4개의 돌을 바꾸고, 남은 4개의 돌은 원래의 줄에 있게 된다. 다음에는 두 개의 돌의 위치를 바꾼다. 마지막 질문에 대답을 들은 후에 어떤 돌이 선택된 돌인지 결정한다.

처음 위치	첫째 줄	1	2	3	4	5	6	7	8
	둘째 줄	9	10	11	12	13	14	15	16

만약에 '6'이 선택되었다고 가정해 보자. 질문자가 할 수 있는 하나의 과정을 소개한다.

질문 1 : "첫째 번 줄에 있습니까?"

질문자는 홀수 번호를 가지고 있는 돌들의 줄을 바꾼다.

1 ⟷ 9, 3 ⟷ 11, 5 ⟷ 13, 7 ⟷ 15

둘째 번 위치	첫째 줄	9	2	11	4	13	6	15	8
	둘째 줄	1	10	3	12	5	14	7	16

질문 2 : "첫째 번 줄에 있습니까?"

질문자는 선택된 돌이 짝수번호를 가지고 있는 돌임을 안다. 질문자는 4의 배수가 되는 돌들을 바꾼다. 4 ⟷ 12, 8 ⟷ 16

셋째 번 위치	첫째 줄	9	2	11	12	13	6	15	16
	둘째 줄	1	10	3	4	5	14	7	8

질문 3 : "첫째 번 줄에 있습니까?"
선택된 돌은 2 또는 6이다. 질문자는 6과 14를 바꾼다.

넷째 번 위치	첫째 줄	9	2	11	12	13	14	15	16
	둘째 줄	1	10	3	4	5	6	7	8

질문 4 : "첫째 번 줄에 있습니까?"
유일하게 답이 될 수 있는 돌은 6번 돌이다. 물론 이것은 정답이다.

탄자니아 북서쪽의 어린이들은 타룸베타Tarumbeta라고 불리는 게임을 한다. 이 게임을 이렇게 부르는 것은 콩으로 만든 패턴이 트럼펫을 닮았기 때문이다. 45개의 콩을 그림 10-9와 같이 삼각형 모양으로 9줄을 만든다. 이 게임은 4명이 게임을 한다. '대장'은 삼각형의 꼭지쪽에 앉아서, 심판 역할을 한다. 반면에 도전자는 삼각형을 등지고 밑변쪽에 앉는다. 나머지 두 명의 어린이들은 삼각형의 두 변에 앉아 번갈아 가며 한 번에 하나의 콩을 제거한다. 이때, 밑변에서 시작하여 꼭지점 쪽으로 옮겨 가

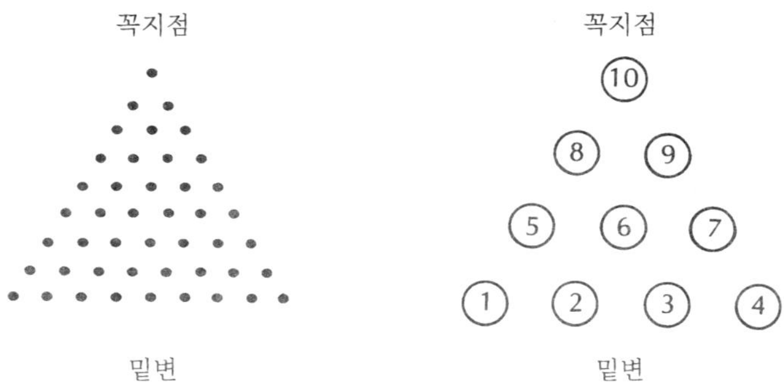

그림 10-9 탄자니아 북서쪽 어린이들이 45개의 돌을 가지고 하는 타룸베타 게임, 어린이들은 10개의 돌을 가지고 할 수 있다.

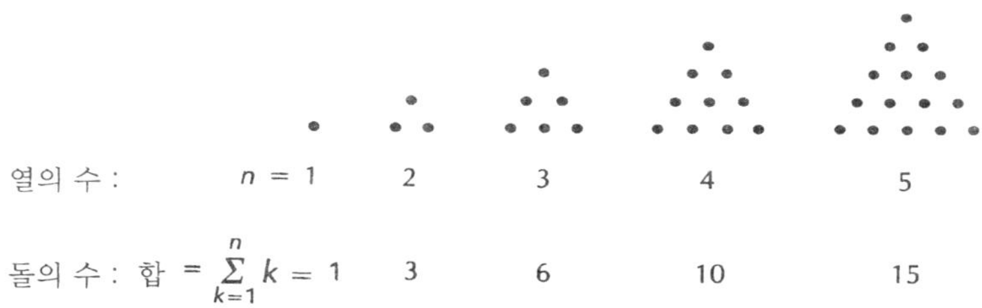

그림 10-10

면서 공을 제거한다. 한 번 제거할 때마다 도전자는 방금 제거한 공의 번호를 말해야만 한다. 그러나 어떤 줄에 있는 것이건 첫 번째 공을 제거할 때에는, 도전자는 번호를 말하지 않아야 한다. 물론 그는 삼각형을 보아서는 안 된다. 하지만 공을 제거할 때마다 공의 위치를 시각화해야만 한다. 어린 어린이들은 좀더 나이가 많은 사람으로부터 이 게임을 배우게 된다. 처음 시작하는 어린이는 10개의 물건을 갖고 할 수 있고, 이 게임을 하는데 필요한 수만큼 늘려가며 게임을 할 수 있다. 10개를 예로 들면, 도전자는 "침묵-4-2-3-침묵-7-6-침묵-8-10"이라고 할 수 있다. 이제 45개의 공으로 만들어진 삼각형을 가지고 해보자!

이 어린이들은 삼각수를 알아야 한다. 삼각수들은 그림 10-10과 같이 1

부터 N까지의 자연수의 합으로 나타내어 진다.

시그마(∑)는 그리스 문자로 '합'을 나타낸다. $\sum_{k=1}^{4} k$는 '1부터 4까지의 합' 즉 1+2+3+4=10을 의미한다.

확률 게임

아프리카의 성인들은 대부분 나무토막이나 땅콩 또는 별보배조개를 던졌을 때 나오는 결과를 기반으로 하는 도박게임을 즐긴다. 이는 서구인들이 즐기는 주사위나 동전던지기 게임과 유사하다. 방법도 점쟁이들이 하는 것과 많이 닮았다. 실제로 도박 도구는 사회에서 힘을 좌지우지하는 도구로 도박자가 설정하고, 좋은 결과를 바라기 위해 어떤 종교적인 것을 내세운다.

이그보족 사람들이 하는 게임인 '이그바-이타Igba-ita'는 글자 그대로 옮기면 '동전 던지기'이다. 4개의 별보배조개를 던지고, 가장 좋은 결과는 마치 점을 칠 때와 마찬가지로 같이 4개가 모두 위를 향하거나, 4개 모두 아래를 향하는 경우이다(5장 참조). 최근에는 동전이 별보배조개를 대체하고 있고, 이름도 '이그바-에고Igba-ego' (ego=돈)로 바뀌었다.

4개가 모두 같은 방향으로 나올 확률은 얼마일까? 동전의 경우에는 예상하기 쉽다. 4개의 동전을 던졌을 때 나올 수 있는 경우는 다음과 같다. (H=앞면, T=뒷면)

HHHH	THHH	THHT	THTT
HHHT	HHTT	THTH	TTHT
HHTH	HTHT	TTHH	TTTH
HTHH	HTTH	HTTT	TTTT

동전은 대칭구조를 갖고 있기 때문에, 앞면과 뒷면이 발생할 경우는 같다. 16가지 경우에서 어떤 경우든 나올 확률은 같다. 결국 모두 같은 방향이 나올 경우는 16가지 중 2가지, 즉 8가지 중 1가지로 예상할 수 있다. 별보배조개는 비대칭구조를 갖고 있기 때문에, 앞면이 나올 경우와 뒷면이 나올 경우가 같지 않다. 따라서 이와 같은 예상을 할 수 없다. 별보배

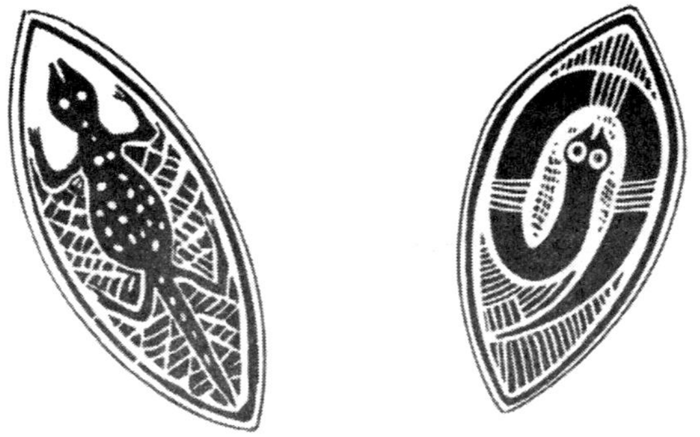

그림 10-11 도마뱀과 뱀이 조각된, 야운데족 중 베티족의 도박 칩. 수십 개의 이런 도박 칩이 뉴욕공립도서관에 있다. [Frederick Quinn : "Abbia Atones," African Arts (UCLA) IV, No. 4(Summer 1971), pp. 30-32]

조개의 경우에 한 경우가 4번 발생할 확률을 구하기 앞서 많은 조사가 필요했을 것이다. 틀림없이 이그보족 사람들은 과학에 실망하였을 것이다.

예전의 장날에 가장 인기 있던 게임은 이그바-이타였다. 2명에서 12명까지 이 게임에 참여한다고 바스덴Basden(1966, pp. 352-353)은 기술하고 있다. 참가자들은 둥글게 쪼그리고 앉아 자신 앞에 은행 역할을 하는 별보배조개를 쌓아 놓는다. 도전자가 12개의 별보배조개를 집어 들고, 참가자들은 6, 12 또는 더 많은 개수의 별보배조개를 내기에 건다. 도전자가 별보배조개를 던진다. 내기에 이기고 지고는 동전 던지기와 유사하게 껍데기가 어떻게 떨어지냐에 달려 있다. 이길 수 있는 조합은 12개 모두가 같은 방향으로 떨어지거나, 6개는 윗면이 보이게, 6개는 뒷면이 보이게 떨어지거나, 11개가 같은 방향이고 나머지 한 개가 다른 방향으로 떨어졌을 때이다. 4개와 8개의 조합은 도전자가 참가자에게 지는 경우이다.

바스덴은 "참가자들이 별보배조개가 떨어진 방향을 세고, 돈을 잃거나 따온 별보배조개를 가져오는 일은 순식간에 일어났다. 참가자들은 점점 빨리 게임을 진행하고, 도박을 하는 원형 주변에는 먼지가 일었다. 나는 게임을 지켜보았는데, 별보배조개가 떨어지는 상태를 알아채기도 전에 게임은 끝나고, 별보배조개를 세고, 다시 별보배조개를 집어 게임을 하였다."고 진술하고 있다.

시겔Morris Siegel에 의하면, 카메룬의 야운데족Yaounde 사회에서는 도박이 부를 축적하거나 신분 상승을 위한 중요한 수단이었다고 한다. 《서아프리카의 조각된 도박 칩A Study of West Africa Carved Gambling Chips》에서 그는 '아비아Abia' 라는 게임을 묘사하고 있는데, 이 게임은 호리병 껍데기로 만든 원반과 칩을 가지고 한다고 한다. 후에 땅콩 껍데기와 같은 것으로도 했는데, 바깥면에 아름답게 장식을 하고 이 면을 '옳은 면' 이라고 하였다(그림 10-11). 옆 그림은 시겔이 묘사한 '아비아Abia' 의 한 형태이다. 참가자들은 원형으로 앉고, 각각의 참가자들은 조각된 칩을 가지고 있고, 작은 철 막대나 다른 통화를 제공한다. 각 참가자들은 칩을 제공하고, 칩은 7개의 원반과 함께 나무 접시 위에 올려놓는다. 한 사람이 공정한 심판자가 되고, 그는 접시를 들어 올려 접시에 담긴 칩들을 바닥에 떨어뜨리고 접시로 덮는다. 참가자들은 내기 돈을 걸고, 접시를 치우고, 칩과 원반의 떨어진 방향을 옳은 방향으로 떨어진 것을 셈으로써 알아낸다. 승자는 칩과 원반이 옳게 떨어진 것과 그르게 떨어진 것의 비율을 포함한 복잡한 방식의 절차로 결정된다.

예를 들면, 6명의 참가자가 참여했을 경우 몇 가지 가능을 나열해 보면,

1. 만약 2개 또는 4개의 칩이 옳은 방향으로 떨어지고, 7개의 원반 중 2개 또는 3개의 원반이 옳은 방향으로 떨어지면, 칩의 주인이 이기게 된다.

2. 만약 하나의 칩이 7개의 원반과 같은 방향으로 떨어지면, 칩의 주인이 이기게 된다.

3. 만약 2개의 칩이 7개의 원반과 같은 방향으로 떨어지면, 칩의 주인은 지게 된다.

4. 만약 모든 칩이 옳은 방향으로 떨어졌지만, 7개의 원반이 뒷면으로 떨어지게 되면 이 판은 무효가 된다.

턴불Turnbull은 콩고의 이투리 삼림지대에 거주하는 음부티족(Mbuti, 피그미족)들이 잠시 쉬어가기 위해 이투리 삼림지대에 캠프를 친 마을 사람들을 속이기 위해서 확률 게임을 어떻게 이용하였는지 언급하였다. 마을 사람들이 음식을 요구하였을 때, 음부티족은 판다panda라는 게임을 하자고

한다. 특정 수의 콩을 바닥에 던지고, 참가자 중 한 명이 한 움큼 집는다. 상대방은 4의 배수로 만들기 위해 몇 개의 콩이 필요한지 생각하고, 첫째 사람에게 콩이 한 개, 두 개, 세 개 또는 하나도 없는지 묻는다. "수세기는 한 번만 보고 알아내야 하고 만약 참가자가 4의 배수를 만든 경우 이기게 된다(p. 138)." 판다의 승리는 운에 의하기보다는 4를 모듈로 한 지식에 좌우된다. 참가자는 4의 배수만큼을 묶으려 하고, 그 다음 남는 것과 모자라는 양을 고려한다.

턴불은 음부티족 사람들이 항상 마을 사람들을 이긴다고 주장한다. "그들은 순식간에 바닥에 던져진 개수를 정확히 알아내는 신비로운 능력을 가지고 있다." 게다가 음부티족 사람들은 상대방이 이기려고 할 때, 아주 노련하게 손가락 사이나 머리카락 사이로 콩을 숨기기도 한다.

제11장 왕, 소치는 사람, 대통령도 하는 게임

몇십 년 전에 탕가니카(지금의 탄자니아) 서쪽에 캄버라게라는 젊은이가 살고 있었다. 그는 아버지의 친구인 이훈요라는 족장과 소로soro 게임하는 것을 좋아하였다. 왜냐하면 이 복잡한 아프리카 보드 게임에서 소년이 항상 승자가 되었기 때문이다. 캄바라게의 기술을 인상 깊게 눈여겨 본 아버지 친구는 소년의 아버지인 니에레레(그 역시 족장)에게 그를 학교에 보내도록 제안했다. 니에레레는 제안을 받아들였고 캄바라게는 무소마에 있는 권위 있는 국립 기숙학교에 들어갔다. 그리고 그는 들어가자마자 반에서 가장 뛰어난 학생이 되었다.

탄자니아의 대통령인 니에레레Julius Nyerere는 틀림없이 소로에 뛰어났을 것이다. 그는 스코틀랜드에서 대학을 다닐 때 체스 챔피언이 되었다. 심지어 오늘날에도 탄자니아의 대통령 집에서는 소로 대회가 열리곤 한다. 탄자니아 사람들은 아직도 그를 이기기 힘들기 때문에, 그를 '선생'을 뜻하는 '므왈리무Mwalimu'라고 부른다.

지난 수세기 동안 부간다의 새로운 카바카(왕)는 즉위하자마자 '오퀘소okweso'라는 종교의식을 행해야 한다. 새로운 왕이 어떤 나무에서 갈색 씨앗을 뽑고, 그 씨앗들은 나중에 '옴웨소omweso' 보드 게임에서 왕궁을 짓는데 이용된다. 총리도 법적인 절차를 결정하는 동안 옴웨소 게임을 하였다. 이 종교 행사를 하는 의미는 카바카들이 민중들에게 현혹되지 않기 위해서이다. 만약 민중들이 카바카를 속이려 들면, 마치 옴웨소 전문가가 상대편을 기묘한 수로 물리치는 것과 같이, 카바카는 자신이 세운 전략으로 이들을 극복할 것이다.

대영박물관에 콩고 쿠바족의 93번째 왕인 볼롱곤고Shamba Bolongongo의

그림 11-1 볼롱곤고 왕. 대영박물관

멋진 나무 조각상이 있다(그림 11-1). 왕 앞의 원형 식탁 모양에 나란한 줄이 있고, 큰 반원이 양 끝에 있는 게임 판이 있다. 이런 조각상은 왕의 재임시 가장 뛰어난 업적을 기리는 전통이 시작할 무렵인 약 1600년대에 새겨진 것으로 실제 삶의 모습을 반영한다. 삼바족 사람들은 사람을 해할 수 있을 만큼 날카로운 칼을 잘 던졌는데 이로 인해 이들을 송고라고 불렀다. 왕은 사람들에게 전쟁과 같은 삶을 포기하라고 설득하면서 우리의 국가를 건설하는데 전력투구하자고 하였다. 삼바 왕은 새로운 경작법을 알려주었고, 나무를 조각하는 기술을 알려주었으며, 또한 다른 민족과의 무역도 넓혔다. 무엇보다도 그는 사람들이 도박을 하며 보내던 인생의 대부분을 지적인 여가 생활로 보낼 수 있도록 '렐라lela' 라고 하는 보드 게임을 가르쳤다.

아프리카 대륙의 많은 지역에서, 게임 '판' 은 바위에 금을 그어서 만들었다. 이 중 어떤 것들은 매우 오래된 골동품이고 다른 것들은 최근에 만들어진 것이다. 우간다의 소년들은 소나 양을 치는 동안 옴웨소 게임을 하며 시간을 보낸다. 그들은 날카로운 돌을 가지고 금세 바위 표면에 4줄의 구멍을 낸다. 소년들은 콩이나 조약돌을 가지고 게임을 한다. 가끔 젊은이들은 땅바닥에 구멍을 내서 즉석에서 게임을 하기도 한다.

내 친구 중에 한 명은 아프리카 노예의 후손들과 함께 남아메리카의 수리남에서 여름을 보낸다. 18세기에 그들의 조상은 독일과 영국의 침략으로부터 싸워 자유를 획득하였다. 잔Jan은 처음에는 그들의 언어를 몰랐지만 아드지 보토adji boto라는 게임을 배울 수 있었다. 그녀는 처음 며칠 동안 방문하면서 주인과 게임을 통해서 의사소통을 하였다. 즉, 이들은 6개의 구멍이 평행하게 두 줄 있는 판 위에서 아드지adji 콩을 놓아 가면서 게임을 했다.

가장 오래된 이 게임은 수백 가지의 이름으로 불리며, 게임의 방법도 수십 가지가 있다. 이 게임은 아프리카 전역 및 아시아의 일부분, 필리핀, 인도의 서부, 북아메리카까지 널리 펴져 있다. 왕이 사용하는 게임 판은 상아를 조각하여 금으로 장식해서 아름답기까지 하다. 아이들은 땅에 구멍을 파서, 조약돌이나 씨앗을 가지고 게임을 한다. 이제는 이 게임을 컴퓨터로도 할 수 있으며, 아라비아 이름을 따서 '만카라Mancala' 또는 '옮기기' 라고도 한다. 이 게임을 컴퓨터 프로그래밍하기 위해서 MIT 연구자들은 어떻게 돌을 움직일 것인지 연구하고 있다. 만카라의 간단한 형태는 체스나 체커보다 돌을 움직일 수 있는 배열의 가지 수가 적다. 만약 36개의 돌을 2줄로 6개의 구멍을 내서 게임을 한다면, 대략 10^{24}가지 수가 존재한다. 컴퓨터는 모든 가능한 움직임 중 상대적으로 유리한 움직임을 지시받는다. 이럴 경우 성능이 좋은 컴퓨터라 할지라도 아마 몇 분 정도의 시간이 필요할 것이다. 그러나 컴퓨터는 단지 유리한 움직임만을 고려하여 프로그램할 수 있으므로 41만 4000의 배열을 분석하는 대신에 4000가지 이하의 경우만 고려하여 결정하게 한다.

2줄 형태

적도 북쪽에서는 2줄로 하는 만카라 게임이 일반적이다. 남쪽과 동쪽에서는 4줄로 된 만카라가 일반적이며, 에티오피아의 일부 사람들은 3줄로 된 만카라 게임을 즐기기도 한다. 여기서는 2줄로 된 만카라 게임을 설명하기로 한다.

영국의 게임사학자인 벨R. C. Bell은 세계에서 가장 유명한 게임 9가지에 와리wari 또는 오와레oware라고 하는 게임을 포함시켰다. 가나의 아산테족 사람들은 6개의 구멍이 2줄로 배열되어 있고 '단지pot' 라고 부르는 구멍을 양 끝에 추가로 배치한 게임 판을 사용하여 게임을 한다(그림 10-1). 두 명의 사람이 마주 앉아 6개의 구멍에 각각 4개의 씨앗을 넣고 시작한다. 경기자의 영토는 자신을 기준으로 오른쪽에 있는 6개의 구멍과 자신의 앞

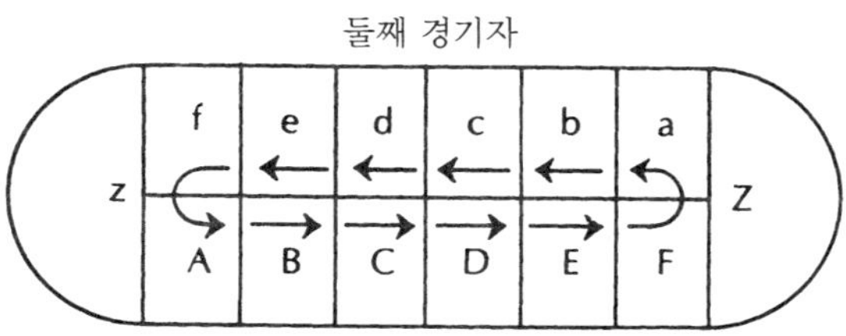

그림 11-2

에 있는 '단지'로 구성된다.

첫째 경기자가 먼저 말을 옮길 때, 자신의 구멍 중 한 곳에서 4개의 씨앗을 집어 들고 빈 구멍으로부터 반시계방향으로 각 구멍에 씨앗을 하나씩 '심기(넣기)'를 한다. 둘째 경기자도 마찬가지로 자신의 구멍 중 하나에서 4개의 씨앗을 집어 반시계방향으로 각 구멍에 씨앗을 하나씩 '심기'를 한다.

이 게임에서 이기기 위해서는 48개의 씨앗 중 적어도 25개의 씨앗을 자신의 단지에 집어넣는 것이다. 만약 경기자가 자신의 구멍 중 한 곳에 있는 씨앗을 다른 곳으로 옮길 때, 마지막 씨앗을 '심게' 된 구멍이 상대방의 구멍이고 상대방의 구멍에 한 개 또는 두 개의 씨앗이 있었으면, 이 게임자는 이 구멍에 있는 씨앗을 모두 가져올 수 있다. 뿐만 아니라 씨앗이 두 개 또는 세 개가 있는 구멍이 상대편에 있는 것이라면, 몇 개의 구멍이라도 상관없이 씨앗들을 가져올 수 있다. 가져온 씨앗은 단지에 놓는다. 이 장의 말미에 이 게임에 대한 상세한 설명을 해두었다.

한 경기자가 상대방의 구멍이 비어 있는 것을 발견했다 하더라도, 경기자는 자신의 씨앗을 상대방의 구멍에 '심기'를 해야만 한다. 그럴 수 없다면, 그는 남아 있는 모든 씨앗을 잡을 수 있다. 몇 개의 씨앗이 남았을 경우, 끊임없이 씨앗들이 돌기만 한다면 남아 있는 씨앗을 두 경기자가 나누어 갖는다.

요루바족이 이 게임을 변형해서 만든 게임을 '아요Ayo'라고 하고, 이 게임판의 명칭은 오퐁 '아요Opon Ayo'라고 한다. 오퐁 아요는 6개의 구멍이 2줄 있다. 말은 나이지리아의 들판에서 자라는 나무의 씨앗이며, 이 씨앗은 회색빛을 띠는 둥근 모양의 씨앗이다. 오모 '아요Omo Ayo'에서 씨앗 4개를 각각 구멍에 넣고 게임을 하며 게임 방법은 아산테족의 워리와 유사하다. 상대방의 구멍이 모두 비었을 경우나 각각의 구멍에 하나의 돌만이 남게 되었을 경우, 게임은 끝이 난다.

가나의 남쪽에서는 아디티Aditi 덤불에서 얻은 아디Adi 씨앗을 이용하여 게임을 하기 때문에 이 게임을 '아디' 라고 한다. 이 게임은 '집' 이라고 하는 6개의 구멍이 2줄로 된 12개의 구멍에 각각 4개의 씨앗을 넣고 게임을 한다. 그리고 양 끝에는 '금고' 라고 하는 구멍이 있다. 경기자는 자신의 집 중 한곳에서 4개의 씨앗을 집어 하나씩 시계 반대 방향으로 구멍에 넣는다. 만약 마지막으로 놓는 구멍에 이미 씨앗이 있는 경우 그 씨앗을 집어 들고 게임을 계속해서 진행한다. 자신의 마지막 씨앗이 놓인 집이 비었을 경우 순서가 끝나고 다음 사람에게 기회는 주어진다.

만약 경기자가 씨앗을 놓아 마지막 집의 씨앗을 4개로 만든다면, 경기자는 그 집이 나의 쪽에 있는 집이건 상대편의 집이건 그 집에 있는 4개의 씨앗을 집어 올 수 있다. 또한 상대방이 하고 있는 중이라 할지라도 나의 집 중 한 집에 4개의 씨앗이 들어가게 되면 그 집의 씨앗을 잡을 수 있다. 경기자는 잡은 씨앗을 자신의 금고로 옮긴다. 와리를 하는 경기자는 상대방의 집에 씨앗이 4개가 되지 않도록 방해해야 한다.

한 게임은 금고에 자신의 집을 모두 4개씩 채울 수 있는 만큼의 씨앗을 모은 사람이 승자가 되어 끝이 난다. 경기자는 자신의 씨앗을 이용하여 상대방의 빈 집을 채워 살 수 있다. 그리고 다음 게임으로 넘어간다. 경기자들은 이제는 주인이 바뀐 집에 4개의 씨앗이 있는 곳을 제외하고 나머지 집을 구입함으로써 경기를 진행한다. 이 게임의 목적은 상대방의 모든 집을 사는 것이다. 나의 경험으로 비추어 보아 이 게임은 부자가 더욱 부자가 되는 게임이다. 한 번 집을 잃으면 더 이상 이 게임을 이길 수 없었다.

6개의 구멍이 2줄로 배열되고 양 끝에 큰 구멍이 있는 게임의 다양한

그림 11-3 요로바족의 아요 게임. 다호메이. 대영박물관.

형태가 얼마나 많이 존재하는지 알고나면 놀랍다. 인류학자인 쿨린Stewart Culin은 시에라리온과 라이베리아의 비아족Via 왕의 아들인 마사콰이 왕자가 자신에게 설명해 준 이 게임의 또 다른 형태를 기록하였다. 그들은 이 게임을 씨앗이나 상아 구슬이 구멍에 떨어지는 소리를 흉내 내어 '크포Kpo'라 불렀다. 2~4명의 경기자가 게임에 참여하였고, 12개의 구멍을 똑같이 나누어 갖는다. 2명이 참여하였을 경우 4개의 씨앗을 각각의 구멍에 넣었다. 그러나 3명이나 4명의 경기자가 할 경우에는 각각의 구멍에 3개의 씨앗을 넣었고, 돌들은 어느 방향으로든지 돌릴 수 있었다.

처음 시작할 때 정해지지 않은 방향으로 움직이는 형태는 '아지고azigo' 또는 '오퀘okwe'라 불리는 게임으로 이그보족이 즐겨 게임했다. 바스덴이 이 게임의 한 유형을 설명한 것에 따르면, 둥근 오퀘 씨앗으로 게임을 하며, 10에서 20개의 구멍이 있는 두 줄의 게임 판을 이용한다. 그리고 2~4명의 경기자가 게임에 참여할 수 있다. 하나의 구멍에서 콩을 집어 다른 구멍으로 콩을 옮기는데 경기자의 목적은 마지막 콩을 상대방의 구멍에 1개 또는 3개의 콩이 놓이도록 하는 것이며, 그 콩들을 얻을 수 있고 게임에 이용할 수도 있다. "똑똑한 경기자는 콩 수와 공간을 매우 빠른 속도로 계산하고, 그렇지 못한 경기자는 믿기 힘든 짧은 시간에 자신의 콩을 잃고 분노하게 된다. 백인들은 노련한 현지인들과 경기할 기회조차 없다."고 바스덴은 말하고 있다(Basden, 1921, p. 136). 가끔 이 게임은 과도한 도박이 되고 싸움도 일어난다. 이 게임의 간단한 형태는 한쪽에 6개의 구멍이 뚫려 있는 것이다.

이그보족 출신의 작가인 오지케Mbonu Ojike는 다음과 같이 쓰고 있다. "이 게임이 진행되는 동안 참여자들은 한 마디의 말도 하지 않는다. 두 경기자와 구경꾼들은 말없이 눈과 머리와 손으로만 경기를 한다. 게임을 아주 잘하는 사람은 부인이 와서 판을 뒤집어 업을 때까지 붙들려 있어야 한다(p. 141)." 여기서는 40개의 구멍을 이용하여 두 명이 경기를 한다. 씨앗을 옮기는 방법은 바스덴이 설명한 것과 같다. 경기자가 마지막 씨앗을 자신의 영역에 있는 구멍에 놓았을 때 맞은편 상대방의 구멍에 3개의 씨앗이 있으면 그 3개의 씨앗을 따먹게 된다.

키쿠유족 사람들은 이런 게임을 '기우티giuthi' 라고 부르고, 두 명의 사람이 6개의 구멍이 2줄로 배치되고 양 끝에 '우리shed' 라고 부르는 구멍이 있는 게임 판에서 게임을 한다. 기본적으로 두 사람이 게임을 하지만 3명이나 그 이상도 할 수 있다. 처음에는 각 구멍에 같은 수의 씨앗을 넣고 시작한다. 씨앗의 수는 4개에서 9개까지 사용할 수 있으며, 처음의 경기자는 오른쪽으로 씨앗을 놓을지 왼쪽으로 씨앗을 놓을지 정하고 하나씩 씨앗을 옮긴다. 그는 마지막에 씨앗을 놓은 컵의 씨앗들을 모두 집고, 반대 방향으로 한 컵에 하나씩의 씨앗을 옮긴다. 경기자는 이와 같은 방법으로 계속해서 씨앗을 옮기며, 마지막 씨앗이 빈 컵에 넣을 때까지 매번 방향을 바꾸어 진행한다. 만약 마지막에 넣는 씨앗이 상대방의 영역에 떨어지게 되면, 다음 사람에게 기회는 넘어간다. 만약 마지막 씨앗을 넣은 컵이 자신의 영역 쪽이라면, 마지막 씨앗을 넣은 컵의 맞은편 상대방의 컵에 있는 씨앗을 따올 수 있고, 자신이 마지막 씨앗을 넣은 곳의 옆 칸이 비어 있다면, 비어 있는 컵의 맞은편 상대방의 컵에 있는 씨앗도 따올 수 있다. 씨앗을 많이 따오는 사람이 승자가 되는 게임이다.

지금까지 설명한 것은 단순한 형태의 기우티 게임이거나 전체 게임의 첫째 단계이다. 좀더 복잡한 둘째 게임은 첫 단계의 승자인 '부자' 와 첫 단계의 패자인 '빈자' 사이에 자신들이 따온 씨앗을 이용하여 '묘수' 를 설정해서 게임을 한다.

아마도 어떤 형태가 되든지 이 게임을 즐기지 않는 아프리카인은 없을 것이다. 케냐의 루오족 사람들은 이 게임을 '아즈와ajwa' 라고 부르고, 8개의 구멍이 2줄로 있는 게임 판을 사용한다. 각 구멍에는 3개의 씨앗이 들어가고, 게임의 시작은 자신의 구멍 중 한 구멍에 있는 씨앗을 집어 차례로 옮긴다.

케냐의 캄바족 사람들은 10개에서 20개의 구멍이 2줄로 있고 각 구멍에 조약돌이 들어가는 게임 판을 사용한다. 게임 방법은 키쿠유족 사람들이 하는 방법과 유사하다. 마사이족 사람들은 구멍이 50개가 뚫린 게임 판을 이용할 때도 있다.

4줄 형태 아프리카 대륙의 남쪽과 동쪽에서는 4줄로 된 게임이 일반적이다. 스와힐리 사람들은 '판'을 언급할 때 '바오 Bao'라는 단어를 사용한다. 그러나 수십 가지의 이름이 있고 수많은 방법들이 있다. 우간다의 일부 지역에서는 8개의 구멍이 4줄로 되어 있으며 64개의 콩을 사용하는 '옴웨소omweso' 또는 '음웨소mweso'라 불리는 형태의 게임을 한다. 두 명의 경기자는 마치 와리 게임 판에서 두 줄을 사용하는 것과 같이 각자 자신의 영역 안에 있는 두 줄만을 순회한다. 게임은 자신의 줄에 있는 16개의 구멍에 32개의 씨앗을 놓는 것으로 시작한다. 각 경기자는 돌아가며 순서에 따라 콩을 하나씩 시계 반대 방향으로 옮긴다. 만약 마지막 씨앗을 넣은 곳에 이미 콩이 놓여 있으면 그 구멍의 갖은 편에 있는 상대방의 2개의 구멍에 있는 콩을 따올 수 있다. 어떤 조건하에서는 상대방의 콩을 따기 위해 시계반대 방향으로 콩을 옮길 수도 있다.

옴웨소는 64개의 콩을 사용한다. 따온 콩들은 따로 치우는 것이 아니라 자신의 구멍 하나에 콩 하나씩을 계속해서 넣는다. 이 게임의 가장 재미있는 부분은 콩의 개수가 적은 사람이 콩을 움직여 극적으로 상대방의 콩을 따와 게임을 끝내는 데 있다. 이에 대한 것은 이 장의 말미에 상세하게 소개해 두었다.

동쪽 해안에 사는 사람들이 하는 이 게임의 한 형태는 '바우 키스와힐리Bao Kiswahili'라고 부르는데, 이 게임은 옴웨소와 유사하다. 이 게임 판은 8개의 구멍이 4줄로 되어 있고, 각 경기자가 32개의 콩을 가지며, 따온 콩을 자신의 게임 판에 옮겨 심는다. 옴웨소에서와 같이 마지각 콩이 빈 칸에 도달하게 되면 기회는 상대방에게 넘어가지만, 이미 콩이 들어 있는 구멍에 마지막 콩이 심어지면, 그 구멍에 있는 콩을 집어 다시 옆으로 한 칸씩 옮겨가며 게임을 진행한다. 그러나 처음에 게임을 시작할 때 각 경기자는 10개의 콩만을 사용하고, 22개의 콩은 중간에 사용하기 위해 따로 보관한다. 콩을 따올 수 있는 것은 앞줄에서만 가능하고, 따온 콩은 옆 칸에서부터가 아니라 줄의 끝에서부터 심는다. 전략 중의 하나는 안쪽 줄의

그림 11-4 옴웨소(또는 음웨소) 게임판. 우간다의 간다족들이 사용. 대영박물관

그림 11-5 바우 스와힐리 게임판. 동아프리카. 두 개의 정사각형 구멍에 주목하기 바란다. 대영박물관

넷째 구멍에 콩들을 쌓는 것인데 이 구멍은 모양이 다르다. 안쪽 줄에 있는 모든 구멍에 콩이 비었거나, 각 구멍에 하나의 콩만이 남게 되었을 때 경기자는 지게 된다.

좀더 남서쪽의 사람들도 4줄로 된 게임을 하였지만, 한 줄에 6개에서 28개까지의 구멍이 있는 다양한 형태의 게임을 하기도 하였다. 토데이Torday가 20세기에 콩고 지역의 쿠바족(송고족)을 방문하였을 때, 그는 양 끝에 큰 구멍이 있고 각 줄에 7개의 구멍이 있고 4줄로 된 게임을 하는 것을 보았다. 각 경기자는 자신에게 가까운 줄에 왼쪽에서부터 시작하며, 첫째 구멍에 9개의 씨앗을 넣고, 둘째 구멍에는 6개, 셋째 구멍에는 2개, 넷째 구멍에는 씨앗을 한 개 넣고 시작한다. 그리고 손에는 3개의 씨앗이 있는데 이 씨앗을 한 구멍에 하나씩 차례로 넣는다. 토데이는 그들이 매우 빠른 속도로 게임을 하였고, 자주 움직이는 것을 보여주지 않기 위해 게임 판을 가리기도 한다고 진술하고 있다. 토데이는 이 게임은 매우 드물게 행해지고, 단지 나이 든 사람들만이 이 게임을 할 줄 안다고 이야기하고 있다. 볼롱공고 왕은 우울했을지도 모른다.

관습과 그 밖의 것

비록 부간다의 카바카족 사람들이 아내나 여동생과 게임을 했다고 전해지기는 하지만, 남자와 여자가 게임을 같이 하는 경우는 드물다. 어떤 남자가 여자에게 게임에서 지게 되면, 지금까지 이 남자가 쌓아 둔 명성은 조롱거리가 되고 만다. 가나에서는 왕궁 밖에 있는 여자들이 게임을 하는 것은 농작물의 수확을 떨어뜨린다는 이유로 금지하였다. 젊은 여자들은 가슴을 발달시키지 못하도록 가르쳤으며, 어떠한 남자도 가슴이 발달한 여자들과 결혼을 하지 않았다. 따라서 남자들은 여자들과 소녀들이 들판이나 집에서 해야 하는 일에서 벗어나 게임에 관심을 갖지 않을 것이라고 확신했다.

나는 몇 사람에게 여자들이 자신들의 사회에서 게임을 하는지 물어 보았다. 이그보족 여자들은 거의 게임을 하지 않는데, 남자 아이들과 여자 아이들이 함께 게임을 하기 때문에 금기시된 것은 아니라고 들었다. 그러나 이그보족 남자들은 여자들과는 절대 게임을 하지 않는다. 탄자니아 서쪽에서 온 중고등학교 학생들은 소일거리가 없는 노인들이 이 게임을 주로 한다고 말했다. "여자요? 여자들은 이 게임에 관심이 없어요!"

여성들이 참가하는 게임이 있긴 하지만 몇 안 된다. 그 중 하나가 니제르 삼각주 지역의 여성과 소녀 사이에 인기 있는 '이키오코토ikickoto' 라는 게임이다. 이 게임의 규칙은 요로바족의 아요ayo 게임과 유사하다.

돈을 목적으로 이 게임을 하는 경우는 거의 없는데 숙련된 게임 참가자는 그에 대한 대가로 가족과 마을에 명성을 얻는다. 심지어는 노래로 축하를 받기도 한다.

구경꾼들은 경기자들이 보여주는 속도와 기술에 한 마디씩 한다. 사람들은 구멍에 들어 있는 돌의 수를 들어 올려 세는 것을 금지하였다. 뛰어난 게임 참가자는 자신의 구멍에 있는 씨앗의 수뿐만 아니라 상대방의 씨앗의 수도 머리로 기억한다. 이에 대해 드라이버그Driberg는 다음과 같이 말한다. "우리가 볼 때, 경기자의 게임 판에서 한 번 움직이는 것이 모여 게임판을 몇 번 순환하게 되고 매번 순환할 때마다 제각각의 구멍에 있는 경기자들의 돌의 개수는 다양하다. 자신에게 가능한 다양한 움직임을 고려하고 각 움직임에 대한 장점을 평가하면서, 경기자는 앞으로 몇 번 순환되며 얼마나 게임이 계속될지 기억해야 한다. 그러나 뛰어난 경기자는 이 모든 것을 순식간에 할 수 있고, 조금의 주저함도 없이 움직인다(p. 168)." 매슈스Matthews는 이보다 더한 찬사를 보낸다. "숙련된 경기자는 돌을 어디까지 옮길 수 있는지 또 공격이 상대방을 어떻게 만들 수 있는지 한눈에 간파한다."

르완다의 일반적인 형태인 '이지소로igisoro'에 대해 포지스Alison Des Forges는 다음과 같이 이야기한다. "이 게임은 아직도 남자들의 위트와 순발력을 평가하는 것으로 간주되고 있다. 이 게임은 순식간에 구경꾼을 집중하게 만든다." 이 게임은 혁명 전 왕정과 관련되어 있기 때문에 요즘은 공공장소에서 자주 하지 않는다.

족장인 아요린더는 나에게 요로바족 사람들이 게임을 하는 동안에 지키는 관례와 예절에 대해 알려 주었다. 보통 일이 끝난 후에 집안이나 집밖에서 게임을 하지만, 밤에는 거의 하지 않는다. 어떤 족장들과 어른들은 명성이 높은 고수를 집으로 초대하기 위해 많은 돈을 들이기도 한다. 그는 두 가지 게임 방법에 대해 알려 주었다. 하나는 단지 재미와 휴식을 위해 체력적인 소모 없이 하는 것이고, 다른 한 가지 방법은 엄청난 기술을 사용하는 것이다. "삼각법을 알고 문제를 쉽게 제시하는 사람을 보는 것만큼 구경하는 것은 흥미롭다." 그는 계속해서 다음과 같이 말했다. "많은 참가자들이 자신의 구멍에 있는 콩의 개수를 세는데 암호를 가지고 있습니다. 이는 경기에서 상대방을 기죽게 만듭니다." 암호는 요로바족이 사용하는 말의 운율과 관련되어 있다. 예를 들면, 일부 암호를 번역하면 다음과 같다.

2 높기
2 여인
2 그녀에게 청혼했다

2　그녀가 거절했다
2　돈을 받았을 때
1　그녀가 집으로 돌아왔다

아름답게 조각된 게임 판 위에서 게임을 하는 것도 즐거움을 선사한다. 어떤 가족은 몇 세대 전부터 물려받은 게임 판을 보존하고 있다. 비록 대부분의 사람들이 아산테족 왕이 가지고 있는 황금이나 상아로 된 게임 판 또는 바이족장이 사용하던 금으로 된 게임 판을 가지고 있지는 않다고 하더라도, 일반인들은 나무 판에 예술적인 문양을 넣은 게임 판에 자부심을 갖는다. 그러나 젊은이가 염소를 방목시키고 난 후, 또는 일과에서 벗어나 한가할 때, 이들은 땅바닥에 구멍을 파고 주위에서 게임에 필요한 조약돌이나 씨앗을 가지고 빠르게 게임을 즐긴다.

문화가 서로 다른 곳에서 구멍이나 말에 해당하는 용어들이 갖는 함의는 무엇일까? 이 게임의 여러 형태는 '포로', '살해', '목을 베기' 와 같은 전쟁과 관련 있다. 키쿠유족 사람들이 사용하는 말은 '초원' 에 있는 '가축' 을 나타내고, 잡은 돌들은 '우리' 에 보관한다. 키쿠유족의 노인, 젊은이, 여자 아이들은 소, 양, 염소 떼들을 돌보면서 옥외에서 일반적으로 이 게임을 하였다. 이들 목자들에게 소는 가장 소중한 재산이다. 아디 게임에서, 참가자들은 '집을 사고' 자신들의 재산을 '금고' 에 넣는다. 와리 참가자들은 '씨앗 심기' 와 사로잡은 돌을 '단지' 에 넣는다.

만카라 게임의 역사

이 게임은 굉장히 오래된 유물이다. 수메르인들이 수천 년 전에 이것을 차변借邊과 대변貸邊을 기록하기 위해 만들어 냈다는 여러 가지 증거가 있다. 한쪽은 돈이나 받은 물건을 나타내고, 다른 쪽은 판 물건이나 수금한 돈을 기록하였다. 고대 이집트의 유물 중 14개의 구멍이 세 줄로 파져 있고, 저장 단지가 있는 돌 '판' 이 나왔다. 고대 이집트의 수도인 테베에 있는 쿠르나 사원의 지붕 널빤지, 고대 이집트의 카르나크 사원의 입구에 있는 대형 탑문의 정상부, 그리고 룩소르 사원에서 깊이 구멍이 파져 있는 여러 세트가 발견되었다. 대형 유물들 중 돌을 잘라 만든 판들은 짐바브웨, 우간다, 가나 그리고 많은 아프리카 지역에서도 발견되고 있다.

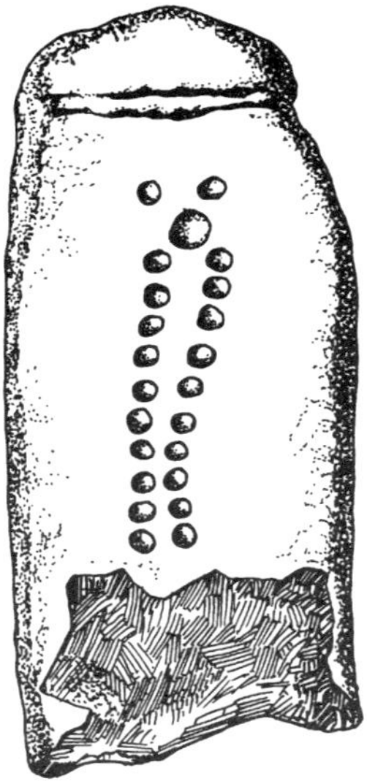

그림 11-6 에디오피아에서 발견된 남근 모양의 거석 중 게임 판으로 사용된 돌.

에티오피아의 일부 지역에서는 거석문화 시대의 300에서 400미터에 이르는 남근의 모양을 하고 있는 큰 돌들이 초원에서 발견된다. 이 돌들은 언제, 누가 세웠는지 알 수가 없다. 많은 돌들이 쓰러져 있으며, 넘어진 돌들은 의자로 사용되었다. 이 중에 게임 판으로 사용된 돌이 발견되었다.

1520년부터 1527년까지 포르투칼에서 에티오피아로 파견된 외교관인 알바레즈Alvarez는 이미 이 시기에도 오래된 유물인 이 게임을 '망칼mancal'이라고 불렀다. 좀더 최근에는 1873년에 벤트Bent는 에티오피아 버전인 '가바타gabatta'에 대해 기술하였다. 이 게임의 판은 주인이 얻을 수 있는 재료에 따라서 나무나 소의 똥으로 만들어졌으며, 한 사람에게 9개씩 18개의 구멍이 있다. "각 구멍에 3개의 공이 있고, 이 공을 '차치마chachma'라고 한다. 그리고 게임은 옆으로 넘기기를 계속하는 것으로 진행되지만, 이것은 매우 복잡해 보여서, 우리는 배울 수 없는 것처럼 보인다. 구멍은 그들의 말로 토코울스라고 하는데 우리 말로 통나무집을 뜻한다. 그들은 이 게임을 매우 재미있어 한다."(Culin, p. 601, 각주에서 인용)

그림 11-7 가바타용 게임 판, 에티오피아. 대영박물관

17세기에 잠비아를 방문한 유럽인들은 경기자의 기술을 보고 매우 감명을 받았다. 그는 한낮에 나무 밑 그늘에서 경기하는 사람에 대해 "그들 중의 일부는 놀라울 정도로 민첩하였다."라고 말했다.

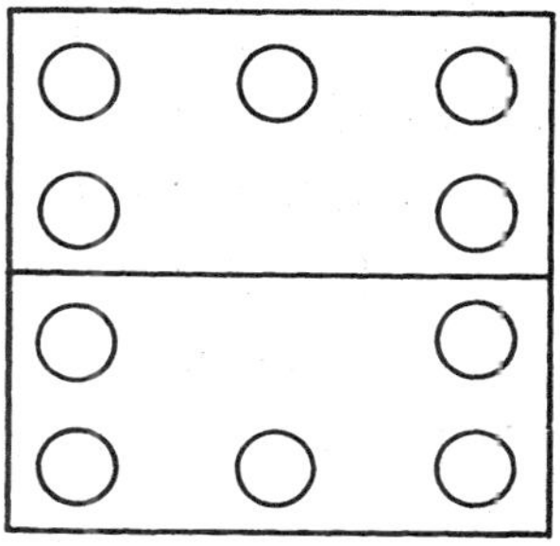

그림 11-8 몇 백 년 전의 나이지리아의 베닌 왕국 왕족들은 청동으로 만든 게임판에서 게임을 하였다. 이 판은 문양이 새겨진 대(臺) 위에 축조되어 있다.

부유한 아산테 왕국의 왕들은 와리 게임을 전통적인 신성한 황금 대좌(아산테 왕국의 통치자를 일컫는 아산테 금상의 권위의 상징)에서 함으로써 부를 과시하였다. 지금도 와리 게임을 하지 않을 때 씨앗들을 담아 둘 수 있는 대臺가 있게 게임 판을 만든다. 아산테 왕국의 아름다운 청동 분동分銅들 중의 일부는 와리 게임판의 모양으로 만들어져 있다(그림 6-1).

엔심비Nsimbi는 우간다의 옴웨소의 역사에 대해 이야기해 주었다. 이 게임은 왕실이나 여러 지역의 족장들이 시간을 보내기 위해 하던 게임이다. "이 게임은 족장들이 공식적으로 부족민을 만나거나 그들과 함께 하는 기회를 준다. 따라서 게임 외에 다른 주제에 대해 이야기하며 나라에서 여러 가지 일들이 어떻게 돌아가는지 알 수 있게 해준다(p. 9)." 어떤 한 판사는 "이 게임을 하면서 동시에 소송중인 두 사람이 이야기하는 것을 들을 수 있는" 능력을 가진 것으로 평판을 얻었다. 대화의 끝에 그 사람은 원고와 피고 두 사람이 한 말을 정확하게 반복할 수 있었고 그 다음에 판결을 내렸으며, 그의 말은 정확하고 공정하게 행해졌다(p. 10).

19세기 후반 게임의 인기는 시들해졌는데, 그럴 만한 이유가 있었다. 우간다가 1894년에 영국의 지배하에 들어가고, 일을 할 수 있는 모든 남자들은 정부 관료의 무거운 짐을 나르는 일에 일정 기간 종사해야만 했다. 노역을 피할 수 있는 방법 중의 하나는 족장의 측근들로부터 멀리 벗어나 생활하는 것이었다. 농민들이 영국에 세금을 바치기 위해 하루 종일 목화 재배에 동원되었다. 어린이들은 학교에 다니기 시작했고, 근시안적인 교육당국자들은 이 게임을 장려하지 않았다. 또 다른 이유는 많은 남자들이 집에서 일하는 곳까지 먼 길을 왕복해야만 했기 때문에 여가를 즐기지 못하게 되었다.

오늘날 다시 이 게임이 등장한 것은 그들의 삶과 노동 여건이 좋아졌으며, 아프리카인들의 정부가 들어서고, 식민지 시대가 끝이 났기 때문이다.

최근의 탄자니아 수도인 다르에스살람에 있는 국립박물관에서 '바오bao' 게임 판의 특별 전시를 하였다. 그 중 한 게임 판은 각 줄에 8개의 구멍이 있는 줄이 4줄 있었다. 또 다른 고대의 게임 판은 8개의 구멍이 두 줄로 나 있는데, 이 게임 판은 포르투칼 제국을 통치하던 모잠비크에서 탈출한 난민인 마콘데족Makonde 사람들이 만든 것으로 알려져 있다. 현재

그림 11-9 바오 게임. 1970년 8월 2일자 다르에스살람의 《선데이뉴스》에 다음과 같은 글과 함께 실린 사진. "이 사진은 바오 전문가들이 … 탄자니아 국립예술원의 찬조 아래… 탄자니아 공화국 출신의 위원들에게 이 게임을 가르치기로 한 월요일 이전에 있었던 일주일간의 예비기간에 찍은 것이다." 탄자니아의 국립개발기구 제공

의 마콘데족 예술가들은 바오 게임의 양쪽에 쪼그리고 앉아 할 수 있도록 높이가 몇 인치에 불과한 나무로 된 게임 판을 만든다 다르에스살람의 한 신문인 《선데이뉴스》에서 오려낸 기사는 다음과 같은 글과 함께 사진 한 장(그림 11-9)을 실었다. "바오 전문가인 다르에스살람의 살림Mzee Bin Salim과 음투와라의 알라위Maalim Jusuf Alawi는 국립개발기구의 총본부에서 일주일 동안 탄자니아 공화국 출신의 위원들에게 이 게임을 가르칠 월요일을 준비하는 예비 기간 동안 사진을 찍었다. 바우 게임 수업은 탄자니아 국립개발기구 산하 기구로서 마콘데족 나무 조각물을 다르에스살람의 키부코니 프론트에 있는 개발실에서 전시를 하고 있는 탄자니아국립예술원 찬조 아래 조직되었다(1970년 8월 2일)." 몇몇의 젊은이들은 전시물 앞에 서서 스와힐리어로 생동감 넘치는 대화를 나누었다. 내가 그들에게 게임을 할 수 있는지 물어 보자 당황한 기색으로, "모든 사람들이 바오를 할 수 있어요!"라고 대답하였다.

이 게임은 신대륙에서 다시 등장하였다. 브라질의 바이아Bahia에 살고 있는 요로바족 사람들의 선조들은 오래 전부터 이 게임을 알고 있었고, 최근까지 잊혀졌다가 바이아 대학의 아프리카·동양 센터에서 학생들에게 이 게임을 알리면서 다시 부활했다.

아프리카 민족들의 역사를 조사하는 사회 과학자들이 사용하고 있는 한 가지 방법은 그들이 하는 게임 형태를 조사하는 것이다. 어떤 사람들은 같은 문화적 배경을 가지고 있는 이웃으로부터 게임을 배우는 반면에, 다른 사람들은 그들의 정복자들이나 노예로부터 게임을 배운다. 이 방법은 신대륙에서 현재 살고 있는 흑인들의 혈통을 추적하는데 특별한 가치가 있다. 수리남에서의 게임은 죽음과 연관 있다. 그것은 상가에서 죽은 영혼을 즐겁게 하기 위해 행해졌다. 게임 판은 나이가 많고 부인이 죽은 남자만 조각할 수 있다.

나는 이 게임을 한 추리 작업에 활용하였다. 고디머Nadine Gordimer의 환상적인 소설인 《주빈A Guest of Honour》의 배경은 아프리카의 불특정 국가이다. 내가 이 책을 읽을 때, 여러 나라 중의 어느 한 국가가 배경인 것처럼 느꼈다. 이런 느낌을 받은 것은 진흙을 퍼낸 구멍에서 게임을 한다는 치솔로chisolo 게임에 대한 설명이었다. 나는 금방 그 나라가 잠비아인 것을 알았다.

아프리카 사자가 게임을 할까? 어떤 사람들은 그렇다고 생각한다! 아담스Joy Adamson의 《야성의 엘자Bone Free》라는 책에서 작가는 두 마리의 식인食人 사자에게 쫓긴 경험을 묘사하였다. 이러한 맹수는 케냐의 북쪽에 거주하는 보란족 28명을 죽이거나 사납게 상처를 입혔다. 보란족은 매우 용감하고, 창으로 사자 잡는 것을 무서워하지 않았다. 그러나 다음에 나오는 사자와 미신 때문에 보란족들은 사기가 꺾이게 되었다. "기습을 하기 전에 사자들은 모래벌판에서 체력을 회복하고, 모래에 앞발로 구덩이를 두 줄 만든다. 말로 잔가지들을 이용하면서, 바우(알려지지 않았던 고대 게임으로, 아프리카 전역에서 행해졌다)라는 고대 게임을 한다. 만약 악마가 허락을 하면 이들은 가축 우리용 방벽을 기습하고, 그렇지 않다면 기다렸다(p. 68)."

교육적 가치

단지와 조약돌을 이용한 게임은 아마도 전 세계적으로 많은 사람들이 즐기는 최고의 수리 게임이다. 어린 어린이들은 가장 간단한 형태로 이 게임을 함으로써 확률을 익힌다. 어린이들은 말을 연속된 구멍에 떨어뜨리면서 일대일대응의 개념을 배운다.

곧 어린이들은 간단한 합을 익힌다. 예를 들면, 한 게임자가 구멍 B에 9개의 콩을 가지고 있다면, 이 게임자는 자신의 영역에 4개의 콩을 떨어뜨릴 것과 상대방 진영에 5개의 콩을 떨어뜨릴 것을 알아챈다. 따라서 그는 e 구멍으로 가게 된다. 그러면 게임자는 손쉽게 전략을 짤 수 있다. 만약 이 게임자가 구멍 B에 있는 돌을 옮긴다면, 6개의 콩을 구멍 b에 심어야 한다는 것을 인식한다. 게임자가 구멍 B에서 9개의 콩을 집었을 때, 그는 자동적으로 9에서 6을 빼고, b 구멍에서 e 구멍까지 가기 위해 3개의 구멍을 지나가야 한다는 것을 알게 된다. 11개의 콩을 움직인다는 것은 그가 시작한 구멍 바로 전까지 도착한다는 것을 의미한다. 이런 종류의 덧셈은 시계를 읽는데 유용하다.

음웨소는 거꾸로 돌을 움직이는 것이 가능하다. 이 게임은 음수 개념을 소개한다. 게임자는 자신의 영역에 있는 16개의 구멍 내에서 움직일 때, 뒤로 6칸 움직이는 것은 앞으로 10칸 움직이는 것과 같고, 뒤로 3칸 움직이는 것은 앞으로 13칸 움직이는 것과 같다는 것을 알게 된다.

아프리카를 정복한 유럽의 국가는 이런 아프리카 게임들을 실질적으로 장려하지 않았다. 대신에, 이들은 루도ludo*, 뱀과 사다리, 그리고 유럽에 뿌리를 두고 있는 유사한 게임들을 선호하였다. 나는 해거티John B. Haggerty의 의견에 전적으로 동의한다. 해거티는 "칼라Kalah(미국 버전으로 상업적으로 만들어진)는 가장 훌륭한 교구이다(p. 328)," "문제 해결에 너무나 중요한 직관적 능력을 개발할 수 있는 수단이면서 오락을 위한 도구로서의 가치뿐만 아니라, 동등하게 가치로운 소산물이 있다. 이 소산물은 명수체계와 개념의 발달 그리고 수란 아이디어의 발달과 함께하는 문명사를 볼 때 이 게임의 정체성이 수의 발달사를 볼 수 있도록 해준다(p. 330)."

이 게임은 미국에서 널리 알려지고 있으며, 여러 버전이 시장에 나와 있다. 1891년에 밀톤 브래들리 사는 60개의 돌로 각 줄에 11개의 구멍이 있는 4줄 판에서 하는 게임인 추바Chuba를 만들어 팔았지만 바로 사라지고 말았다. 최근 버전은 대부분 2줄로 6개씩 구멍이 있다. 크리에이티브 플레이팅스 회사에서 만든 게임 '함정'에서는 자신이 떨어뜨린 마지막 씨앗이 자신의 구멍에 떨어지게 되면, 맞은편의 상대방 구멍에 있는 씨앗들을 사로잡게 된다. '칼라'와 비슷한 게임은 1940년에 윌리엄 챔피언사가 만든 것으로, 지금은

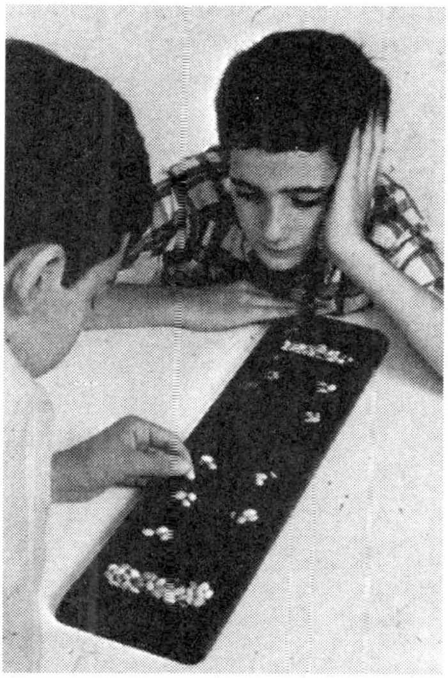

그림 11-10 아프리카 게임의 미국 버전인 '함정'.

---

* 점수봉과 주사위를 가지고 하는 반상 게임

비해비어럴 사이언스사가 만들어 판매하고 있다. 3M회사에서 만들고 있는 '오-와-리Oh-Wah-Ree'는 2, 3명 또는 4명이 게임을 할 수 있다. 게임에 있는 소책자에서는 변형된 게임 6가지의 규칙을 설명해 주고 있다. 예를 들면 진자 오-와-리는 키쿠유족의 게임 형태처럼 자기 차례에 방향을 바꿀 수 있다.

와리 게임의 범례 (여기서 소개한 범례는 오-와-리 소책자에 소개되어 있는 일반적인 게임의 예이다.)

각 그림은 그림 아래의 첫째 번 움직이고 난 후의 돌의 위치를 나타낸다. 사각형으로 테두리 된 부분은 첫째 번 움직임으로 사로잡힌 돌이다.

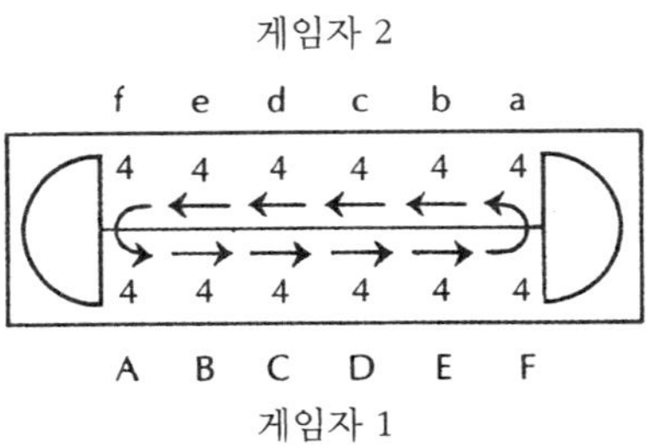

1. 시작의 위치

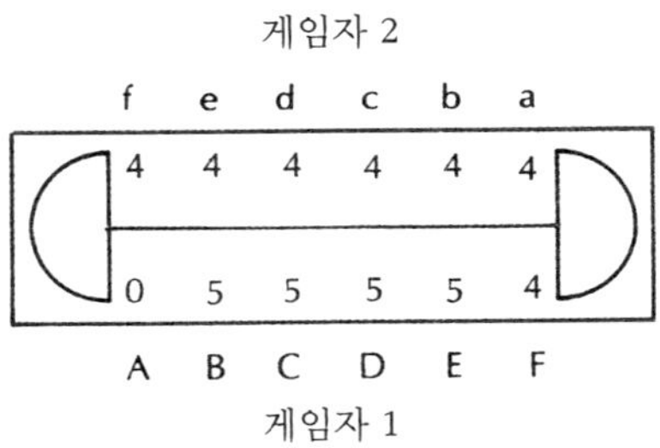

2. 게임자 1은 A컵의 4개의 씨앗을 심는다.

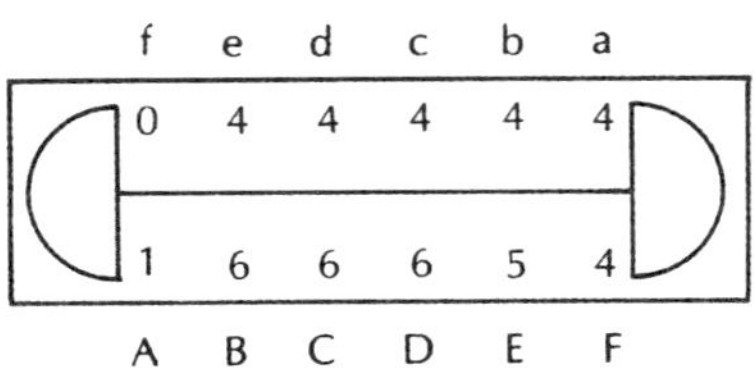

3. 게임자 2는 f컵의 4개의 씨앗을 심는다.
   게임자 1은 B컵의 씨앗 6개를 심는다.
   게임자 2는 e컵의 씨앗 4개를 심는다.
   게임자 1은 C컵의 8개의 씨앗을 심는다.

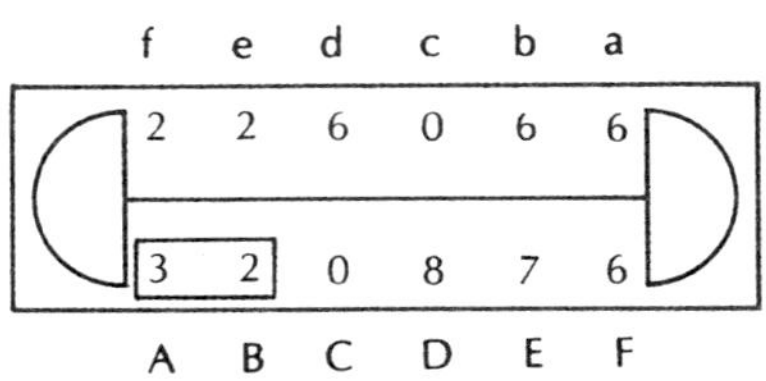

4. 게임자 2는 c컵의 5개의 씨앗을 심고, B와 A컵의 씨앗을 잡는다.

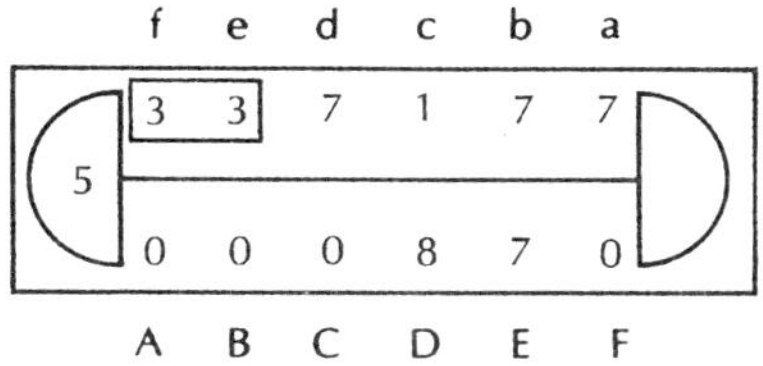

5. 게임자 1은 F컵의 6개의 씨앗을 심고, f와 e컵에 있는 씨앗을 잡는다.
   게임자 2는 a컵의 7개의 씨앗을 심는다.

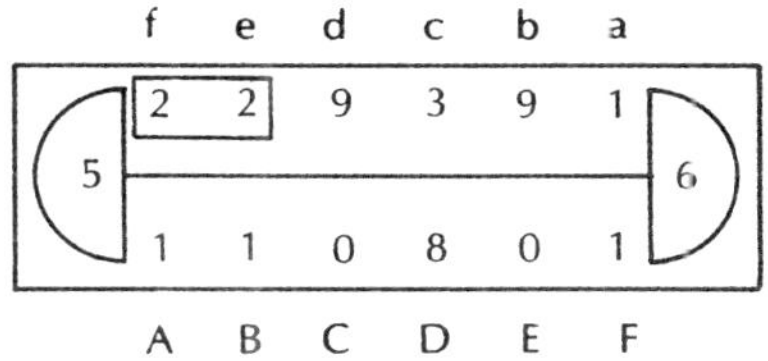

6. 게임자 1은 E컵의 7개의 씨앗을 심고 f와 e 컵의 씨앗을 잡는다.
   게임자 2는 b컵의 9개의 씨앗을 심는다.

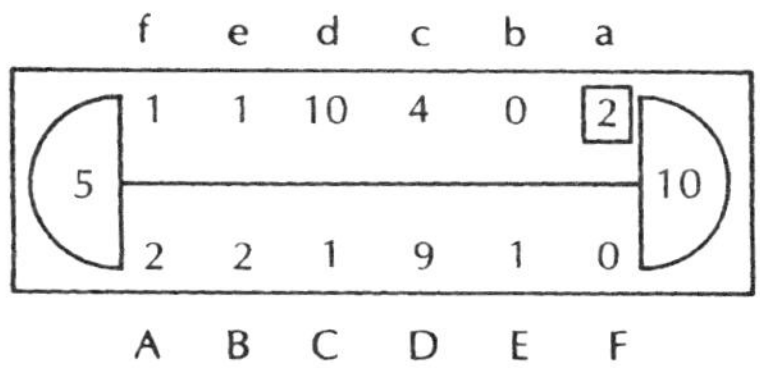

7. 게임자 1은 F컵의 1개의 씨앗을 심고 a컵의 씨앗을 잡는다.
   게임자 2는 c컵의 4개의 씨앗을 심고 A컵의 씨앗을 잡는다.

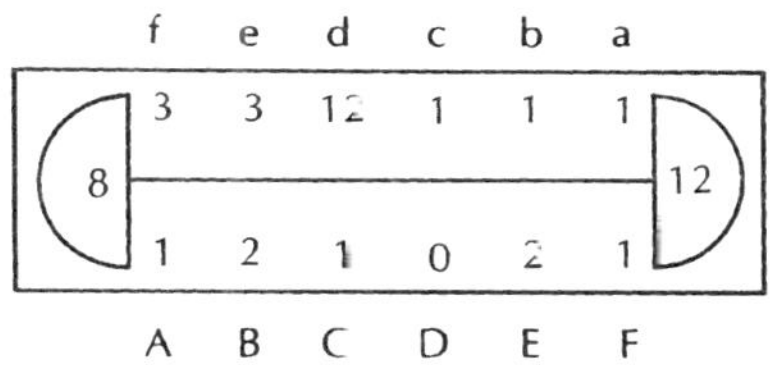

8. 게임자 1은 D컵의 9개의 씨앗을 는다.(나쁜 움직임이다!)
   게임자 2는 f컵의 3개의 씨앗을 심고, C, B, A컵의 씨앗을 사로잡는다.

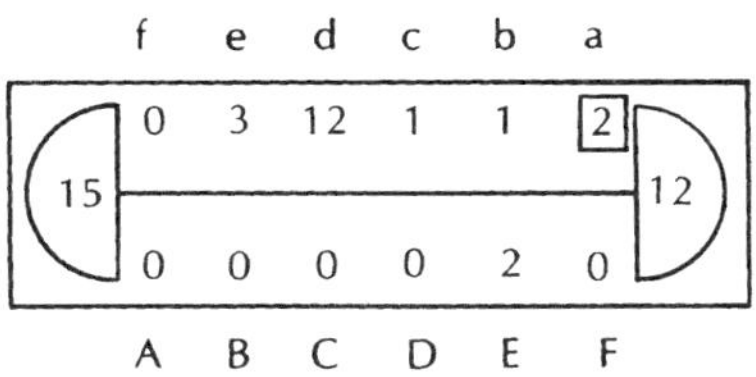

9. 게임자 1은 F컵의 1개의 씨앗을 심고 a컵의 씨앗을 사로잡는다.
   게임자 2는 c컵의 1개의 씨앗을 옮겨 심는다.
   게임자 1은 E컵의 2개의 씨앗을 옮겨 심는다.
   게임자 2는 a컵의 1개의 씨앗을 옮겨 심는다.
   게임자 1은 A컵의 1개의 씨앗을 옮겨 심는다.
   게임자 2는 a컵의 1개의 씨앗을 옮겨 심는다.

10. 미국식 게임에서는 게임이 끝났다. 게임자 2가 34대 14로 이겼다.

그림 11-11

음웨소 게임 방법

(엠심비의 소책자 〈음웨소, 우간다에서 하는 방법〉을 기초로 한다.)

게임판 : 4줄로 되어 있고 각 줄에 8개의 구멍이 있는 게임판

인원 : 두 명(또는 두 팀). 한 사람씩 게임 판의 한쪽에 앉고, 각 게임자는 자기 쪽의 16개의 구멍을 가지고 게임을 한다.

말의 수 : 64개의 말을 가지고, 각 게임자가 32개의 말을 가지고 게임을 한다.

게임의 시작 :

1. 각 게임자는 그림 1과 같이 말들을 위치시킨다. 바깥쪽 줄의 구멍에 4개씩 말을 놓고, 32개의 말이 맞는지 센다.

2. 한쪽 게임자가 먼저 시작한다. 첫째 게임의 패자가 다음 경기에서 먼

게임자 2

4	4	4	4	4	4	4	4	바깥줄
								안쪽줄
								안쪽줄
4	4	4	4	4	4	4	4	바깥줄

게임자 1

표 1 처음 말들 위치. 양쪽에 32개가 맞는지 확인한다.

		1	2	3	3	14	
							9

게임자 1

표 2 은니냐 14. 전통적인 말의 배열.

저 시작한다.

(3, 4, 5단계는 초보자는 생략할 수 있다.)

3. 각 게임자는 32개의 말들을 16개의 구멍에 여러 전술에 따라 말들을 놓는다.(말을 놓는 방법에 대해서는 엔심비의 소책자에 소개되어 있다.) 말들을 가장 최상의 위치에 놓는데, 이는 게임자가 1개의 구멍에 돌들을 놓고 모든 경기를 하는 것보다 많은 움직임을 만들어 돌들을 계속적으로 교대로 위치시키기 위함이다(그림 2 참조).

4. 순서를 번갈아 가며, 각 게임자는 그의 돌들을 그가 선택한 포진법에 맞는 규칙에 따라 돌들을 움직인다.

5. 어떤 게임자가 상대방의 돌을 사로잡는 순간, 돌들은 정상적인 위치에 떨어뜨려야 하고, 각 구멍에 하나의 돌들을 놓아야 한다.

움직이는 방법 :

1. 두 게임자는 순서를 번갈아 가며, 자신의 구멍에서 두 개 이상의 돌들을 집어 돌을 집은 구멍의 옆 구멍부터 시계반대 방향으로 한 구멍에 한 개의 돌을 떨어뜨린다(표 3). 만약 마지막 돌을 놓는 구멍에 다른 돌이 있다면, 게임자는 그 구멍에 있는 돌을 모두 집어 다시 돌들을 옆 구멍으로 하나씩 떨어뜨린다. 마지막 돌을 떨어뜨리는 구멍에 돌이 하나도 없다면, 상대방에게 기회가 넘어간다. (엔심비는 릴레이 경주에 비유하였다.)

2. 각 게임자는 자신의 돌을 보호하며, 가능한 한 많은 상대방의 돌들을

표 3 게임자 2를 잡는다.

사로잡아야 한다. 게임을 하면서 64개의 돌은 계속해서 게임 판에 남아 있게 된다.

사로잡는 방법 :

1. 공격당하기 쉬운 위치. 반대편 두 개의 구멍에 모두 돌들이 있는 경우(예를 들면 그림 3의 C와 N의 위치), 두 구멍에 있는 돌들은 상대방에 의해 사로잡히기 쉬운 위치이다.

2. 사로잡는 방법. 돌들을 옮기는 도중에 게임자가 자신의 마지막 돌을 안쪽 줄에 비어 있지 않은 구멍에 돌을 놓게 되면, 반대편의 상대방의 구멍에 있는 돌을 사로잡을 수 있다. 게임자는 상대방의 돌을 사로잡고, 계속해서 돌들을 옮긴다. 게임자는 비록 그 돌들이 자신의 것일지라도 사로잡은 돌들을 시작하는 구멍의 옆 칸부터 하나씩 돌을 옆으로 옮겨 떨어뜨릴 수 있다. 그림 3에서 게임자 2는 자신의 마지막 돌을 k에 떨어드렸고, k 구멍에 이미 다른 돌이 하나 이상 놓여 있었다면, C와 N 위치에 있는 상대방의 돌을 사로잡아 그 돌들을 I에서부터 하나씩 놓을 수 있다. 게임자는 한 번의 움직임에서 여러 번 사로잡을 수 있다.

3. 반대방향으로 움직여서 사로잡기. 게임자는 그림 3에서 A, B, O, P(상대방은 a, b, o, p) 위치에 있는 돌들을 반대 방향으로 움직여서 사로잡을 수도 있다. 최대한 많은 수의 돌을 반대방향으로 움직이더라도 9개를 초과할 수 없다. 사로잡은 돌들은 다음에 다시 반대방향으로 움직여 상대방의 돌을 사로잡는데 쓸 수 있고, 또는 반대방향으로 움직임을 시작한 구멍의 옆 칸부터 시작하여 돌들을 옮겨 놓을 수도 있다.

반대 방향으로 움직이는 예. 표 4에서 게임자는 A 구멍에 있는 돌들을 반대 방향으로 움직여, P에서부터 시작하여 N까지 돌을 옮겨 놓는다. 그리고 f와 k에 있는 돌들을 사로잡고, 또 다른 반대 방향 움직임으로 P에서부터 시작하여 M까지 놓으면, l과 e에 있는 돌들을 사로잡을 수 있다. 게임자는 l과 e에서 사로잡은 5개의 돌을 시계 반대 방향으로 B에서부터 한 개씩 옮길 수 있다.

4. 사로잡기에 실패한 경우의 벌칙. 만약 게임자가 돌들을 움직여 상대

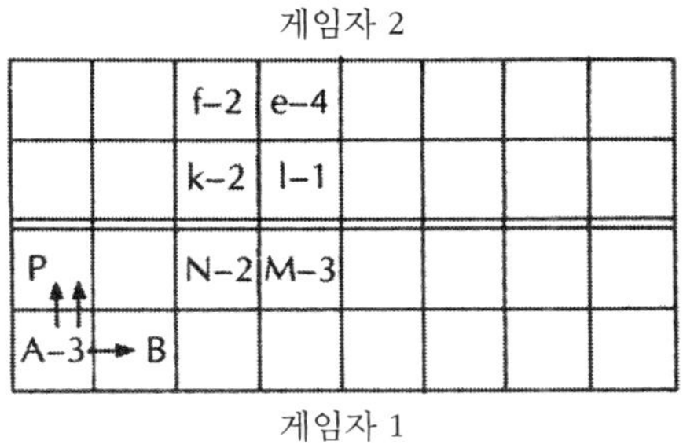

표 4 게임자 1이 반대로 움직인다.

방의 돌을 사로잡는데 실패한 경우, 상대방은 두 개의 구멍 중 한 구멍에 있는 모든 돌들을 사로잡거나, 첫째 번 경기자에게 다음과 같이 말하도록 지시할 수도 있다. "뒤쪽에 죽은 말을 놓지 말자."

승리 :

게임자가 모든 돌들을 사로잡았을 때 이기거나, 상대방의 각 구멍에 한 개 이상의 돌이 없어서 더 이상 옮기기를 할 수 없을 때 이기게 된다.

위의 방법은 음웨소의 가장 간단한 형태이다. 초보자들은 시작 단계를 생략할 수도 있다. 그리고 자신이 원하는 대로 돌들을 위치시키고 게임을 진행할 수 있다.

엔심비는 자신의 소책자에서 전통적인 형태로 위치시키는 방법과 몇 가지 이길 수 있는 전통적인 방법을 설명해 놓았다. 엔심비가 설명한 방법은 가장 단순한 전통적인 형태이다(p. 13). "과거에 게임은 적어도 10분에서 20분이 걸렸다. 하지만 이제는 3분에서 7분 정도밖에 걸리지 않는다."

제12장 마방진

마방진은 정수론에 기초한 수학 게임이다. 원리는 각 열과 각 줄 그리고 두 개의 대각선 줄의 합이 같게 수들의 배열을 만드는 것이다. 그림 12-1은 3×3(3개의 줄과 3개의 행) 마방진으로써 마법의 수는 15이다.

4	9	2
3	5	7
8	1	6

그림 12-1 3×3(3개의 줄과 3개의 행) 마방진. 각 줄과 행과 대각선의 합은 15이다. 이 합을 마법 상수라고 한다.

중국의 설화는 마방진을 기원전 2200년경에 로 강에서 신성한 거북이의 등에 나타난 로슈Lo Shu라고 부른다고 전하고 있다. 로슈(그림 12-2)는 수의

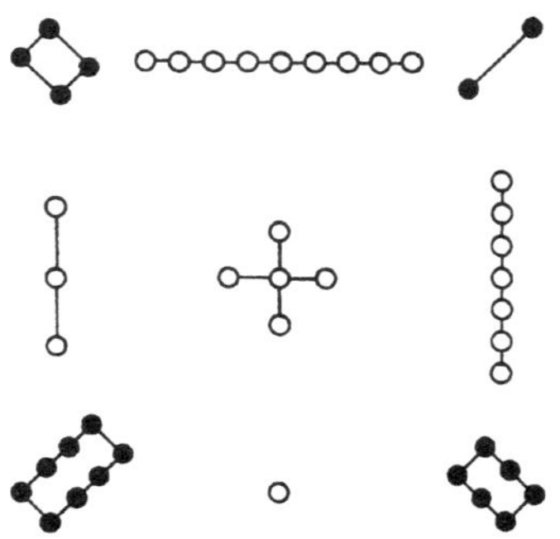

4	9	2
3	5	7
8	1	6

그림 12-2 로슈, 가장 오래된 마방진으로써 4000년 전에 로 강의 거북이 등에 나타난 것으로 전해진다.

배열이 정사각형으로 나타나고, 후에 검은 줄은 여성을 상징하는 짝수를, 흰 줄은 남성을 상징하는 홀수를 나타낸다는 것이 밝혀졌다. 고대 중국에서는 거북의 등은 점을 보는 중요한 곳이었다.

마방진에 대해 거론한 중국 이외의 초기 기록자는 아라비아의 수학자인, 코라Tabit ibn Korra이다. 500년 후에 마방진은 유럽에 전해지게 되고, 그곳에서 카르당Cardan, 케플러Kepler, 페르마Fermat, 네이피어Napier, 예술가인 뒤러Durer와 같은 유명한 과학자의 관심을 집중적으로 받게 된다.

최근까지 마방진은 신비로운 특성을 지닌 것으로 간주되었다. 유대인들의 방식으로 3차 마방진 중 홀수만을 사용해서 만든 마방진은 유대신비철학에서 금지시하는 이름인 여호와Yahweh에 대응하는 수를 숨기고 있다. 그리스인들과 마찬가지로 유대인들도 알파벳의 철자를 수로 표현하였다. 마법 상수인 15를 나타내는 철자는 'Yahweh'를 나타내는 헤브라이어의 처음 두 철자였다.

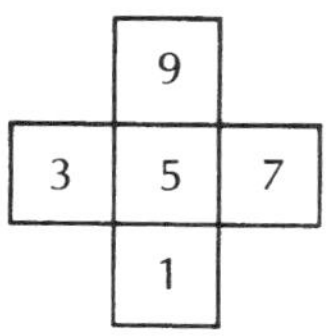

그림 12-3 유대인들에게 이 배열은 금지된 이름인 여호와를 숨기고 있다.

중세의 점성가와 물리학자들은 이러한 배열이 신비로운 성질을 가지고 있다고 믿었다. 예를 들면, 마방진을 헌금 접시에 새겨 넣으면 무시무시한 역병을 물리치는 힘이 있다고 생각하였다. 서아프리카의 이슬람교도들은 이 주제에 대해 굉장한 관심을 갖고 있었다. 런던 대학의 동양 및 아프리카 학문 학과의 비바Bivar 박사는 다음과 같이 진술하였다. "미신에 사로잡힌 사람들로부터 학위신청에 필요한 수업을 위한 교부금을 얻기를 희망하면서, 중세의 학자들은 주문과 부적과 같은 초자연적인 힘을 갖는 것으로 마방진을 표현하는데 사용하였다. 논문에 재생된 마방진의 예는 의도적으로 결점이 있었다. 학생들은 혼자 다시 계산하여 오류를 고칠 수 있을 만큼 충분한 이론적 지식을 가지고 있다고 가정하였다. 나는 마방진은 암호 교환과 관련해서 사용할 수도 있을 것으로 본다. 이슬람 학자들은 이러한 연구를 즉 '비밀의 과학' 이라고 부르고, 자신들의 작문에 대한 수업은 선택받은 학생들로 한정하였다."

서아프리카의 이슬람교 학자들 중 무함마드Muhammad ibn Muhammad가 있었다. 나는 이 학자의 업적을 소개할 것인데, 이 내용은 과르조H. I. Gwarzo의 논문인 〈18세기경 카치나의 천문학자이며 수학자인 무함마드 B. 무함마드가 해설한 연대기 이론The Theory of Chronogram as Expounded by The Eighteenth Century Katsina Astronomer-mathematician Muhammad b. Muhammad〉에 수록되어 있다. 이 논문은 17세기에 북나이지리아의 원주민이 아랍어로 옮겨 적은 것을 번역한 것이다. 이 글은 날짜를 기록하면서 수를 표현하기 위해 문자 기호를 취급하는 내용을 담고 있다. 이들 문자들은 아라비아 알파벳의 동양(이집트)과 서양식으로 번역한 것이다. 과르조는 이 문자기호를 그리스어로 수를 표현한 것과 비교하면서 헤브라이어 및 곱트어와 유사하다고 이야기하고 있다. 우리가 증명서나 주춧돌에 로마어로 날짜를 기록하는 문화와 유사하다.

18세기 초의 카치나(지금의 북나이지리아)에 살았던 천문학자이며 수학자이고 점성가인 무함마드에 대한 과르조의 논문은 호기심을 자극하였다. 이것은 바로 내가 사하라의 북쪽에 있는 아프리카 국가 출신의 원주민 수학자를 처음 만난 것으로 좀더 많은 자료를 찾았다. 몇몇의 조교들이 나에게 큰 도움을 주었으며, 그 논문을 번역한 몇 장의 번역본을 가지게 되었다.

제목은 다음과 같이 시작한다. 'Muhammad ibn Muhammad, al-Fullani al-Kishnawi al Sudani'. 영어 번역문에 이어서 아랍어 제목이 있었다. 다음과 같은 설명이 있다. "'알파벳 문자의 마법적 이용에 관한 논문'. 후대의 누군가가 가장자리에 필기해둔 흔적이 있는 현대적 논문. 아라비아 원고 1732." 1-20, 91-100, 131-140 그리고 171-179쪽만이 런던 대학의 동양 및 서양 학문 학과 도서실에 있다. (비바 박사는 이 원고의 사본이 카이로의 구 케다이브 도서관에 있다고 적고 있다.) 나는 1쪽과

91-94쪽을 복사하였다.

이 원고의 제목은 동양 및 아프리카 학문 학과의 도서관의 분류 위치에 대한 서지정보에 대한 어떠한 실마리도 주지 않는다. 적어도 91쪽 이후의 내용 중 반은 마방진의 배열에 대해 나와 있고, 가끔 어떤 쪽은 거의 이 내용으로 채워져 있다. 이 글에서 마법이란 단어를 사용한 것을 보면 중세 때는 수를 신비로운 것, 즉 수비학으로 생각한 것 같다. 비록 제목이 '알파벳의 마법적 이용' 이지만 내가 구한 쪽에서 보여주고 있는 배열은 동아라비아 수로 표현되어 있다. 저자는 홀수차 마방진를 구성하는 몇 가지 공식과 각 홀수차에 대한 예를 제시하고 있다.

91쪽 : 마방진을 만들기 전에, 무함마드는 독자들에게 겉모습에 현혹되지 말라고 경고하고 있다. 다르게 보이는 것들이 같은 의미를 지니고 있을지도 모른다. 그리고 용기를 주는 다음과 같은 말을 써놓았다. "마방진에 대해 무지와 이와 같은 규칙을 따르지 않는다는 이유로 포기하지 마시오. 전쟁과 살인 기술을 알고 있는 사람들은 이 경이로운 과학을 실천하는 고통을 생각하지 않습니다. 사랑하는 사람처럼, 여러분은 무한한 인내심 없이 성공을 바랄 수 없습니다."

그는 제자들에게 다음과 같이 타일렀다. "비밀스럽고 은밀하게 작업해라. 문자는 신의 가호 아래 있다. 신의 힘은 그의 이름에 있고, 여러분은 신의 비밀을 아무 계획 없이 퍼트려서는 안 된다." 무함마드는 풀라니족 출신이고 헌신적인 이슬람교 신도였다.

1 2 3 4 5 6 7 8 9 0

그림 12-4 18세기의 아프리카의 이슬람교도인 무함마드가 사용한 동아라비아 수

3×3 마방진을 만드는 구체적인 방법은 다음과 같다. 아랍어는 오른쪽에서 왼쪽으로 쓴다는 사실을 명심해야 한다.

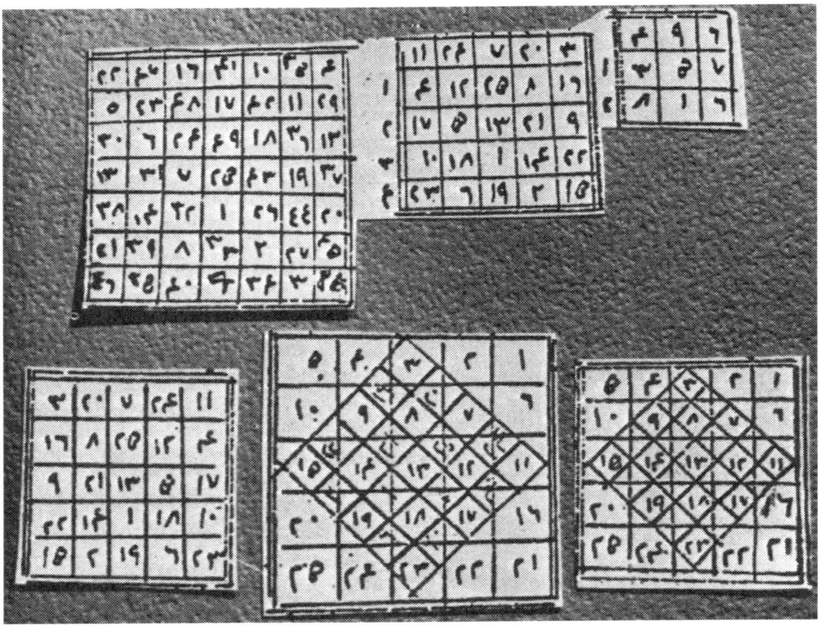

그림 12-5 무함마드의 논문에 있는 마방진. 3차와 5차 마방진의 번역은 그림 12-6, 12-10, 12-19와 12-20 참고.

3×3의 경우는 명확하지만, 만약 이것을 이해하지 못한다면 만드는 방법은 다음과 같이 3단계를 거친다.

1. 1을 맨 아랫줄 가운데에 써 넣는다. 이것은 2번째 칸에 쓴다는 것을 의미한다. 짝을 찾아보지만 찾을 수 없다. (무함마드는 대각선 방향으로 아래 있으며 앞 수의 오른쪽에 있는 칸을 언급하고 있다.) 그러므로 2를 맨 윗줄 첫째 번 칸에 써 넣는다. 〔이 부분이 비바 박사의 문자 기호에서 언급했던 결점이 있는 마방진 예이다. 윗줄 오른쪽 끝에 2가 있어야 하는데, 논문에서는 6이 써져 있다(그림 12-5, 오른쪽 맨 위). 동아라비아 수에서 2는 6의 거울상이다.〕 다시 2의 짝이 나타나 있지 않다. 그러므로 둘째 줄의 맨 마지막에 3을 넣는다. 이렇게 첫째 단계가 끝이 난다.

2. 이제 둘째 단계를 시작한다. 끝난 칸의 마주보고 있는 위치에서 시작한다. 이 칸은 둘째 줄의 마지막 칸이다. 아래로 3줄 내려오면, 마방진 틀에서 두 줄을 내려오게 된다. 따라서 3으로부터 두 칸만큼 위로 올라가게 된다. 맨 윗줄의 셋째 칸에 4를 넣는다. 그것의 짝인 가운데는 5이다. 5의 짝은 6이 된다.

3. 셋째 단계 : 6에서 시작하고, 세 칸 위로 올라간다. 둘째 칸에 7을 넣는다. 7은 짝이 없다. 그래서 8은 맨 아랫줄 마지막 칸에 넣는다. 그러므로 9는 맨 윗줄 둘째 칸에 넣는다. 이와 같이 하면 끝이 난다.(그림 12-6)

4	9	2
3	5	7
8	1	6

그림 12-6 그림 12-5에 나타난 3차 마방진을 옮겨 놓은 것. 배열은 중국의 거북이 등에 있는 마방진과 같다.

1693년에 샴(Siam, 태국의 옛 명칭)에 사절로 파견되어 있는 동안 마방진을 배운 루베르De la Loubere가 비슷한 방법을 유럽에 알렸다. 이 방법은 임의의 홀수차 마방진에 적용할 수 있다. 1은 한 외곽 줄의 가운데에 항상 있어야만 한다.

마방진을 만들기 힘들면 임의의 홀수차 마방진을 구성할 수 있는 다음의 단순화된 절차를 따르면 된다. 이 절차는 루베르가 설명한 원리를 바탕으로 만들어졌다.

마방진이 수직 원통으로 둘러싸여 있다고 가정하면, 첫째 세르줄과 마지막 세로줄이 이웃하게 된다. (우리는 지금 왼쪽 세로줄부터 오른쪽 세로줄로 읽어 가고 있다.) 이제 마방진을 수평 원통으로 둘러쌌다고 가정한다. 위의 두 개의 이미지를 결합하여 평면에 나타내면 그림 12-7과 같이 된다. 이 판의 교차하는 칸에 음영을 주고, 이 칸은 채워져 있다고 가정한다. 임의의 홀수차 마방진은 아주 간단한 방법으로 구성할 수 있다.

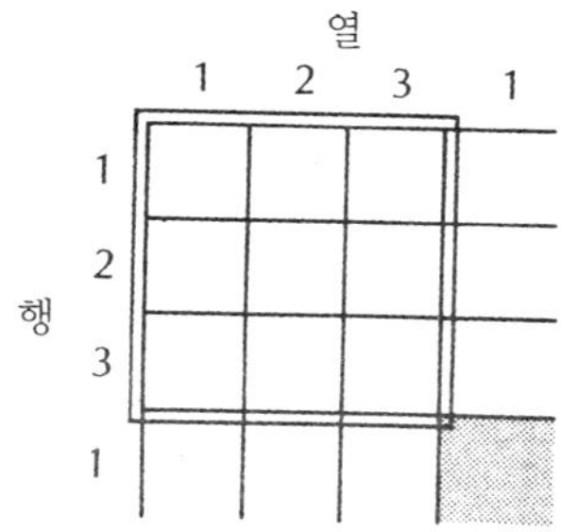

그림 12-7 대각선 방법으로 3차 마방진 구성하기

	1	2	3	1
1	4	9	2	
2	3	5	7	3
3	8	1	6	8
1		9	2	

그림 12-8 대각선 방법으로 구성한 마방진

2	7	6
9	5	1
4	3	8

6	1	8
7	5	3
2	9	4

8	3	4
1	5	9
6	7	2

그림 12-9 그림 12-8의 배열을 회전해서 3개의 다른 배열을 구할 수 있다.

맨 아랫줄의 가운데에 1을 넣고, 한 칸 내려가고 한 칸 오른쪽으로 움직이면서 시작한다. 만약 이미 수가 써진 칸을 만나면, 다음 수를 규칙에 따라 바로 위 칸에 적을 수 있다(그림 12-8). 이와 같은 배열을 90° 회전하면, 1이 바깥쪽 가운데 칸에 써진 3개의 마방진을 더 얻을 수 있다.

	1	2	3	4	5	1
1	11	24	7	20	3	
2	4	12	25	8	16	4
3	17	5	13	21	9	17
4	10	18	1	14	22	10
5	23	6	19	2	15	23
1	11	24	7	20	3	

그림 12-10 대각선 방법을 이용한 5차 마방진의 구성. 마법 상수는 65이다.

이런 간단한 방법과 무함마드의 규칙을 사용해서, 그림 12-5의 맨 위 중앙에 있는 것과 같은 무함마드의 5차 마방진을 다시 만들어낼 수 있다. 그는 마방진의 정중앙의 바로 아래 있는 칸에 1을 적으면서 시작한다. 그가 이미 수가 적혀 있는 칸을 만나면, 3차 마방진에서 지침을 설명하였듯이 두 칸 내려서 연속된 수를 쓴다(그림

그림 12-11 무함마드의 논문 중에서 92쪽의 오른쪽 면

12-10).

5차 마방진의 각 줄의 합은 65이고 정중앙 칸은 1과 25의 중간 수인 13이 들어간다. 게다가 13을 중심으로 마주 보고 있는 두 칸의 수를 더하면 항상 26이 된다. 예를 들면, 6과 20을 연결하는 선은 13을 통과하고 이 두 수는 가운데로부터 같은 거리만큼 떨어져 있다. 20+6=26, 즉 13의 두 배.

아마 이 글을 읽는 사람들은 무함마드의 7차 마방진(그림 12-5, 윗줄 왼쪽)을 해결하기 위해 그리고 아라비아수로 번역한 결과를 확인하기 위해 인내심을 가져야 할 것이다. 이것은 맨 아랫줄 오른쪽 끝 칸에 오류가 있는 불완전한 마방진이 있다. 이 배열의 가운데 수는 25이고, 각 줄의 합은 25×7=175이다.

일반적으로 홀수차(n차) 마방진은 1부터 n^2까지의 정수들로 정사각형 배열로 이루어지고, 각 줄과 각 열과 대각선의 합은 항상 $\frac{n(n^2+1)}{2}$으로 같게 되도록 수를 배열한다. 절차대로 공식을 이용함으로써, 각 배열의 가운데 수가 $\frac{n^2+1}{2}$이라는 것을 알 수 있다.

92쪽(그림 12-11) 오른쪽 면 : 저자는 서로 다른 8개의 3차 마방진을 얻을 수 있다는 점을 지적하고, 이 8개의 마방진은 모두 5가 가운데 위치하고, 8가지 모두는 하나를 적당히 회전이나 대칭을 해서 얻을 수 있다고 지적하고 있다.

우리에게 친숙한 3차 마방진(그림 12-12에 있는 정사각형 A와 아랍어로 된 논문의 중앙의 왼쪽에 있는 첫째 번 배열)을 이용하여, 회전축을 중심으로 회전을 시키거나 접어서 나머지 7개의 마방진을 얻을 수 있다. 정사각형 A의 각 칸에 앞의 수와 같은 수가 뒤에도 있다고 가정한다.

A : 원 상태 그대로 놓기
B : 수직 축을 중심으로 대칭 시키기
C : 종이를 180° 회전시키기
D : 가로 축을 중심으로 대칭 시키기
E : 종이를 90° 회전시키기
F : 대각선 축을 중심으로 대칭 시키기
G : 270° 회전시키기
H : 다른 대각선을 축으로 대칭 시키기

이와 같은 이동으로 사각형들은 서로 일치하게 되고, 현대 수학자들은

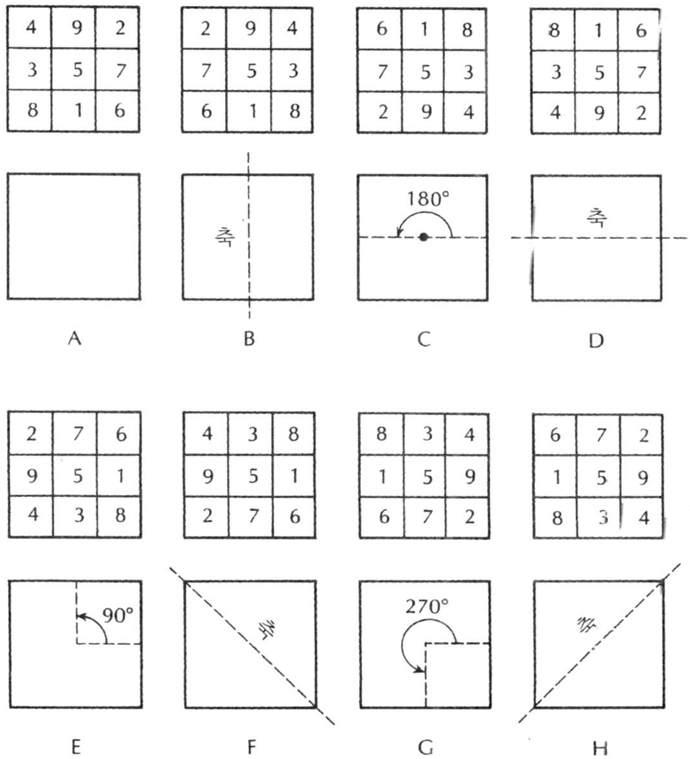

그림 12-12 모든 가능한 3차 마방진은 하나의 정사각형으로부터 적당한 축을 이용하여 회전하거나 대칭을 시켜 얻을 수 있다.

정사각형의 위수가 8인 정2면체군이라고 부른다. 위에 제시된 절차에 따라서, 모든 정사각형들은 군론의 방법을 이용해 정사각형 A로부터 구할 수 있다. 우리는 또한 적당한 축에 대해 대칭시켜서 각 정사각형을 연속적으로 얻을 수도 있다.

92쪽(그림 12-13) 왼쪽 면 : 여기에는 무함마드가 체스 기사의 움직임을 이용해서 마방진을 만드는 법을 적어 놓았다. 다시 5차 마방진에 두 줄과 두 칸을 더 그려 넣는다. 각각의 움직임은 왼쪽으로 한 칸, 아래로 두 칸을 이동하면서 수를 써 넣는다. 그림 12-14는 그림 12-13의 반쪽의 오른쪽에 있는 마방진을 만드는 방법을 보여준다. 연속하는 5개의 정수의 움

그림 12-13 무함마드 논문 중에서 92쪽의 왼쪽 면

직임이 끝나면, 수를 넣을 수 없는 칸에 도착한다. 이때 새로운 수는 마지막 움직임이 있었던 곳에서 왼쪽으로 두 칸 움직인 곳에 써 넣는다.

기사 움직임의 배열은 각 행과 열 그리고 두 대각선의 합이 일정한 마법 상수(5차 마방진의 경우 65)를 가지고 있을 뿐만 아니라, 추가적인 특징이 있는데 이것은 가상의 수직 또는 수평 원통을 둘러싸고 있는 나선 방향의

일련의 수들도 같은 합을 가지고 있다는 점이다. 예를 들면,

$$21+4+7+15+18=65$$
$$15+24+8+17+1=65$$

그림 12-13의 왼쪽에 있는 마방진은 기사의 움직임과 같은 방법으로 구성되었다. 다른 점은 5개의 수를 일렬로 배열하는 이동에 있다. 이 배열에서 바로 다음 수는 앞 수가 있는 칸의 바로 위 칸에 위치한다. 정중앙 칸에 결함이 있음에 주목하기 바란다. 여기는 5가 있어야 하는데 15가 있다.

여러분 스스로 기사의 움직임을 이용해서 7차 마방진(그림 12-15)을 만들어 보아도 된다. 이 배열에서는 일련의 7개의 수들은 각각은 앞의 일련의 7개의 수의 마지막 칸 위 3칸에 놓으면서 시작한다. 예를 들면 8은 7보다 3칸 위에 위치한다. 15는 14보다 4칸 밑에 위치한다.(이는 3칸 위에 위치시키는 것과 같다.)

93쪽 : 여기서 홀수차 마방진을 만드는 놀랍도록 간단한 방법을 얻을 수 있다(그림 12-5 하단). 앤드루스Andrews(p. 17)는 다음과 같이 다

		13	25	7	19	1
		17	4	11	23	10
	14	21	8	20	2	14
6	18	5	12	24	6	18
	22	9	16	3	15	22
		13	25	7	19	
	10	17	4		23	10

그림 12-14 체스에서 기사의 움직임을 이용해서 구성한 마방진 만들기(그림 12-13의 오른쪽 편). 각 줄과 열 그리고 두 대각선의 합은 65이다.

32	14	38	20	44	26	1
48	23	5	29	11	42	17
8	39	21	45	27	2	33
24	6	30	12	36	18	49
40	15	46	28	3	34	9
7	31	13	37	19	43	25
16	47	22	4	35	10	41

그림 12-15 기사의 움직임을 이용한 7차 마방진. 각 행과 열, 그리고 두 대각선의 가법 상수는 175이다. 이와 같은 마방진은 무함마드의 원고 93쪽에 나와 있다.

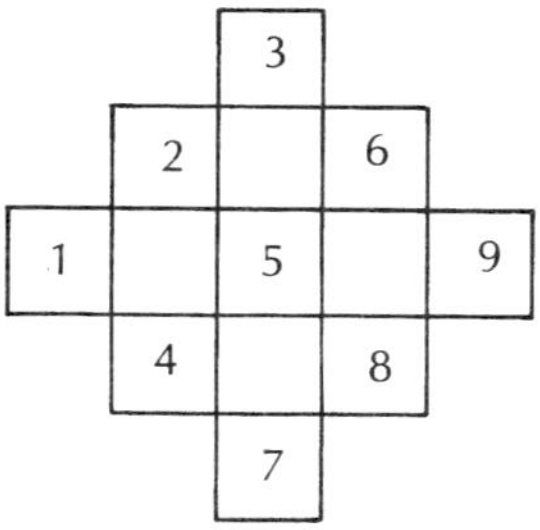

그림 12-16 먼저 9개의 수를 대각선 방향으로 쓴 후, 정사각형 밖에 있는 수들을 반대편의 정사각형 안의 빈칸으로 이동시켜 마방진을 만든다.

2	7	6
9	5	1
4	3	8

그림 12-17 그림 12-16에서 설명한 방법으로 완성한 마방진

른 절차를 설명하고 있다. 3차 마방진을 만들기 위해 그림 12-16과 같이 1에서부터 9까지의 수를 대각선으로 위치시킨다. 가운데 사각형의 칸은 번갈아 가며 빈칸으로 있게 된다. 정사각형 밖에 위치하는 수들을 반대편의 정사각형 안의 빈칸으로 이동시킨다(그림 12-17).

이러한 방법을 무함마드의 5차 마방진에 적용해 보면, 그림 12-18과 같이 수를 오른쪽에서부터 왼쪽으로 쓴다. 무함마드의 배열의 이동은 그림 12-19와 12-20에 나와 있다. 결과는 91쪽에 있는 마방진(그림 12-10)과 거울 대칭 위치에 있게 된다.

94쪽 : 적당한 경계를 첨가해서 홀수차 마방진을 만들 수 있는 신기한방법이 94쪽에 설명되어 있고, 아마도 이 논문의 후속 쪽에서는 이에 대한 글이 이어져 있을 것이다. 볼W. W. Rouse Ball은 책《수학 레크리에이션과 후일담Mathematical Recreations and Essay》 145쪽에서 그 방법을 설명해 놓았다.

우리는 가장 간단한 경우인 5차 마방진 배열을 예로 들겠다. 목적은 5차 마방진 안에 3차 마방진을 그리는 것이다.

1단계 : 가장자리 16개의 칸 중 8개의 칸에 1부터 8까지의 수를 다음에 따라 알맞게 넣는다. 3차 마방진의 어떤 칸에도 수를 넣지 않는다. 주대각선의 끝 두 칸 중 한 칸만 수를 넣는다. 각 가장자리 행과 열들은 1부터 8까지의 8개의 수 중 3개 이상의 수를 가질 수 없다. 수의 배치는 시행착오를 거쳐 정해진다. 각 행과 열의 합은 반드시 65가 되도록 해야 하기 때문에, 가장 큰 수인 25이며, 1, 2와 3을 동시에 한 행 또는 한 열에 같이 쓸 수 없다(그림 12-21).

2단계 : 18부터 25까지의 수를 이미 적어 놓은 수와의 합이 26이 되도록 3차 마방진의 반대편의 빈칸에 넣어 가장자리 행과 열을 완성한다.

3단계 : 9부터 17까지의 수를 마법 상수가 39가 되도록 안쪽의 3차 마방진 안에 넣는다. 이때, 기본 3차 마방진의 수에 8을 더한 수들로 배치하면 된다. 이와 같이 하면 마법 상수가 65인 5차 마방진이 완성된다(그림 12-22).

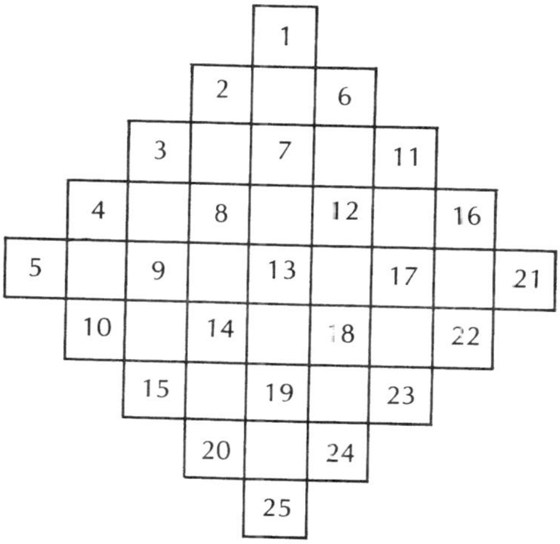

그림 12-18 그림 12-16에서 설명한 방법으로 5차 마방진을 구성하는 첫 번째 단계

무함마드는 9차 마방진과 11차 마방진을 안쪽에 판을 첨가함으로써 마방진을 만드는 방법에 대해 설명하였다. 실제로 사람들은 이 마방진 애호가의 무한한 인내심을 감탄한다.

이 4쪽의 논문 안에는 그의 논문의 제목에서 기대되는 내용인 이러한 정사각형을 마법에 적용하거나 알파벳 문자를 이용한

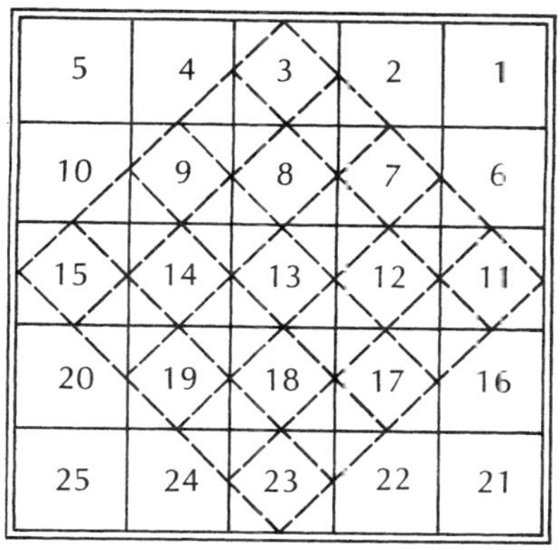

그림 12-19 그림 12-16에서 설명한 방법으로 5차 마방진을 만든 그림

3	20	7	24	11
16	8	25	12	4
9	21	13	5	17
22	14	1	18	10
15	2	19	6	23

그림 12-20 그림 12-15의 하단 왼쪽에 있는 배열의 아라비아수로 표현한 것. 이것은 그림 12-16에서 설명한 방법으로 구성한 것이다.

7	8			3
				2
5				
6				
		4	1	

그림 12-21 5×5 마방진 안에 3×3 마방진을 넣어 마방진을 완성하는 1단계.

7	8	22	25	3
24	12	17	10	2
5	11	13	15	21
6	16	9	14	20
23	18	4	1	19

그림 12-22 무함마드의 원고 94쪽에 나와 있는 5차 마방진 안에 3차 마방진을 완성한 배열.

다는 내용은 어디에도 없다.

무함마드가 정수론이나 수학의 다른 어떤 분야에 공헌을 했는지에 대해서는 알려진 바가 없다. 그의 몇 개의 원고는 카이로의 케디발Khedival 도서관에 소장되어 있다. 그는 천문학과 수비학의 스승으로 명성을 얻었다. "그는 이러한 내용을 그의 나라에서 배웠다."라고 이집트의 동료가 말하고 있다. 1730년에 그는 모든 이슬람교도의 꿈인 메카로 성지순례를 갔으며, 그곳에서 1741년에 운명을 달리했다. 무함마드의 스승은 학자이며, 19세기의 소코토Sokoto국의 이슬람교주인 벨로Muhammad Bello에 대해 글을 쓰고, 바기르미 왕국의 점과 점성술에 숙달한 전문가인 알왈리Muhammad Alwali였다. 그의 업적물은 대부분의 아프리카인들의 업적물과 같은 운명을 처해 유실되었다.

제 5 부

패턴과 모양

아프리카인들의 강한 조형 의식은 집을 지을 때, 가면과 조각의 형태나 짜임, 집에서 만든 간단한 물건의 무늬에서 잘 알 수 있다.

원형 집은 전통적인 사회에서 흔히 볼 수 있고 보통 수준의 기술로도 훌륭히 소화할 수 있는 가장 일반적인 건축 형태이다. 그러나 목재를 쉽게 구할 수 있는 산간 지역과 이슬람교도나 유럽인의 영향권 아래에 있는 지역에서의 보편적인 주거 형태는 사각형 모양이다. 최근 사각형 모양의 집을 가지는 것은 아프리카의 가나와 케냐와 같은 국가에서 사회적 계층의 상징이 되었다.

아프리카의 예술 형태는 유럽인들의 경험이나 전통과는 이질적인 종교, 사회와 가정풍습과 깊이 연관되어 있다. 예술품을 만든 종교인, 종교의식이나 실용적인 목적에 대해 논의하는 것은 이 책의 주제에서 벗어나므로 제외할 것이다. 따라서 나는 아프리카 예술의 방대하고 복잡한 영역에 대해 형태와 패턴의 분석이라는 관점에서 접근하였다.

그림 13-1 킬리만자로 산맥의 봉우리 중의 하나인 키보 산 능선에 있는 키보 미술 화랑. 오른쪽에 있는 입구에 있는 차가족의 벌통형 가옥 양식이 있다. 이 가옥은 대단위로 이엉을 엮어 만든다.

제13장 건축물의 기하학적인 형태

원형집

원형의 따뜻한 오두막
그녀의 귀한 아들과 딸 중
막내를 자랑스러워
둘러싸고 서 있다.

이 시의 저자는 원형의 친근한 집들이 사라지는 것을 슬퍼하여 다음과 같이 결론지었다.

이 모든 것 그리고 더 많은 것이,
천천히 천천히 사라진다.
천천히 천천히 철이 나타나고,
지붕 위에 그물을 놓고
주전자와 호리병,
접시, 컵, 등불을 포로로 잡는다.
새롭게 입방형의 집으로 바뀌는 이 변화는 무엇일까?
원형의 흙으로 만든 오두막은 이제 없구나.

케냐의 시인 바이구루Joseph Waiguru의 이 비가悲歌는 오래된 형태의 전통적인 삶의 방식이 사라지는 것을 묘사하고 있다. 오늘날 케냐에서는 주로 새롭게 정착한 뾰족한 지붕이 있는 정사각형 또는 직사각형 모양의 집을 볼 수 있다. 밤부아Joseph Wambua는 우리에게 부모와 삼촌의 농원shambas을 보여주었다. 그와 형제들은 직접 틀을 만들어 볕에 말린 벽돌로 튼튼한 집을 지었다. 그러고 나서 그는 몇 채의 더 큰 직사각형 건물들 가운데에 있는 작은 원형집에서 거리를 가리켰다. "이것이 바로 오래된 캄바족의 전통가옥의 한 형태예요. 요즘에는 헛간으로만 사용하지요."

아프리카인은 자신의 집을 생활 수단, 이용 가능한 재료, 그리고 기후 조건에 맞춰 경이롭게 개조한다. 아프리카 전 대륙에서 다양한 형태의 원형집이 발견된다. 평면에서 모든 폐곡선으로 된 기하 도형들 중에서 원은 일정한 둘레의 길이로 최대의 넓이를 낼 수 있는 도형이다. 건축 자재의 부족과 짧은 시간 내에 전문가의 조력 없이 피난처를 급하게 세워야 했기 때문에, 아프리카인은 가장 경제적인 형태로써 원형을 선택하였다. 아프리카인만 그런 것은 아니다. 원형집은 적도 지방뿐만 아니라 북극 지방에서도 건축되었다.

일정한 둘레의 길이를 갖는 원, 정사각형, 직사각형의 넓이를 비교하여 보자(그림 13-2). 지름이 14피트인 원의 원주는 약 44피트이다. 이 넓이는 키쿠유족의 집 바닥 넓이와 비슷하다. 한 변의 길이가 11피트인 정사각형의 둘레는 44피트이고, 두 변의 길이가 각각 7피트와 15피트인 직사각형의 둘레는 44피트이다. 이제 이들 도형의 넓이를 계산해 보자.

원 : $\frac{22}{7}\times 7^2=154$제곱피트
정사각형 : $11^2=121$제곱피트
직사각형 : $7\times 15=105$제곱피트

둘레를 일정하게 44피트로 한 정사각형의 넓이는 원의 넓이보다 33제곱

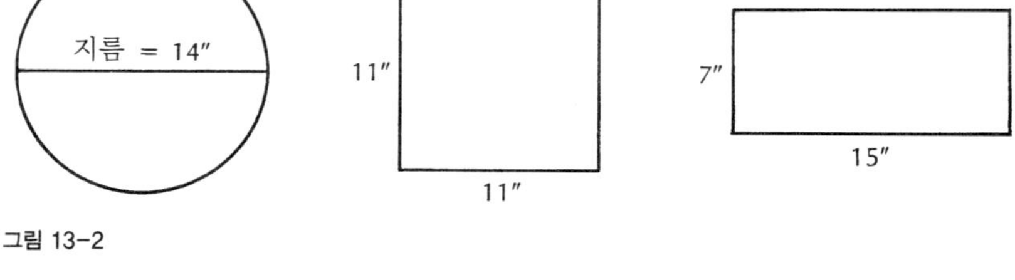

그림 13-2

피트, 즉 21%가 좁다. 직사각형의 넓이는 원의 넓이보다 49제곱 피트, 즉 32%가 더 좁아졌다. 분명히 재료나 시간과 에너지의 소고 면에 있어서 원형집이 가장 효율적이었다.

프루신Labello Prussin은 서아프리카의 건축물을 연구하며, 자신의 연구 결과를 토대로 "나는 비슷한 수직 그리고 수평 부하를 유사하게 준 상태에서 습도, 온도, 토양, 초목과 기술을 동일한 조건으로 맞추었다고 가정하고 사바나에 있는 동일한 용적을 갖는 원형집과 정사각형 집을 단순한 기술공학적 분석 기법을 이용해서 비교를 하였다. 물론 원형집이 압도적인 승리를 거두었다."라고 말한다.

원형집의 가장 간단한 형태인 원 모양 집은 유목민, 사냥꾼과 목축업자의 필요에 잘 맞아떨어진다. 심지어 윤작을 하는 농경사회에서도 집들은 단지 몇 년만 사용하고 버린다.

이투리 산림의 피그미족과 콩고 북동쪽(현재의 자이르)의 음부티족은 간단한 형태의 원 모양 집을 짓는다. 턴불Colin Turnbull은 《산림 민족Forest People》에서 이런 건축에 대해 묘사하고 있다. 마셈바는 먼저 기초를 다지고 지주대목을 땅에 심었다. 그리고 그녀는 돔 형태의 격자틀 도양을 만들기 위해서 지주목보다는 더 작은 나뭇가지를 열십자로 엮어 매면서 머리 위에서 상층부의 뼈대를 세웠다. 거의 길이가 2피트 정도 되는 큰 하트모양의 나뭇잎들을 타일처럼 걸고 서로 겹쳐 외관이 방수가 되도록 하였다. 일단 잎이 자리를 잡으면 시간이 지나 잎이 말라 끄이기 전까지는 아무리 센 빗줄기라도 집안으로 들어오지 못한다. 지붕 위를 덮은 마른 나뭇가지는 잎이 평평하게 잘 펴지도록 돕는다.

새 오두막 안은 비가 바닥에 샐 수도 있다. 그리고 새는 곳을 수리하는 것은 아내의 몫이다. 실제로 남자가 조용히 자고 싶을 때에는 아내에게 소리 지른다. "일어나서 지붕을 고쳐!" 아내는 이 말에 따른다.

서아프리카의 몇몇 폴라니족의 목축업자는 옥수수대를 이용해서 임시 원형의 임시 거처를 만든다. 이때, 대의 윗부분을 묶는데 이것은 풀이 더 많은 목초지로 이동해 가기 전까지 튼튼하게 묶여 있다. 우간다의 교가 호수에 사는 사람들은 파피루스 줄기를 10에서 15피트 높이의 광주리를

그림 13-3 피파족의 반구 형태로 짚을 엮어 만든 집(탄자니아의 남부 고산지대). 다르에스살람 민속박물관.

뒤집어 놓은 모양이 되도록 하여 집을 짓는다. 수상가옥에 사는 사람들은 물고기들을 많이 잡을 수 있는 곳을 찾아 통나무배를 타고 이곳저곳을 이동해 다닐 수 있다.

한 차가인이 킬리만자로 산의 비옥한 지대에 전통적인 벌통형 집(그림 13-4)을 지을 때, 그가 알고 있는 사람 중에서 가장 키 큰 사람을 불렀다. 이 이웃은 자신의 팔을 쭉 펼쳐 앞으로 지을 집의 땅에 누웠다. 손가락 끝에서 다른 손가락 끝까지의 한 아름을 '라laa' 라고 불렀다. 원주를 표시하기 위해 건축자는 2에서 3아름의 반지름 길이와 같은 길이의 밧줄에 괭이를 메었다. 밧줄 한쪽을 못으로 박고 다른 밧줄 한끝을 잡아 둥글게 걸어서 괭이로 원을 그렸다. 문의 높이는 그의 팔과 길이가 같았고, 너비는 그의 머리 둘레와 같았다.

커피 재배를 시작하고 나서부터 오늘날 경제적 발전을 이루게 된 차가족은 방이 있는 직사각형 모양의 집을 짓는다. 그러나 전통적인 벌통형 집은 키보 미술 화랑의 커다란 진입로의 한 홀에 보존되어 있고 커다란

그림 13-4 벌통형의 차가족 전통 가옥 앞에 서 있는 저자(킬리만자로 산). 다르에스살람 민속박물관.

나무 기둥으로 집 중앙을 지지하고 있다(그림 13-1).

정착 농경 사회에서 원형집은 원기둥 건축물의 형태에 원뿔형의 지붕을 얹어서 짓는다. 벽은 진흙으로 만들었으며, 풀을 엮어 만든 원뿔형의 지붕은 기울어졌지만 뾰족하다. 케냐의 키쿠유족의 전통 가옥은 튼튼하고 안정적이며 잘 지어진 구조물로 사용자의 요구에 매우 적합하다. 전통가옥은 풀을 엮어 만든 원뿔 모양의 지붕을 원통형의 기둥(그림 13-6)에 올려 만든다. 지름이 15피트 정도의 원을 땅 위에 그리고 문에는 좀더 넓은 공간을 두고 같은 간격으로 구멍 19개를 판다. 각 구멍에 5피트 높이의 기둥을 세웠다. 그러고 나서 각 변의 길이가 각각 3피트와 4피트 반이 되는 직사각형을 중앙에 그리고 추가로 지붕을 지지하기 위해 5피트짜리 기둥을 각 코너에 세웠다. 바깥쪽에 세운 기둥들의 위쪽 끝은 걸개를 만들어서 튼튼한 나무껍질로 만든 원 모양의 고리로 연결한다. 벽은 나뭇가지들을 기둥에 그물처럼 엮고 그 위에 진흙을 발라 만든다. 주로 백색 회반죽을 칠하여 벽면을 부드럽게 하고 강렬한 태양에 반짝여 보기 좋게 한다.

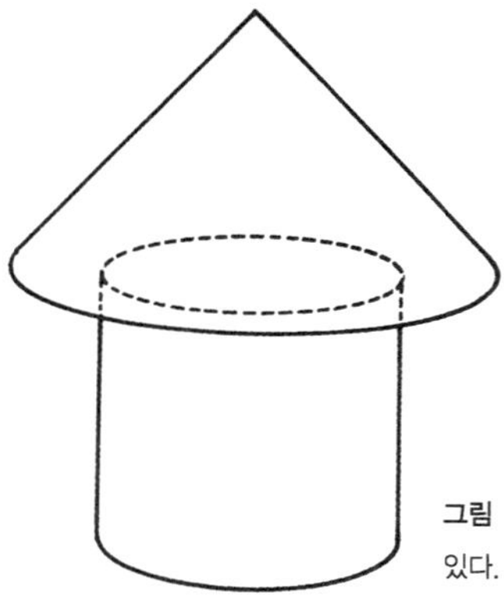

그림 13-5 원뿔-원통형의 집은 아프리카의 많은 지역에 건축되어 있다. 원통형 가옥의 벽은 원뿔형의 지붕과 원 모양으로 맞닿아 있다.

지붕은 중앙에 유연한 막대로 고정시킨 축대들로 이루어져 있다. 이 축대들은 원형 고리에 단단히 묶여져 있어 둥근 곡면을 이루게 되어 튼튼하게 지탱해 준다. 하나의 더 큰 고리로 골격을 강화시켜 준다. 잎을 엮어 만든 지붕은 실린더 모양의 기둥보다 몇 피트 정도 더 크도록 해서 서늘한 베란다로 활용하거나 비를 피할 수 있는 공간이 되도록 한다.

원형집의 견고성에 대해 확신하면서, 사람들은 내구성과 아름다움을 생각하며 집을 지었다. 몇몇 집들은 내부나 바깥쪽 벽면에 벽화를 그리기도

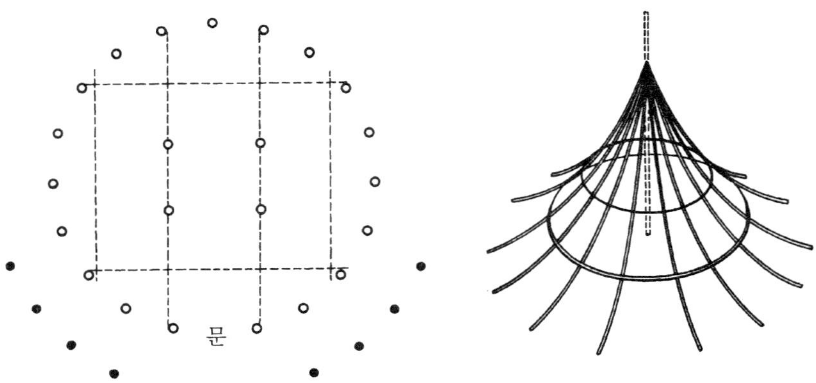

그림 13-6 (케냐) 키쿠유족이 만든 원뿔 · 원통형의 거주지. (왼쪽) 평면도, (오른쪽) 수직축으로 막대를 세워 지붕을 지지하는 모습.

그림 13-7 니아키우사족의 원뿔형 지붕을 안에서 본 모습(탄자니아의 남부 고산지대). 다르에스살람 민속박물관.

그림 13-8 원뿔형 지붕으로 덮여 있는 니암웨지Nyamwezi의 원통형 집(탄자니아의 서쪽 중앙부). 다르에스살람 민속박물관.

하고, 문 주변이나 지붕 장식을 위한 조각을 하기도 하였다. 윌렛Frank Willett은 나이지리아 북쪽에 있는 노크Nok지역의 함족(Ham 또는 Jaba)의 건축기술(p. 116)에 대해 기술하였다. "[그들의 집은] 건축 설계에서 진흙의 이용 가능성을 보여주는 좋은 예가 될 수 있다. … 함족은 비교적 간단한 기술을 지니고 있지만, 그들은 유럽 건축업자들이 중세와 그 이후 진흙과 짚을 엮어 만드는 방식을 능가하는 진흙 건축의 조형적 가능성을 충분히 이해하고 있다. … 함족은 르 코르뷔지에Le Corbusier가 요구한 단순히 살기 위한 공간을 뛰어넘는 주거를 위한 진정한 집을 설계하였다.

아프리카 건축물의 두드러지는 특징은 전반적으로 형태가 견고하다는 데 있다. 일부다처제의 많은 사회에서 집은 여러 명의 아내들을 위해 분리된 몇 채의 집, 각각의 아내를 위한 저장고, 그리고 결혼한 아들과 딸을 위한 집이 주택지구 안에 배열되어 있다. 원형집들은 일반적으로 원 또는 타원형의 주거지역 안에 배열되어 있고, 직사각형 집들은 장방형 주거지역 안에 배열되어 있다.

둥근 집 vs 사각형 집이 갖는 의미

《강 사이the River Between》라는 소설에서 응구기는 산등성이에 흩어져 있는 키쿠유족 마을을 설명하고 있다. 이 마을은 세 채 또는 네 채의 가옥들이 한 단위로 지어져 있었으며, 각 집의 벽은 둥글고 짚을 엮어 진흙을 바른 오두막집이었다. "여호수아의 집은 달랐다. 그의 집은 산등성이에 있는 집들과 매우 다르게 사각형의 양철지붕이 얹어져 있는 건물이었다. 양철로 된 지붕은 이미 부식되어 비가 새고 있어서 지붕 꼭대기에 삼베 천 조각을 덧댄 것을 볼 수 있었다(p. 32)." 여호수아는 가장 먼저 이 마을에서 기독교도로 개종한 사람이었고, 직사각형집은 틀림없이 그를 마을 사람들로부터 분리시켰을 것이다.

프루신이 분석한 건축 형태 중의 하나는 이슬람교 및 모든 다른 외부의 문화적 영향을 거부한 가나 북부 지방의 콘콤바의 건축 형태이다. 그들의 집은 석회를 바른 진흙으로 만든 원기둥에 짚으로 엮은 원뿔형의 지붕을 얹은 것이다. 전통적으로 그들의 집은 타원형의 주거 지역에 배열되어 있

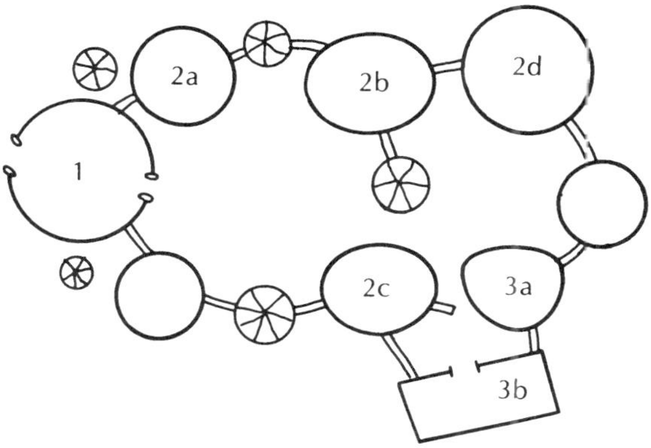

그림 13-9 콘콤바 마을(가나의 북동 지방)의 주택지구. 1. 앞방, 2. 아내들의 방, 3. 아직 결혼하지 않은 아들의 방, 직사각형 모양의 방은 방 주인이 가진 높은 지위의 상징인데, 결혼하지 않은 아들은 교사가 된다.(프루신 이후 : 가나 북쪽 지방의 건축)

그림 13-10 로다와 그녀의 어머니와 자매들은 '모퉁이가 있는 집' 근처에서 콩을 골라내고 있다. 케냐의 캄바.

다(그림 13-9). 각 방으로 들어가는 출입구 위쪽에는 3개 또는 4개의 별보배조개 껍데기가 진흙에 박혀 있는데, 3은 여성을 상징하고 4는 남성을 상징하여 그 방주인의 성별을 나타내 준다. "[젊은 남자들이 사는] 주택지구 내 방 두 개짜리 중 하나는 드물게 직사각형 형태로 지어져 있는데 결혼하지 않은 젊은 남자 선생님의 소유이다. 교사가 된다는 것은 콘콤바 지역에서 중요하게 생각되어 직사각형 집은 그가 누리는 특권의 상징이다(1969, p. 46)." 나와의 개인적인 대화에서 프루신 부인은 "원형 주택지구 내의 직사각형 집의 존재 및 이 집에 사는 사람들에 대한 위상은 서부 아프리카의 사바나 지역에 널리 있는 현상이에요."라고 덧붙였다.

원형에서 사각형이나 직사각형으로 집 모양이 변화하는 것은 사회의 나이 든 사람들에게는 단순히 모양상의 혁신 이상이다. 그것은 다음의 일화에서 볼 수 있는 바와 같이 예전 배열의 사라짐, 안정성의 부재를 나타낸다. 케냐가 독립하고 그곳에 살고 있던 많은 유럽인들이 떠난 후, 정부는 이전의 부지를 작은 구획으로 나누었다. 로다와 데이비드는 6에이커의 부지를 사고 그곳에 식구들과 가축이 살 직사각형 모양의 집 몇 채를 지었다. 농장을 자랑하고 싶어서 로다는 조부모님들을 초대했다. 할머니는 "너는 모퉁이가 있는 집에서 사니?"라고 물으셨다. 그렇다고 대답하자,

그림 13-11 이엉이 준비된 지붕. 북동탄자니아 지방

할머니는 "우리는 모퉁이가 있는 집에는 갈 수 없구나. 그곳엔 집을 지지해주는 막대가 없거든. 그리고 말야, 우리는 그런 집에서는 어떻게 해야 할지 모르거든." 나이 든 사람들은 원형 주택지구 안의 땅에 유연한 나무 기둥을 세운 틀 위에 지은 차가족의 집과 유사한 전통적인 원형 가옥에 익숙해져 있다. 가운데에 굵은 기둥을 세우고, 건축물을 지지한다. 모목은 윗부분을 서로 묶고 서로 평행한 원들이 가운데로 모이는 모양은 주춧돌 위에 세운다. 그러고 나서 전체를 풀로 엮는다.

줄루족의 전통 가옥은 가벼운 나뭇가지로 이어 만든 원형 형태물 위에 짚이나 풀 등을 이여 만든 갓 형태이다. 남부아프리카 드시들에서 볼품없는 판자집이나 임시건물에서 살도록 강요받아왔던 줄루족 사람들은 자신들의 종교적인 관행에 익숙한 원형집으로 다시 고쳤다. 이 집들은 기독교와 줄루족의 전통 신앙이 혼합되었다. 줄루족 사람들은 집안과 집밖 어디서든 만날 수 있지만 콘크리트로 된 바닥 위에는 원형의 테두리가 진흙으로 그려져 있다. "원의 중요성은 줄루족이 전통적으로 살고 있는 둥근 세상을 생각하면 알 수 있다. 적막한 직사각형 모양으로 둘러싸여, 서투 외곽 지역 한 구획에서 살고 있는 줄루족은 그 지역에 속할 수 없었는데 원은 그들에게 이러한 둥근 세계를 되찾아 주었다(Fernadez, p. 48)."

몇몇 사람들은 직사각형 집이 좋아서 '진흙으로 둥글게 지은 오두막'을 포기했다. 어떤 사람들은 원형집을 현대식으로 개조하였다. 남아프리카의 츠와나족은 짚을 이어 지붕을 만들고 벽돌과 돌로 새로운 둥근 건물을 지었다. 보츠와나 공화국의 채광도시인 셀레비피퀘 시에서는 철판으로 만든 8각형 모양이 임시가옥을 만들었는데 아마도 집을 지을 때 사용한 재료들을 가지고 만들 수 있는 모양 중에 팔각형이 원에 가장 가까운 모양이었기 때문이라 여겨진다.

직사각형 집

20세기 초 독일의 인류학자 레오Leo는 많은 아프리카 지역을 탐험하였다. 그는 이 시기에 몇 안 되는 인정 많은 관찰자였다. 그는 자신의 나라로 돌아가서 그가 만난 수많은 생생한 문화들을 기록하였다. 그는 특히 서남나이지리아의 요로바족 사람들의 집에 특히 큰 인상을 받았다. 이 집은 직사각형 아파트인데, 점토 벽에 점토로 덮인 천장에 서까래가 있고, 직사각형 주택지구 내에 있으며, 각 집은 큰 벽으로 둘러싸여 있었다. 고대 지중해 사회의 낙수받이와 유사한 건축물의 안뜰 가운데에는 처마를 타고 떨어지는 빗물을 담는 큰 항아리가 있다.

남부 나이지리아와 기니 해안의 삼림 지역에는 주택지구가 형성되어 있는데 여기에는 직사각형 집들의 마을과 도시가 있다. 벽은 종종 벽화나 안정된 패턴으로 장식되었고, 조각된 나무 문과 기둥은 집의 부와 권위를 더 돋보이게 한다. 이그보족 여성들은 적색토 주택의 외벽을 흰색, 녹색, 빨간색, 검은색의 기하 무늬로 칠하는 것을 좋아한다. 콩고와 잠베지 강 지역에서 섬세한 무늬로 짜여진 아름다운 모자와 벽화로 장식된 사각형 모양의 집이 발견되었다.

탄자니아의 헤헤족Hehe 사람들의 '템베tembe' 라는 건물은 방으로 둘러싸인 안뜰이 있는 큰 직사각형의 건물이다. 진흙벽은 두께가 10인치이고 짚으로 엮은 평평한 지붕은 흙으로 칠해져 있다. "그 집은 에어컨이 있는 집처럼 시원하다."라고 탄자니아 친구가 단언하였다.

그림 13-12 가나 지방의 집. 직사각형 모양의 안뜰이 있다.

그림 13-13 유연한 나뭇가지에 진흙과 쇠똥으로 회반죽을 발라 만든 마사이족의 가옥. 이런 집들은 반지름이 약 400야드 정도인 큰 원형으로 둘러싸인 형태로 소, 양과 염소의 무리들이 밤 동안에 보호를 받는다. 다르에스살람 민속박물관.

이 독특한 가옥은 목축을 하는 북쪽지방의 탄자니아와 케냐의 마사이족 유목민들이 지었다. 낮고 윗부분이 둥근 직사각형들로 구성된 마을은 유연한 나뭇가지로 만들고 진흙과 소 배설물을 발랐다. 가옥의 모양은 미국의 '서부 개척 시대'에 유명한 유개차有蓋車의 지붕과 닮았다(그림 13-13). 이러한 집들은 끝에서 끝까지 연결되어 있다. 그래서 이 안에 있는 수백 마리의 소, 양과 염소들이 둘러싸서 밤 동안에도 안전하게 보낼 수 있다.

이슬람교의 영향으로 서아프리카의 목초 지대와 동쪽 해안 지역에 직사각형 모양의 건축물이 도입되었다. 1495년에, 송하이 왕국의 가장 유명한 통치자인 무함마드Askia Muhammad 대제는 이슬람교 사원, 코란 학교와 일반적인 가옥들을 비롯한 직사각형의 도시를 건설할 석공들을 고용했다. 프랑스 여행가 칼리에Caille는 그가 북방지역의 밤나라Bamnara라는 도시(현재의 말리)를 여행했던 19세기 초반 더 많은 직사각형 형태의 건물들을 관

그림 13-14 말리의 제네 시에 있는 전형적인 가옥. 이 가옥은 토착 건축물의 요소와 사하라 사막을 지난 접촉과 무역을 통해 북아프리카로부터 유입된 요소가 종합되어 있다.

찰했다고 기록했다. 그러나 다른 한편으로는 모든 이슬람교도가 자신들의 전통적인 원형 가옥을 버린 것은 아니었다. 오늘날 원형과 사각형 형태의 건물을 한 마을 내에서 볼 수 있고, 심지어는 같은 주거지역 내에서도 볼 수 있다.

우수한 가옥

유럽의 건축물 하면, 보통 고딕양식으로 지은 성당과 중세 성의 이미지를 떠올린다. 아프리카도 역시 특별하고 웅장한 궁전과 종교적인 성지가 있다.

고대 이집트의 피라미드와 원형 사원은 오늘날에도 건재하며, 이런 건축물들은 고대 이집트의 신성한 왕과 제사장의 부와 권력을 상징하며, 이집트 건축가와 장인들의 뛰어난 기술을 칭송하도록 한다. 2천 년 전에 번영을 구가한 쿠시 왕국(현재의 북수단)의 피라미드와 원형 사원은 우리에게 익숙지 않다. 수도인 메로에Meroe 안에 있는 가옥들은 중앙의 안뜰로 모두 열려 있는 일련의 방들로 구성되어 있는데, 아프리카 지역에 아직도 널리 퍼져 있다. 이와 대조적으로 도시 외곽에 사는 사람들은 길게 늘어진 벌통형 모양을 하고 꼭대기에 모아 묶은 갈대 오두막을 건축한다. 우리는 고대 청동 그릇에 조각되어 있는 내용에서 이러한 사실을 알 수 있었다. 메로에의 남부, 즉 하루툼Khartoum 근처에 있는 '거대한 담으로 둘러싼 구조The Great Enclosure' 가 있다. 이것은 나일 협곡에 있는 것으로 굉장히 큰 여러 구조를 한 건물이다. 거대한 연못은 거주자들이 마실 물을 제공하고 주변의 밭에 농업용수로 사용된다. 원형의 라이언 사원은 이집트 것과는 완전히 다른 형태인 남자와 짐승 조각상을 근처에 두고 있었다.

최근에는 일반적으로 아프리카에서 왕이 거주하는 지역에서는 더욱 뛰어난 형태의 인상적인 집을 짓는다. 부간다 통치자의 궁전은 일반인들의 집과 비교할 때 둘 다 동일한 벌집 모양이고, 같은 재료를 사용하지만 크기와 장식 면에서 크게 다르다. 북콩고의 망베투족Mangbetu의 왕이 거주하는 지역은 길이가 약 150피트 정도이고 너비가 75피트 정도이며 높이가 50피트 정도인 커다랗고 통풍이 잘 되는 대저택이다. 저택이 이렇게 큰데도 그 집은

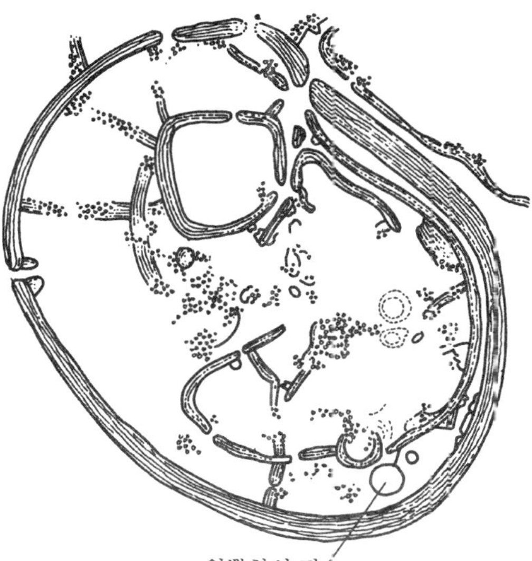

그림 13-15 아프리카에서 가장 눈에 띄는 유적 중의 하나인 짐바브웨의 대사원 평면도. 초기의 건축물은 천년 이상 서 있었다. 튼튼한 석조 건축물로 생각되는 원뿔형의 탑의 기원은 아직까지도 알려져 있지 않다.

그의 국민들의 집과 같은 형태로 지어졌다.

프로베니우스Frobenius는 요로바족 문화의 전통적인 집인 이페Ife의 오니Oni 고대 궁궐의 유적에 관해 주목하였는데, 이것은 좀더 최근의 요로바족 건축물을 닮았다. 일찍이 유럽 여행자들은 인상적인 건축물을 찾기 위해 베냉 왕국이나 아산테 왕국의 수도인 쿠마와 같은 아프리카 도시에 들어섰을 때 유럽의 도시만큼이나 잘 닦여진 도로와 청결함에 놀랬다. 쿠마는 '정원 도시' 라고 불렸다. 19세기 초반, 부유한 사람들은 집안에 안뜰과 화장실을 갖추고 둥근 형태로 지은 아름다운 집에서 살았었다.

중앙아프리카 남부지역에서 가장 번영을 이룬 왕국은 유명한 금광이 있는 모노모타파 왕국이다. 이 왕국의 가장 훌륭한 문화유산은 짐바브웨의 유명한 유적이다. 이 문화유산은 사원으로 높이 30피트, 두께 20피트, 너비 200피트, 길이 300피트의 타원형 모양으로 지어진 거대한 외장벽으로 둘러싸여 있다. 또한 전 세계의 어느 나라에서도 볼 수 없는 형태의 내장

그림 13-16 짐바브웨에 있는 사원을 위에서 본 사진. 높이가 34피트인 원통형의 탑은 앞쪽에 있다.

벽과 단단한 원뿔형 탑도 있다. 다른 유적군은 성채라고 하며 두 유적군은 유적 분지를 사이에 두고 있다. 모든 건축물에는 잘 가른 돌이 사용되었으나 돌들을 고정하는 데에 회반죽을 사용하지는 않았다. 벽은 암석 가운데가 서로 마주 대하도록 대충 다듬은 돌로 만들어졌다. 타원형의 큰

그림 13-17 팀북투에 있는 산코르 이슬람 예배당은 말리의 만사 우사Mansa Musa가 통치하던 시기인 14세기 초반에 건축되었다. 이 예배당은 진흙으로 지었지만 벽에서 꼿꼿한 털이 나와 있는 것처럼 보이는 나무 비계가 건물을 지속적으로 보수할 수 있도록 하였기 때문에 수세기를 견뎠다.

벽과 34피트의 원통형의 탑은 사용된 돌들을 정밀하게 자르고, 놓아야 하는 장소에 잘 놓아서 가장 잘 만들어진 건축물로 입증되었다.

무수히 많은 모놀리스*, 활석 조각, 수세기 전에 금광에서 작업한 것, 그리고 매우 다양한 귀중한 물건들이 있었다. 불행하게도 이 지역은 유럽의 보물 사냥꾼들에게 약탈당했다. 이들은 고고학적으로 탐사할 필요가 있는 대부분의 유적들을 훼손시켰다.

석조 건물과 유사한 유적은 현대 짐바브웨에 이르면서 사라졌다. 윌릿 Frank Willet(p. 136)은 다음과 같이 썼다.

> 짐바브웨는 남아프리카에서 석조 건축물 단지를 사용한 것은 아니다. 카미족Khami 유적은 매우 인상적이고, 17세기와 18세기에 바로쥐족 BaRozwi이 점령했던 로디지아의 날레탈르Naletale는 벽장식이 매우 두드러진다.

빼어난 건축물은 원형 건물보다 복잡한 형태를 띠는데, 이런 것은 이 건축물들이 아마도 보잘것없는 원통형의 진흙집에서부터 발전된 형태였을 것이기 때문일 것이다.

14세기로 기록되어 있는 팀북투에 있는 산코르 예배당의 거대한 피라미드 형태는 이슬람교의 영향으로 변형된 아프리카의 건축 양식을 말해준다. 비록 그 건축물은 진흙으로 만들어졌지만 수세기 동안 무너지지 않고 견뎠는데 이는 벽에 나뭇가지를 빽빽이 집어 넣은 것과 같은 비계가 건물의 지속적인 수리를 가능하게 하기 때문이다.

또 다른 건축물의 업적은 13세기에 제작된 것으로 단단한 돌에 조각을 새긴 10개의 교회 건물이다. 이 건물은 에티오피아 왕인 랄리벨라의 후원으로 건축되었다. 재료를 맞닿아 만든 아치형 지붕과 세로기둥을 만드는데 사용된 기술에 대한 기록이 전혀 없다. 교회 건물들은 기하적인 무늬

* 건축, 조각용의 큰 돌덩어리 또는 돌 하나로 만든 기둥, 석상 따위를 말함.

들과 밝은 벽화들로 아름답게 장식되어 있다. 측정에서 생긴 약간의 계산 오차만으로도 건물 전체가 훼손되었을 것이므로 건설에 분명히 수학적인 계산을 사용했을 것이다.

따라서 아프리카 건축 형태 안에서 생성된 이슬람교와 기독교 건축 모두 매우 독특하다.

제14장

1. 예술품 속의 기하와 패턴

일상 속 아프리카 예술품

아프리카 예술품은 일상생활과 종교 의식의 연장선상에 놓여 있다. 즉, 예술품은 사회와 개인의 삶에 널리 퍼져 있다. 아프리카인은 예술 작품과 실생활에 사용된 예술품을 구분 짓지 않는다. 종교 의식에서 사용하는 정성들인 의상, 조각을 새겨 넣은 가면이나 조각상은 통일된 예술적 표현으로 공동체 구성원 전체를 포함시키기 위해서 춤이나 음악과 함께 어우러진다. 심지어 이슬람교의 영향을 받은 지역에서, 인간과 동물 그림의 표현에 이슬람교의 금기도 전통적인 예술 형태를 뿌리 뽑지 못했다. 일상생활에 쓰이는 모든 물건—실로 짠 옷, 호리병, 전통식 요리 수저—에는 모두 장식이 있는데, 보통 상징적 의미를 지닌 패턴들이었다. 많은 민족들에서, 그래픽 아트는 지식을 전수하고 역사를 기록하기 위한 필사筆寫와 유사한 역할을 한다.

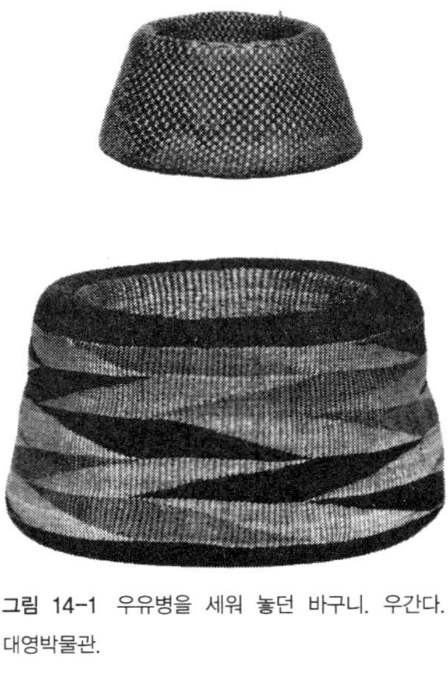

그림 14-1 우유병을 세워 놓던 바구니. 우간다. 대영박물관.

조각의 전통은 수세기를 거슬러 올라간다. 이 전통은 종교 · 사회 의식을 위한 가면에서, 인간, 동물, 또는 추상물의 신위와 영혼에 대한 표현물에서, 특정 행사 또는 왕이나 족장의 집에 특별한 의미를 부여한 그림에서 찾아볼 수 있다. 아프리카 예술가는 강조하거나 크고 강하게 보이기 위해 자연 형상을 서슴없이 왜곡한다. 그런 반면 아프리카 예술가들은 약 1000년 전으로 거슬러 올라가서 이페의 요루바족 예술과 같이 완벽하게 자연스러운 조각상을 만들어낼 능력을 가지고 있었다. 아프리카 예술은 오래 전에 확립된 선례와 다양한 형태의 표현에 근간을 둔 형식 안에서 한정되는 양식으로 특징 지워진다.

기하학적인 형태

우주만물의 형상으로 말리의 도곤족은 바닥에 해를 상징하는 원형으로 그리고 하늘을 의미하는 사각형 모양의 맨 위로 올라가서 둥근 달을 감쌌다(그림 14-2). 태양은 아산테족의 금분동에서 태양은 원으로 표현되어 있다. 출산을 앞둔 산모들이 지니는 인형인 아쿠암마akua mma(그림 14-3)의 원형 얼굴은 아산테족의 미의 극치를 보여준다.

어떤 특징을 강조하고 장식을 하면서 상징적 모티브를 널리 적용하기 위해 자연현상을 왜곡하는 경향은 아프리카 예술에서 기하적인 측면을 강조하는 결과를 낳았다. 12세기 초반 유럽의 입체파는 아프리카의 조각상으로부터 영감을 얻었다. 한 예에서와 같이 피카소의 작품 '아비뇽의 처녀들'의 오목한 얼굴은 크웰리족, 코타족, 그리고 다른 콩고 지역 사람들의 가면과 유사하다(그림 14-4, 14-16, 14-17).

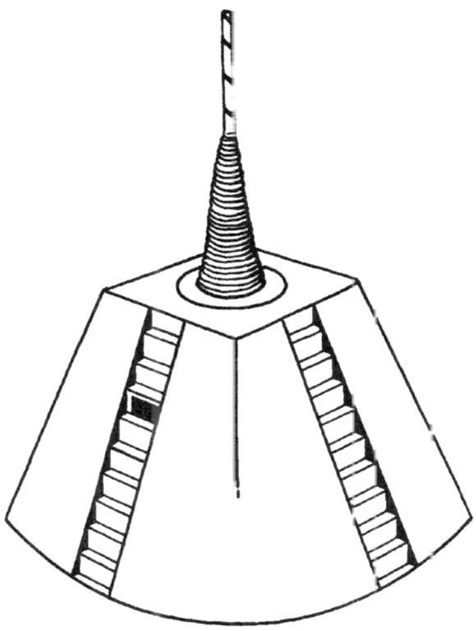

그림 14-2 말리의 도곤족 신화 속에 등장하는 우주의 모델. 맨 밑의 원은 태양을 의미하고, 사각형의 윗부분은 하늘을 의미하며, 윗부분에 있는 원은 달이다. 이것은 순수한 지구 지배자의 저장고로 불렸다.

아프리카에 있는 모든 기하적 무늬를 조사하고 싶다면, 상업에서부터 구애에 이르기까지 생활의 거의 모든 측면을 정리하여 목록화해야 할 것이다. 그림 14-6은 아산테족이 금가루를 누르는데 사용한 청분동이

그림 14-3 둥글고 납작한 얼굴, 기하적으로 긴 목과 원통형의 몸이 특징인 아산테족의 아쿠암마 인형. 이 인형은 순산의 의미를 담고 있다.

그림 14-4 크웰리족의 가면. 콩고. 이 지방에 사는 사람들의 얼굴은 하트 모양을 한 것이 특징이다.

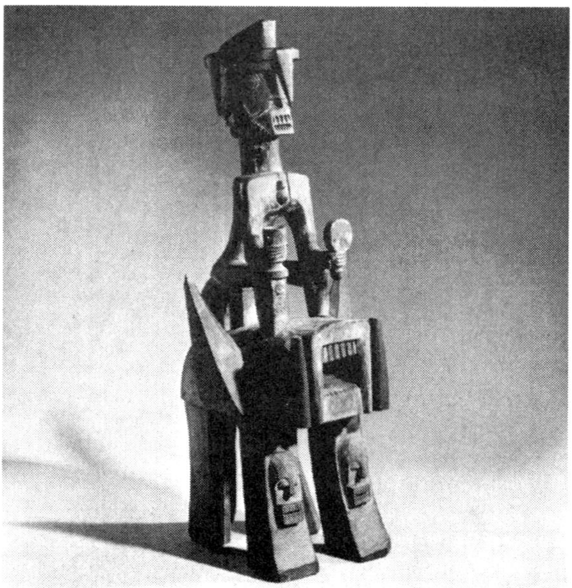

그림 14-5 나이지리아 서쪽의 이조족과 우르호보족은 환상의 동물로 묘사된 가족 수호신에게 제물을 바치는 가장을 표현한다. 조각상의 평평한 부분이 각진 부분과 어떻게 만나는지 주목할 필요가 있다. 뉴욕 원시박물관.

그림 14-6 아산테족이 금화(金貨)를 측정하는데 사용한 기하 형태의 청분동. 많은 무늬에 상징적 의미가 있다. 예를 들어 지그재그로 그어진 선은 태양의 불을 의미한다. 대영박물관.

다. 장식이 있는 요루바족 호리병박(그림 8-4)과 캄바족의 호리병(그림 8-3)은 종교적인 중요성을 지녔을 뿐만 아니라 장터에서 실제로 사용된 것으로 생각된다. 줄루족의 미혼 여성은 사랑하는 남자에게 전통적인 상징으로써 애정이 담긴 구슬을 단 벨트를 사랑의 메시지로 보낸다.

반복되는 패턴

동아프리카 지역에서 여성의 복장에 중요한 아이템은 '캉지Khange' 다. 캉지는 여자들이 몸과 머리에 두르거나 아기를 업고 일을 하러 나갈 때 두르는 밝은 색색의 직사각형 모양이 있는 천이다. 게다가 이 천의 몸통 부분 위에 있는 장식적인 무늬에다가 각 직사각형은 사발그릇, 캐슈너트, 별, 또는 고구마를 표현하는 기하 패턴들이 직사각형의 가장자리에 있다. 아프리카인들이 자신들의 인습에 따라 사물들을 표현한 전통 무늬들은 세대에서 세대를 거쳐 전승되어 온 것이다.

쿠바Kuba 예술의 수만 가지의 모티브는 엇갈린 패턴이다. 많은 패턴이 제직製織 기술, 어망용 끈의 매듭으로부터 유래한다. 그리고 어린이들이 모래사장에서 노는 게임에서도 패턴에 대한 유래를 찾아 볼 수 있다. 10장에서 소개한 게임의 목표는 손을 떼지 않고 한 번에 특정 전통 패턴을 그리는 것이다. 나중에 그린 선이 앞서 그린 선들과 겹쳐지게 될 때 불가피하게 앞서 그린 선들과 교차하는 부분들은 지워지게 된다.

가장 일반적인 모티브는 두 쌍의 실을 서로 얽혀 짜서 만들어 낸 무늬인 '엠볼로Mbolo' 패턴이다. 이 패턴은 또한 어린이들이 모래에 그리는 놀이에서도 찾아 볼 수 있다. 이 패턴은 평평한 곳을 덮을 수도 있거나(그림 14-7) 그림 14-8의 8번과 같이 긴 벨트에 계속해서 이어지기도 한다. 그림 14-8의 9번 변형은 '무릎' 이란 뜻의 '엠공고Mgongo' 라고 부른다.

'남바Namba' 라고 불리는 매듭은 또 다른 모티브로 가는 끈 두 개를 서로 꼬아서 만든다(그림 14-7). 매듭들을 예각으로 두드러지게 해서 만든 패턴을 네모 카냐(Nemo Kanya, 카냐의 손가락)라고 한다. 이 패턴은 그림 14-8의 11번에서 볼 수 있다. 유사한 패턴이 목각木刻에 사용되는데, 이 패턴을 '부이나Buina' 라고 부른다. 이렇게 부르는 것은 이 패턴이 칼날의 곡선

그림 14-7 라피아 야자 섬유로 만든 옷에 놓은 수. 콩고(자이르)의 쿠바족. 18세기 옷감에 몇몇 전통적인 패턴의 예가 있다. 지그재그 모양을 기본으로 하는 엠볼로 패턴은 오른쪽 위와 왼쪽 중앙과 오른쪽 중앙에 표현되어 있다. 두 가지 패턴이 혼합되어 있는 것은 오른쪽 아래에서 볼 수 있다. 대영박물관.

그림 14-8 콩고(자이르)의 쿠바족이 수를 놓은 옷감. 대영박물관. 이 무늬들은 다음과 같이 줄의 대칭성에 따라 구분지을 수 있다. 1) 5번 모양 , 2) 3번 모양, 3) 날개 모양, 4) 4번 모양, 5) 7번 모양, 6) 7번 모양, 7) 2번 모양, 8) 2번 모양, 9) 2번 모양, 10) 4번 모양, 11) 1번 또는 4번 모양, 12) 날개 모양.

부와 유사하기 때문이다. 분명한 것은 쿠바족조차 이런 무늬들의 이름이나 상징적인 의미에 대해 합의한 것이 없다는 점이다. 보통 합의를 하는 데 있어서 날카롭게 대립하는 것은 남자와 여자들이 자신들의 경험을 바탕으로 의미를 부여하려 하기 때문에 발생한다. 수를 놓는 것은 여자가 하는 일이지만 조각하는 것은 남자의 특권이다. 같은 패턴도 여러 곳에 적용되었을 때 의미가 다를 수 있다.

서남나이지리아의 요루바족으로 돌아와서, 우리는 옷의 가장자리 장식이나 가는 끈 매듭은 호화로운 구슬이 달린 부츠(그림 17-1)와 호리병박(그림 8-4)에 조각된 패턴에 영향을 주었다는 점을 다시 알 수 있다. 유사한 모티브들이 나이지리아의 남부에 있는 베닌 시의 나무조각과 상아조각, 그리고 도자기에서 나타난다.

가는 띠 줄과 빈 평면에 재생할 수 있는 반복 패턴들을 수학적으로 분석해 오고 있다. 여기에 관심 있는 독자는 다음에 나오는 크로웨 박사의 '아프리카 예술에서 기하적 대칭'을 참고하기 바란다. 크로웨 박사는 24가지 서로 다른 형태와 쿠바족, 요루바족과 베냉족의 예술에서 나타나는 기하적 형태에 대해 논의하였다.

가는 띠줄의 패턴

아프리카 예술에는 패턴이 있는 띠줄의 예가 많이 있는데, 띠 줄은 요루바족의 조각상을 갖고 있는 문(그림 14-10) 또는 옷이나 조각상을 갖고 있는 물체의 가장자리, 심지어 그들 자신의 몸을 장식하는데 사용하는 것과 같이 때때로 어떤 무늬의 본체와 본체가 아닌 것을 구분하는데 사용되었다. 캄바족 사람들이 수놓아 만든 옷감(그림 14-8)과 같이 특별한 패턴이 아니더라도 각 패턴은 그들의 삶에서 파생되는 이름과 의미를 갖는다.

수학적인 관점에서 볼 때, 길이가 매우 긴 띠줄이나 리본 위에 임의의 패턴마디를 반복할 수 있는 일곱가지 서로 상이한 방법이 있다. 다음 절에서 수학자 콕스터H. S. M. Coxeter가 보여 준 것과 같이 이 방법들을 대문자로 표현할 수 있다.

다음은 소문자로 이 방법을 표현한 것이다.

형태 (1) ... bbbb....

형태 (2) ... bPbP...

형태 (3) ... bdbd...

형태 (4) ... b b ...
q q

... b**b**b**b**...
qq**q**q

... bqbq...

형태 (5) ... bdpqbdpq...

형태 (6) ... bbbb...
pppp

형태 (7) ... bdbd...
pqpq

모든 패턴들은 축을 중심으로 두 가지 기하학적 조작(평행이동과 반사이동)의 조합으로부터 얻어진다.

이것을 설명하기 위해서, 직사각형 안에 있는 한 패턴을 잘라서 형판型板을 만들자.

그림 14-9 콩고(자이르)의 쿠바족이 라피아 야자로 만든 옷감. 볼롱공고 왕은 17세기 초 이런 아름다운 옷감을 직조하는 기술을 소개하였다. 첫 번째와 세 번째 띠줄에 있는 패턴은 그림 14-8의 형태 4를 대칭한 모양이지만, 한 부분이 생략되어 있다. 가운데 띠줄에 있는 패턴은 형태 3이다. 스미스소니언 협회, 워싱턴 D.C.

그림 14-10 조각상이 있는 나무 문짝. 나이지리아의 동요루바족. 패턴이 있는 작은 띠줄들이 맨 위에서 바닥까지 형태 6, 4, 7, 6, 7, 6으로 행렬하는 모습을 가로로 나누어 준다. 문짝과 같은 건축물에 새겨진 무늬는 역사적인 중요성을 지닐 뿐만 아니라 해학적이다. 이러한 형태는 수세기를 이어왔고 오늘날에도 여전히 현재의 문제를 이야기할 때 대중들이 즐겨 사용하는 방법이다. 대영박물관.

그림 14-11 콩고(자이르)의 쿠바족이 사용하던 나무 그릇(1899년에 수집됨). 이 그릇은 형태 4의 대칭이동 패턴으로 조각되어 있다. 스미스소니언 협회. 워싱턴 D.C.

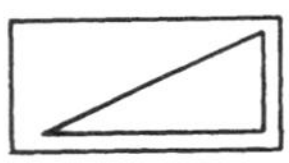

그림 14-12

이 패턴을 그림 14-13에 있는 것처럼 평행이동과 반사이동의 두 조작의 다양한 조합으로 반복될 수 있다.

형태 (1)

형태 (2)

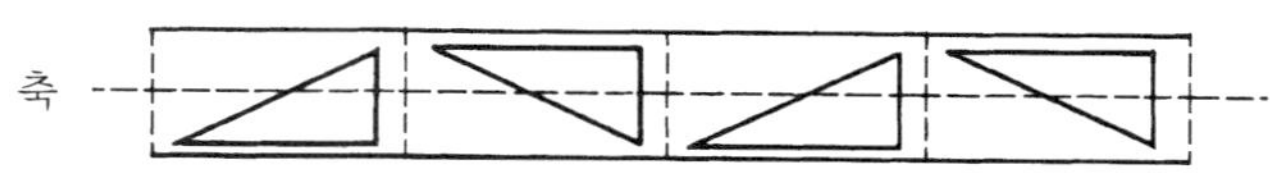

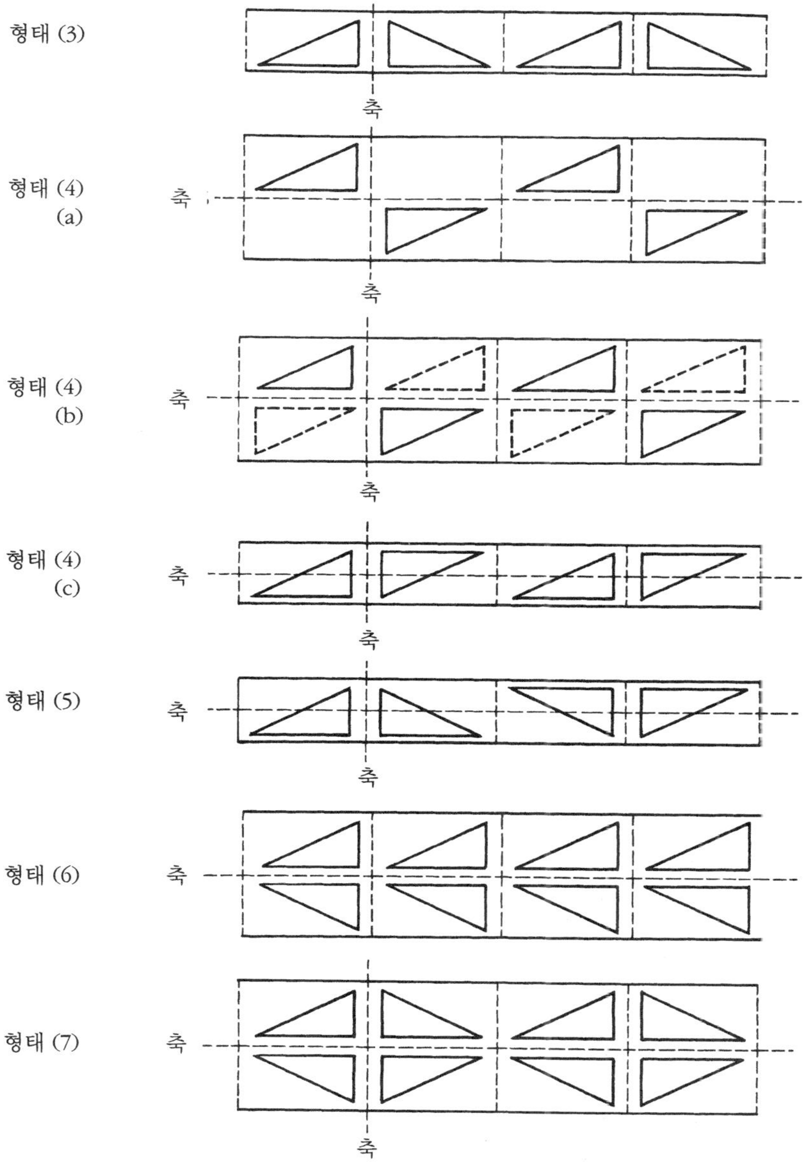

그림 14-13 띠줄 위에 있는 대칭 패턴

평행이동 형판을 형태 (1)과 같이 다음 위치로 평행이동시킨다.

한 축으로 반사이동 형판을 지정된 축을 중심으로 회전하면서 다음 위치로 뒤집는다. 수평축으로 반사이동 한 것은 (2)번과 (6)번이고, 수직축으로 반사이동 한 것은 (3)번이며, 이 둘을 복합적으로 모두 한 것은 (4), (5)번과 (7)번이다. 수평축과 수직축으로 반사이동 한 결과인 마지막 3가지 형태를 만드는 다른 방법은 모양을 180°, 즉 반 바퀴 돌린 것과 같다.

쿠바족의 라피아 야자 섬유로 만든 옷에 있는 패턴은 그림 14-8, 14-9와 그림 14-11의 목각 무늬로 나뉜다. 그림 14-10로 요루바족의 나무 문짝 위에 생생한 장면들을 구분하는 띠줄에 대한 논의를 하였다. 베냉족의 긴 띠에 있는 패턴을 분석한 결과를 그림 14-14와 14-15에 설명하였다.

그림 14-14 베냉족의 피리 부는 사람의 복장은 몇몇 띠줄 패턴에 있는 대칭이동을 보여준다. 모자에 있는 띠줄은 형태 6이고, 수직 가장자리 띠줄은 형태 3과 4이다. 허리에 있는 띠줄에서 부분적으로 형태 5를 볼 수 있고, 형태 7은 치마의 아래 부분에서 세 번째 띠에서 볼 수 있다. 맨 아래에 있는 띠는 형태 4의 다른 예이다. 16세기 또는 그 이전. 대영박물관.

그림 14-15 나이지리아 베냉 왕국의 청동 장식판. 왼쪽에 있는 사람 형상에 대칭 패턴의 3가지 형태를 교대로 배열이 나타난다. 위에서부터 시작하여 형태 3, 7, 다시 3 그리고 4이다. 대영박물관.

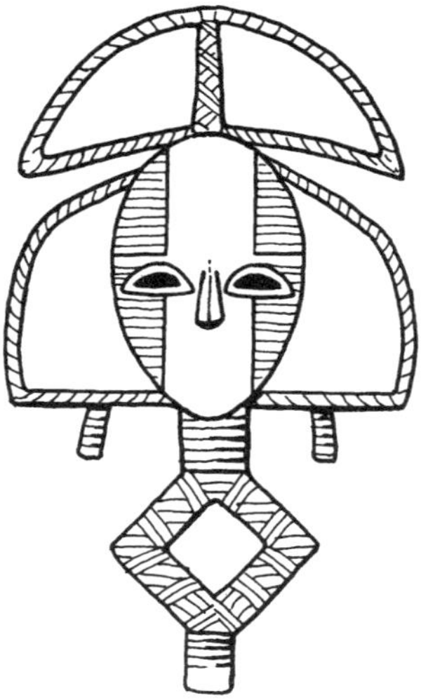

그림 14-16 카타족의 장례 형상. 이 나무로 만든 형상은 놋쇠나 동으로 도금되어 있으며, 가문을 빛낸 조상의 뼈를 담는 함지에 함께 집어넣는다. 이 형상의 눈과 코는 움푹 들어간 얼굴의 안쪽에 만들어져 있다.

그림 14-17 콩코 공화국의 크웰리족 가면에서는 오목한 부분이 강조되어 있다. 일부 아프리카 문화에서 사람 얼굴을 마치 달걀 껍데기 안쪽처럼 만든다. 크웰리족 가면과 고타족의 청동 가면(그림 14-16)이 전형적인 예이다. 이 가면을 조각할 때, 예술가들은 좁은 귀퉁이가 있는 머리 부분에서 얼굴을 떼어내고 귀퉁이 부분을 대비되는 색으로 칠한다. 원시미술박물관, 뉴욕.

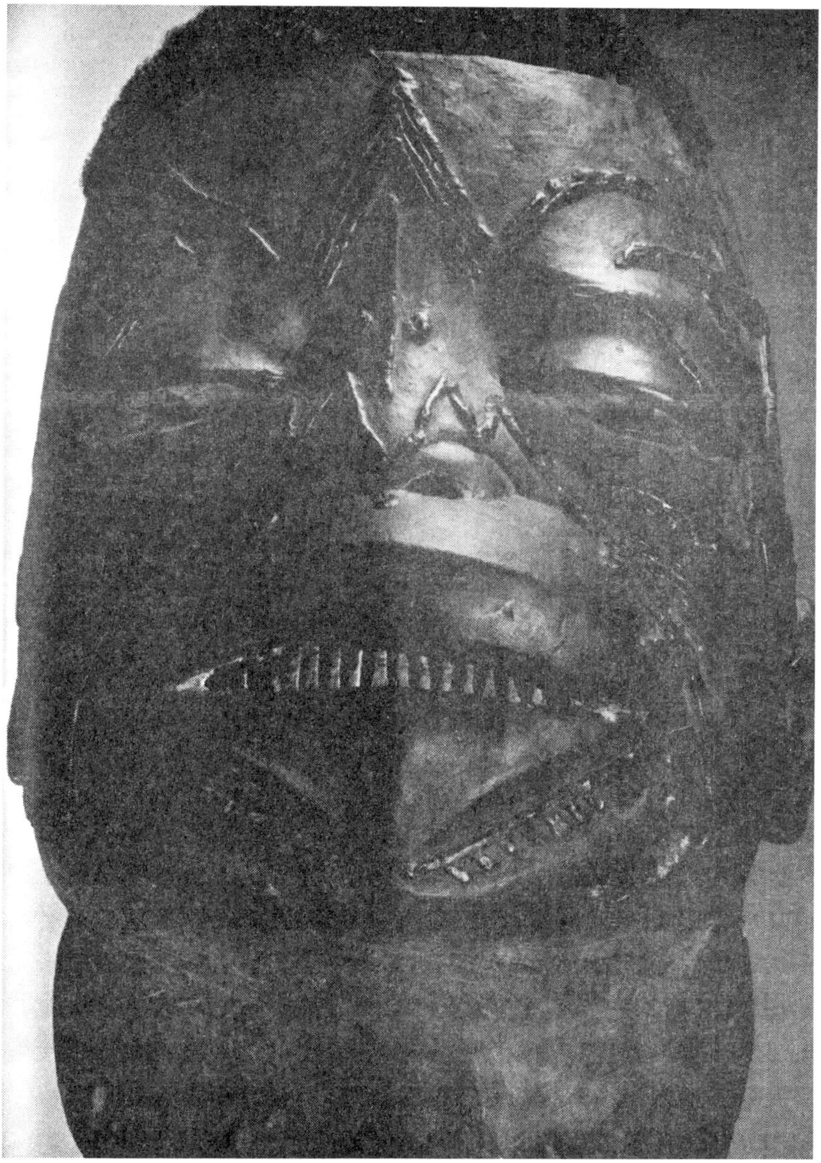

그림 14-18 모잠비크의 마콘데족의 남자 세계에서 사용하는 투구 모양 가면. 많은 아프리카인들은 자신이 씨족의 무리임을 나타내기 위해서, 사회적인 지위를 암시하기 위해서, 또는 순전히 꾸미기 위한 이유로 기하적인 패턴을 얼굴과 몸에 상처내어 문신을 했다. 대영박물관.

그림 14-19 독창적인 디자인으로 이목을 끄는 줄루족의 목각상. 대영박물관.

그림 14-20 케냐의 키쿠족의 나무 방패. 방패의 앞쪽(중앙)에 그려진 패턴은 방패를 든 사람의 씨족과 나이를 상징한다. 왼쪽에 있는 이 방패의 뒷면은 검은색과 흰색으로 칠해져 있다. 오른쪽에 있는 것은 춤추는 판이다. 대영박물관.

제14장

2. 아프리카 예술의 기하 대칭 - 크로웨

서론

벽지와 같이 반복되는 대칭적 패턴의 기하적인 분석을 분석해 보면, 평면을 덮는데 사용될 수 있는 서로 다른 패턴이 오직 24개만 있을 수 있다는 것을 알게 된다. 24개 패턴 중에서 7개는 오직 한 방향으로 평행이동하는 것인데, 이런 패턴을 '줄 패턴'이라고 부른다. 나머지 17개는 '평면 패턴'이라고 부르는데, 이 패턴은 한 방향 이상으로 평행이동할 뿐만 아니라 360°, 180°, 120°, 90°나 60°의 회전이동을 허용한다. (이 각도들이 복합되는 경우를 제외하고는 평면을 덮는 무한 반복을 하는 다른 회전은 가능하지 않다.) 이 24가지 패턴들은 원래 결정학 crystallography과 관련해서 연구되어 오고 있으며, 실제로 결정을 만들 수 있는 경우는 단지 24가지라는 것을 결정학자가 증명하였다(그 중에서도 페데로프Federov가 1981년에 한 증명). 그러나 이것은 결정구조뿐만 아니라 인간이 만든 패턴에 대한 연구에 적용하기에도 적합하다.

콕스터가 《기하학의 소개Introduction to Geometry》(p, 48)에서 간결하게 표현한 7개의 줄 패턴은 다음과 같다.

(1) … LLLL …

(2) … LΓLΓ …

(3) … VVVV …

(4) … NNNN …

(5) … VΛVΛ …

(6) … DDDD …

(7) … HHHH …

우리는 앞으로 패턴을 수를 사용하여 표현할 것이다. (1)의 대칭은 단지 띠 줄 위에서의 평행이동이라는 점을 주목할 필요가 있다. 그러나 (2)에서는 평행이동(L에서 다음 모양으로 이동한 것)뿐만 아니라 수평축을 중심으로 반사이동을 해서 L을 Γ로 만든 후 다시 평행이동을 하였다. 이와 유사하게 분석하면 7개를 서로 다른 것으로 구분지을 수 있다. 예를 들어 (3)은 수직축으로 반사이동한 반면에 (4), (5)와 (7)은 모두 반바퀴 돌렸다(줄의 두 끝을 바꾸었다). 17개의 평면 패턴에 대한 세부 분석을 하면 너무 길어지므로 관심 있는 독자들은 콕스터와 모저의 《이산군의 생성자와 관계Generators and Relations for Discrete Group》(4.5절)나 17가지 패턴의 유래에 대한 설명을 하고 있는 스파이저A. Speiser의 《유한위수에 관한 군론Die Theoris der Gruppen von Endlicher Ordnung》을 참고하기 바란다. 우리는 콕스터와 모저가 사용한 표준 결정학 표기법을 사용할 것이다.

이슬람 예술에서 24개의 평면 패턴을 볼 수 있다는 사실이 알려진 것은 이미 오래전 일이어서, 우리는 아프리카 예술에서 이러한 패턴들이 어느 정도나 발생하는지 궁금했다. 물론 패턴은 곳곳에서 찾을 수 있었다. 예를 들어, 패턴들은 염색한 옷(아산테족의 아딘키라adinkira 또는 말리족의 보코란피니bokolanfini), 조각이 새겨진 호리병, 모든 종류의 목각들, 칠을 하였거나 진흙으로 만든 집의 무늬, 구슬에 세공한 것, 실을 짜서 만든 매트 등에 나타난다. 다음 단락에서 이것들 중에서 3가지, 즉 일반적인 바쿠바족의 예술, 베냉족의 청동 주물, 요루바족의 옷에 대해 논의하겠다.

바쿠바족의 예술

아마도 가장 강력한 아프리카인의 장식 패턴은 콩고의 바쿠바족 사람들이 카사이 벨벳이라 부르는 라피아 야자로 만든 직물에 표현되어 있다. 또한 직물에 나타나는 패턴과 같은 특징을 갖는 패턴들이 벽에 거는 족자, 조각해서 만든 상자, 컵, 북과 왕궁의 조각상, 그리고 응고된 캠나무*(ngula라 부름) 가루를 장식하고 있다. 모든 가능한 7개의 띠줄 패턴이 천이나 목각에서 발견된다.(목각에

* 콩과의 단단한 나무. 붉은 염료를 채취하며, 종교적 목적으로 사용한다.

서는 형태 3이 제외되어 있다.) 17개의 평면 패널 중에서 적어도 12개가 나타난다.

바쿠바족의 전통적인 무늬를 그림 14-21의 컵에서 볼 수 있다. (컵에 있는 무늬를 평면 무늬로 생각하기 위해서, 컵을 원통형이라고 생각하고 펼친 모습을 상상해 보자.) 결정학 형태 pgg 중에서 왼쪽 무늬는 반사이동뿐만 아니라 180° 회전으로 만든다. p2 형태 중에서 오른쪽 무늬는 180° 회전으로 하지만 반사나 반사이동은 없다. 이러한 무늬들의 요소들을 달리 배열하려면 그림 14-22와 같이 90° 회전하는 것이다. 그러나 바쿠라족 예술에서는 이 세 번째 무늬는(p4 형태) 결코 볼 수 없다. 이 사실은 이것이 만卍자를 반복한 무늬와 같은 형태의 무늬라는 점에서 주목할 만하다. 만자 무늬는 바쿠바족의 가까운 이웃종족들에게서 실제로 나타난다. 이들이 사용하는 패턴은 일반적으로 바쿠바족이 사용하는 패턴들과 매우 유사하다.

그림 14-21

베냉족의 청동 작품

1879년 영국이 침략한 후 베냉족의 훌륭한 청동 주물과 상아조각이 유럽으로 빼돌려졌을 때, 이 예술은 아프리카에 뿌리를 둔 것이라고 생각하지 않았다. 몇몇 청동 주물은 실제로 유럽인들과 유럽 무기를 표현한 것이었기 때문에, 이 예술이 1485년 베냉 연안에 있었던 포르투갈인들로부터 배운 것이라고 가정하기도 했다. 현재 우리는 이런 가정이 잘못된 것이라고 이해하고 있다. 한 가지 이유를 들자면, 포르투갈 사람들은 청동 주물을 다루는 기술을 가지고 있지 않았다. 이 예술은 먼 옛날의 이페문화로부터 베냉족에게

그림 14-22

전해진 것이라고 지금은 확신하고 있다. 20세기가 되어서야 이페의 아름다운 청동 두상頭像에 대해 유럽인들이 알게 되었다. 그러나 청동 주물에 나타나는 몇몇 무늬는 유럽에 기원을 두고 있다. (물론 유럽이 이 무늬를 근처 동방에서부터 배워왔다고 해도 말이다.) 이와 달리 바쿠바족의 패턴

그림 14-23

은 순수히 아프리카의 것으로 보인다.

일곱 개의 띠 줄 패턴 모두는 베냉족의 청동작품에 나타나 있지만, 바쿠바족의 예술에서 평면 패턴의 수는 적게 나타난다. 가능한 17개의 평면 패턴 중에서 오직 10개만 나타나고, 한두 개는 다소 의심스럽다. 더욱이 각 형태는 비교할 수 없을 정도로 몇 안 되는 상이한 예에서만 나타난다.

그림 14-23은 다섯 가지 형태에 따라 이름을 붙인 여덟 개의 전통적인 띠 줄 패턴이다. 베냉족 출신인 로스H. Ling Roth가 《위대한 베냉Great Benin》에서 기록한 바와 같이, 패턴이 생겨남으로서 이것들은 태양의 여덟 개의 팔에 나타난다.

pgg

그림 14-24

베냉족 예술에서 찾지 못한 일곱 개의 패턴 중에서 5개는 120° 회전한 것이다. 다른 2개 중 하나는 바쿠바족 예술에서도 찾지 못한 p4 형태이다. 그림 14-24는 만들 수 있는 평면 패턴 중에서 재미있는 모양이다. 이는 pgg형태인데 아마도 포르투갈의 갑옷과 투구에서 그 기원을 찾을 수 있을 것이다.

아디레 천

요루바족의 아디레 천은 하얀 옷감에 패턴을 녹말풀로 그린 뒤 녹말풀이 씻겨나가기 전에 푸른색 염료로 염색하여 만든다. 이 방법으로 풀을 먹인 부분은 하얗고 바탕은 푸른색이 된다. 이러한 옷감들은 종종 패턴이 있는 많은 정사각형 조각으로 구성되기도 하는데, 24개의 가능한 많은 평면 디자인을 찾을 수 있었다. 그림 14-25는 6개의 전통적인 아디레 디자인으로 그 형태에 따라 이름을 붙인 것이다.

종종 무늬 형판을 이용해 풀 먹여 만든 패턴들을 아디레 천 위에 새긴다. 많이 사용해서 형판이 금이 갔을 때 금이 간 곳의 패턴 문양에 울퉁불퉁한 부분이 생긴다. 이 경우에 실수한 부분을 감추기 위해서 것을 잘못

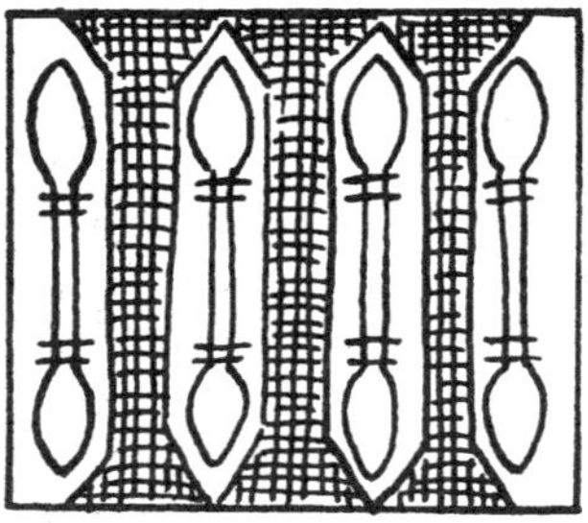

(7)

p1

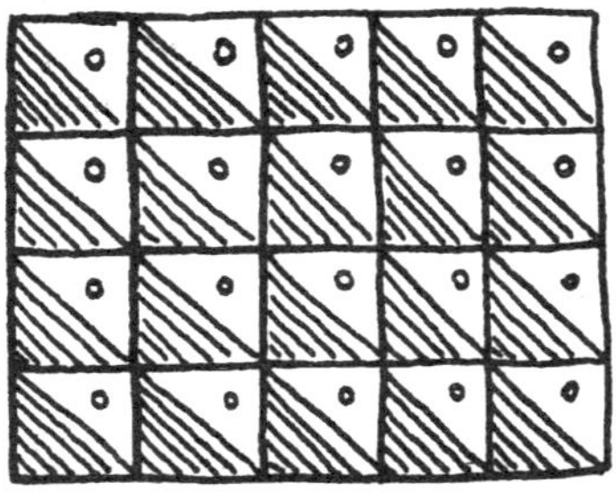

cm

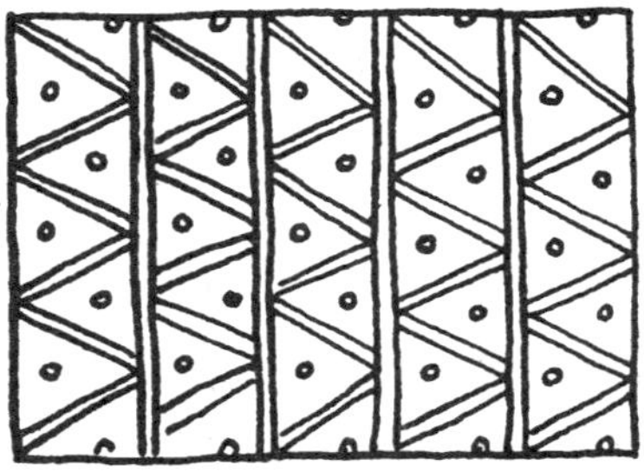

pmg

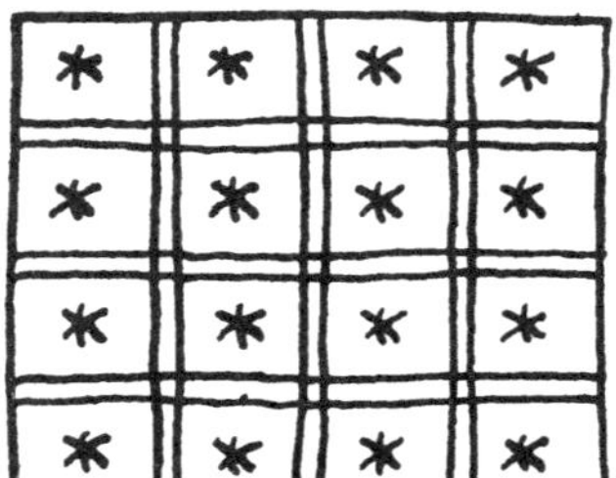

p4m

p4g

그림 14-25

그림 14-26

된 부분에 놓고 돌려서 그림 14-26과 같이 장식 패턴을 만든다. (어떤 때 실제로는 이런 무늬를 일부러 그려 넣기도 한다.) 이것이 정확히 유클리드 《원론》 1권에서 두 변이 주어진 정삼각형을 그리는 첫 번째로 제안한 방법—이 경우에는 빗의 길이—으로 구성하였다는 점에 주목하는 것은 흥미롭다. 물론 삼각형의 꼭지점은 두 원의 중심과 교점 중의 하나이다.

제 6 부

지역연구 : 서남나이지리아

요루바족의 종교 · 정치의 중심지인 이페 시에서 최근 16세기에서 20세기의 테라코타와 청동 조각상 발굴작업이 있었다. 이 예술작품을 만든 아프리카인 역시 20을 기본으로 하는 놀라울 정도로 복잡한 수 체계를 발달시켰다. 초기 시대 이후로 그들은 무역을 했기 때문에 가장 일반적인 화폐로 별보배조개를 사용하였다. 숫자 4는 이들의 우주론에서 가장 중요하다. 4는 시간에서 일주일을 4일로 하는 기준일 뿐만 아니라 유명한 이페의 예언 체계에서도 볼 수 있다.

그림 15-1 베냉족의 궁전 호위병과 수행원의 모습을 표현한 17세기 청동 장식판. 벽과 호위병의 옷과 방패에 있는 다양한 패턴에 주목하기 바란다. 이 장식판은 토벌 시대(1897)에 이르기까지 색인 카드처럼 분류되어 있었다. 또한, 이 장식판은 토벌 시대 이전에 궁정 수행원인 나이 많은 추장으로부터 알게 된 것으로 궁중 예법에 대한 논쟁이 있었을 때를 말해 주고 있다(Willett, p. 105). 대영박물관.

제15장 요루바 연방과 베냉 공화국의 역사

우리는 아프리카 대륙에서 가장 인구밀도가 높은 지역인 남부나이지리아의 역사를 이제 막 알아내기 시작했다. 이 지역 사람들은 문헌 기록을 남기지 않았기 때문에 그들의 역사를 알 수 있는 열쇠는 고고학적인 유적 발굴, 예술품, 구전, 언어 분석과 그곳을 방문했던 외국인들의 기록에 있다.

방사성 탄소를 이용하여 연대를 알아내는 최근에 개발된 기술은 고고학적인 연구 영역에 더 큰 정밀성을 가져다주었다. 1967년 초에 이르러서 나이지리아 사람들 모두에게 31일 달력이 알려졌다. 고고학자들은 기원전 500년에서 기원후 1500년까지의 나이지리아 역사를 충분히 복원하는 데 5000일이 걸릴 것으로 추정했다.

북나이지리아의 녹Nok 지방에서 3만 9000년은 더 된 것으로 추정되는 돌 연장이 발견되었다. 철기에 바탕을 둔 녹문화는 대략 기원전 400년에서 기원후 200년에 존재했던 것 같다. 이 시대의 테라코타 예술 형상은 이후 요루바족의 예술과 인접국가 베냉족에 직접적인 영향을 준 것 같다.

어려움이 컸지만 구두로 전해지는 전통을 수집하는 노력은 성과를 이루었다. 요로바의 구 오요Oyo 제국이 점유하고 있던 지역이지만, 현재 사람들은 황폐화된 부락들, 15세기와 16세기 누페족의 침략을 받아 황무지화된 지역, 17세기와 18세기에 오요 제국의 알란핀스 왕으로부터 약탈당했던 지역, 그리고 19세기에 북쪽의 이슬람의 풀라니족의 침략과 서쪽의 다호메이족의 침략으로부터 많은 지역이 공동화空洞化되었다. 현재에는 사자가 이 지역들을 방문한 사람들을 간헐적으로 맞고 있다.

모든 아프리카 왕실에서 필수적인 것은 전문적인 역사학자였는데, 역사학자의 임무는 왕궁의 왕족 가계도를 기억하여 암송하는 것이었다. 그의 역할은 호머 시대의 음유시인의 역할과 유사했다. 의심할 여지 없는 사실은 다분히 현재 통치자를 기쁘게 하기 위한 의도가 있었다는 것이다. 그럼에도 불구하고 이 가계도는 꽤 신빙성이 높은 기록이다.

19세기 말 무렵, 요루바 출신의 성공회 계열의 목사인 존슨(원이름은 Anla Ogun)은 구전 전통을 기록하기 위한 일을 시작하였다. 그래서 조국의 역사가 사라지는 것을 막을 수 있었다. 서양 전통 속에서 교육받고 배운 요루바인들조차도 그리스와 로마 역사에는 익숙해 있을지라도 조국의 역사에 대해서는 무지하였다. 존슨은 20년 이상 사료를 모으는데 세월을 보냈으며, 자신이 수집한 사료를 바탕으로 요루바인들의 문화, 신화, 역사가 담긴 《요루바의 역사The History of the Yorubas》라는 책을 집필하였다.

많은 전승에 따르면, 요루바족은 본래 동쪽에서 이주해 왔다고 한다. 예술 작품, 장례 문화, 종교 관습, 신성한 왕권제도 등에서 고대 이집트 문화와 유사점이 많다. 그러나 이러한 문화적 특성은 다른 아프리카 민족에서도 발견된다. 일레이페Ile-Ife라 부르는 고대도시 이페는 요루바족의 정신적 중심이자 요람지였고, 이페 도시 출신인 민족이 이웃하는 베냉 공화국의 왕이 되었으며, 이들은 자신들의 왕국의 전통을 오랫동안 이어갔다. 이곳에서 발견된 청동, 돌, 철과 테라코타 예술 작품은 거의 1000년을 거슬러 올라간다.

건국 전설은 대홍수로 시작된다. 천지신명인 올로런이 한 줌 가득한 흙, 어린 수탉과 야자수 열매를 쥐어 주면서 자신의 아들 오두두와를 사슬을 태워 내려놓았다. 오두두와는 흙을 물 위에 뿌리고, 어린 수탉은 상처를 내 가지가 16개로 뻗는 야자수 나무가 자라는 땅이 되도록 한다. 사람들은 신성한 수 16이 요루바 왕국의 16개 왕조를 나타낸다고 믿게 되었다.

다른 신화에 의하면, 베냉족의 왕인 오바와 요루바족의 여섯 왕조의 통치자가 모두 공동의 조상 오두두와에서 유래한 것이라고 한다. 가장 어린 왕 오란얀은 오요 공화국의 창건자로 추앙받는다.

1300년까지 요로바족은 수많은 성벽 도시를 건설하였으며, 도시 외곽은 농장으로 둘러쌌다. 무역은 북방 민족들과 하였다. 그들은 옷감과 콜라나무 열매를 필요한 물건과 바꾸었다. 요루바 공화국은 북방 이웃민족들 그리고 팀북투에 있는 이슬람 대학으로부터 지적인 자극을 받을 수 있었다.

수세기 동안 오요 공화국은 서쪽의 다호메이 왕국에서 서부에 이르기까지 지배권역을 확장해 나갔다. 한편, 남동쪽에서 베냉 왕국은 요루바 공화국으로부터 독립하여 강력한 제국으로 성장하였다. 아프리카 지역을 처음 탐험했던 포르투갈이 15세기 후반 베냉 왕국에 왔을 때 그들은 베냉 왕궁의 문화 수준에 무척 놀랐다. 후에 유럽 여행가들은 수도에 놓여 있는 30개의 주요 도로가 매우 곧고 넓으며 직각으로 교차하고 4마일이나 된다고 묘사하였다. 네덜란드의 여행자는 "그들은 네덜란드 사람만큼이나 깨끗했다. 집은 유리를 들여다보는 것처럼 밝게 빛났다."라고 기록하였다. 베냉 왕국의 왕인 오바의 궁궐은 네덜란드의 도시만큼 규모가 크다고 평판이 나 있다. 납형蠟型에 의한 황동 주조는 이페에서 도입된 것이었으며, 황동 주조 기술이 있었기에 궁궐 벽에 베냉의 역사를 예술적으로 표현하는 믿기 어려운 장식판을 제작하는 것이 가능했다.

선교사들이 유럽인들과 함께 들어오면서, 술, 소화기, 권총, 노예 무역이 강화되었다. 노예무역으로 벌어들인 부야말로 베냉 왕국과 요루바 왕국의 확장에 초석이 되었다. 매년 왕의 친위대들이 노예사냥을 하기 위해 이웃 영토를 소탕하였다. 반대로 자신들의 도시 역시 같은 이유로 다른 민족들에게 침략받았다.

노예사냥과 인접지역 사람들과의 전쟁은 안정적이고 평화로운 무역으로 대체되었지만, 19세기 후반 영국에게 점령당하여 제국이 해체되면서 이러한 안정기는 깨졌다. 1897년 영국에서 파견된 대표단은 베냉 왕국의 왕인 오바를 만나려고 하였는데, 이 당시 오바는 종교적인 이유로 외부인과 만나는 것을 금기시하였다. 몇 명의 영국 사람들이 이 사건으로 목숨을 잃었다. 이에 대한 앙갚음으로 영국은 도시 전체를 태워 버리면서 베냉의 아름다운 청동 작품 2500점을 가지고 갔다. 이 유물들은 현재 유럽이나 미국의 박물관에 전시되어 있다.

이바단이라는 요루바 왕국의 도시는 아프리카에서 가장 큰 도시로 140

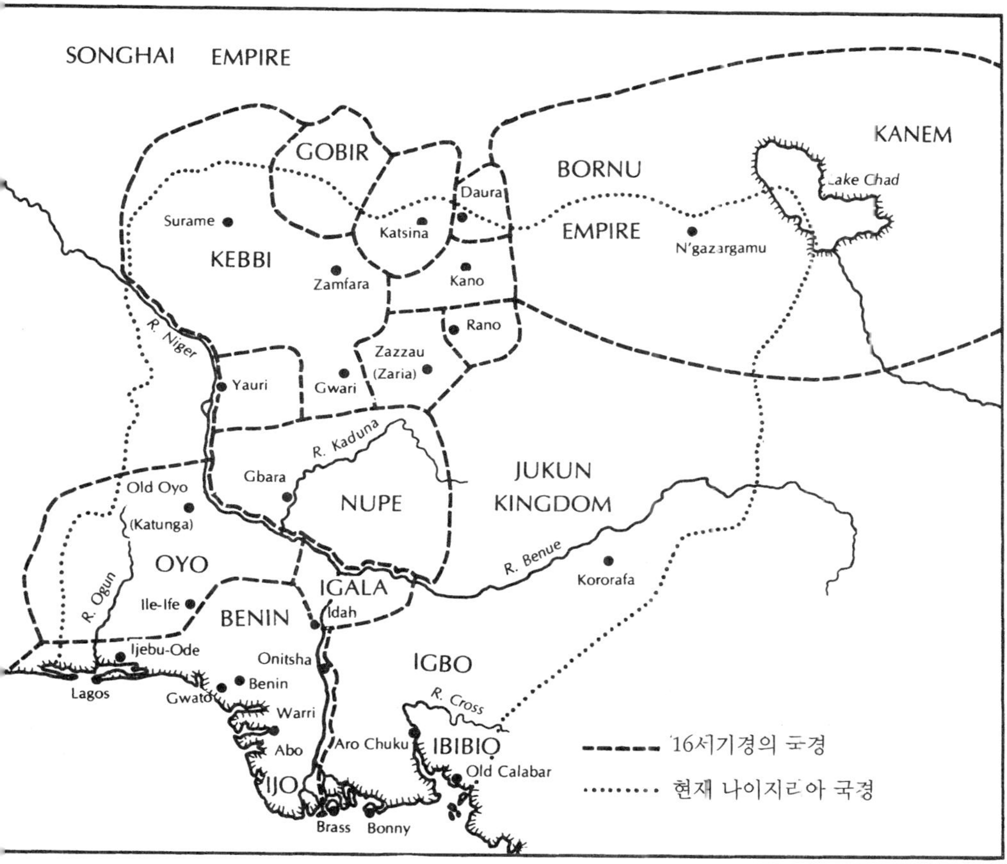

그림 15-2 16세기 나이지리아 지역의 공화국

만 이상의 사람들이 사는 거대도시며, 유명한 이바단 대학이 건립되어 있다. 연대가 석기 시대까지 거슬러 올라가는 도끼들이 이 지역에서 발견될지라도, 이바단은 19세기 이전 중앙 시장 주위에 있었던 유일한 작은 마을이었다. 휴전 기간 동안 군대의 거주지가 되었고, 침략의 두려움으로부터의 벗어난 도시였으며, 전쟁시에는 피난처가 되었다. 오늘날 거주자의 3/4이 도시에 살면서 반경 20마일 이내에서 농사를 짓는 농민이다. 실제로 이곳은 도시 중앙부 거대한 주택지구에 농부, 숙련공, 무역상인이 사는 도시-마을이다.

비록 베냉 왕국과 요루바 공화국이 현재는 나이지리아 공화국의 속국이 되었지만, 그들의 언어와 문화는 건재하다. 베냉 왕국의 왕인 오바는 오늘날에도 존재한다. 현대 요루바의 예술가는 요루바의 전통 예술 형태를 새로운 주제에 접목시켜 큰 생장력과 독창성을 가진 작품을 만들어낸다. 연방 정부 내 각각의 주로 영속하면서 문명의 계속적인 번영을 이룰 수 있게 한다.

제16장 명수체계

요루바족의 명수체계

코넌트Contant는 요루바족의 명수체계에 대해 '가장 독특한 기수법 중의 하나' 라고 말한 바 있다. 이 복잡한 체계를 배우기 위해서는 수학자가 되어야만 한다. 예를 들어, 요루바족은 45를 '20을 3개 한 것에서 10을 뺀 후 다시 5를 빼는 것' 이라고 표현한다. 식으로 나타내면 다음과 같다.

$$45=(20\times 3)-10-5$$
$$106=(20\times 6)-10-4$$
$$300=20\times(20-5)$$
$$525=(200\times 3)-(20\times 4)+5$$

덧셈, 뺄셈, 곱셈을 포함한 산술에 꽤 능통해야 수를 표현할 수 있다.

20을 기본수로 하는 20진법은 서아프리카에서 많이 찾아볼 수 있다. 요루바족의 명수체계의 특징은 상당 부분 뺄셈에 의존하는 것이다. 그러나 요루바에서는 매우 자연스러운 것이며 우리가 로마 숫자로 9를 IX(10 빼기 1)로 쓰거나 '3시 20분 전' 과 같이 시간을 읽듯이 쉽게 사용한다.

존슨 목사는 《요루바인의 역사The History of Yorubas》 서문에서 요루바의 명수체계를 요약하였다.

1에서 10까지와 20, 30, 200과 400은 서로 다른 용어를 사용한다. 나머지 수들은 복합적이고 혼합된 용어를 사용한다. 따라서 11, 12, 13, 14는 10 더하기 1, 더하기 2, 더하기 3과 더하기 4로 계산한다. 15에서 20은 20보다 5 작은 수, 4 작은 수, 3 작은 수, 2 작은 수, 1 작은 수와 20으로 계산한다.

같은 방식으로 20 더하기 1에서부터 20 더하기 4까지와, 30보다 5 작은 수(25)부터 30까지 세고, 그리고 모든 숫자들은 10씩 계산한다. 전적으로 그렇게 할 수 있는 것은 아니지만, 이 수들이 수를 세는데 기초가 된다는 것은 의심의 여지가 없다. 즉, 한 손, 두 손과 두 발가락을 포함한 수 5, 10, 20과 그들의 배수는 수를 세는 다른 단계를 구성한다.

20의 첫 번째 배수부터 시작하면서, 우리는 20이 2개(40)를 뜻하는 ogun meji의 축약형인 Ogoji를 사용한다. 그 이후에는 Ogota[20이 세 개(60)], Ogorin[20이 네 개(80)], Ogorun[20이 다섯 개(100)] 등을 사용하고, 20이 열 개인 200에 대해서는 새로운 단어인 Igba를 사용한다.

중간에 있는 수(30은 특별한 다른 용어로 표현된다.)와 50, 70, 90, 110, 130에서 190은 다음과 같이 센다. 60에서 10 작은 수(50), 80에서 10 작은 수(70), 100에서 10 작은 수(90)와 같이 200까지 센다.

200에서 2000까지의 수는 200의 배수로 센다. (그러나 20×20인 400, 즉 기본수의 제곱은 Irinwo나 Erinwo라는 특별한 이름을 갖고 있다. 즉, 그대로 옮기면 코끼리 숫자인데, 수의 이름으로 만들어진 것 중에서 가장 큰 수를 나타내고, 나머지 수는 이것의 배수로 센다.

축약과 생략, 그리고 음성 동화는 요루바 언어의 특징인데 이것으로 인해, 장음 Orun-din-ni(Egbeta 또는 Egberin으로 발음)은 Ede 또는 Ode로 축약되어 Edegbeta(500)로 발음된다.

[요약] 따라서 우리는 10의 배수로 커지는 수에서 5는 중간수임을 보았다. 중간수란 다음 큰 단위보다 5 적은 수를 말한다. 20까지의 수에서 10이 중간수로 사용된다. 200까지의 수에서 100은 중간수이고, 2000까지의 수에서 1000이 중간수이다.

큰 수의 계산에 사용하려고 만들어진 수는 20000(Egbawa)이며, 특히 돈의 계산에서는 별보배조개 한 꾸러미라는 뜻의 Oke kan이라고 한다. 큰 수에서 무한대의 수는 여러 지역에서 많은 '꾸러미' 또는 '꾸러미들'이라고 한다.

내가 분석한 요로바의 수사는 암스트롱Rovert G. Armstrong의 연구 〈요루

	기수	셈 수	표현 수	순서수
1	okan	ookan = eni	kan	ekin ni = ikin ni = akoko
2	eji	eeji	meji	ekeji = ikeji
3	eta	eeta	mera	ekera = iketa
4	erin	eerin	merin	ekerin = ikerin
5	arun	aarun	marun	ekarun = ikarun
6	efa	eefa	mefa	ekefa = ikefa
7	eje	eeje	meje	ekeje = ikeje
8	ejo	eejo	mejo	ekejo = ikejo
9	esan	eesan	mesan	ekesan = ikesan
10	ewa	eewaa	mewaa	ekewaa = ikewaa

표 5 1부터 10까지 요루바의 수사

바의 수사Yoruba Numerals〉에 크게 의존하고 있다. 암스트롱은 "요루바족이 이러한 체계를 개발하고 배웠다는 사실은 추상적인 추론을 할 수 있는 능력을 지녔다는 증거이다."라고 진술하였다.

표 5는 1부터 10까지의 수가 4가지 형태의 낱말을 보여 준다. 각 셈수의 처음에 있는 이중 모음은 사실상 owo의 축약형이다. owo는 '별보배조개', 즉 '돈'을 의미한다. 원시 체계의 연대는 알려지지 않았지만, 초기 체계는 별보배조개를 셀 목적으로 확장되었다. 셈수의 수 이름과 이 이름으로부터 파생된 이름들이 표 6에 있다. 200 이후는 꽤 불규칙적이고, 이러한 불규칙성은 더 높은 수에서도 나타난다.

35에서 54까지의 수사의 구성은 표 7에 있다. 20개의 수사 중에서 5개의 수만이 뺄셈을 전혀 포함하지 않고, 5개의 수사는 뺄셈을 두 군데에서 한다.

무한에 대한 아이디어는 "메뚜기만큼 많은 것은 없다. 메뚜기는 농장과 집에서 볼 수 있다."는 요루바족의 속담에서 볼 수 있다. 비록 몇몇 농장이 마을과 20마일이나 떨어져 있었을지라도, 메뚜기들은 길 위의 모든 잎을 덮고 있었다.

이페 대학의 아킨펠루 박사는 나에게 단위 분수, 두 배수, 제곱수에 사용하는 말을 보여주었다.

1 ookan
2 eeji
3 eeta
4 eerin
5 aarun
6 eefa
7 eeje
8 eejo
9 eesan
10 eewaa
11 ookan laa
(laa from le ewa = 10 + 1)
12 eeji laa
13 eeta laa
14 eerin laa
15 eedogun
(from arun din ogun =
20 − 5)
16 eerin din logun
(20 − 4)
17 eeta din logun
(20 − 3)
18 eeji din logun
(20 − 2)
19 ookan din logun
(20 − 1)
20 ogun
21 ookan le logun
(20 그리고 1 = 20 + 1)
25 eedoogbon
(30 − 5)
30 ogbon
35 aarun din logoji
= (20 × 2) − 5]
40 ogoji
(20 × 2)
50 aadota
[(20 × 3) − 10]
60 ogota
(3 × 20)
100 ogorun = orun
(20 × 5)
105 aarun din laadofa
[(20 × 6) − 10 − 5]
200 igba
300 oodunrun = oodun
[20 × (20 − 5)]
315 orin din nirinowo odin marun
[400 − (20 × 4) − 5]
400 irinwo
2000 egbewa (200 × 10)
4000 egbaaji (2 × 2000)
20,000 egbaawaa (2000 × 10)
40,000 egbaawaa lonan meji
(2000 × 10) × 2
1,000,000 egbeegberun (1000 × 1000)

표 6 요루바족의 셈수 수사

	20	10	단단위
35	2	0	−5
36	2	0	−4
37	2	0	−3
38	2	0	−2
39	2	0	−1
40	2	0	0
41	2	0	1
42	2	0	2
43	2	0	3
44	2	0	4
45	3	−1	−5
46	3	−1	−4
47	3	−1	−3
48	3	−1	−2
49	3	−1	−1
50	3	−1	0
51	3	−1	1
52	3	−1	2
53	3	−1	3
54	3	−1	4

표 7 요루바족의 35~54까지의 수사에 대한 분석

edu = 분수

Idaji = $\frac{1}{2}$ (둘로 나누기)

Idameta = $\frac{1}{3}$ (셋으로 나누기)

Idamerin = $\frac{1}{4}$

Idamarun = $\frac{1}{5}$

등

Ilopomeji = 두 배, 즉 두 배수

Erin lona meji = 4^2 (4를 두 번 곱하기)

Erin lona meta = 4^3
Erin lona merin = 4^4
등

감산법의 기원

초기 연구자들은 큰 수를 세기 위한 복잡한 체계의 진화는 별보배조개로 큰 화폐 단위를 세야 할 필요에서 생겼을 것이라고 결론 내렸다. 별보배조개는 요루바인들이 큰 단위로 셀 필요가 있는 가장 초기의 대상물이었을 것이다. 1887년 만Mann은 영국 인류학자들의 회합에서 요루바인들이 별보배조개를 세는 과정을 기술하였다.

먼저 조개 2만 개가 들어 있는 가방을 마루에 비운다. 별보배조개를 세는 사람은 무릎을 꿇거나 별보배조개 더미 뒤에 앉아 재빨리 5개씩 짝을 지어 20개의 작은 더미를 만든다. 5개씩 20더미는 조개 100개짜리 한 더미에 섞고, 이 더미는 200이라는 중요한 단위를 형성한다. 이 단위는 5개씩 별보배조개를 세는 수 체계에서 뺄셈의 원리에 기여한다. 슈미들은 "요루바족의 경우, 별보배조개로 수를 세는 원리가 이들의 수 체계를 구성하는 기본이라는 것은 명백하다. 지난 10년간 한 가지 경우를 제외하고는 5 이상의 수는 10의 곱으로 나온 수에 뺄셈을 하여 만들 수 있고, 이것은 5개씩 세어 모아 10이나 20개의 단위를 만들어 설명할 수 있다."(p. 94)라고 기술하였다.

별보배조개를 세는 방법이 널리 사용되긴 하지만, 요루바족 외에 극히 일부 민족과 요루바족의 근방에 있는 민족들은 이 독특한 감산법의 절차를 형식화했다.

암스트롱은 이 패턴이 한 손의 손가락을 사용하여 10개의 수를 셀 수 있는 근원이 되었다고 주장하였다. 10의 배수를 이해해서, 손가락으로 나타낼 필요가 없다면, 한 번에 손가락 하나 하나로 21, 22, 23, 24를 표현할 수 있다. 그리고 다섯째 손가락을 펴면, 30에서 뺀 것이다. 그리고 다섯째 손가락을 접고 남은 4개의 손가락을 30에서 빼어 26을 표현할 수 있다.

요루바족의 기록 보존과 계산

지금까지 나는 지난 수세기 동안 요루바족 상인들이 수천 개의 별보배조개로 상거래를 하면서 사용한 계산 방법을 알아낼 수 없었다. 여지껏 그들이 부채를 기록해 두었는지 또는 거래가 엄격하게 현금으로만 이루어졌는지에 대해 알아내지 못했다.

이바단 대학의 아자이 박사는 요루바인들은 주로 머릿속으로 계산을 했다고 기록했다. 수를 필요로 하는 상거래의 기록은 "큰 단위의 품목(예를 들어, 백 개 또는 천 개의 별보배조개, 소떼의 머리수, 그리고 절대군주 시대의 통치기간)을 세기 위해서 때때로 벽 위에 표시나, 항아리 안에 콩이나 막대로 표시를 하는 등의 방법으로 기록을 하였다. 몇몇 왕국에서 각 마을에 사는 가구의 인구수 조사가 같은 방식으로 이루어졌다.

요루바족 학생들은 부족 수를 학습한다

요루바 민속 신앙국의 아오린드 국장은 수 개념의 교수에 관하여 언급하였다.

요루바족 사람들이 갖고 있는 수사와 관련된 지식은 그들의 삶만큼 오래되었다. 일반적으로 수사는 어린시절부터 또는 어린이가 사물을 인식하기 시작하면 여러 가지 형식으로 가르치거나 알려준다. 조약돌, 콩 또는 돌은 때때로 시범을 보여가며 수를 가르칠 때 사용된다. 또한 이런 지도는 '워리 게임'이라고 알려지기도 한 아요를 통해서 계속 이어졌다. 이 방법은 사람들의 계산에 관한 지적 능력을 더욱 예리하게 해준다.

어린이들은 또한 엄마와 가게에 갔을 때 물건을 사고파는 기술을 배운다. 부모가 살 물건을 고르는 것을 돕는 것 외에, 부모들은 대때로 어린이들에게도 약간의 돈을 주어 어린이들이 물건을 구매할 수 있는 자신감을 갖기를 원하며 동시에 돈의 가치에 대한 이해를 시험해 본다. 수학 지도는 또한 형식적이거나 비형식적일 수 있고, 실내외에서 일어날 수 있으며, 다양한 형식을 취할 수 있다.

오늘날 미국에서 상업적으로 생산되는 자료들은 미국 어린이들에게 수로 하는 구체적인 경험을 제공하기 위해서 고안된 것들이다. 이런 종류의 경험은 요루바인들이 어린이들을 양육하면서 경험시키는 것과 비슷하다.

요루바족의 수 체계 발전

식민 통치 기간 동안, 유럽 열강의 언어는 아프리카 학교에서 1학년을 제외한 모든 학년에서 사용되었다. 그러나 독립 후, 아프리카인들은 자신들의 언어와 문화에 대한 관심을 부흥시키려고 노력했다. 따라서 지금까지 표현되지 않았던 개념을 포함한 토착 어휘로 확장하고자 하는 열망이 있었다. 비록 오늘날 다양한 언어 배경을 가진 학생들이 일반적인 의사소통 수단으로 영어를 사용하고, 나이지리아의 고등 교육기관에서 영어가 사용되고 있다 하더라도 요루바족의 언어는 새로운 아이디어를 설명할 수 있는 어휘를 개발하면서 확장되고 있다.

이바단 대학의 아프리카학 연구소 소장인 암스트롱 박사는 전통 수체계의 불규칙적인 부분을 모두 없애고 요루바 언어를 사용한 십진수 체계를 발달시켰다. 따라서 일반 대중 및 초등학생은 현대 산술을 쉽게 접근할 수 있게 되었다. 이들이 현대 산술을 학습하는데 자신들의 고유한 언어가 아닌 다른 언어를 배울 필요가 없어진 것이다. 암스트롱 박사가 개정한 것은 모든 산술 용어뿐만 아니라 분수, 소수와 백분율에 대한 용어들도 포함하고 있다. 암스트롱 박사는 이러한 개정으로 아프리카인들이 점차적으로 수학이 필요한 세계의 구성원이라는 점을 깨닫게 하고 수학에 큰 관심을 불러일으킬 것이라고 자신했다. 그는 "…복잡한 수 체계를 발전시키고 후세에 전할 수 있는 국가는 분명히 대단한 수학적 재능과 관심이 있는 것이다."(p. 22)라고 결론지었다.

베냉족의 수 체계

베냉족 사람들이 사용하는 이도Edo어의 수어數語 구성은 일의 자리 수가 5인 경우에 뺄셈보다는 덧셈을 사용한다는 점을 제외하고는 요루바인들이 쓰는 것과 유사하다. 45와 46을 예로 들어 생각해 볼 수 있다.

요루바 언어에서 → 45＝(60−10−5)
이도에서 → 45＝40+5
요루바 언어와 이도에서 → 46＝(60−10)−4

이도어에서 10의 배수 다음에 나오는 처음 5개의 수는 10의 배수에 더해서 만들어지는 반면에, 처음 5개 수 이후의 다음 네 개의 수는 다음에 나오는 더 큰 10의 배수에서 빼서 나타낸다. 〈베냉족 사람들이 세고 측정하는 방법〉이라는 그의 글에서 이디헨은 15라는 용어에 대해 흥미롭게 해석하였다. "Ekesugie는 'Igbe(10)과 Ugie(20) 사이의 중앙수' 또는 '20에서 5를 뺀 수' 둘 중의 하나를 의미한다. 그는 25를 두 가지 형태로 제시했다.

25　5와 20(Isen−yan Obgen) 또는 20과 30의 중앙수(Ekesogban)

나는 이도어의 수어에 대한 4가지 자료를 가지고 있는데 다 제각각이다. 가장 최근의 것이 문로David A. Munro(1967)의 것이기 때문에, 나는 명수표에 대한 근거로 이 책과 이디헨의 논문에서 약간 수정 제안한 것을 사용하고 있다.

100 이상을 세야 하는 대상에 대해서 이디헨은 과거에 대부분의 사람들은 그런 큰 수를 사용할 필요가 없었거나 또는 꼭 사용해야 할 경우에 영어에 의지했을 것이라고 적고 있다. 그는 사람들이 베냉어로 100만까지 수를 셀 수 있는 지식을 배울 것을 촉구했다. 그래서 사람들이 그들 자신의 고유하면서도 친숙한 언어로 상거래를 할 수 있어야 한다고 주장했다. 그래야, 예를 들어, 정부가 어떤 프로젝트에 200만 파운드를 사용할 계획을 세우고 있다는 라디오 방송을 들을 수 있다.

큰 수에 대해서 그는 다음과 같은 수를 알려 주었다.

1000　aria isen (5×200)
2000　aria isen eva (2×1000)

10,000	aria isen igbe (10 × 1000)
1,000,000	aria isen aria isen (1000 × 1000)
1,000,000,000	aria isen aria isen aria isen (1000 × 1000 × 1000)

1	owo 또는 okpa	16	ener-ovb-ugie (20에서 4 빼기)
2	eva	17	eha‿iro vb-ugie (20에서 3 빼기)
3	eha	18	eva‿iro vb-ugie (20에서 2 빼기)
4	ene	19	okpa‿iro vb-ugie (20에서 2 빼기)
5	ise	20	ogun
6	eha	30	ogba
7	ihiro	40	iy-eva (20 × 2)
8	erere	50	(e)k-igbe s-iy-eha [(20 × 3) − 10
9	ihiri	60	iy-eha
10	igbe	70	(e)k-igbe s-iy-eha [(20 × 4) − 10
11	oworo	100	iy-ise (20 × 5)
12	iweva (10 + 2)	190	igbe‿iro vb-uri (200에서 10 빼기)
13	iwera	200	uri 또는 aria okpa
14	iwene	300	uri okpa vb-iy-ise 또는 iyisen yan uri (100 + 200)
15	ekesugie	400	uri evan 또는 aria eva (200을 2배 하기)

표 8 이도어의 수어

제17장 특별한 의미를 지닌 수

이페 시는 요루바족에게 종교 및 문화의 중심지이다. 이곳에서 고고학자들은 13세기에 제작된 아름다운 놋쇠장식과 테라코타 두상, 가면과 인물군상, 그리고 마애상을 발견하였다. 이곳에는 아직도 오요Oyo라는 요루바 왕국의 전설적인 건국자의 묘지를 표시하는 돌로 된 오벨리스크*가 세워져 있다. 또한 매일 시간을 알려주고 축제 날짜를 정해주는 고대 그림자 시계를 볼 수 있다. 그리고 요루바로부터 독립을 이룬 후에도 베냉의 왕인 오바Oba는 표지석 무덤을 제공받았다. 이페 시의 종교적 신념은 베냉족, 이그보족, 누페족 등 여러 곳으로 퍼져 나가 영향을 미쳤다.

4의 특별한 의미

이들 민족들 사이에 어떤 수들은 신성시되었고, 그 중 숫자 4는 특별한 의미를 지닌다. 따라서 우리는 남부 나이지리아 민족들 사이에서 4일-일주일은 전통적임을 알 수 있다. 요루바인들은 각 날의 이름을 4개의 주요 신, 즉 요루바의 각 지역의 신의 이름으로 부여하였다. 쌍도끼로 빛이 나는 번개불 상징은 후에 천둥의 신으로부터 숭배의 대상이 된 초기 신왕인 상고Shango(Sango, Jakuta)를 표현했다. 창조주이며 천지신명의 협력자이며 순수의 신인 오바탈라Obatala(Orisala, Orishanla)는 마을 입구를 수호하고 훼손으로부터 보호한다. 오룬밀라Orunmila는 이파족의 점술 체계에서 예언의 신에 해당한다. 그리

---

* Oranyan(또는 Oranmiyan로 알려져 있기도 하다.)은 나이지리아의 이페에 있는 요루바 왕이며 신화속 인물인 오두두와의 아들이다. 요루바 역사에 따르면, Oranayan은 1400년경어 오요 왕국을 건국하였으며, 그의 아들 Eweka I은 베냉 왕국의 태조인 오바가 되었다. Oranyan이 서거했을 때, 그의 아들은 자신의 아버지가 죽은 위치에 The Staff of Oranyan이라고 알려진 오벨리스크를 세웠다.

고 이페 시의 전설적인 창건자인 오두두와Oduduwa(Ogun)는 전쟁의 신이며 철기공의 후원자이다.

“세상은 네 개의 각을 갖는다.”는 말은 요루바인들에게 널리 퍼져 있는 표현이다. 마찬가지로 외부 세계에서 지구로 접근하기 위해서는 4개의 문을 통과해야 한다. 이 모습은 각 도시의 4대문의 벽 위에 그려져 있다. 요루바 신들 중의 하나인 4개의 머리를 가진 올로리 머린Olori Merin 신이 있는데 이 신의 형상은 각 도시의 중심지에 자리하고 있으며, 이 신의 각 머리는 동서남북의 네 방향을 가리킨다. 4일-일주일의 각 요일의 이름을 가진 4명의 주요신들은 네 방향과 연결되어 있다. 상고는 동쪽, 오바탈라는 북쪽, 오룬밀라는 서쪽, 마지막으로 오두두와는 남쪽과 연결되어 있다. 각각의 4방위는 다시 네 부분으로 나뉘는데 각 부분은 지구를 형성하는

그림 17-1 요루바족의 구슬 장식이 달린 신발. 나이지리아. 전통에 따르면, 요루바 왕국의 태조인 오두두와는 16명의 왕자들에게 각각 구슬이 달린 왕관과 여러 가지 하사품을 주었다. 16명의 왕자들은 후에 요루바 왕국의 각 성의 영주가 되었다. 하사품 중에는 각 신발 앞쪽에 구슬 장식이 된 4마리 새가 달려 있었다. 사진에 나와 있는 신발은 그들에게 주장한 것이 거절당하고 강제로 지위를 박탈당한 추장의 것이다. 대영박물관.

임무를 가진 16명의 신 중의 한 명의 관하에 있다.

베냉족의 요일은 또한 지구의 네 부분과 관련 있다. 에켄Eken은 휴식의 날로 동쪽과 관련이 있고, 아호Aho는 남쪽과 관련이 있으며, 왕인 으바Oba가 의식을 치르는 날인 오쿠오Okuo는 북쪽과 관련되어 있다. 이그브족 언어에서, 에코Eko, 오요Oyo, 아포Afo와 엔크오Nkwo와 같은 이름은 모두 유사하다.

점술에서 4의 특별한 의미

16 즉 4^2, 256 즉 4^4와 같은 4의 거듭제곱수는 매우 중요하다. 이런 수들은 이파족의 점술에서 중요하다.

요루바족은 예언의 신인 오룬밀라가 자문을 하는 수단인 이파 점술 체계로 유명하다. 모든 중요한 단계뿐만 아니라 어떤 결정을 내리기 앞서서

그림 17-2 이파족의 점술에 사용된 야자수 열매를 담는 그릇. 다호메이. 대영박물관.

그림 17-3 나이지리아와 다호메이의 요루바족 중에서 이파종족의 점술 체계. 전분이 뿌려진 이파 쟁반 위에 나타난 두 줄의 배열을 통해서 오룬밀라는 적절한 오두 주문을 외웠다. 점을 보러 온 사람은 이 시에서 자신의 문제에 대한 답을 찾을 수 있었다.

오룬밀라 신의 충고를 구한다. 오룬밀라 신의 충고는 요루바족의 삶에서 매우 중요한 곡물인 야자수 열매 16개로 진행한다. 17번째 열매는 이파족의 돈인 별보배조개 꾸러미 모양으로 가까이 놓는다. 이 점술가, 즉 오룬밀라는 먼저 16개의 열매를 두 손에 놓고 흔드는데, 이런 과정을 '야자수 열매 두드리기' 라고 부른다. 그러고 나서 그는 모두 왼손에 놓고 오른손으로 최대한 많이 집는다. 만약 왼손에 딱 한 개가 남는다면, 그는 아름답게 장식된 이파 양식의 쟁반 위의 전분을 곱게 뿌린 표면 위에 두 길을 그린다. 만약 두 개의 열매가 남는다면, 이파 양식의 쟁반 위에 한 개의 길을 그린다. 그의 왼손에 정확히 한 개나 두 개 남았을 때에만 기록한다.

이 모든 과정은 한 줄 또는 두 줄짜리 길 여덟 개가 쟁반 위에 세로로 기록될 때까지 반복한다. 나올 수 있는 배열의 예는 그림 17-3과 같다.

세로줄은 각각 서로 다른 이름을 갖는다. 그리고 각 위치에 한 개 또는 두 개의 선이 있을 수 있기 때문에, 각 세로줄에는 즉 16개의 서로 다른 배열이 있다. 각 줄에 대한 이름은 지역마다 다양하다. 바스컴Bascom은 세로줄에 각각 다음과 같은 이름을 소개했다.

Ogbe	Oyeku	Iwori	Edi
I	II	II	I
I	II	I	II
I	II	I	II
I	II	II	I

오른쪽 세로줄은 남성으로 여성을 상징하는 왼쪽에 있는 세로줄보다 더 강한 것으로 간주된다. 이러한 두 줄짜리 각각의 세로줄 배열은 '이파에 이르는 길', 즉 '오두' 라고 부른다. 이것들은 모두 $2^4 \times 2^4$ 즉 256개의 서로 다른 오두를 갖는데, 256개의 오두는 중요성에 따라 1부터 256까지 순위가 정해져 있다. 각 오두는 많은 주문과 관련되어 있다. 각 주문은 실생활 문제와 관련되어 있지만, 요루바족어의 특징인 사격어(斜格語; oblique language)로 되어 있다. 오룬밀라가 오두와 연계된 주문을 암송할 때, 점을 보러온 사람은 자신이 처한 상황에 적합한 말을 듣는다. 점술가는 또한

유능한 의술가로도 알려져 있다.

존슨 목사는 이파의 점술체계는 델포이의 신탁 체계와 유사하다고 주장했다. 다음의 주문은 오늘날의 정신분석학과 유사하다는 것을 보여준다. 이 산문은 의뢰인이 자신이 바라는 것을 실행하는데 필요한 자신감과 정확한 경비를 안내해 준다.(Bascom, p. 143)

오룬밀라는 각자 고유한 세로줄*을 가져야 한다고 말한다. 나는 각자 고유한 세로줄을 가져야 한다고 말한다. 오룬밀라는 20개의 별보배조개로 고유한 세로줄을 만들 수 있지만, 이것만으로는 완성할 수 없다고 말한다.

오룬밀라는 각자 고유한 세로줄을 가져야 한다고 말한다. 나는 각자 고유한 세로줄을 가져야 한다고 말한다. 오룬밀라는 30개의 별보배조개로 고유한 세로줄을 만들 수 있지만, 이것만으로는 완성할 수 없다고 말한다.

오룬밀라는 각자 고유한 세로줄을 가져야 한다고 말한다. 나는 각자 고유한 세로줄을 가져야 한다고 말한다. 오룬밀라는 40개의 별보배조개로 고유한 세로줄을 만들 수 있지만, 이것만으로 완성할 수 없다고 말한다.

나는 "글쎄, 그러면 아그보니르**님, 누가 세로줄을 완성하죠?"라고 물었다. 아그보니르는 별보배조개 50개만으로 세로열을 완성할 수 있는데, 그 이유는 우리는 돈을 셀 수 없고 50개의 별보배조개를 잊을 수 없기 때문이라고 말하였다.

이파는 이 수가 이 사람이 점을 보는데 필요한 수라고 말했다. 이 사람은 무언가를 하기를 원한다. 이 사람은 자신이 하고 싶은 것을 할 수 있게 '자신의 세로열을 완성' 할 것이다.

---

* 이 세로줄은 갈거나 김을 매야 할 밭의 이랑을 가리킨다. 여기와 이 운문의 다른 곳에서 이 말은 무엇이든 시도하는 것을 뜻하는 좀더 넓은 의미로 사용되는데, 그래서 '세로줄을 완성한다' 는 말은 특정한 시도에서 성공한다는 것을 의미한다.

** Agbonnie는 Agbonniregunn의 줄임말이고 Orunmila나 Ifa의 다른 이름이다.

소소한 결정들을 내리는데 사용되는 좀더 간단한 점술을 보기 위해서 하급신인 오펠르Opele를 방문한다. 이때, 오펠르는 8개의 반쪽 콩깍지 또는 동전을 일정한 간격으로 묶여 있지만 4번째와 5번째는 간격이 다른 곳보다 넓은 점술용 체인을 던진다. 오펠르는 체인의 가운데를 집어 들고 평평한 바닥에 두 줄이 되도록 놓는다. 적절한 주문은 반쪽 콩깍지의 겉면과 앞면의 배열 또는 동전의 앞면과 뒷면의 배열로 결정된다. 그리고 그 해석은 야자수 열매를 가지고 하는 것과 똑같다.

오조를 포함한 몇몇 저자들은, 즉 4096개의 주문(즉 이파에 이르는 길)이 있다고 주장하는 반면에 다른 저자들은 즉 6만 5536만큼의 주문이 있다고 진술하고 있다. 바스컴과 이도부Idowu는 그 수는 정확히 256이라고 주장한다.

수세기 동안 요루바왕국 통치자들은 이파 예언자들의 계급 제도를 유지해 왔다. 한때 이들 예언자들은 국가의 정부에서 막강한 위치를 차지하고 있어서 심지어 집권 중인 알라핀Alafin을 폐위시킬 수 있는 권한까지 있었다. 유럽인들은 적어도 1705년의 점술의 실상을 목격하고 이를 기록하였다. 이러한 점술은 다호메이, 토고와 차나 지역까지 멀리 퍼졌다. 점술 중 흙점술은 천주교가 퍼져 있는 쿠바와 브라질에 이민 간 요루바족의 후손들 사이에서 보존되고 있다. 그리고 최근에 뉴욕시 7번가에 요루바족 사원이 생겼다.

그 밖의 중요한 수

4를 제곱해서 구할 수 있는 16은 점술에서는 큰 의미가 없지만, 다른 영역에서 의미를 갖는다. 예를 들어 16은 건국 신화에도 나온다. 전설에 따르면, 16개의 가지가 뻗어 있는 야자수 나무는 요루바 왕국의 16명의 왕을 상징한다.

다른 중요한 수는 40과 200뿐만 아니라 이 두 수의 다음 두 수, 즉 41과 201이다.

1967년 1월 파주이Adekunle Fajuyi의 국장國葬에서는 이티키 지역의 전통적인 장송가葬送歌가 불렸다.

내가 너를 부르니, 대답해 주지 않겠니?
내가 너를 다섯 번, 여섯 번 부르니.
내가 너를 일곱 번, 여덟 번 부르니.
내가 너를 열여섯 번 부르니…

이후 노래는 다른 형식으로 반복된다.

그대의 아버지가 너를 다섯 번, 여섯 번 부르니.
그대의 아버지가 너를 일곱 번, 여덟 번 부르니.
그대의 아버지가 너를 열여섯 번 부르니.
온 길 위에 오부비제 버섯이 자라나네.
그대의 아버지가 쉬지 않고 너를 부르네.
그대의 어머니도 너를 부르네.

신성한 수 200을 언급하고 있다.

"200명의 사람을 교화시킨 사람이 바로 당신 아버지이다."

젊은 남자가 약혼녀에게 주는 선물중에는 콜라나무 열매 있다. 예식 중에 하객들은 콜라나무 열매를 나누어 갖는데, 이는 하객들이 약혼식에 참석한 하례품의 의미를 갖는다. 별보배조개 41개로 만든 왕관은 가신家神인 오리Ori와 관련된 상징적인 이미지이다.

아디헨에 따르면, 베냉족의 신성한 수는 "20, 2, 4, 7, 14, 40, 200과 201이다. 베냉족 사람들은 일반적으로 콜라나무 열매를 낯선 사람에게 2의 배수 또는 4의 배수로 준다. 사람들의 수가 많으면 7, 14 또는 20개를 준다. 예를 들어, 한 마을의 사람들과 같이 사람의 수가 더 많으면 200이나 201개를 준다. 그들이 신에게 제물을 바칠 때에도 같은 순서를 따른다. 다만, 매우 큰 부자인 추장은 200개나 201개의 콜라나무 열매를 제물로 바치거나 제물을 바쳤다."

요루바족 사람들은 오리사스orishas라는 많은 보조신들을 인정했고 각 신은 특정한 기능이나 행사와 관련 있다. 존슨 목사는 이 수의 위계에서 401을 최고의 수라고 말한 반면, 다른 권위자들은 201, 401, 또는 1600을 최고의 수라고 언급했다.

순수의 신인 오리사-은라Orisha-nla에 대한 숭배는 요루바족 사람들의 삶에서 중요한 부분이다. 콜라나무 열매를 네 조각으로 나눈 것을 던져서 나온 결과를 신의 응답으로 생각한다. 콜라나무 열매 조각들은 각각 특정한 상징을 의미하는 서로 다른 다섯 개의 위치에 떨어질 수 있다. 오리사에게 바치는 제물에는 달팽이 16마리, 불에 구운 쥐 16마리, 말린 생선 16마리와 콜라나무 열매 16개가 포함되어 있다. 축제의 한 단계에서, 점술사는 특정한 나무의 가지에서 201장의 잎사귀를 딴다.

7은 7일간의 추수 기념 축제, 그리고 에군군Egungun 의식과 관련되어 있다. 에군군은 죽은 조상들에 대한 기원 행사이며 대규모의 귀향 축제에서 볼 수 있다. 창조 신화의 한 견해에 따르면, 7은 오두두와의 7명의 손자를 언급한다. 7명의 손자들은 요루바족과 베냉족의 실질적인 통치자가 되었다. 존슨에 따르면, 천둥의 신인 상고를 숭배하는 제전식에 참가하기 위해서는 별보배조개 7주머니(조개껍데기 1만 4000개)를 지불해야 한다.

1400

"시체 1400구를 담을 수 있는 매우 긴 관은 무엇일까?" 이 오래된 요루바족 수수께끼에 대한 답은 바로 시체를 끝에서 끝까지 한 줄로 배열해 놓을 수 있는 긴 관을 묘사하는 '길'이다. 이러한 모습은 자신의 농장에서 아침부터 밤까지 길이 가장 붐빌 시간에 자신이 가야 할 길을 따라 한 줄로 가고 돌아오는 수백 명의 농부들로 표현된다. 1400이라는 수는 인수 7과 200으로 구성되며 이 둘 모두 중요한 수이다.

'1400개의 별보배조개'는 신부를 데려오는 대가로 장인될 사람에게 별보배조개 1400개를 주는 귀뚜라미를 의인화한 설화이다. 귀뚜라미는 처음에 결혼지참금으로 지불할 돈을 빌려야 했다. 가는 길에 귀뚜라미는 와인 판매상을 만났고, 무슨 일이 일어났는지를 알기 전에 귀뚜라미는 취했다. 그리고 나서 왕의 아들이 등장하기 전까지 모험 이야기가 이어진다.

마지막 몇 줄에 이 설화가 요약되어 있다. 왕이 아들에게 별보배조개 1400개를 주면서 말하였다.

> "오, 아들아 너도 말했듯이 문제가 크구나.
> 나의 국고에서 지불해야겠구나.
> 많은 내 신하들은 빚을 많이 졌다.
> 먼저 내 너에게 1400을 줄 테니 이를 고수鼓手에게 주어라.
> 그러면 고수가 이 돈을 그 여인에게 줄 것이다.
> 그 여인은 별보배조개를 행상꾼에게 주고…"

행상꾼, 암탉, 여인네들, 땅딸보, 사냥꾼, 말, 판야 나무, 그리고 마지막에

> "만약 귀뚜라미가 취하지 않았다면, 내 금고에서 나온 별보배조개 1400개를 와인 판매상에게 줄 수 있었을 테고, 우리가 다 갚지 않으면 신은 아마 화가 날 것이다."

귀뚜라미가 별보배조개 1400개를 받을 때가 되어서, 귀뚜라미는 만취에서 깨어났다. 그는 와인값을 치르고, 다시 신부를 데려올 별보배조개 1400개를 빌렸다.

오라난의 오벨리스크

매혹적인 주제는 일레-이페 시에 아직도 세워져 있는, 오요국의 건립자인 오라난을 위한 오벨리스크oranyan's staff에 대한 기원과 여기에 새겨진 상징들에 대한 의미이다. 존슨 목사는 그 상징들은 רי로 이 상징은 "페니키아인의 문자인 레시 요드Resh Yod(오른쪽에서 왼쪽으로 읽는)인데, 오라난의 이름을 표현한다."라고 진술하였다. 정확하게 이 문자들은 고대 이스라엘에서 사용된 것으로 각각 수사 200과 10에 대한 상징이며 페니키아어로부터 유래된 것이다. 다시, 200은 신성한 수이다!

이집트인들의 상형문자로 거슬러 되돌아가면, 요드 문자는 손을 표현하

는 반면, 레시 문자는 머리 모양을 따른다는 것을 알 수 있다. 이러한 문자들이 이집트 태양의 신의 아들인 라Ra와 이스라엘 신의 금지된 이름인 야훼를 연결시키는 것이 가능한가? 최근의 연구는 그런 사색적인 해석에 찬물을 끼얹는다. 저명한 저술가인 패그William Fagg와 윌릿Frank Willet은 1960년 공동 작업한 글 〈고대 이페〉에서 "헤브라이어 또는 이집트어의 입장에서 이 부조물이 오파 오란미얀Opa Oranmiyan을 양각한 것이라고 해석할 만한 어떤 정당성도 찾을 수 없고, 제공된 어떤 해석도 철못을 설명할 수 없다."고 진술하고 있다. 그들은 존슨의 《요루바의 역사》에 있는 오라난의 오벨리스크 그림이 실물과 닮은 부분이 적고, 존슨이 설명한 화강암 기둥에 박힌 철못의 수에 동의할 수 없다고 주장하였다. 그것은 아마도 고고학자들이 실제로 발생한 기원과 석상의 중요성을 발견하기 위해 삽으로 퍼내면서 생긴 변화 때문일 것이다.

제18장 시간 계산

하루는 새벽에 시작하여 어스름한 황혼녘에 마무리 된다. 밤은 다음날과 오늘을 구분 지어준다. 모든 요루바족의 주택지구 중심에는 상록수와 신성한 음료가 담긴 병을 매달아 놓은 막대가 있다. 이 물건은 해시계의 역할을 한다. 요루바족들은 하루의 다양한 시점에서 그림자의 길이를 활용해서 시간을 어림잡을 수 있었다.

일레이페 시에는 고대 해시계가 서 있다. 이 해시계는 삼각 돌기둥에 있으며 원이 하나 그려져 있다. 이 원은 16부분으로 나뉘어 있고, 원과 관련 있는 그림자의 위치는 특정 축제를 경축하기 위한 시간을 가리킨다.

해가 구름에 가릴 때, 농부들은 해놓은 일의 양과 특정 새의 울음과 동물의 먹는 행위를 통해 시간을 추정한다. 이디헨Peter Idehen은 "수탉과 같은 새들은 시간을 알 수 있도록 도움을 준다. 어떤 새는 우는 소리로 밤 시각을 알려준다. 그 새는 저녁 6시, 밤 12시, 아침 4시와 아침 6시에 운다. 대부분의 경우, 이런 새는 시계로 시각을 확인해 보아도, 정확한 시각에 운다. 또 다른 새는 4시간마다 울고, 시간을 매우 정확하게 지킨다. 수탉은 아침이 시작하자마자 운다. 많은 마을과 집에서 수탉이 밤 7시에서 2시 사이에 울면 사람들이 어떤 위험한 일이 있을 것이라고 생각하여 수탉을 그 즉시 죽인다. 유럽인들이 시계를 사용하는 것처럼, 이 민족은 그림자를 사용하거나 시각을 알려주는 새를 사용한다.

비록 일주일이 7일인 유럽의 달력이 나이지리아에서 공식적으로 채택되었다 할지라도, 남부 나이지리아의 풍습에는 여전히 전통적인 4일-일주일에 바탕을 둔 생활이 유지되는데, 특히 시장이 열리는 주기가 그러하다. 과거에는 그 지방의 민간에 널리 퍼진 신이 그 지역 요루바족의 일주의 시작을 지정하였다. 이후에 그 지역의 시장의 출현이 4일씩의 주기를 지배하게 되었다. 장날, 장 다음날, 장 다다음날, 내일은 장날이고, 드디어 또 다른 장날이다. 한 이그보족 사람은 '오크베이 마을에 서는 에케Eke 시장'에 대해 이야기하였다. 그 시장은 매주 '에케'라 불리는 날에 열린다.

시간 계산은 포괄적이다. 어떤 사람이 특정 기간을 말할 때, 그 사이의 처음과 마지막 단위를 모두 포함시킨다. 사람들은 시장은 매 5일이나 매 9일마다 열린다고 말한다. 다시 말해서, 4일-일주로 한 주나 두 주마다 장이 열린다. 요루바족은 '2년 전'을 '이둔타Idunta'라고 표현하는데, 이 말은 '오둠 메타Odum meta'에서 파생된 것으로, 이 뜻을 글자 그대로 옮기면 '3년'이다. 《신의 화살Arrow of God》에서, 한 이그보족 기독교인은 "이 분이 바로 우리가 매 8일마다 설교하는 신이다."라고 말하며 7일-일주일에 대해서 언급하였다. 이런 관행을 목격한 일부 유럽의 연구자들은 요루바족은 5일-일주일을 하고 명칭이 없는 주말이 있는 요일로 날을 따진다고 결론내렸다.

한 달은 연속된 새로운 달의 출현 사이의 간격으로 인식된다. 따라서 요루바족의 한 달은 28일로 이루어진다. 28일은 특정한 배경 별을 기준으로 달이 지구를 한 바퀴 도는데 걸리는 시간을 계산한 항성월亢星月에 가깝다. 요루바족 출신의 한 친구는 자신의 아버지가 벽에 표시하면서 매달 날짜가 지나가는 것을 세었다고 회상하였다.

일 년의 개념에 대해서 오조Ojo는 다음과 같이 기록하였다(pp. 205-206).

> 고대 요루바족 사람들의 일 년에 대한 개념은 3단계(농사 주기에 따른 주기, 기후에 따른 주기, 달의 모양에 따른 주기)를 거치며 발전해왔다.
>
> 사색을 즐기기 전에 먹는 것을 고민해야 하는 환경에 있는 사람이라면 그러했듯이, 요루바족 사람들도 자신의 식량 생산과 결부해서 시간을 계산하였다. 정착하며 농작물 재배를 시작하던 초기 달력은 주기적으로 반복되는 재배 활동에 기원을 두고 있다. … 후에 일 년은 건기와 우기로 이루어진 두 기후의 연속적인 순환으로 인식되기 시작하였다.

… 농사 주기, 기후 주기, 달의 주기 간에 관련이 있다는 것을 요루바족은 놓치지 않았으며, 실제적인 관찰을 통해서 13번의 달의 삭망이 일년을 이룬다는 것을 추정해 내주었다.

베냉족의 달력은 요루바족과 유사하다. 이디헨은 왕궁 천문학자의 역할에 대해서 말해주었다.

베냉 왕국에는 왕인 오바가 주관하는 특별한 학회가 있었는데 이 학회의 임무는 천문학자의 역할과 유사하다. 학회명은 '뜨는 달'이라는 의미를 지닌 이워-우키Iwo-Uki이다. 그들의 임무는 달, 해, 별을 관찰하여 사람들에게 식물을 심고 씨를 뿌리고 수확을 하는 등의 농사 활동에 적합한 시기를 알려주고 다양한 축제 활동을 위한 적기를 알려주는 것이다.

학회는 계절의 변화에 대한 정보를 얻기 위하여 새와 곤충을 관찰하였다. 할미새와 같은 조류는 건기에만 볼 수 있었기 때문에 사람들은 이 새를 본 후 건기가 오고 있음을 판단할 수 있었다. 숲속에서 발견되는 귀뚜라미 등의 곤충들도 계절의 변화를 암시하는 역할을 하였다. 그들은 또한 별을 관찰한 후 계절의 변화를 판단하였다. 가장 중요한 별은 오리온의 허리띠Agho에 있는 3개의 별이다. 이 별이 하늘에서 더 이상 보이지 않을 때, 사람들은 고구마를 심어야 하는 때가 되었음을 알 수 있었다. 비록 문명이 발달한 사회의 사람들은 이러한 방법들이 원시적이라고 생각할 수도 있겠지만, 이들은 어느 정도 정확성을 바탕으로 여러 장치들을 사용하였다. 이러한 장치들은 자연 그대로의 수많은 세월 속에서 신중한 관찰로 축적된 결과물이다.

더 긴 시간은 중요한 행사와 관련지어 계산되었고, 이 시간은 그 후에 각 지역의 농지 순환 체계와 통합되었다. 이 주기에 속하는 실제 횟수는 경작 가능한 농지의 수에 따라 결정되며, 그리 멀지 않은 과거에도 이 주기는 5년에서 20년으로 다양했다. 이런 방법으로 시간을 계산해서, 노인들은 자신의 자녀들의 나이, 천연두가 발병한 날, 또는 메뚜기 떼의 습격이 있던 때를 회상할 수 있었다.

아자이Ajayi 박사는 요루바족의 전통적인 시간에 대해서 다음과 같이 요약하였다.

> 일 년은 보통 일 년 단위로 치르는 행사와 계절의 변화로 계산되거나, 특정 지도자들의 통치와 관련하여 계산된다. 한 해는 음력으로 나뉘며 또한 건기와 우기가 있다. 한 해는 각기 다른 신들을 위한 축전으로 구성되어 있고, 또한 계절의 변화에 따라서 나뉘기도 한다. 또 장이 열리는 기간이 있고 농작물 시기에 따라서 식물을 심고 수확하고 개간하는 기간으로 구성되기도 한다. 장은 일정한 간격을 두고 열리는데 5일이나 9일 또는 7일 등 지역마다 정해진 기간이 다르다. 따라서 사람들은 장이 열리는 정확한 날짜를 미리 알 수 있다. 즉위 기념을 위한 연도가 정해지고 각 연령 계급에 따른 모임의 탄생을 축하하기 위한 날도 갖는다. 매 3년마다 각각의 모임은 통치 군주와 관계된 명칭을 갖게 된다.

제19장 시장과 화폐

남부 나이지리아 사람들은 남성과 여성 모두 지난 수백 년 동안 상업에 능숙한 것으로 명성이 나 있다. 시장은 예나 지금이나 일정한 간격을 두고 열리는데 주로 4일이나 8일에 한 번씩 열린다. 이것은 4일-일주일의 전통의 흔적이다. 지역 장이 열리는 장소와 출하물들은 순환한다. 오늘날 이바단 지역에서 16일마다 열리는 의류 시장은 멀리 떨어진 가나에서 손님이 찾을 정도로 매력적이다.

시장에 나오는 여성들은 가정주부, 생산자, 판매자, 소비자의 역할을 겸하기 때문에 시장은 정기적으로 열려야 한다. 마을 단위나 노상 판매부터 라고스 시장처럼 대규모의 상거래에 이르기까지 여성들이 상거래를 담당하고 있다. 요루바족 여성들은 어디에서 물건을 싸게 구입하고 비싸게 팔 수 있는지를 잘 알아서 명성이 자자하다. 그들은 마을에서 수 마일 떨어져 있는 농장에 직접 가거나 지역 시장으로 들어오는 길목에서 기다리며 물건을 구매한다.

《타임》지에 실린 최근 기사는 가나와 나이지리아에서 섬유 및 철물과 식량의 거래와 운송에 대한 많은 부분을 담당하고 있는 서아프리카 여성 상인들의 통찰력을 극찬하고 있다. 라고스에 있는 은행원들에 따르면 한 여성은 자신의 이름을 쓰지는 못하지만, 그녀가 원할 때 언제든 20만 파운드(56만 달러) 상당의 신용장을 발급받을 수 있다고 한다. 아프리카의 한 저널리스트는 여성 상인들에 대해 다음과 같이 말한다. "그들은 글을 읽거나 쓰지는 못하지만, 셈에는 정말 도가 텄다."

남부 나이지리아의 별보배조개

비록 물품들은 대체로 교역조건에 의해 교환되었지만, 유럽인들이 출현하기 이전부터 남부 나이지리아의 상인들은 통화를 사용하였다. 수어가 말해주듯이, 별보배조개는 통화의 기본 단위였다. 많은 양의 별보배조개가 고대 이페 시에서 발굴되었다.

포르투갈 사람들이 15세기에 베냉 왕국을 처음 방문하였을 때, 그들은 별보배조개를 일반적으로 사용한다는 것을 알았다. 1588년 영국 상인 웰시는 20개의 별보배조개로 2갤런 상당의 농장 와인을 살 수 있었다. 일 년 후 영국 상인 버드와 뉴턴은 유럽인들이 금과 은을 사용하듯 '예쁜 흰 껍데기'를 사용한다고 적어두었다. 그들은 100개의 별보배조개를 지불하고 2갤런의 꿀과 벌집을 구매할 수 있었다.

1700년경에는 한 네덜란드 상인이 베냉 왕국의 왕인 오바Oba에 의한 국가 차원에서의 독점에 대해 언급했다. 수입과 수출에는 특정한 세금을 부가하지는 않았지만, 무역을 할 수 있는 특별 허가를 내준 대가로 상인들은 세금을 별보배조개로 내야 한다. 각 영주는 왕인 오바를 위해 일정 금액의 별보배조개 꾸러미를 조달해야 했고, 낮은 계급의 관리인들은 왕실 가족을 위해 특산물을 조공해야 했다. 그곳에는 가난한 사람이 없었고 영지 내에서 부자들은 누구도 배고픔에 허덕이지 않게 할 의무가 있었다.

'별보배조개는 어떻게 다루었을까?' 그리고 '별보배조개의 가치와 유럽 통화의 가치를 어떻게 비교하였을까?' 라는 의문에 대해 나는 많은 부분 존슨Marion Johnson이 쓴 《서아프리카의 별보배조개 통화The Cowrie Currencies of West Africa》와 커크그린A. H. M. Kirk-Greene이 매우 훌륭하게 작성한 논문인 〈나이지리아 역사 속의 주요 통화The Major Currencies in Nigerian History〉에서 답을 구할 수 있었다.

이 지역의 북부에서는 5개씩 묶어서 별보배조개를 센 반면에, 해안 지방에서는 별보배조개에 구멍을 내어 실로 40개를 한 묶음으로 연결해서 사용하였다. 포르투갈인들이 처음 무역을 시작할 당시에 별보배조개가 꾸러미로 사용됐는지에 대해서는 알려진 바가 없다. 현재 우리가 알고 있는 것은 별보배조개는 40개를 단위로 세고, 이것을 아프리카 사람들은 '갈린

하스galinhas' 라고 불렀으며 포르투갈인들은 '헨스hens' 라고 불렀다는 것이다. 후에 이 용어는 40개 다발 5개, 즉 200개의 별보배조개를 지칭하는데 사용되었다. 이를 통해 별보배조개의 구매력의 하락에 따른 평가절하를 알 수 있다. 상업에서 사용되는 언어가 포르투갈어에서 영어로 바뀜에 따라 영어에서의 동등한 표현들을 사용하게 되었다.

별보배조개를 꿰어서 사용하지 않는 지역에서는 요루바족의 명수체계를 설명한 장에서처럼 별보배조개는 더 큰 단위로 빠르게 묶는 방법으로 사용되었다. 나이지리아에서는 남자와 여자 모두 무역업에 종사하였고, 별보배조개가 높은 단위까지 셀 필요가 있었다는 점을 기억해 두자. 더욱이 별보배조개는 구매자와 판매자 모두가 세야 했다! 확실히 이것은 아프리카 사람들이 기껏해야 겨우 열까지밖에 세지 못한다는 속설이 잘못되었다는 것을 말해준다.

초기 요루바족의 명수체계는 십진법과 이십진법의 혼용을 토대로 하고 있다(20, 200, 2000, 20000 : Oke kan = 한 꾸러미). 나이지리아의 옛 수도인 라고스에서 이 명수체계는 후에 더 북쪽 지역까지 채택되었다.

40 = 1묶음string
2000 = 1다발head = 50묶음
20000 = 1자루bag = 10다발

그러나 200은 단위로서 인식되었다. 따라서 5묶음마다 두 개의 별보배조개를 할인해 주었다.

브라질에 살던 요루바족 사람인 오시페쿤데는 19세기 초에 노예로 팔려가 청년시절을 라고스의 북동쪽에 위치한 이제부Ijebe 지역에서 보냈다. 그는 고향에 대한 생각에서 통화 가치에 대해 기억해냈다. 그는 별보배조개의 가치에 대해 다음과 같이 설명해 주었다.

ogoji	= 묶음	= 별보배조개 40개
ogwao	= 쾌 (5묶음)	= 별보배조개 200개

egwegwa	= 다발 (10 쾌)	= 별보배조개 2000개
oke	= 자루 (10 다발)	= 별보배조개 20000개

당시 노예의 평균 가격은 2자루 정도였다.

서부 수단 지역의 모든 거대 무역 센터에서는 별보배조개 산대算臺를 이용하였다. 별보배조개와 같은 작은 조개껍데기를 하루 30만 개를 세야 한다고 상상해 보아라. 특히 별보배조개를 꿰어서 사용하지 않았던 내륙지방에서는 더 힘든 일이었을 것이다.

1860년대 별보배조개와 영국 화폐 가치 사이의 환율은 다음과 같았다.(지역과 시기에 따라서 다르게 나타나기도 한다.)

별보배조개 40개	= 1묶음	= 0.75~1페니
별보배조개 5묶음	= 1 쾌	= 3~6펜스
10쾌	= 1다발	= 1.75~2실링
10다발	= 1자루	= 14~18실링

세기가 끝날 무렵, 천 개의 별보배조개는 은화 3펜스의 가치가 있었고, 동화 1페니는 300개의 별보배조개로 교환이 가능하였다.

19세기 초 잔지바르Zanzibar에서 생산되는 더 큰 별보배조개가 도입되었다. 유럽 상인들은 더 큰 별보배조개를 대량으로 퍼서 상당한 이익을 남겨 팔 수 있다는 것을 알게 되었다. 하지만 껍데기에 더해진 무게와 유럽 통화의 도입으로 인한 가치의 감소로 인하여, 실제로 운송할 만한 가치를 지니지는 못하였다. 니제르 강 하류 지역에서 별보배조개는 단지 가치의 측정 단위로서의 역할만 하게 됐다. 이때 가격은 수많은 별보배조개 단위로 측정되었다. 지역 시장에서의 소규모 거래를 제외하고는, 별보배조개는 교환의 매개물로서의 기능을 하지 못하였다. 별보배조개 가격의 유동성과 영국 화폐 단위로 바꾸어 계산해야 하는 불편함 때문에 가장 약삭빠른 상인들은 세금을 계산하는 기술에 고역을 치러야 했음에 틀림없다. 예로 1902년 요루바 지역에서는 실링당 환율이 별보배조개 4000개였던 반면에, 나이지리아 북쪽의 소코토 지역에서의 실링당 환율은 별보배조개 1200개에 불과하였다. 1904년 별보배조개의 반입을 금지하는 포고가 내려졌고 정부에 의해 동전이 도입되었다. 그러나 가장 작은 화폐 단위가 3펜스였기 때문에 아니니(anini, 페니화의 1/10의 가치를 지닌 호페)가 도입되기 전까지 별보배조개는 계속해서 지역 시장에서 거래되었다

요루바에서 다음과 같이 뺄셈을 하였다.

2 (실링) 3펜스 = (m)eji le toro
2 (실링) 9펜스 = (m)eta din toro
(3펜스보다 3이 적은)

별보배조개는 지금도 많은 수를 표현하기 위한 유용한 표현 단위로 남아 있다. 한 농부는 자신의 고구마 밭을 3펜스(1000)라그 표현할 수도 있을 것이다. 옛날에 다호메이 왕국의 왕이 요루바와의 전쟁에 패하면서 잃은 4820명의 군사의 수를 '2다발, 20묶음, 20'으로 표현하기도 한다.

20세기의 별보배조개

별보배조개 껍데기가 영국 정부가 주조한 화폐를 도입한 후에 사라진 것은 결코 아니다. 별보배조개는 아프리카의 많은 지역에서 없어서는 안 될 중요한 삶의 부분이다. 장식이나 종교적 상징에 사용되기도 하며 특별한 목적의 통화로도 이용된다. 최근까지도 돈으로 거래되기도 하였다. 1920년대 이그보족 사람들은 특히 섬 안에서 별보배조개를 유통하고 있었다. 요루바와 누페 지역에서는 1930년대의 심각한 불황시기에 별보배조개를 다시 볼 수 있었는데, 당시 페니화의 10분의 1의 가치인 아니니anini 또한 거래하기에는 큰 단위였다. 최근인 1942년에도 나이지리아 일부 지역에서는 보상이 동전 대신 별보배조개로 이루어졌다.

비록 상용 통화로서 별보배조개의 사용이 금지되었음에도 불구하고, 이 작은 껍데기들은 신랑의 집에서 신부측으로 보내는 폐백이나 다양한 의식에 사용되는 보답품 등의 특별한 용도의 화폐로서 기능을 지니고 있다.

존슨이 저서를 작성할 무렵에, 부유한 집안들은 10다발 이상(2만 개 이상)의 별보배조개를 요청하였는데, 그 이전의 시대에 기념품으로 1다발의 별보배조개면 충분했던 것에 비하면 상당히 많은 것을 요구한 것이다. 오늘날 신부값은 현금으로 제공된다. 여성들이 교육을 더 많이 받을수록 신부값도 정도를 넘어 계속 올라갔기 때문에, 1969년 일부 나이지리아 지방에서는 정부가 신부값의 상한을 정하기도 하였다.

요루바의 여러 의식 가운데 별보배조개의 지출을 요구한 행사로는 장례식, 비밀 단체로의 가입, 특정한 부담금 등이 있다. 장식에 사용된 별보배조개는 어디에서나 볼 수 있다. 옷이나 북, 가구, 종교적인 가면, 머리 장식물 등에서 찾을 수 있다.

다른 형태의 통화

우리는 오늘날 나이지리아 국경을 이루는 지역에서 과거 유럽인들과 무역 거래에 사용한 통화로 다양한 물품들에 대해 짧게 언급할 것이다. 1510년에는 8개 또는 10개의 마닐라스*(manillas, 포르투갈어로 팔찌)로 노예 한 명을 살 수 있었다. 나이지리아에는 다섯 가지 종류의 마닐라스가 각각 특정 지역에서 통용되었고 오늘날에도 사용되고 있다. 19세기 말까지는 다섯 개의 마닐라스로 진 한 병을 구매할 수 있었다.

구리, 철, 황동에 대한 수요가 대단하였다. 이런 자원들은 장신구, 예술품, 무기와 도구, 그리고 특별한 목적의 통화로 제작되었다. 존슨 목사는 "요루바 사람들이 광석으로부터 철을 만드는 제련술製鍊術을 알았었다고 해야 하지 않겠는가?" 하는 불평을 하였다. 철막대로 인해서 '한 막대의 담배a bar of tabaco', 한 막대의 럼a bar of rum'이라는 용어가 생겨나게 되었다. 남부 나이지리아에서, Y자 모양의 철 막대인 오고자Ogoja 통화는 페니화 반의 가치를 지니고 있었다. 바스덴은 이그보족이 사는 한 지역에서 사용한 독특한 통화에 대해서 이야기해 주었다. 이 통화는 고대에 노예를 사는데 사용하던 것으로 철로 된 화살촉 모양의 작은 경화硬貨였다. "노예

* 화폐로 통용되는 철제 장신구

를 구매하기 위해서 얼마나 많은 경화를 세야 했는지를 생각해 보면, 그 당시 사람들의 괴로움을 이해할 수 있을 것이다." 이 지역에서 사용된 액면가가 더 높은 통화는 황동막대였다. 기록에 따르면 구슬도 통화로 널리 사용되었고, 장신구라는 특성 때문에 가치를 인정받았다. 존슨 목사는 당시 사람들이 긴 여행을 갈 때, 별보배조개 대신에 구슬을 가지고 떠났다고 말했다.

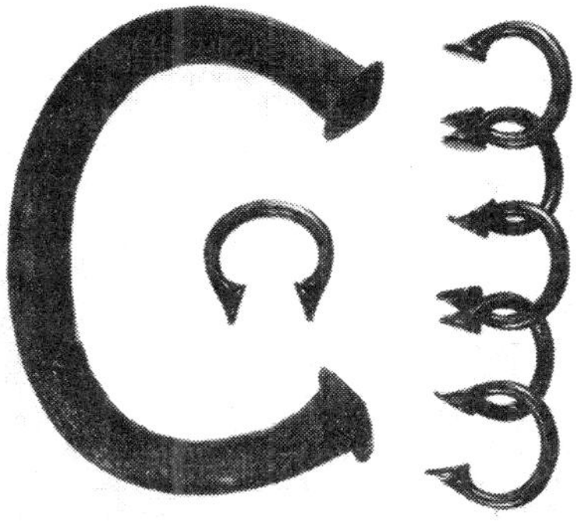

그림 19-1 니제그 강 삼각주 지역에서 사용된 것으로 가장 잘 알려진 마닐라스. 마닐라스의 무게는 3온스부터 6파운드까지 다양하다. 대영박물관

아프리카 역사학자인 다이크 박사의 말에 의하면 19세기에 사용된 모든 화폐 대용물들 가운데 오직 총과 술만이 교환 가치에 있어서 안정성을 지녔다고 한다. 그 당시 진 술은 지배자의 부를 상징하는 물품으로 수년 동안 개봉하지 않고 사람의 손으로 직접 운반되었다. 바스덴은 진 술의 빈병이 많이 발견되는 것은 과거에 거래가 있었음을 말해주는 하나의 기록이라고 말한다. 아프리카 해안지역의 사람들 가운데 영국인들은 술로 미각을 고취시켰다. 저렴하고 편리하게 교환할 수 있는 매개물이 되었기 때문이다.

무역은 언제나 물물교환으로 이루어졌다. 예를 들면, 1676년 영국의 배는 여러 길이의 무명실과 다섯 개의 보병총, 21개의 철 각대기, 아홉 개의 칼과 반 배럴의 화약으로 백여 명의 노예를 살 수 있었다.

제 7 부

지역연구: 동부 아프리카

동아프리카 문화를 이해할 수 있는 열쇠는 소떼이다. 이 지역 사람들은 아프리카의 여러 지역에서 이주해 왔고, 다양한 언어를 사용하지만, 그들에게 가장 값진 재산은 소떼이다. 생필품의 가격은 가축, 궁극적으로는 값나가는 소떼로 표현된다. 소떼는 신부대금용, 범죄나 상해, 종교적인 제물로 사용되었다. 많은 사회에서 낮 시간은 소떼와 관련된 일련의 활동들을 기반으로 구분한다. 무리 지은 동물들을 세는 것을 금기시하였는데, 그러한 많은 경우에 동물들을 세는 대신에 손가락 몸짓으로 교묘히 금기를 피해갔다.

그림 20-1 술탄 알하산(Ali ibn Al-Hasan) 통치기(885-887 A. H.: 1480-82 A. D.)에 주조된 킬와 동전. 화폐 A면에는 '알하산의 아들, 그는 행복하다.', 그리고 B면에는 '박애 신의 은총' 라고 새겨져 있다.

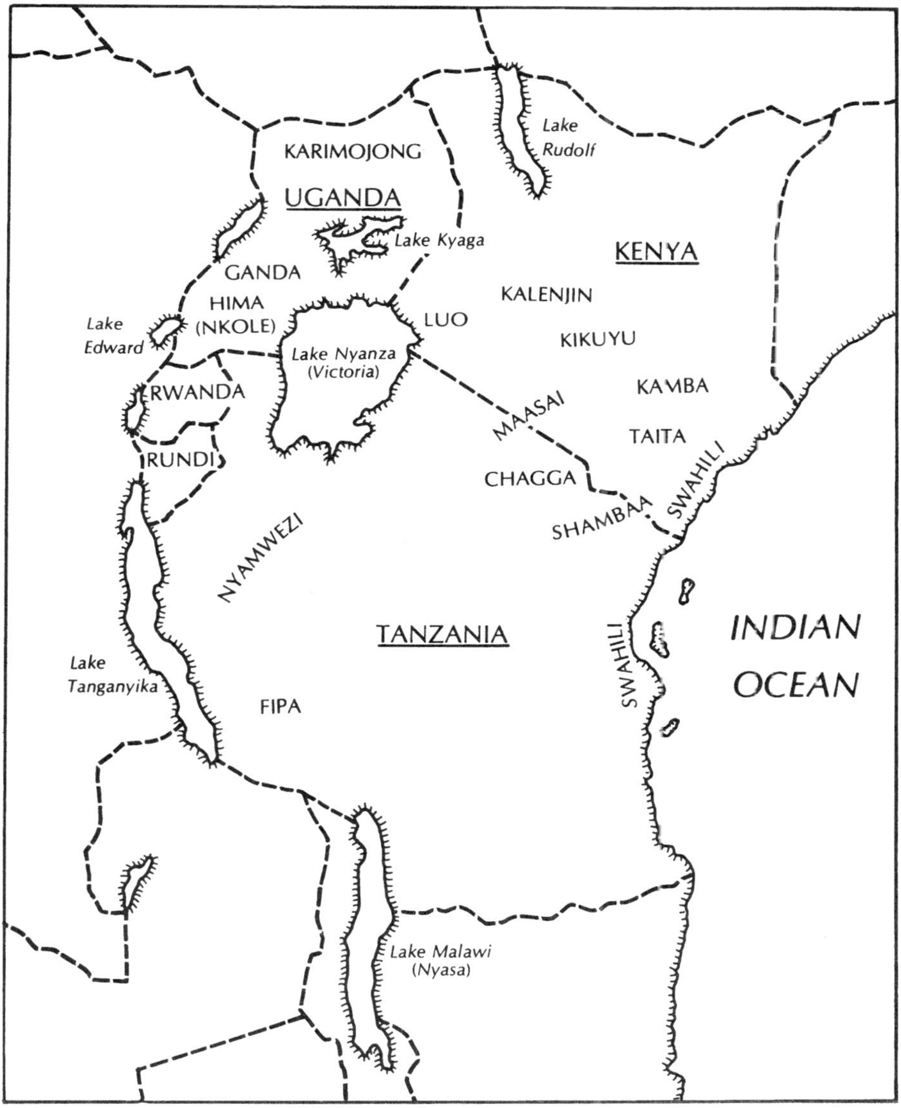

그림 20-2 동아프리카: 국가와 민족들

제20장 동아프리카의 역사

그들은 어디에서 왔는가?

인류의 가장 오래된 유물은 탄자니아의 올두바이 협곡과 케냐의 루돌프 호수가와 같은 동아프리카에서 발견되었다. 암벽화, 석기 도구 유적, 이샹고에서 발견된 조각된 뼈는 수십만 년에 걸쳐 사냥, 고기잡이, 채집 사회가 발전했다는 것을 말해준다. 기원전 5000년경에 이르러 목축을 하였고 3000년 전에 복잡한 관개 시설과 언덕에 계단식으로 된 논과 밭을 가꾸는 농경 문화가 발달했다. 약 1000년 후에 철제 도구가 동아프리카에 등장했지만 그 근원은 확실하지 않다. 아마도 닐트로족이 북쪽의 메로에 지역에서 들여왔거나 당시에 동아프리카를 관통했던 반투어를 사용하는 사람들이 남쪽과 서쪽에서 유입했을 것이다.

동아프리카의 역사는 이주와 변화의 역사라고 할 수 있다. 사람들은 비옥한 땅을 찾거나 전쟁으로 파괴된 곳을 벗어나기 위해 또는 새로운 사회에서 더 나은 생활을 위해 이동했다. 대부분의 이동은 짧은 거리로 이루어졌고 이 과정에서 원주민은 이방인을 흡수하거나 또는 흡수되었다.

현재 동아프리카의 거주민은 수많은 인종적 배경을 갖고 있으며 대단히 다양한 언어를 구사한다. 이번 절에서는 닐로트족과 반투족에 대해 간략하게 설명하다.

민족을 분류하는 가장 효율적이고 객관적인 방법은 언어이다. 동아프리카는 3개의 주된 언어적 범주인 나일제어, 반투어, 쿠시어로 나눌 수 있다. 세 언어는 전혀 관련이 없어 보인다. 문자가 발달하지 않은 시대에 언어의 관련성은 민족의 역사를 재구성하는데 중요한 기초가 된다.

닐로트족은 언어와 거주지에 따라 강과 호숫가에 거주하는 종족과, 평야지대에 거주하는 종족, 그리고 고지대에 사는 종족으로 나눌 수 있다. 나는 각 종족을 대표하는 하위부족으로 루오족Luo, 마사이족, 카렌진족을 선택하였다. 이들 민족들은 모두 수세기에 걸쳐 북쪽이나 북서쪽으로부터 동아프리카로 유입되었다.

케냐의 서쪽에 거주하는 루오족은 수단, 우간다, 콩고에 사는 투오즉이 사용하는 언어와는 다소 다른 언어를 사용한다. 현재 약 200만 명의 르오족이 케냐에 살고 있으며, 키쿠유족만이 루오족보다 수적으로 많을 뿐이다. 원래 루오족은 정착지가 없는 유목민이었지만 케냐의 국경지대가 영국의 식민지가 되면서 인근의 부족들은 선조의 땅을 중심으로 연합해서 발전했다.

동아프리카에서 가장 유명한 유목민은 마사이족일 것이다. 왜냐하면 그들은 가장 엄격하게 전통과 문화를 고수해왔기 때문이다. 이들과 관련이 있는 부족은 탄자니아 북쪽의 아루샤족Arusha이다. 마사이족의 문화는 카렌진족의 한 종족인 난디족의 문화와 유사하다. 이 마지막 범주에는 캡시기스족Kipsigis, 케이요족Keiyo, 마라크웨트족Marakwet, 포코트족Pokot, 사바트족Sabaot, 테릭족Terik, 투겐족Tugen이 속하며, 이들은 모두 케냐의 서쪽에 거주하고 있다.

반투어를 쓰는 부족은 서쪽의 카메룬에서 수세기에 걸쳐 이주해왔고 동아프리카뿐만 아니라 남아프리카로 대부분 흩어져 거주하고 있다. 그들은 2000년 동안 철기로 농사를 지었다. 나는 남부 케냐의 키쿠유족, 캄바족Kamba과 타이타족Taita, 탄자니아의 킬리만자로 산의 차가족과 이웃인 삼바족Shambaa, 우간다의 간다족, 그리고 해안가를 따라 거주하는 스와힐리족을 다룰 것이다.

동화하는 경향

전통적으로 반투족은 농경민으로 간주되는 반면에, 닐로트족은 축우와 관련이 있는 것으로 알려져 있다. 경제는 세월과 함께 변한다. 그리고 일반화에는 많은 예외가 있다. 닐로트 마사이족은 유목민으로 유명하고 그들의 부는 전적으로 축우로 구성된다. 북부 탄자니아의 아루샤 마사이족은 그들 고유의 언어와 문화를 유지하면서 1세기 넘게 농사를 지어오고 있다.

키말렐은 나에게 "칼렌진의 하위 부족 중 난디족은 이전에 유목민이었으나 지금은 정착하여 살고 있다"고 말했다. 그의 할아버지는 소로 큰 부를 축척했다. 지금 가족들은 서부 케냐의 2000에이커가 넘는 땅을 소유하고 있다. 또 최신 장비로 경작하고 있고 본토의 소와 유럽의 소를 교배한 유럽식 소를 방목하고 있다.

한편, 반투어를 사용하는 종족들 중 일부는 땅을 소유하고 정착해 살며 동시에 방목 단지를 이루고 있다. 예를 들어 키쿠유족은 이웃인 닐로트족처럼 축우에 정성을 기울인다.

뚜렷한 계급제도가 있던 사회에서조차 계급간의 차이가 점점 사라지고 있다. 르완다는 세 개의 주계급이 있었다. 세상에서 가장 키가 큰 종족이며 닐로트족의 귀족인 투치족(Tutsi, 또는 와투치족Watusi이라고 함)은 수세기 동안 후투족, 반투족 농경민, 그리고 농노제 국가에서 살고 있는 매우 키가 작은 종족인 트와족Twa을 지배했다. 지배하는 위치에 있었음에도 불구하고, 투치족은 후투족이 사용하는 반투어를 자신들의 고유한 언어로 받아들였다. 지금 르완다의 모든 민족들은 공용어로 반투어, 즉 킨야르완다Kinyarwanda를 사용하고 있다.

에티오피아에서 이주한 쿠시족을 통해서 연령제도와 성년의식의 하나인 할례 의식이 퍼졌다. 이러한 관습은 케냐와 북부 탄자니아에 있는 많은 반투족과 닐로트족도 받아들였다.

경제 · 정치사

현재의 다르에스살람 근교의 라프타Rhapta라는 고대 시장 도시에 관한 책인《에리트리온 바다의 주항Periplus of Erythrean Sea》은 2000년 전에 그리스의 항해자들이 인도양 해변가를 따라 항해하는 것을 안내해 주었다. "사람들은 키가 매우 컸고 아랍인과 결혼했다." 모든 해안 지역을 따라, 작지만 번성한 도시국가들이 발생했다. 아랍인들은 이 지역을 잔지Zanj라고 일컬었다. 아랍인과 페르시아인이 반투어를 사용하는 민족들과 혼혈을 이루면서 독특한 스와힐리 문화를 만들어냈다.

탄자니아 해변에 있던 도시국가인 킬와의 통치자들이 주조한 등전들은 탄자니아의 국립 박물관에서 볼 수 있다. 킬와의 연대기에 나오는 42명의 술탄이 1285년에서 1493년까지 통치했다. 1517년, 포르투갈의 탐험가 바르보사Duarte Barbosa는 킬와의 부는 탄자니아 동부 해안의 남녘에 위치한 소팔라Sofala와의 금 무역을 독점하여 축적된 것이라고 적고 있다. 금은 소팔라 시장에서 면, 실크, 구슬과 교환되었다.

상아는 그 당시에 수요가 많았던 또 다른 상품이다. 1800년 전에 오지인 소팔라에서 동부 해안으로 물품을 운송한 수단에 대해서는 거의 알려져 있지 않다. 아마도 인도의 왕족이 굉장한 부를 축적할 수 있는 근원이 된 금과 상아는 부족에서 부족으로 물물교환이 되었을 것이고, 스와힐리족, 아랍족, 또는 해변가의 인도 상인들이 구입했을 것이다.

1800년 후 곧 이런 패턴은 변했다. 대상隊商은 수백 마일을 걸어 여행해서 대규모 시장에 도착하고, 이곳에서 상아, 철기 도구, 옷, 바구니, 가축을 거래했다. 캄바족은 장거리 무역에서 내륙인과 해안가 사이의 주요 중간 상인이었다. 주요 상업 물품은 상아였다. 거래를 통해서 아프리카 사람들은 옷, 철사, 구슬이나 소화기小火器를 받았다.

중세에 이르러 스와힐리족과 아랍인은 대상을 오지까지 보냈다. 상아와 노예는 가장 귀한 '짐'이 되었다. 이 두 '상품'은 뗄레야 뗄 수 없었다. 대상들은 백색금(상아)을 쉽게 운반하기 위해 먼거리 이동에 노예들을 이용한 후에 이 노예들, 즉 아프리카 사람들을 팔았다. 매년 십만 명의 사람들이 아프리카에서부터 상아를 가지고 끌려가던 중에 질병으로 인한 탈진, 기아, 과로로 죽었다. 코끼리 사냥을 하는 동안 1000경 이상의 아프리카 사람들이 유럽인과 미국인의 총과 화약으로 인해 집, 들판, 마을에서 죽어갔다.

탄자니아의 바가모요시Bagamoyo에 있는 Holy Ghost Fathers Mission 박물관 벽에는 아프리카 오지로 노예들을 보급하는 행렬이 점점 더 증가하는 장면을 보여주는 지도가 있다. 19세기 후반에 이르러, 노예 대상은 홍고Hongo라는 지역 족장들에게 안전한 통행을 명목으로 통행세를 제공했다. 그 비용은 그 당시에 통용 화폐인 별보배조개껍데기로 하였는데 인도

루피로 200의 비율이었다.

오지에 사는 종족들의 정치 조직은 나라가 없는 상태부터 고도로 발달한 중앙집중화된 왕국의 형태에 이르기까지 다양하다. 이 정치 조직은 일반적으로 토지의 산출력과 팽창하는 인구를 부양할 수 있는 능력과 서로 관련이 있다.

동부 반투족과 닐로트족은 질서가 잘 잡힌 권력체계를 유지하고 있다. 이 권력체계는 자신들의 토지 또는 가축의 수를 바탕으로 하며, 각 지역 공동체의 원로회에 의해서 운영된다. 한 사람이 동료로부터 '대표'가 될 수 있을 만큼의 충분한 존경을 받을 수 있다. 즉, 한두 명의 추장 또는 왕이 있을 수 있다. 아프리카 대호수 주변 중 서쪽 깊은 곳에서 몇몇 강력한 왕국이 출현하였다. 그 중에서 가장 강력한 왕국은 부간다, 즉 간다족이 세운 왕국이었다. 원래 왕은 추장회의에서 선출된 지도자였다. 영국과 프랑스의 왕국과 마찬가지로 간다 왕국 통치자들은 점차적으로 독재를 하였다. 이 나라는 민정과 군정의 목적에 따라 4개의 소국으로 분할되었다. 잘 발달된 도로는 중앙 정부가 지방과 효과적으로 의사소통할 수 있는 길을 마련해 주었다. 19세기 후반까지, 영국은 부간다에서 보호 정치를 실시하였고, 곧 현재 우간다의 다른 지역까지 보호 정치를 넓혀갔다. 600년 왕조의 마지막 국왕Kabaka인 무테사 2세Mutesa II는 영국에 협조하지 않았다는 이유로 1953년에 영국으로 추방되었다. 그는 이후에 귀국을 하였지만, 예전의 전통 국가의 맥을 부정하는 우간다 정부의 독립으로 인해서 1966년에 재차 추방을 당했다.

동아프리카에 대한 영국의 지배는 훗날 케냐가 된 지역에서 격렬한 혼란을 낳았다. 영국인과 남아프리카의 식민지 이주자들은 원주민들을 살기 좋은 고지대로부터 강제 추방한 것에 대해 양심의 가책이 없었다. 하층민들은 조상들이 물려준 비옥한 토지로부터 쫓겨나 수확이 없는 지역에서 재정착하게 되었다. 부족에 상관없이 종족 집단의 영토를 초월해서 국경선을 그었다. 케냐타(Mzee Jomo Kenatta, 케냐의 초대대통령)에 의해서 주도된 유명한 폭력 투쟁인 마우마우 봉기 후에 케냐는 1963년 독립을 얻었다.

탄자니아 현정부는 1885년에 협정을 맺어서 공식적으로 독일의 '보호령' 즉 독일 동아프리카였다. 1920년에, 제1차 세계 대전 후, 영국이 패망 독일로부터 인수받아 명칭을 탄자니카Tanganyika로 변경하였다. 이 나라는 1961년 독립하였다. 그리고 3년 후 잔지바르 공화국의 향료제도를 합병한 후, 줄리어스 니에레레는 초대 대통령이 된다. 그는 존경하는 '선생님Mwalimu' 이라고 불린다.

제21장 입말과 몸짓으로 수세기

미국의 자원봉사자이며 교사인 데이비드David Zarembka는 서부 탄자니아에 있는 르완다의 난민들과 함께 살면서 일을 했다. 그는 어느 날 시장에서 물건의 가격을 물어봤다. 상인은 손을 한 번 흔들면서 "1실링"이라고 말했다. 데이비드는 1실링을 지불했지만, 상인은 물건 팔기를 거절했다. 다시 상인은 손가락 두 개를 펼치며 손을 흔들었다. 그제서야 데이비드는 물건의 가격이 1실링 20센트라는 것을 이해했다. 벨기에의 화폐단위인 프랑에 익숙한 르완다 사람들은 탄자니아 동전 10센트를 1프랑과 바꾼다. 상인들은 1실링 2프랑의 가격을 손가락 두 개를 흔들어서 표현한다.

사람들은 몸짓gesture을 강조할 때 또는 입말을 대신할 때 사용한다. 히마족Hima 목축가가 "나는 수십 마리의 소를 가지고 있다."를 표현하려 할 때 손가락을 이용할 것이다. 그가 소의 수를 표현할 때 몸짓을 이용하는 것은 생명체를 세는 것을 금기시하는 전통 때문이다. 시장에서 몸짓으로 수를 표현하는 것은 서로 다른 문화권에 속한 사람들이 언어 장벽을 극복할 수 있게 해준다. 다른 맥락에서 머리로 산술을 하는데 손가락을 사용하는 것은 도움이 된다. 르완다의 중등학교 학생들이 나에게 말하기를 교육받지 않은 사람들이 물건 값을 지불하기 위해 손가락으로 거침없이 곱셈 문제를 해결할 수 있다고 한다. 예를 들어, 한 소년이 자기 손가락을 가리키면서 "25, 50, 75, …"를 말했다고 한다.

반투어로 9까지 세기

슈미들은 아프리카 사람들의 명수체계에 관한 연구에서 반투어에 특별한 관심을 기울였다. 다음의 인용구에는 20세기 초반에 동아프리카에서 사용하던 입말과 몸짓 명수체계를 설명하고 있다(pp. 171–175).

2에서 5까지 수어는 이미 설명하였다(4장 참조). 몇몇 언어에서 6부터 9까지의 수어는 6=5+1과 같이 5와 합성으로 형성되지만, 일부 다른 언어에서 이에 해당하는 수어들은 (뺄셈 원리 또는) 두 개의 비슷한 수어 원리를 토대로 한다. 북탄자니아의 삼바어를 인용하면 다음과 같다.

6=mutandatu=ntatu na ntatu=3+3
7=mufungate=funga ntatu=3(손가락)을 접는다; 열손가락에서 일곱 개 손가락이 남는다. 그러므로 뺄셈적이다.
8=munane=ne na ne=4+4
9=kenda. 다른 언어에서와 마찬가지로, 접두사 없이 이방어가 여기서 사용된다.

널리 알려진 스와힐리어를 제외하면, 이 명수체계는 케냐에 있는 반투의 북방 국경선에 위치한 타나 강 입구에서부터 니안자 호수에 이르기까지 넓은 지역에서 사용된다. 이 지역은 중앙고원 전체, 부룬디 그리고 르완다를 포함하고, 중앙아프리카 대지구대의 다른 쪽까지 이르는 넓은 지역이다. 남동 국경선은 바가모요로부터 남위도 10에서 니아사 호(엥고니 강은 이 호수로부터 발원해서 남쪽으로 흐른다. 또한, 엥고니 강은 피파Fipa 사이에서도 발원할 뿐만 아니라 니아사의 북쪽인 콘데Konde에서도 발원한다.)와 만나는 지점까지 형성한다.

여기서 우리가 다루는 수의 구성은 두 개의 비슷한 가수들의 원리를 기초로 한다. 이 원리에 따르면, 수는 손가락 몸짓과 대응하는 것으로 표현되는데 6은 3+3, 8은 4+4이고 7은 4+3, 9는 5+4이다.

국경지역에 사는 사람들이 이런 구성을 통해서 진수進數로 5를 사용할 수 있다는 점을 알았다는 것이 그다지 놀라운 일은 아니다. 타브와족Tabwa과 콩데족Konde은 위의 두 가지 방법으로 수를 세었다. 우리가 7=fungate의 경우에서 본 것처럼, 한 수 체계에서 특정한 표현은 다른 수 체계에서 채택되기도 하였다. 결과적으로 kenda(=9)와 같은 다른 수체계에서 사용되던 수어는 대부분의 언어에서 접두사를 필요로 하지 않는다. 이런 언어들은 일련의 수 이름에서 이들 언어들이 갖는 특별한 위치를 말해줄 수 있을 것이다. 한편, 삼바족의 명수체계에서 볼 수 있는 많은 표현들은 5를 진수로 사용한다.

몸짓 수세기를 조사했을 때, 우리는 다시 두 가지 체계를 발견할 수 있었다. 송가족Soga은 5를 진수로 하는 좋은 예이다. 즉, 송가족은 6을 주먹 쥔 오른손 가까이에 왼쪽 집게손가락을 접어서 표현하고, 7은 주먹을 쥔 오른손과 왼쪽 집게손가락과 중지를 접어서 표현하고 다른 수들도 이런 방식으로 표현한다. 모시 시市의 차가족은 6에서 9까지를 나타내기 위해서 오른손의 손가락들을 왼손의 새끼손가락부터 엄지손가락까지 모두 감싸면서 표현한다. 비슷하게 테테족Tete은 손가락을 접는 대신에 왼손의 엄지손가락으로 알맞은 손가락에 대어서 엑스자를 만들었다. 헤헤족Hehe뿐만 아니라 테테족은 1에서 5까지의 수를 표현할 때, 흔히 편 손가락의 수를 세기보다는 굽힌 손가락의 수를 세었다.

5를 진수로 하는 수세기보다 더 흥미로운 방법이 두 개의 비슷한 수어 원리를 토대로 하는 손가락 수 사용법이다. 다시 삼바족의 것을 인용하면 다음과 같다.

1 오른쪽 집게손가락을 편다.
2 오른쪽 집게손가락과 중지를 펴서 벌린다.
3 오른손의 세 개의 바깥쪽 손가락을 펴서 벌린다.
4 오른손의 네 개의 바깥 손가락을 펴는데 새끼손가락과 약지를 붙이고 중지와 집게 손가락을 붙여서 편다.
5 주먹을 쥔다.
6 양손의 바깥쪽 손가락 세 개를 각각 펴서 벌린다.
7 오른손의 네 개의 손가락과 왼손의 세 개의 손가락을 보여준다.
8 오른손의 네 개의 손가락과 왼손의 네 개의 손가락을 보여준다.
9 오른손의 다섯 개의 손가락과 왼손의 네 개의 손가락을 보여준다.

북동쪽 지역의 많은 부족들은 이런 방법의 몸짓 수세기를 약간 변형해서 사용한다. 이 방법의 특징은 다음과 같다.

수세기는 집게손가락을 펴면서 시작된다. 4에 맞는 몸짓은 대개 2+2이다. 5는 주먹으로 1+2+2가 5라는 것을 나타내기 위해 엄지손가락을 중지와 약지 사이에 놓는다(예를 들어 킹가족, 헤헤족, 니아투루족). 6부터 9까지의 수는 삼바족의 입말 수어에 관한 논의를 하면서 그 방법을 설명하였다. 손가락 세기는 입말 수세기와 비슷한 체계로 같은 지역에서 발생하였다.

당연한 말이겠지만, 5를 진수로 하는 수세기 몸짓은 때때로 앞에서 언급한 기호들과 호환성 있게 사용된다. 실제로, 특정 수 이름의 배열에서 어떤 수들은 몇 가지 다른 원리에 의해 만들어지기도 한다. 예를 들어, 송고라족은 6, 8, 9는 삼바족의 방법으로 표현하지만, 7=5+2로 표현한다. 또한 우리는 입말과 몸짓이 일치하지 않음에 주목한다. 차가족은 삼바족이 하는 것과 같은 방법으로 수어를 나타내지만, 이들은 5를 진수로 하는 몸짓으로 센다.

룬디족의 명수체계는 세는 대상에 따라 5를 진수로 하거나 두 개의 비슷한 수어 원리를 따른다. 룬디족이 부룬디 전 지역에서 돈으로 사용하는 구슬을 많이 세야 할 때 구슬이 많으면 5씩 끊어서 센다.

아래와 같이 하지 않는 대신에	룬디어 사용하는 방법
6=itandatu =3+3	itano n'umwe=5+1
7=inkwi	itano n'iwiri =5+2
8=umunane=4+4	itano n'atatu =5−3
9=icienda	itano n'inne =5+4

룬디족은 몸짓 없이는 수사를 절대 말하지 않기 때문에, 이들이 구슬을 셀 때 삼바족이 사용하는 몸짓보다는 5 표시만을 사용한다. 이것은 매우 중요하다. 왜냐하면 대부분의 이질적인 민족들이 모여 사는데서 5씩 끊어 세는 단 한 가지 방법만을 사용하기 때문이다.

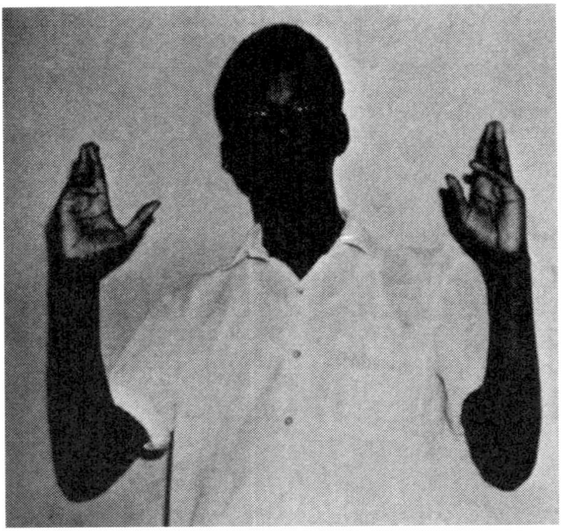

그림 21-1 르완다와 서쪽 탄자니아 사람들이 사용하는 8에 대한 몸짓. 사진으로는 이 몸짓을 이렇게만 나타낼 수 있다. 양손의 집게손가락은 약지와 짧게 붙였다 떼고 중지에 올려 놓는다. '4'는 이런 행동을 한 손으로만 하는 것이다.

이제 지금까지 논의하였던 명수체계와는 매우 다른 몸짓 체계에 대하여 기술해 보도록 하겠다. 이 몸짓 체계는 빅토리아 호수 근처에 거주하는 지바Ziba족과 안콜레 지역의 히마족이 사용하는 것이다.

1부터 3	삼바족의 명수체계와 유사하다.
4와 8	중지와 엄지의 끝을 붙이고 약지로 이 두 손가락을 붙인 끝을 두 번(4)이나 네 번(8) 친다.
5	다섯 손가락의 아래 마디는 펴고 윗마디는 구부린다.
6	검지, 중지, 약지를 편다.
7	검지, 중지, 새끼손가락을 편다.
9	바깥쪽 손가락들을 편다.

4와 8의 표현은 삼바족의 표현과 비슷하지만, 6과 7은 5를 진수로 하는 경향이 있다. 6은 엄지손가락과 새끼손가락을 서로 부딪치고, 7은 엄지와 중지를 서로 부딪치고, 8은 엄지와 새끼손가락을 서로 부딪친다. 그래서, 엄지는 한 손, 즉 5를 표현한다.

동쪽 반투족의 수어 중 6부터 9까지의 수어가 갖는 주목할 만한 특징은

	스와힐리족	캄바족	타이타족	르완다족
1	moja	imwe	imweri	mwe
2	mbili	ili	iwi	bili
3	tatu	itatu	idadu	tatu
4	nne	inya	inya	ne
5	tano	ittano	isanu	tanu
6	sita [Arabic]	thanthatu	irandadu	tandatu
7	saba [Arabic]	muonza	mufungade	rindwi
8	nane	nyaanya	inyanya	munani
9	tisa [Arabic]	keenda	ikenda	icyenda
10	kumi	ikumi	ikumi	cumi
11	kumi na moja	ikumi na imwe	ikumi na imweri	cumi na-mwe
12	kumi na mbili	ikumi na ili	ikumi na iwi	cumi na-bili
20	ishirini	miongo ili	mirongo iwi	ma-kumi a- bili
30	thelathini	miongo itatu	mirongo idadu	mi-rongo itatu
40	arubaini	miongo ina	mirongo inya	mi-rongo ine
100	mia moja	iana yimwe	ighana	ijana

표 9 반투어의 수어

이 수어들이 두 가지의 완전히 다른 원리에 의해서 형성되거나 두 가지 원리를 조합해서 형성되었다는 것이다. 대부분의 동아프리카 반트어에서, 6=3+3이고 8=4+4이다. 하지만, mufungate(7)은 '손가락 3개를 접는다.' 즉 7=10-3을 의미하는 표현에서 유래한다. 마찬가지로, kenda(9)는 '1을 가져 가는 것' 을 표현하는 것으로 9=10-1을 의미한다. 그래서 6과 8에 대한 수어들은 두 개의 같은 용어를 기반으로 하는 반면에 7과 9는 10에서 뺄셈을 해서 형성되었다(표 9 참고).

인접한 부족들이 사용하는 수세기 몸짓에서 변형에 대한 기원을 추적해 보는 것은 흥미롭다. 삼바족과 멀지 않은 남쪽의 케냐에 살고 있는 캄바족과 타이타족은 1부터 5까지의 수세기에서 비슷한 몸짓을 사용한다. 5 이후의 수를 살펴보면 다음과 같다.

	타이타족	캄바족
6	오른손 주먹과 왼손 엄지를 편다.(5+1)	왼손의 새끼손가락을 접는다. (5+1)
7	오른손 주먹과 왼손 엄지와 집게손가락을 편다. (5+2)	바깥쪽의 두 손가락을 접는다. (5+2)
8	두 엄지를 제외한 손가락들을 편다.(4+4)	바깥쪽의 세 손가락을 접는다. (5+3)
9	오른손에 있는 왼쪽 손가락들을 접는다. (5+4)	네 개의 왼쪽 손가락을 접는다. (5+4)
10	양손 모두 주먹을 쥔다. (5+5)	양손 모두 주먹을 쥔다. (5+5)

두 언어 모두 6은 '3과 3' 으로 나타내고, 8은 '4와 4' 로 나타낸다.

타이타족의 어린이들은 놀이를 할 때 100년 전에 사용했던 것이라고 알려진 또 다른 명수체계를 사용한다. 어린이들은 단조로운 가락에 맞추어 이 수어들을 노래 부르면서 각 수어에 맞게 손가락을 구부린다. 이 수어들이 고대의 수어인지 무의미 음절인지에 대해서 아는 사람은 없다.

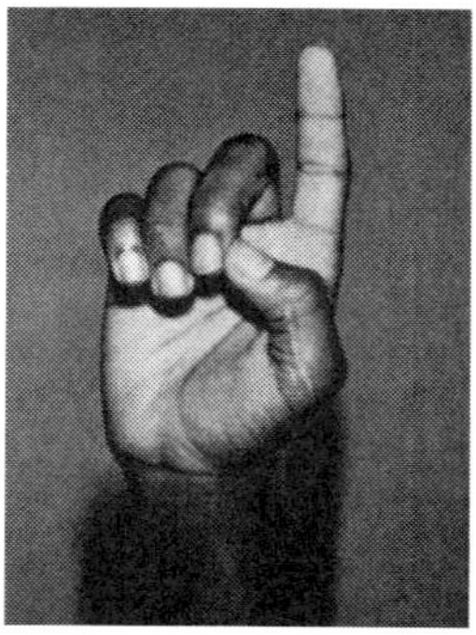

lmye
(1)

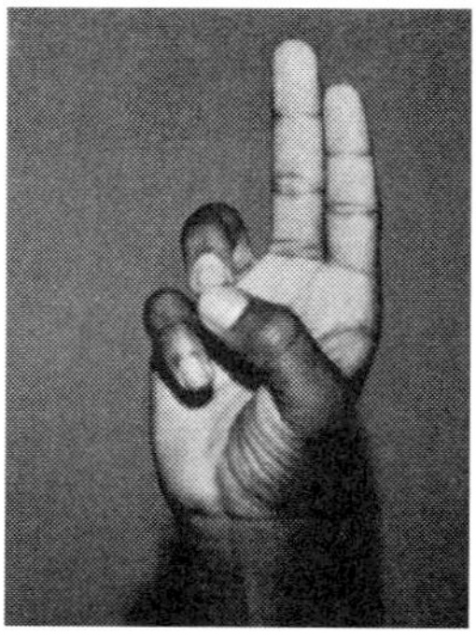

ili
(2)

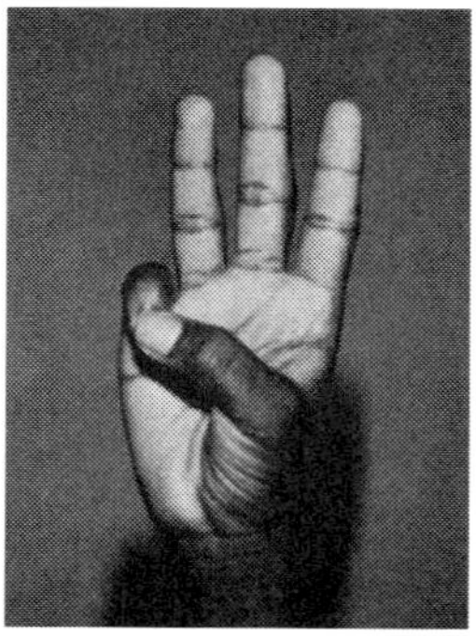

Itatu
(3)

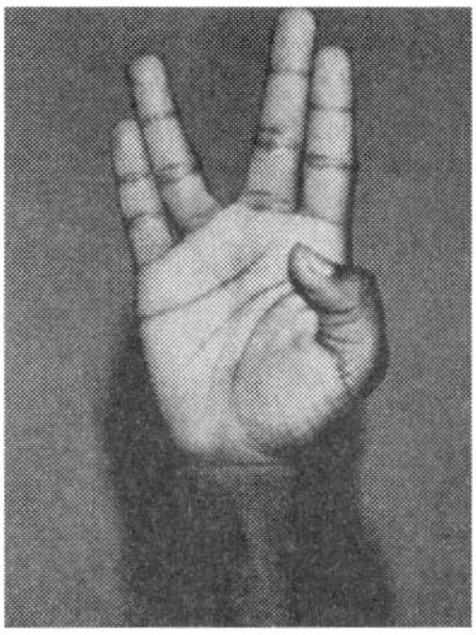

Inya
(4)

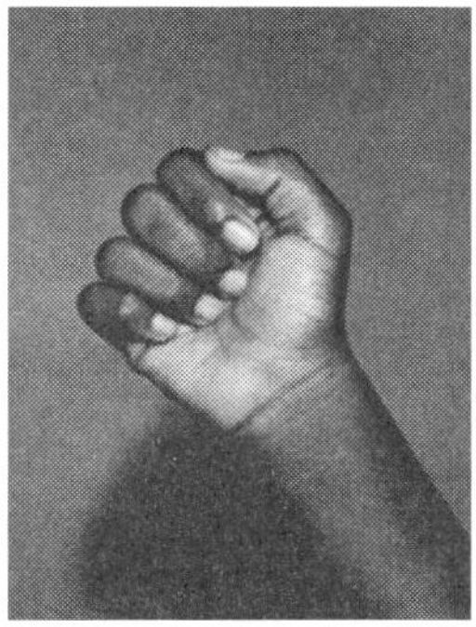

Itaano
(5)

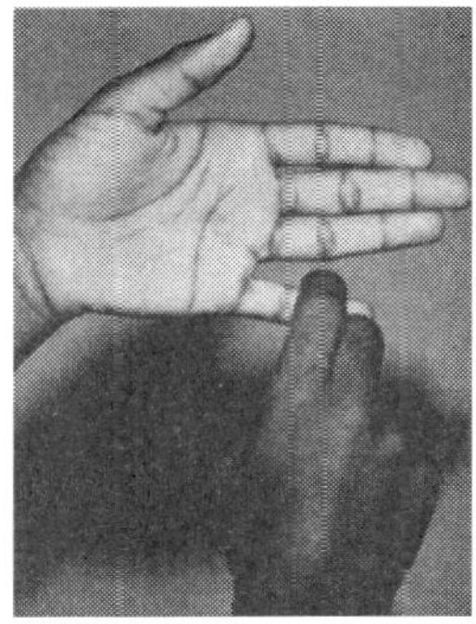

Thanthatu(3+3)
(6)

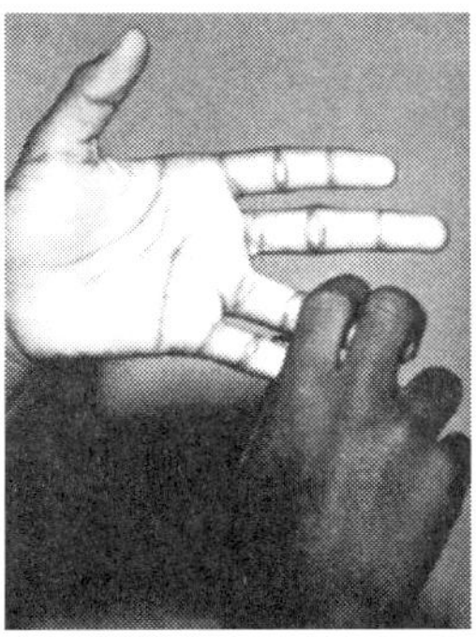

Muonza
(7)

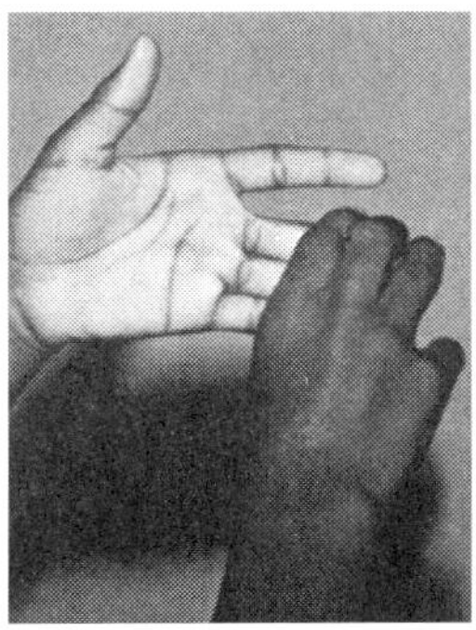

Nyaanya(4+4)
(8)

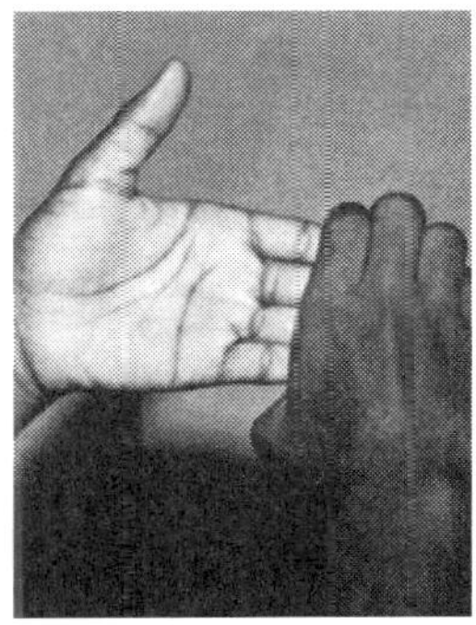

keenda
(9)

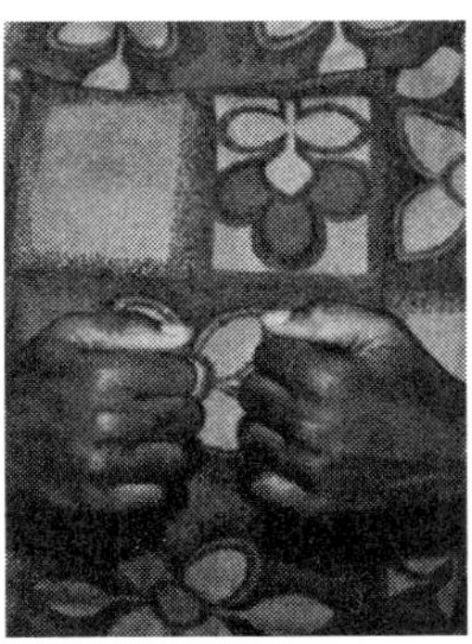

Ikumi
(10)

그림 21-2 캄바족의 1부터 10까지의 손가락 몸짓

반투어에서 큰 단위 명칭

kumi는 일반적으로 10을 나타내는 단어이지만, 10~90까지의 수는 kumi 또는 longo와의 결합으로 형성될 수 있다. 한두 세대 전의 스와힐리에서는 다음과 같이 말했다.

20 makumi mawili (2×10) 등
90 makumi kenda (9×10)

현재 사용하고 있는 것 중에서 아랍어인 tisa가 9를 나타내던 반투어의 kenda를 대신하고, 아랍어를 사용해서 모든 10의 배수들을 표현한다. (아랍어식 분수 표현도 일반적으로 사용된다. 8분의 1, 즉 moja juu nane은 고대 반투어식 표현인데 이 표현 대신에, 아랍어 표현인 themuni가 현재 스와힐리에서 사용된다.)

몇몇의 언어는 10과 10의 배수를 표현하기 위해서 kumi와 longo를 사용한다. 캄바어(이 언어를 '키캄바' 라고 칭한다.)에서 10은 ikumi이지만, 20은 miongo ili이고 30~90까지의 10의 배수도 비슷하다. 르완다족이 사용하는 언어('키냐르완다' 라고 칭한다.)에서 10과 20은 모두 kumi를 어원으로 하고 있지만, 30~90까지의 10의 배수는 longo의 변형인 rongo를 결합해서 만들었다.

수세기 동안, 부간다 제국은 속국으로부터 조공을 착취하기 위해 조직적인 체계를 가진 막강한 권력이 있었다. 큰 수에 대한 이름을 갖는 것은 경제 규모면에서 필수적이었다. 이 부간다어인 루안다Luganda로, 10은 kumi이고 100은 kikumi이다. 10000에 해당하는 특별한 단어가 따로 존재했다. 이 단어는 mutwalo로 별보배조개 통화의 단위였다. 1000만에 해당하는 단어는 '셀 수 없을 만큼 많은 양' 을 의미했다. 대담하게 간다족은 2000만을 표현하기 위해서 '셀 수 없을 만큼 많은 양이 두 번 있음' 이란 단어를 사용했다.

20세기로 세기가 바뀌면서, 해터슬레이Hattersley는 부간족들의 세기 능력에 대해 다음과 같이 언급하였다(p. 174).

부간다족은 특이한 방법으로 계산을 매우 빠르게 한다. 예를 들어, 어눌한 시골뜨기가 100개의 별보배조개를 세어야 할 때, 이 사람은 2개씩 두 번 세고 난 후 이것들을 1이라고 한다. 이렇게 계속해서 다섯 번을 더 센다. 이렇게 20이 되었을 때 이것의 5배는 100이 된다. 하지만, 1000개 중에서 별보배조개 한 개가 부족할 때 항상 이 사실을 알 수 있다.

동아프리카인의 상업 몸짓

아랍과 동아프리카 상인들은 이 지역의 모든 상인들이 이해할 수 있는 손가락 몸짓 체계를 계발했다. 이러한 노력으로 매수자와 매입자는 시장 한복판의 소음 속에서도 은밀히 협상을 할 수 있었다. 손가락 몸짓 체계의 장점이라면 언어의 장벽을 극복할 수 있다는 점을 들 수 있다. 협상은 손가락을 만지면서 옷 아래에서 이루어진다. 먼저 당사자들은 가격 단위(즉 1단위, 10단위, 100단위, 그리고 그 이상의 단위)를 합의하거나 화폐의 단위를 구체화한다. 구매자가 매수자의 검지를 만지면, 구매자는 합의한 화폐 단위의 '1'을 가리킨다. 처음 두 손가락을 닿는 것은 2, 20 또는 200을 의미하고, 처음 세 개나 네 개의 손가락을 닿으면, 상응하는 의미를 갖는다. 5를 의미하려면, 구매자는 손 전체를 만진다. 새끼손가락만은 6이고 약지는 7을, 중지는 8을, 구부린 검지는 9를, 엄지는 10을 나타낸다. 분수인 2분의 1, 4분의 1, 8분의 1은 경우에 따라서 손가락의 중간 관절부, 다음 관절부 그리고 손가락 끝의 적절한 부위를 침으로써 더해지거나 빼질 수 있다.

구매자가 350을 나타내기 위해서, 구매자는 엄지를 세 번 만지고 난 후, 손을 쥔다. 연산은 매우 빠르고 놀라울 정도로 오차가 없다(Menninger, pp. 212-214).

닐로트족 명수체계

일부 닐로트족의 손가락 몸짓을 구별하기 위해서, 사람들은 소리와 함께 사진이 있어야만 한다. 실제로 한 아프리카인은 자기 종족의 손가락 수를 설명해 달라고 한 내 요청을 거절하였다. 그는 사진만이 손가락 수를 적절하게 전달할 수

	마사이족	칼렌진족	루오족
1	nabo	agenge	achiel
2	are	ageg'	ariyo
3	uni	somok	adek
4	onguan	ang'wan	ang'wen
5	imiet	mut	abich
6	ile	lo	auchiel (5+1)
7	naapishana	tisap	abiriyo
8	isiet	sisit	aboro
9	naaudo [Kenya] enderuj [Arusha]	sogol	ochiko 또는 ongachiel (10−1)
10	tomon	taman	apar
11			apargachiel (10+1)
20	tikitam	tiptem	piero ariyo
30	tomoni-uni [Kenya] osom [Arusha]	sosom	plero adek piero ang'wen
40	artam	artam	piero abich
50	onom	gonom	piero abich
60	ntomoni-ile formerly onom o tomon	tamanwogik lo	piero auchiel
70	ntomoni-naapishana formerly onom o tikitam	tamanwogik tisap	piero abiriyo
100	iip 또는 iip nabo	bogol	piero apar achel (10, 10배, 1)

표 10 닐로트족의 수어

있다고 주장하였다.

탄자니아 북쪽에 거주하는 아루샤 마사이족은 손가락 수를 수반하지 않으면서 입말로 수를 표현하는 경우는 드물다. 때론 입말이 생략되기도 하는데, 이때 청자는 관찰한 손가락 모양에 상응하는 수를 말해야 한다. 그래서 청자와 화자 모두 같은 수를 의미하고 있는지를 확인할 수 있다. 아루사족은 청자가 화자의 말을 잘 알아 듣고 있다는 뜻으로 응하기를 기대한다. 따라서 이런 관행은 수에도 적용된다.

아루사 마사이족은 한 손, 대개 오른손만으로 세었다. 이 부분에 대해서, 나는 걸리버Gulliver 박사의 설명에 따르고자 한다. 간단하게 하기 위해서, T, 1, 2, 3, 4를 엄지, 검지, 중지, 약지, 새끼손가락을 표현하는 문자로 사용해서 설명을 하겠다.

1	1을 편다.
2	1과 2를 펴고 가위 모양을 만든다.
3	1과 T로 공 모양을 만들고 2의 끝을 1에 댄다.
4	1과 2를 펴고 2의 끝을 1에 댄다.
5	주먹을 쥐고 1과 2 사이에 T를 내민다.
6	T의 끝을 3의 손톱에 몇 번 친다.
7	T와 2를 비빈다.
8	4개의 손가락을 펴서 손바닥쪽이 보이게 조금 움직인다.
9	T와 1로 원을 만들고 다른 손가락은 편다.
10	T와 1로 원을 만들고 1를 빠르게 편다. 다른 손가락은 둥글게 구부린다.
11–19	10을 나타내는 행동을 한 후, 그 후에 일의 자리를 나타내는 행동을 한다.
20	편 손을 쥐고 두세 번 흔든다.

걸리버 박사는 2000까지의 수 중 주요 수에 관한 손가락 수를 알려 주었다.

몇 세대 전, 60과 그 이상의 10의 배수에 해당하는 마사이족의 수어는 50과 합성하여 형성되었다. 예를 들어, 60은 onom o tomon(50과 10)였다. 오늘날 60은 10을 6배 한 것이다. 70, 80, 90도 10의 배수로 표현된다. 천은 '100의 10배'이다. 백만, 즉 '셀 수 없을 만큼 많은 양'에 이르기까지 별개의 단어들이 있다.

칼렌진족의 손가락 몸짓은 마사이족과 비슷하다. 그러나 수어는 그렇지

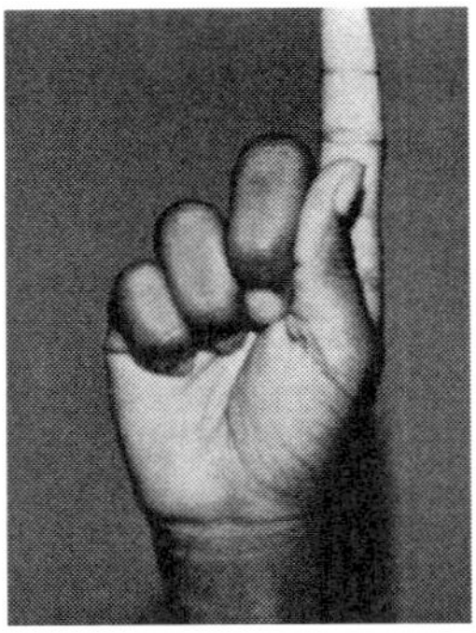

lmye
(1)

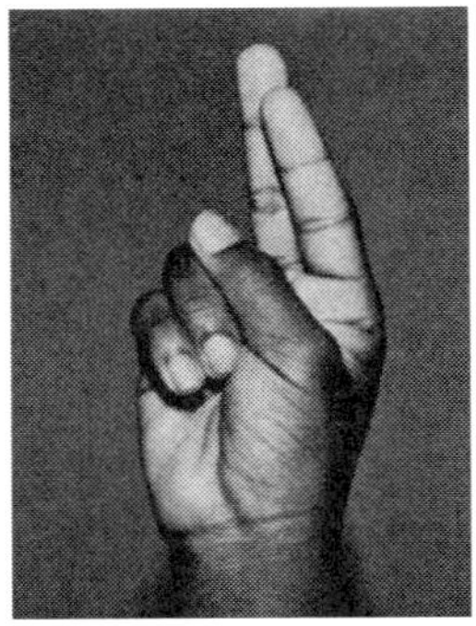

ili
(2)

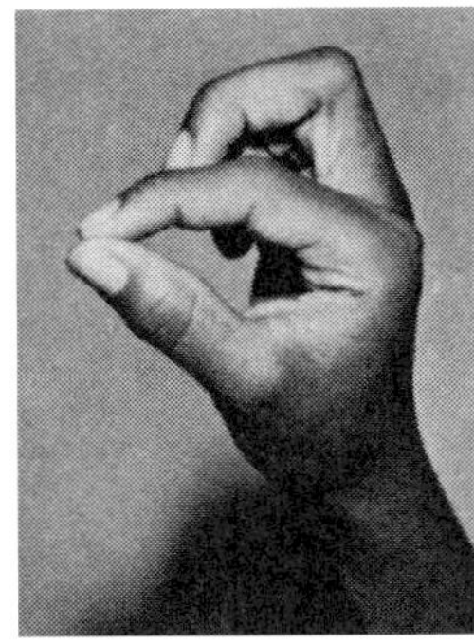

Uni
(3)

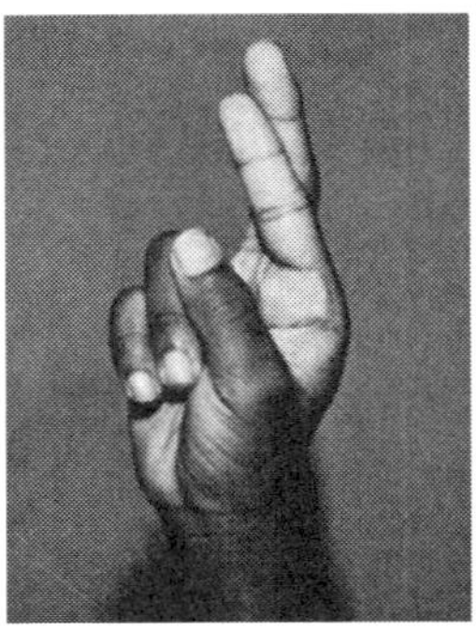

Onguan
(4)

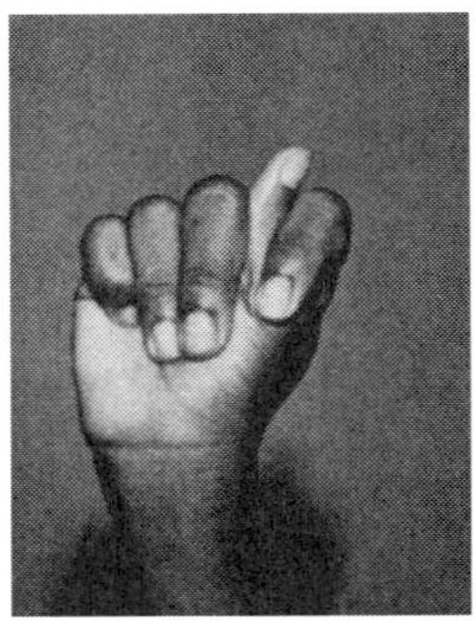

Imiet
(5)

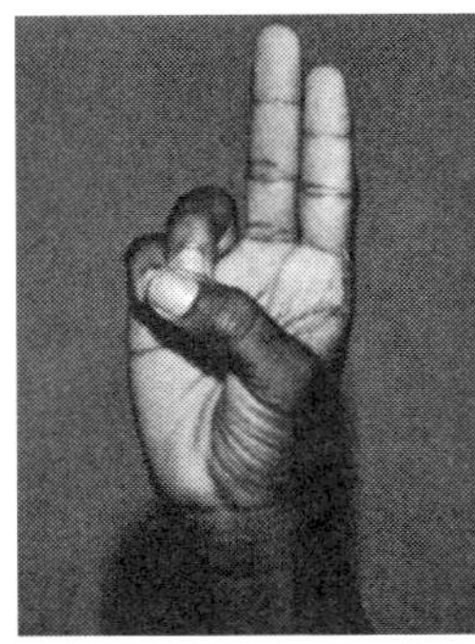

Ile
(6)

Naapishana
(7)

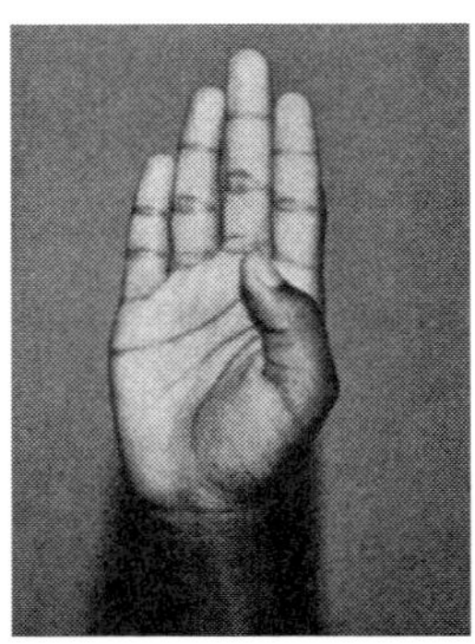

Isiet
(8)

Enderuj
(9)

그림 21-3 아루샤 마사이족의 손가락 수

않다. 10 이하의 수를 비교하면, 단지 4만 유사하다. 10의 배수들을 표현하는 단어들이 유사한 것은 아마 차용어인 것 같다.

1, 2, 4, 5, 7, 8에 대한 손가락 수는 아루사족과 같다. 칼렌진족의 다른 수에 대한 손가락 몸짓은 다음과 같다.

3	T, 1, 2의 끝을 붙인다.
6	T와 1를 비빈다.
9	T와 1로 원을 만들고 T와 1이 만난 부분에 다른 손의 검지 끝을 붙인다.
10	T와 1로 원을 만든 후, 1를 2와 만나도록 빠르게 편다.
11-19	10의 손가락 수를 만든 후, 일의 자리 수의 손가락 몸짓를 표현한다.
20	편 손을 쥔 후 4번 스냅을 준다.
30	T와 2의 끝을 붙여서 살짝 흔든다.
40	손가락 4개를 펴서 손을 강력하게 흔든다.
50	주먹을 쥔 손을 뻗치고 나서 손을 편다.
50이상	앞의 방법들을 조합한다.

모든 칼렌진족이 모든 수에 대한 손가락 몸짓을 갖고 있는 것은 아니다. 예를 들어, 마라켓족은 7과 9에 대한 손가락 몸짓이 없다.

전통적인 수체계는 50에서 끝난다. 현재 999까지 확장되었지만, 그 이후로는 스와힐리어가 정확한 명수체계를 위해서 사용된다. 1000이 넘는 수들에 대해, 칼렌진족은 bogol makirar, 즉 '몇 백이 넘어 셀 수 없음' 이라는 뜻의 용어를 사용한다.

루오족의 손가락 수 체계는 순수 2진법에 기초하고 있어서 표현하기 쉽다. 다시 T, 1, 2, 3, 4를 엄지, 검지, 중지, 약지, 새끼손가락을 나타내는 기호로 사용하겠다. 처음 5개의 숫자는 오른손으로 나타낸다.

1	1을 편다.
2	1과 2를 편다.

인종 집단	손가락 수				
	1	4	6	8	출처
삼바족 (북동 탄자니아)	오른손 1을 편다.	오른손 1, 2; 3, 4를 편다.	오른손 2, 3, 4와 왼손 2, 3, 4를 편다.	오른손 1, 2, 3, 4와 왼손 1, 2, 3, 4를 편다.	Schmidl
캄바족 (남쪽 케냐)	〃	〃	오른손으로 왼손 4를 쥔다.	왼손 2, 3, 4를 오른손으로 쥔다.	Kamba 학생
타이타족 (남쪽 케냐)	〃	〃	오른손은 주먹을 쥐고 왼손 T를 편다.	삼바족과 같다.	Williamson
아루사 마사이족 (북쪽 탄자니아)	〃	오른손 1, 2를 편 상태에서 1위에 2를 놓는다.	오른손 T와 3으로 원을 만들고 손톱을 친다.	오른손 1, 2, 3, 4를 펴고 손바닥이 보이게 움직인다.	Gulliver
난디족 (서쪽 케냐)	〃	아루사족과 같다.	오른손 T와 1를 비빈다.	아루사족과 같다.	Kimalel
루오족 (서쪽 케냐)	〃	삼바족과 같다.	왼손은 주먹을 쥐고 오른손 1을 편다.	왼손은 주먹을 쥐고 오른손 1, 2, 3을 편다.	Ayany
테테족 (모잠비크)	오른손 1을 구부린다.	오른손 1, 2, 3, 4를 구부린다.	오른손 4를 펴고 그 위에 왼손 검지를 놓는다.	오른손 2, 3, 4를 펴고 그 위에 왼손 검지를 놓는다.	Schmidl
히마족(은콜레족) (우간다)	오른손 1을 편다.	오른손 T에 1로 툭치고 1, 2, 3, 4를 편다.	오른손 1, 2, 3을 펴고 T와 4는 툭친다.	오른손 1, 2, 3을 펴고 1을 3위에 놓고 튕기어 2를 친다.	AVO와 Roscoe

표 11 동아프리카인의 손가락 수. (손가락은 엄지부터 차례대로 T, 1, 2, 3, 4로 나타낸다.)

3	1, 2, 3를 편다.
4	1과 2를 붙이고 3과 4를 붙여서 편다.
5	오른손으로 주먹을 쥔다.
6	왼손은 주먹을 쥐고 오른손 1을 편다.
7	왼손은 주먹을 쥐고 오른손 1, 2를 편다.
8	왼손은 주먹을 쥐고 오른손 1, 2, 3을 편다.
9	왼손은 주먹을 쥐고 4와 같은 동작을 한다.
10	두 주먹을 쥔다.
11–19	두 주먹을 쥔 후, 일의 자리에 관한 동작을 한다.

19보다 큰 수에 대한 손가락 몸짓은 없다. 수를 세는데 보조도구로 막대기를 묶지 않고 사용하였을 것이다.

루오족의 수어는 또는 5진수를 기본으로 하고 2차진법으로 10진수를 사용하였다. 6과 7은 5를 가지고 만들었다. 9는 10−1 또는 독립적인 단어였고, 10은 독립적인 단어였다. 10을 넘는 수는 10의 배수에 일의 자리의 수를 더해서 나타내었다. 아야니는 100만까지 이르는 수를 표현하는 수어들이 있다고 말했다. 1000(gana)을 넘는 수어들은 gana와 결합해서 표현되었다.

제22장 수에 대한 미신

금기시하는 것의 수세기

미국으로부터 온 자원교사인 마지에 스피어는 키쿠유족 초등학교 학급에 있는 어린이들에게 "오늘 몇 명 출석했어요?"라고 물었다. "25명이요."라고 대답했다. 마지에는 철자 쓰기 연습을 시키기 위해 26장의 종이를 세었다. 살아 있는 것을 세는 것을 금기시하는 부족의 신념 때문에, 학생들은 정확한 수보다 1 작은 수로 우회하여 말했다.

20세기 초 키쿠유족 마을을 방문한 한 영국인이 한 어머니에게 자녀가 몇 명이냐고 묻자 "와서 보세요."라고 하며 대답을 피하는 것을 보았다. 하지만, 이 방문객은 키쿠유족 남자 어린이들에게 아버지의 부인의 수와 각 부인이 낳은 아이들의 수를 물었을 때 쉽게 대답하는 것을 발견하였다. 어쨌든 어른들이 주변에 없을 때, 아이들은 아이들인 것이다.

케냐의 대통령인 케냐타도 어린 시절에 대부분의 소년들이 그렇듯이 집안의 가축을 돌보았다. 그는 자신의 저서 《케냐산을 바라보며Facing Mount Kenya》에서 다음과 같이 쓰고 있다. "내 고민은 소년들이 직접 세지 않고 눈으로만 물건을 세는 좋은 관찰자가 되게 하는 방법을 찾는 것이다. 왜냐하면 양, 염소, 소와 군중과 같은 것을 세는 것은 키쿠유족은 금기로 여기고 있으며, 사람과 동물을 세면 불행이 온다고 생각했기 때문이다(p. 102)." 가축의 머리는 각각의 이름이 있고, 가축의 색깔이나 무늬, 또는 뿔의 크기나 형태에 따라 구분되었다.

키쿠유족 남자 아이들은 동물을 식별하는 것에 관한 엄격한 훈련을 받았다. 두세 무리의 가축을 섞어놓고 자신의 가축을 고르는 테스트를 한다. 또는 동물 몇 마리를 숨기고 없어진 동물이 무엇인지 알아맞히게 한다. 만약 틀리면, 그 무리에서 특정한 동물을 지적해서 물어본다. 케냐타는 교육을 잘 받아서 자신의 어린 동생들을 가르쳐줘야 했다.

사람이나 동물을 세면 해를 입을 수 있다는 두려움으르 인해 꺼리게 되는데 이런 마음은 동아프리카의 모든 인종 사이에 널리 퍼져 있다. 저녁이 되어 수백 마리의 가축이 집으로 돌아오면, 가축 관리자는 없어진 동물이 있나 유심히 살펴본다. 언어에는 집에서 기르는 동물들의 변종變種을 묘사하는 수많은 단어들이 있다. 이 단어들은 색깔, 무늬, 뿔이나 그 밖의 특징들을 기반으로 한다. 젊은 사람은 신부값으로 미래의 처가에 지불해야 할 지참금에 포함시켜야 할 것으로 젊은이는 동물의 이름과 설명을 자세히 알아야 한다.

닐로트족 혈통의 유목민인 트루카나족과 아루사 마사이족의 경수체계를 비교한 걸리버는 농경을 하는 아루사 마사이족은 실링으로 큰 수를 세는 것에 익숙한 반면 트루카나족은 지금도 50 이상의 수를 세는 경우가 거의 없다고 단언하였다. 트루카나족은 아루사 마사이족보다 훨씬 더 많은 가축을 가지고 있음에도 불구하고 한눈에 동물의 수를 알 수 있기 때문에 셀 필요가 없다. "그들은 확대 가족으로 살면서 가족 의식 모임을 갖는데, 이때 사람의 수를 세는 것에 대해서는 생각을 해도 목장이나 우리에서 가축을 센다는 생각은 하지 않는다."(p. 262)

특별한 수

아프리카 사람들은 어떤 수를 행운의 수라고 생각하고 어떤 수를 불운의 수라고 생각할까? 20세기 초에 아프리카를 방문한 유럽인은 아프리카 사람들에게 널리 알려진 다양한 수의 특별한 의미에 대해 기록했다. 예를 들어, 홀리스Hollis는 칼렌진족의 한 줄기인 난디족의 점占에 대해 썼다. 점술가에게 2, 3, 5, 8, 10은 행운의 수이고 특히 3과 5는 더 그렇다. 반면에 불운의 수로 1은 최악의 수이고 다음으로 6, 7, 9가 있으며 마지막으로 4가 있다. 킵코리Kipkorir 박사는 이 신념에 정통하지 않았지만, 그는 우리는 "홀리스의 글은 감안해서 읽어야 한다."고 덧붙였다. 그는 칼렌진족의 어떤 부족도 '행운'을 의미하는 단어를 사용하지 않았다고 알고 있었다. 또한, 나도 루오족도 행운의 수 또는 불운의 수를 갖고 있지 않는다고 들었다.

분명히, 어떤 수들이 중요하다 중요하지 않다고 밝히는 보고서들에는 모순점이 있다. 서양의 과학문명에 길들여져 문화적 편견을 가진 유럽인이 주어진 현상에 대해 내리는 해석은 아프리카인이 자신이 속한 종족의 전통에 따라 내리는 해석과는 다를 수 있다. 서양의 교육을 받은 아프리카 사람들은 또 다른 해석을 해낼 수 있다. 이런 사람들은 조상들의 신념을 잊고 있거나 전혀 모를 수 있거나, 이 사람들은 이런 신념들을 시대착오적인 것으로 간주할 수 있다.

나는 주로 유럽인들이 보고한 정보들을 오늘날의 아프리카 사람들로부터 언제든지 확인 가능하다고 확신하는 정보만을 제시하려고 한다. 차가족 사회에서 성장한 라움Raum 박사는 1938년에 차가족은 홀수를 '짝이 없는 수'라고 부르고, 종종 이 수를 시에 불운의 수로 생각한다고 진술하였다. 이 진술은 내가 젊은이들을 인터뷰해서 직접 확인했다. 캄바족 학생들은 그러한 수를 mwa라고 말했다. 어린이들은 3, 5, 7, 9명씩 무리지어 걷지 말라는 가르침을 받는다. 호수가 주변에 거주하는 반투어를 사용하는 중등학교 남학생들은 짝수는 행운의 수이고 홀수는 불운의 수라는 신념이 존재한다는 점을 확인해 주었다.

린드블롬Lindblom은 케냐의 캄바족에 대한 보고서에서 "홀수는 일반적으로 재앙의 수로 간주되며 적어도 불운을 나타낸다. … 7은 그 중에서도 가장 최악의 수이다. 이것은 또한 동아프리카 대부분 지역에서 알려진 사실이다. … 아캄바족들 사이에서 대부분의 경우에 7은 선과 악을 동시에 나타내는데, 이것은 좋지 않은 것 같다."(pp. 306~307)고 진술하였다. 그는 7이 특별히 중요한 수가 된 것은 이슬람의 영향으로 보았으며, 이 수가 특별한 의미를 갖게 된 것은 성서 이전의 시대로 거슬러 올라갈 수 있다고 한다. 이에 대한 증거로 일주일이 7일이라는 것을 들 수 있다.

린드블롬이 주목하였듯이, 캄바족 사이에서 한 목동이 소떼를 한 번에 6일 이상 지키는 경우는 없다. 아마도 이것은 주5일제와 같이 노동력을 보호하기 위한 장치인 듯하다! 농부는 사탕수수의 줄기에 7개의 바늘이 달린 깃procupine quill을 놓고 도둑으로부터 사탕수수를 지킨다. 7은 선서

나 주문呪文에서도 중요하다. 반면에 7은 행운을 나타내기도 한다. 할례 축제가 7일이거나, 코끼리 사냥꾼이 채찍을 7번 던지면 행운을 가져온다는 말이 있다.

캄바족 출신인 목사이며 박사인 음비티는 다음과 같은 글을 썼다. "[캄바족 사이에서] 불운의 수는 유일하게 7뿐이다. 하지만 불운이라는 단어는 정확하지 않다. 캄바족은 7이 불운이라고 지정해 두지는 않았을지라도 이것을 나쁘다고 여기기 때문에 이 수를 좋아하지 않을 뿐이다."

해안가 근처에 사는 반투어를 사용하는 사람들 사이에서도 7은 특별한 의미를 갖는다. 라움은 키쿠유족에게는 7을 나타내는 단어는 없는 대신에 비수어非數語를 사용한다고 적었다.[7을 나타내는 단어는 mugwanja다.] 그리고 청년들에게 7명이 함께 여행하는 것을 금기했고, 사람들은 어떤 것도 7등분으로 나누지 않았다. 학생들에게 계산 문제로 "한 사람이 7마리의 생선을 먹었다. 3마리를 더 먹는다면 그는 모두 몇 마리를 먹었겠는가?"라는 질문을 했을 때, 최상의 대답은 "그는 불운의 수를 먹었기 때문에 내일이면 죽는다."이다. 라움은 《아프리카의 산술Arithmetic in Africa》이라는 책에서 교사가 7의 배수나 7과 관련된 계산을 할 때면 학생들이 '잽싸게 웅얼거림"으로써 7에 관한 금기를 우회한다고 쓰고 있다.

키쿠유족들 사이에서, 수 7은 주문을 걸 때 중요하다. 7개의 저주의 귀신을 불러낼 수 있다. 각 저주의 귀신은 7개의 막대기들 중의 한 막대기의 배열에 의해서, 희생자의 집으로 날아 갈 길을 안내한다. 케냐타는 소년시절부터 한 남자가 자신의 삶을 연인에게 바치기로 맹세할 때 반드시 따라야 하는 절차에 대해서 이야기한다. 이 남자는 먼저 염소, 양, 소와 같은 모든 재산을 포기해야만 한다. 그러고 나서 주술사는 하이에나가 살고 있는 외진 장소로 이 남자를 데리고 간다. 거기에서 구애자의 머리 위에서 주술 가방을 흔들면서 7번 주문을 외워 적절한 혼을 불러온다. 주술사는 빌고 있는 구애자의 엉덩이를 주술 가방으로 7차례 때린다. 그러면서 주술사는 의식상의 질문을 던진다. 이 의식에서 사람의 약을 마시고 몸에 기름을 바른다. 이제 구애자는 '자신의 삶을 연인에게 바칠' 준비가 되었다.

주술사에게 7은 중요한 의미를 갖는다. 케냐의 수도인 나이로비에 있는 국립박문관에는 키쿠유족 주술사의 조롱박과 씨, 돌 등 역사적 · 주술적으로 중요한 다양한 물건들이 전시되어 있다. 그는 상담할 때, 이 작은 물건들을 땅에 던지고 10개씩 그룹을 만들어 센 후, 20, 50, 100개의 형태로 더미를 만든다. 중요한 것은 더미를 만들고 남은 것의 개수이다. 7개가 남았다면 그것은 죽음을 의미한다. 3개가 나오면 주술사는 질문을 받고 대답해 줘도 좋다는 것이다. 여행을 하기에 적절한 시기가 언제인지나 아픈 사람이 나을 것인가? 홀수에 대한 두려움에도 불구하고 점에서 3과 5는 행운의 수로 여겨진다. 나와 이야기를 나눈 젊은 사람들도 이 절차에 친숙하다.

우간다의 간다족에게 9는 가장 중요한 수이다. 부간다의 왕인 카바카는 9명의 남자와 9명의 여자, 9마리의 소머리, 9마리의 염소, 9마리의 닭, 나무껍질로 된 9개의 짐, 조개껍데기로 된 9개의 짐을 제물로 바치게 함으로써 국가적인 축제에서 선구적 역할을 한다.

간다족의 주술사는 상담을 할 때, 조개껍데기로 장식이 된 9개의 긴 깃털을 매트에 던진다. 주술사는 던져서 나온 형태에 따라 결정을 한다. 2개가 나란히 놓이고 3개가 가로지르면 나쁜 징조를 나타내고 병이 있을 경우에는 죽음을 예언한다. 또 다른 주문 방법은 9개의 막대기를 물이 있는 그릇에 놓거나 9개의 커피 열매를 평평한 곳에 던지는 것이다. 이것이 짝수 그룹을 이루면 결과는 좋지 않다. 그리고 두 그룹으로 나뉘면 죽음을 의미한다. 주술사는 한 그룹이 몇 개로 이루어졌는지를 보고 몇 가지 여지를 둔다. 닭의 창자 위의 반점을 조사하여 점을 보기도 한다. 여기에서도 홀수가 나오면 호의적이다.

어떤 수는 분만과 관련이 있다. 키쿠유족의 아빠는 딸이 출생하면 4개의 사탕수수를 잘라 축하해 주고 엄마와 딸은 4일 동안 격리된다. 아들의 경우는 5일 동안 격리된다. 사탕수수 즙을 엄마와 아이에게 먹이고 건강을 기원한다.

또한 케냐의 타이타족은 갓 태어난 아이와 수를 연결한다. 아빠는 염소를 죽여 창자를 관찰하고 아이의 미래를 예언한다. 아이에게 부여하는 수는 확대 가족과의 관계를 나타내는 것으로 예를 들어 '6에 속한 하나'가 이름이면 이것은 6번째 그룹의 구성원을 나타낸다.

제23장 동아프리카인의 시간

자연은 시계이다

자렘브카Rodah Zarembka는 저녁 식사 후 시계를 보고 "2시 30분"이라고 말했다. 나는 그녀의 말에 놀랐다. 그러자 그녀는 "8시 30분을 말한 거예요." 하며, 자신이 말한 것을 내가 시간을 생각하는 방식에 맞게 정정해 주었다. 실제로 그녀의 시계는 8시 30분을 가리켰지만, 동아프리카에서는 시계의 시침 방향을 반대로 생각한다. 그래서 8시 30분을 2시 30분으로 읽는다.

케냐와 우간다는 적도에 있어서 일년 내내 같은 시각에 일출이 일어난다. 이렇게 자연의 시계에 축복받은 동아프리카 사람들은 하루를 일출과 함께 시작한다. 1시는 표준시각으로 오전 7시와 같은 시간을 말한다. 대부분의 공공장소의 시계는 표준시간을 나타내지만, 사람들은 자연스럽게 동아프리카나 '스와힐리' 시간으로 바꾸어 생각한다. 예외로 잔지바르의 섬, 즉 탄자니아의 해안가에 있는 낭만적인 '정향나무의 작은 섬 Isle of Cloves'은 그렇지 않다. '불가사의의 전당 House of Wonders'의 탑과 새로 지은 종합 운동장에 있는 굉장히 큰 시계가 스와힐리 전통에 따라 설치되어 있다. 그러나 점점 더 아프리카 사람들은 유럽의 관습을 따르고 있다.

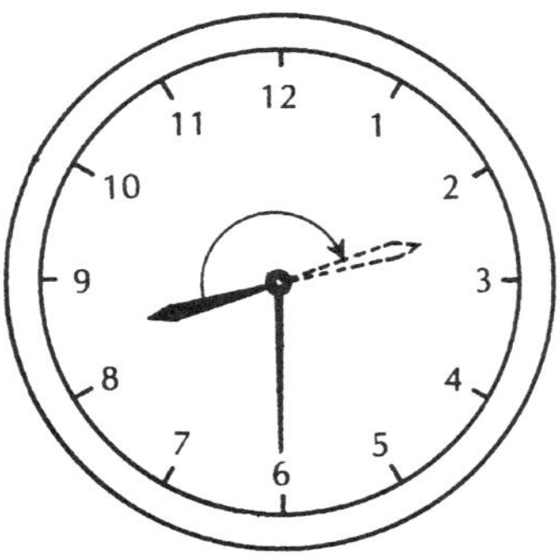

그림 23-1 동아프리카인들은 8시 30분을 2시 30분으로 읽는다.

물론 농부는 초원에 있는 소를 데리러 갈 때 시계를 보지 않는다. 옛

날부터 해는 하루의 시작을 알리는 역할을 해왔다. 매해 그림자는 하루 중 특정한 시각에 길이가 같았고 아프리카인은 날마다 시각을 아는데 이를 사용했다.

종종 하루의 주기들은 주요 활동에 따라서 이름을 갖게 되었다. 음비티 《아프리카인의 종교와 철학African Religions and Philosophy》(p. 20) 박사의 보고에 따르면, 소목축업으로 생계를 꾸려가는 우간다의 은콜레족Ankole은 대략 다음과 같이 하루를 나눈다고 한다.

오전 6시 : 젖짜는 시간.

정오 12시 : 소와 사람이 휴식을 취하는 시간(bari omubirago)이다. 젖을 짠 후에, 목동은 소를 목초에 데려다 놓고 해가 뜨거운 정오에 소와 함께 약간의 휴식을 취한다.

오후 1시 : 소가 우물이나 강을 지나기 전에(소들이 그곳을 오염시키거나 물을 긷거나 운반할 때 방해하기 때문에) 물 긷는 시간이다.(baaza ahamaziba)

오후 2시 : 소가 물을 마시는 시간(amasyo niganywa)으로 목동이 물 마시는 장소로 소를 이동하는 시간이다.

오후 3시 : 소가 물 마시는 장소를 떠나 다시 풀을 뜯으러 가는 시간이다.(amasyo nigakuka)

오후 5시 : 소가 집으로 돌아가기 위해(ente niitaha) 목동이 소를 모는 시간이다.

오후 6시 : 소가 우리나 잠자는 장소로 들어가는 시간이다.(ente zaataha)

오후 7시 : 소가 잠들기 전에 젖 짜는 시간이며, 하루를 마감하는 시간이다.

서쪽 케냐의 고지대의 킵시기스족은 하루를 새벽, 일출, 이른 아침('소젖을 짜기 전에 일찍 풀을 먹으러 가는 시간'이라 부름), 정오, 오후('태양이 기울어지는 시간'), 일몰, 저녁, 밤, 한밤중(약 오후 9시부터 오전 4

시), '별이 흐려지는 시간' 으로 나눈다. 킵코리 박사의 이름은 별이 흐려지는 때 태어났다는 것을 의미하는 Kerir Kore라는 단어에서 유래되었다고 한다.

대부분의 아프리카인은 조상들의 전통 달력을 기억하지 않는다. 1926년에 둔다스는 차가족의 노인들은 음력월에 기초한 12달 달력을 회상할 수 있었다고 적었다. 이 음력월은 달의 상相에 대응해서 정한 불규칙적인 4주로 이루어져 있다. 그래서 경우에 따라서 13달이 될 때도 있다. 한 달은 사라질 때 시작해서, 달의 분할은 한 주가 10일인 주가 2주 그리고 한 주가 4일이거나 5일인 주가 2주 해서 4주로 구성된다. 이 사람들은 각 날은 특별한 의미(남자나 여자, 소나 야생동물들에게 행운이나 불운을 가져다주는)를 갖는다고 믿었다.

대부분의 문화에서 음력월은 전통이다. 실제로, 같은 단어를 사용해서 '월' 과 '달' 을 의미한다. 달은 대략 29일 반나절이 한 주기이기 때문에, 지구의 자전을 기초로 하는 태양력은 12달의 음력에 약 11일을 더해야 한다. 일반적으로 아프리카인은 음력과 양력을 조화시키려고 했다. 많은 우화에서 첫 번째 우기를 새로운 해의 시작으로 한다. 그들은 1년을 12달로 가정하고 첫 번째 우기가 시작될 때까지 며칠의 여유를 잡는다. 월의 이름은 날씨와 관계 있는 직업(농업과 목축업)의 활동을 묘사하여 나타내거나 서수로만 표현한다.

이슬람교도들은 축제일을 계산할 때, 음력월을 기초로 해서 만든 이슬람 달력을 사용한다. 한 해의 첫날은 계절들을 지나서 일년의 시작일로 돌아온다. 차가족의 달력은 초창기부터 13달로 되어 있어서 첫 번째 달은 매년 뒤에 생긴다고 믿어져 왔다. 현대의 달력에서 마지막 4달인 9월, 10월, 11월, 12월의 이름은 지금의 달력보다 2달 늦은 '7번째', '8번째', '9번째', '10번째' 를 뜻하는 의미를 갖는다. 이렇게 된 것은 로마 달력의 영향이다.

스와힐리어를 사용하는 현대 아프리카 사람들의 달의 이름은 영어의 변형이다. 이슬람교인이 많이 살고 있는 지역에서는 이슬람 달력을 계속 사용하려는 시도가 있었지만, 이슬람교의 단식월인 라마단을 확인하는 것

외에는 거의 사용하지 않는다.

7일-일주일은 기독교나 이슬람교의 영향으로 아프리카에서 보편적으로 사용되고 있다. 스와힐리에서 토요일은 Juma mosi라고 부르는데, 이 날은 금요일 다음에 오는 '첫 번째 날'로 이슬람신도들에게는 기도를 해야 하는 주요한 날이다. 하지만, 다른 많은 언어에서는 월요일이 '첫 번째 날', 즉 일요일 다음날로 노동의 첫날을 의미한다. 루오족은 일요일을 Odira라 부르는데, '안식일'을 의미한다. 반면에, 우간다의 테소족은 안식일을 Sabiti라고 명명하였는데, 이 단어는 아마도 'Sabbath'*에서 유래한 듯싶다.

자연에 동화되어 사는 사람은 우기가 다가오고 있음을 보이는 징조들을 인지할 수 있는 방법을 배운다. 이런 징조의 예로 등대풀속의 나무들이 자라기 시작하거나 플레이야데스성단의 출현을 들 수 있다.

캄바족은 한 해의 상이한 기간에 태양의 방위를 이용해서 우기와 건기가 도래하는 시기를 알아낸다. 농부는 시야가 탁 트인 평평한 땅 위에 관측대를 설치하고, 기준이 되는 지점으로부터 몇 그루의 독립적인 나무들에 선을 그어 연결한다. 그는 해가 북쪽과 남쪽으로 가장 길게 늘어졌을 때를 관찰한 후, 태양의 위치에 따라 계절을 예측할 수 있다.

해안가 가까이에 사는 사람들은 3월에서 6월까지의 긴 우기와 10월에서 12월까지의 짧은 우기가 있기 때문에 일년에 두 번 수확의 기쁨을 맛본다. 반면 내륙지방은 한 번의 우기만 있을 뿐이다.

순환적이고 선형적인 나이 계층 체계

1898년에서 1899년 사이에 정부나 선교사가 주는 쌀 이외에는 거의 먹을 것이 없었던 시기를 일컬어 '쌀 기근이 있었다'라고 캄바족은 말한다. 어떤 사건이 발생하면 과거에 일어났던 눈에 띄는 일과 관련하여 생각할 수 있다. 키쿠유족 사이에서, 성인이 될 무렵의 연령대

* Shabbat은 헤브라이어로 '중지하다' 또는 '그만두다'라는 뜻의 shavat에서 유래하였으며, 안식일을 의미한다. 안식일은 유대인들이 금요일 해질 무렵부터 다음날 어두워질 때까지 휴식하며 거룩하게 지키던 날을 의미한다.

의 무리에게 붙인 이름은 이 연령대의 가장 주목할 만한 사건인 '유럽인이 매독을 소개한 시기' 또는 '소말리아에 대항하여 반란이 일어난 시기'를 의미하는 명칭으로 불린다. 결과적으로, 문맹자들의 역사는 언어를 통해서 대대로 존속하게 된다. 선조들은 이러한 사건들을 모닥불에 모여 앉아 있을 때 젊은 사람들에게 말해줬다. 이러한 방법으로 부족들은 수세기에 걸쳐 연대감과 집산주의集散主義 정신을 전수해 왔다.

대부분의 동아프리카 사회에서, 나이 계층(연령집단)의 체계는 나이와 거주지를 토대로 친밀한 사회를 형성하기 위해 가족관계와 정치 기관을 교차하는 조직을 갖는다. 나이 계층 체계는 '순환적'이거나 '선형적'인 형태로 조직된다. 두 방법 모두 글자가 없는 시기의 역사적인 사건을 기록하는데 정확한 방법을 제공한다.

우간다의 카리모종족Karimojong은 4개의 순환적 나이 계층이 있는데, 이 계층을 이르는 말은 얼룩말, 산, 가젤, 사자이고, 각 계층의 기간은 한 세대를 의미하는 약 25년이다. 따라서 완전한 주기는 약 100년이다. '산'과 '얼룩말'의 두 계층은 젊은 계층으로, '산' 계층은 사춘기 소년들로 구성되어 있으며, 바로 위 계층인 '얼룩말' 계층은 소년들의 부모들로 구성되어 있다. 이 두 계층은 매우 활동적이다. 이들 세대별 계층은 각각 다시 다른 책임과 지위를 가진 5개의 하위 집단으로 분류된다. '산' 계층에 속하는 사람들은 매 5년마다 새로운 나이 집단으로 입문하는 방식으로 5개의 하위 집단을 거치게 된다. 이 기간이 약 한 세대 걸린다. 그러고 나서야 '산' 계층의 사람들은 상위 계층으로 승진할 수 있고, 다음 25년 동안 통치 세력이 없는 사회에서 통치 기구를 형성한다. '얼룩말' 계층의 구성원들은 자신들의 손자로 새로운 연령 계층인 '가젤'에게 모든 것을 전수하고 공식적 활동에서 물러난다(그림 23-2).

캄바족, 키쿠유족, 루오족, 마사이족 사이에서의 연령체계는 선형적이다. 이들의 연령체계 내에서 각 새로운 연령집단은 일정한 연령 간격으로 선형적이다. 아루사 마사이족의 연령집단은 두 개의 선형적 흐름이 있다. 각 연령집단의 주기는 약 20년이다. 아루사족은 두 개의 주요 연령집단이 있다. 한 연령집단은 'Olmurran'이라고 부르는 '청년' 집단이고, 다른 한

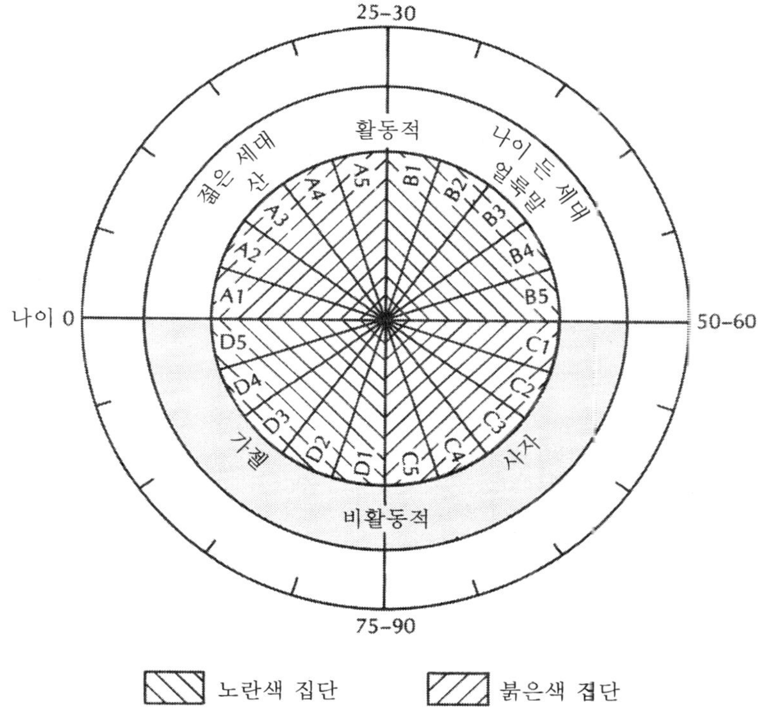

그림 23–2 우간다의 카리모종족의 순환 나이 계층 체계. 카리모종족은 한 주기가 100년에서 120년간으로 이루어진 4개의 고정된 세대별 연령집단이 있다. 각 세대는 다시 5개의 연령집단으로 분류된다. 활동 장신구 때문에 '노란색'으로 불리는 '가젤'과 '얼룩말' 연령집단은 할아버지와 손자의 관계로 대응된다. 비슷하게 구리로 만든 장신구로 인해서, '빨간색' 연령집단인 '사자'와 '산' 계층에도 비슷한 관계가 존재한다. 이 도표에서 '얼룩말'과 '산'은 활동적인 연령집단이고 '얼룩말' 계층은 권력을, '산' 계층은 순종을 나타낸다.

연령집단은 'Olmoruo'라고 부르는 '연장자' 집단이다. 청년집단에 앞서서, '유소년' 연령집단이 있다. 주니어 물란 시기 동안, 소년들은 약 2년 동안 세 번에 걸쳐서 할례를 받게 된다. 할례 의식은 연령집단으로 입문하는 수단이다. 입문의식은 몇 년의 수련기간을 거친 후 주어지는 것으로 이것을 통과하면 시니어 물란기로 올라간다.

연령집단의 주기는 다음과 같다.(연령은 대략적이다.)

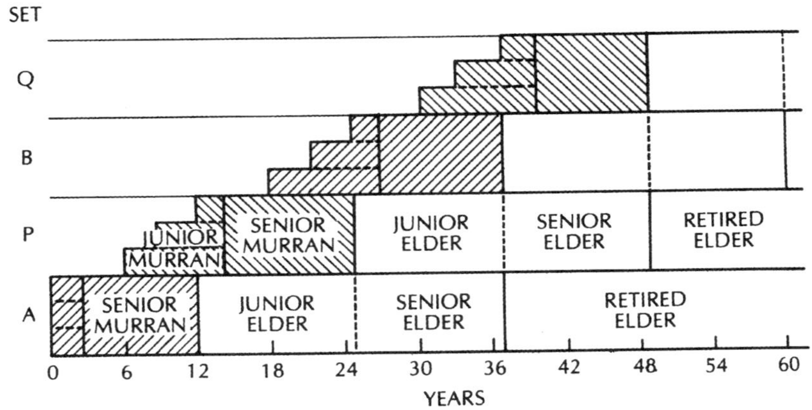

그림 23-3 북탄자니아의 아루사 마사이족의 선형적인 나이 계층 체계. B그룹의 구성원이 A그룹의 보호자이고 Q그룹의 구성원이 P그룹의 보호자이다. 나중에 알려진 사실에 따르면 각각의 연령집단은 적절한 이름이 있다고 한다.

1- 6세 : 이전 연령집단의 할례기간이 종료되는 시기부터 새로운 할례를 재개하는 시기
6-14세 : 유소년 (세 가지 나이군으로 나뉜다.)
14-25세 : 청소년
25-37세 : 젊은이
37-49세 : 중장년
49세 이후 : 은퇴

아루사 마사이족 출신의 14세인 템포라는 유소년이 있다. 이 소년은 할례를 받고 입문한 후 지금은 주니어 물란이 되었다. 즉, 템포보다 3년 전과 5년 전에 할례의식을 가진 두 형과 같은 연령집단에 들어가게 되었다. 하지만 그들은 같은 연령집단에 속할지라도 다른 나이군으로 나누어진다. 템포의 사촌 동생은 6년을 더 기다려야 할례를 받을 수 있으며 다음 연령집단으로 입문할 수 있다. 템포는 자신이 속한 연령집단의 아래 위에 속한 연령집단의 구성원들과 교분을 쌓으면서 물란기의 권리와 의무를 배우

는데 대부분의 시간을 보낸다.

입문 후 2년간, 근처 마을의 비슷한 연령집단뿐만 아니라 자신이 속한 연령집단의 전체 구성원들은 같은 연령집단을 구성하게 되고, 적절한 의식을 거쳐 상위의 물란기로 승진한다. 옛날에, 청년들은 사자를 죽이거나 소의 습격을 막거나 약탈자로부터 소 떼를 방어하는 것을 자랑으로 여겼다. 오늘날로 말하면 조련사의 역할을 하였다.

28세 정도가 되면, 템포와 동료들은 젊은이 연령집단을 걸쳐 중장년 연령집단으로 올라간다. 이 위치에서 24년을 즐겁게 지낸 후에 활동적인 공동체 삶에서 은퇴하게 된다.

템포가 노인이 되면 마사이 공동체는 그의 지혜와 경험을 명예롭게 여기며 높은 존경을 하게 된다. 그리고 그는 분쟁이 일어나면 지혜로운 상담을 한다. 청년들에게 각각의 나이 계급의 주기와 관련하여 때에 맞게 자신이 살아오면서 있었던 사건(입문 후에 있었던 메뚜기떼의 습격, Olmoruo의 단계로 올라간 후에 있었던 3년간의 혹독한 가뭄)에 대해 말해 준다.

제24장 부의 상징-소와 가축

소는 동아프리카인에게 안정, 기쁨, 감정적 만족을 나타낸다. 가축 떼는 이름이 있으며, 개성을 인정받으며, 아마도 숭배 시도 있다. 주인은 가축을 자식처럼 아끼기 때문에 가축을 도살할 생각을 하지 않는다. 예외가 있다면, 축제 때 재물로 사용하기 위해 가축을 도살하는 경우이다. 이 동아프리카인은 소에 낙인을 찍을 필요가 없을뿐더러 어느 동물이 백신을 맞았는지의 여부를 아는데도 어려움이 없다. 수의사들은 단지 의학정보가 있는 책에 동물의 이름만을 기록해 놓는다. 여러 언어에서 가죽의 반점에 따라 소를 묘사하는 어휘가 많이 있었다.

한 사람의 재산은 이 사람이 소유한 소의 수에 따라 측정하였다. 가능한 한 많은 수의 가축을 갖는 것은 세력에 관한 문제였다. 소는 우유를 공급하고 죽으면 가죽을 남겨서 유용했다. 일부 닐로트족은 살아 있는 동물의 피를 음식으로 사용한다. 하지만 소는 주로 신부값이나 세력의 측정 도구로 사용되었다.

르완다의 서제국과 은콜레 왕국(현재 우간다의 일부분)에서 권력과 특권은 소를 소유한 몇몇에게만 있었고 대다수는 땅을 경작하거나 가축을 돌보았다. 두 계층의 관계는 중세 유럽의 귀족과 농노와 유사했다. 은콜레 왕국의 왕은 소를 보호해 주고 그 대가로 군역과 조공을 받았다. 반대로 농노는 목장의 주인에게 농산물과 노동력을 바칠 의무가 있었다.

소는 소유자에게 매우 중요한 재산이지만 소의 품종은 그리 좋지 않았다. "경제적인 관점에서, 현재 키쿠유족이 기르는 소의 품종은 매우 형편없다. 정부가 품종 개량을 위해 품종이 좋은 황소는 보호해 주고 하위 품종을 점차적으로 좋은 품종으로 바꾸도록 돕는다면 좋은 발전이 있을 것이다(Kenyatta, p. 65)." 30년 전에 한 케냐타의 충고는 오늘날에도 반복되고 있다. 1970년 8월에 케냐 정부의 관리는 "지역 주민들이 현재의 낮은 품종인 소를 팔고 교배시킨 소로 바꾸길 호소했다. … 많은 어린이들이 열악한 음식섭취로 인한 영양실조로 고통받는다. 이 병의 원인은 우유의 부족이니 개량된 소가 보급된다면 학생들에게 충분한 양의 우유를 공급할 수 있다(Daily Nation, Nairobi, 1970년 8월 14일)." 자렘브카는 서쪽 탄자니아의 자원 교사로 있을 때, 그 지역에서 신부값으로 지불되는 20마리 소에서 생산된 우유가 저녁 식사로 충분하지 못한 것을 보았다.

무역

전적으로 가축에 의지해서 삶을 살아가는 사람들은 생필품은 무역을 통해 구입했다. 1800년대에 이르기까지 동쪽의 반투족과 닐트로족 간에 상당한 무역이 발전하였다. 키쿠유족은 마사이족에게 음식을 제공했고 대가로 가축을 받았다. 최근에도 마사이족은 키쿠유족에

그림 24-1 동북 탄자니아의 누소토에서 열린 시장. 여자들이 화려한 패턴의 옷을 입고 있다.

게 창과 검, 담배, 호리병박, 빨간 황토를 받고 양을 지불한다.

지방의 무역은 대개 정기적으로 열리는 시장에서 물물교환으로 이루어진다. 5천 명에 가까운 사람들이 한 시장에 모인다. 오늘날에도 이런 시장은 많은 지역에 존재한다. 철기구 가게를 확장하기 위해서 필요한 재원을 마련하기 위해 질그릇을 팔러 나온 여성이 있다고 하자. 그릇을 사는 사람은 조금이라도 이익을 보려고 한다. 서로 만족할 때까지 계속해서 물건을 교환해야 한다.

키쿠유족은 일부 물건에 대해서는 가격을 정해 두었다. 대장장이는 창을 주문받아 만들고 건강한 염소를 받는다. 구매자는 큰 호리병박에 맥주를 가지고 가서 협상할 때 옆에 두고 대장장이가 즐거운 마음으로 물건을 팔도록 유도한다.

유럽의 화폐제도가 소개되기 전뿐만 아니라 그 후에도 오랫동안 키쿠유족은 보조화폐로 양과 염소를 사용한 전형적인 일화가 많이 있다. "이 사람들은 '실링은 또 다른 실링을 생산하지 못하지만, 양이나 염소는 또 다른 양이나 염소를 생산할 수 있기 때문에 돈은 좋은 투자가 아니다' 고 말하면서 자신들의 주장을 펼칠 것이다(Kenyatta, p. 66)." 돈 그 자체는 이 나라 내에서는 실제적으로 아무런 기능을 하지 못했다. 봉급을 받아서 몇 푼을 저금하는 사람들조차도 현금을 빨리 가축으로 바꾸길 원했다.

실질적인 지불은 다른 생필품으로 할지라도 가치의 척도는 염소였다. 상아가 10마리의 염소의 가치가 있다고 할 때, 잉여 양을 갖고 있는 구매자는 염소와 동등한 가치에 해당하는 양의 수를 전달한다. 20세기 초 키쿠유족은 염소와 소를 물물교환할 때 13 대 1의 비율로 하였다.

화폐 고대로부터 부간다에서는 별보배조개껍데기를 화폐로 사용해 왔다. 아랍 상인들이 이 나라에 진출하기 전에는, 왕립 공장에서 상아 원반을 제조하고, 100별보배조개의 가치를 지녔다. 파란 구슬 또한 교환의 매개체였다. 이것의 가치 역시 100별보배조개의 가치를 지녔다.

부간다에서 큰 거래를 할 때 가치 측정은 소로 하였다. 로스코는 20세기 초의 실제적인 가격이 다음과 같았다고 알려 주었다.

소 한 마리 = 2500개의 별보배조개 껍데기
남자 노예 한 명 = 소 한 마리
여자 노예 한 명 = 4~5마리의 소
염소 다섯 마리 = 소 한 마리
상아 엄니 한 개 = 1000개의 별보배조개 껍데기

별보배조개가 항상 쌌던 것만은 아니었다. 초기에 드 개의 별보배조개로 여자 노예 한 명을 살 수 있었다. 외국의 화폐 루피가 소개되면서 별보배조개의 가치는 폭락하였다. 하지만 이 싸구려 별보배조개는 'nsimbi' 이라는 루간다 단어에 살아남아 있다. 이 단어는 공식적으로 '별보배조개 껍데기'를 의미하지만, 지금은 일반적으로 '돈'을 표현하기 위해서 사용된다.

니안자 호수 주변의 대중적인 화폐 형태는 그 지역에서 제조된 철제 괭이였다. 괭이와 다른 철제 도구는 불변하고 이동하기 편리해서 물물교환의 매개체로 하기에 좋았다. 루이야족 사이에서는 닭 3마리는 1괭이, 염소 한 마리는 3괭이, 염소 3마리는 소 1마리의 가치가 있었다. 동아프리카인의 전통에서 알아보았듯이, 루이야족도 부를 소의 수로 평가한다. 호수 부근에서 다른 대체할 만한 화폐 물건으로는 황동과 구리 철사, 그리고 주로 부유한 여성들의 장식물로 사용되던 잘 세공된 팔찌, 천, 별보배조개껍데기가 있었다. 19세기의 후반부부터 구슬과 상아가 화폐로 중요하게 되었다.

신부값 제도는 신랑집의 재산을 신부집의 재산으로 재분배하는 경제적 장치였다. 몇몇 종족은 표준적인 지불 기준을 가지고 있었다. 몇몇 종족은 경우에 따라 협상을 하였다. 관습이 어찌되었든, 가축이 근간을 형성하였다. "양과 염소가 결혼 보증금이기 때문에, 가축이 없는 남자는 신부를 얻을 수 없었다. 신부의 부모는 결혼보증금으로 현금을 받지 않기 때문에, 만일 남자가 현금을 가지고 있다면 제일 먼저 현금으로 소나 양과 염소를 사야 했다. 왜냐하면 그들에게 돈은 아무런 의미가 없었고 종교적 · 정서적으로도 그들의 관습과 맞지 않기 때문이다.”(Kenyatta, pp. 66–67) 1930년대에 키쿠유족의 신부값은 평균적으로 30~40마리의 양과 염소로 치러졌다. 소를 포함하면 한 마리의 소는 10마리의 양과 염소와 대등한 관계를 이루었다.

캄바족 여성들은 특이하게도 높은 가격을 부른다. 두 마리의 암소와 두 마리의 숫소, 그리고 40~50마리의 작은 동물이 전형적인 이들의 신부값이었다. 구혼자가 부자이면 더 많은 결혼 보증금을 부른다. 신랑감은 확대가족의 구성원과 동년배로부터 도움받을 것을 기대한다. 신부의 아버지는 신부값으로 빚을 청산하기도 했다. 따라서 가축에 의존하는 경제체제에서, 부는 공동사회에 재분배된다. 오늘날 캄바족은 결혼 보증금을 현금으로 지불하기도 하는데, 금액은 종족의 전통에 따라서 정해지거나, 결혼 당사자간의 경제적 능력에 따라서 정해지거나, 신부의 교육 정도에 따라서 정해진다. 평균적인 지불액은 미국달러로 300달러 정도이다. 이 정도의 금액이면 소의 건강 상태에 상관없이 20마리 정도를 구입할 수 있다. 많은 민족이 소를 단지 권력과 신부값으로 기르고 있기 때문에, 이 조건은 실제로 버거울 수 있다.

북쪽 탄자니아의 무소마 지역에서 인플레이션은 이런 관습에 치명적인 영향을 미쳤다. 두 세대 전, 신부값은 단지 염소 한 마리에 불과했다. 30년 후에, 신부값은 소 6마리로 상승했고, 지금은 주로 소 15~20마리가 필요하다고 자렘브카는 말한다.

서쪽 케냐의 칼렌진족의 신부값은 좀더 합리적이다. 모든 칼렌진족이 이 풍속을 따르는 것은 아니다. 전통적인 지불액은 소 4마리인데 경우에 따라서 5마리를 지불하기도 한다. 이때, 각 동물의 이름을 불러 주고 각 동물을 설명해 준다. “우리는 당신에게 몇 군데 갈색과 흰색 문양이 있으며, 이러저러한 나이의 소 한 마리를 줍니다. 두 번 새끼를 낳은 적이 있고 온순합니다.” 신부의 가족은 특정한 동물을 거부하거나 다른 것을 요구하기도 한다.

아루사 마사이족은 소 4마리와 작은 동물 7마리로 구체적인 수를 정해서 전달해 준다. 동물 7마리의 이름을 정해 준다. 신부의 아버지는 결혼보증금의 분할 월정액을 정하고, 이 월정액은 몇 년에 걸쳐 갚을 수도 있다. 오늘날 동등한 가치의 현금으로 지불하는 것으로 대체되기도 하는데, 지불금액은 그 금액에 상응하는 동물의 이름으로 표현된다.

벌금

동아프리카 민족들의 사회조직은 고기와 예단을 위해서뿐만 아니라 결혼 보증금, 벌금의 대납, 제물祭物, 마술적 의식, 정화淨化 의식에 드는 일정한 양의 가축을 필요로 한다. 탄자니아의 한 친구는 아버지가 어떤 여성과의 결혼을 반대한 이야기를 나에게 해주었다. 아버지는 그녀가 먼 사촌이므로 금기시되는 결혼이라고 말했다. 그러고 나서 아버지는 "하지만 염소 한 마리를 죽이면 정당화될 수 있다."고 언짢은 듯 말했다고 한다.

아프리카의 전통적인 규율은 다른 사람에게 행한 모든 죄를 분류하여 가축으로 벌금을 내는 정교하고 구체적인 체계를 가지고 있다. 범죄자는 가족과 공동사회로 복귀될 수 있고, 벌은 죄의 정도에 따라 특정한 수의 양이나 염소의 가축을 지불하는 것이다. 예외가 있다면 마법에 의한 살인이다. 이것은 공동체 전체에 대한 범죄로 간주되고 예전의 키쿠유족에서는 화형에 처했다고 한다.

범죄의 경우, 피해자는 정착민의 원로회에 고소를 하였다. 심각한 경우에 범죄자는 추방되었다. 케냐타에 따르면, 추방자라는 낙인은 유럽에서 감옥에 가두는 벌보다 더 가혹한 것이라고 한다. 키쿠유족 재판의 예로 젊은 남자가 처녀를 임신하게 하면 위원회에 3마리의 크고 통통한 양을 내고 양이나 염소 9마리를 벌금으로 내야했다. 그러고 나서 남자는 동년배의 젊은 사람들에 의해 추방되었다. 처녀는 젊은 사람들의 도움에 고마움의 표시로 축제를 열어주었다.

제 8 부

과거와 미래

수학은 아프리카인의 생활—시장에서, 종교적 성소에서, 아이들의 게임에서, 그리고 교육받은 사람들의 비술秘術에서—의 다양한 측면에서 역할을 한다. 하지만 사하라 남쪽 지방의 아프리카인이 순수 수학의 발전에 공헌해 왔는가? 이 질문에 대해서 나는 대답을 할 수 없다. 그리고 나는 이 질문에 대해 답할 수 있는 사람을 찾지 못했다. 이용 가능한 증거로부터 우리는 과거에 관한 추측만을 할 수 있다. 새로운 아프리카 국가의 발전과 아프리카인에 호감을 갖는 외국인으로 구성된 본국의 대학 출현과 함께 아프리카의 역사는 종합화되고 있다. 다양한 문화와 업적에 대해 배우면 배울수록, 우리는 그들의 수학에 대한 공헌도에 대해 더 깊이 통찰하게 될 것이다.

그림 25-1 케냐 나이로비 대학의 과학관

제25장 아프리카의 순수 수학

유럽의 연구자들이 아프리카의 세계 문화에 대한 공헌 가능성을 인정한 것은 불과 몇 년밖에 되지 않는다. 75년 전에 코넌트L. L. Conant는 《수 개념The Number Concept》에서 아프리카인을 '미개인'이라고 호칭했다. 최근의 작가들은 모든 아프리카의 업적을 유럽인, 아랍인, 인도인, 메소포타미아인, 고대 이집트인〔대부분의 이집트인은 검은 피부임에도 불구하고, 이때는 코카소스 인종(백인)을 지칭한다.〕의 공헌으로 돌린다. 요약하면, 흑인 아프리카인을 제외한 다른 사람들에게 공을 돌리고 있다.

지금은 아프리카가 여러 부분에서 세계에 공헌해 왔다고 인식되고 있다. 하지만 세계 역사에서 몇몇 시대에 일어난 수학적인 소동에 아프리카(고대 이집트를 제외하고)가 참여했다는 것을 나타낸 것을 볼 수 없다. 왜 일까?

수학적 성장에 기초가 되는 요소들

일반적으로 위대한 수학 · 과학 활동이 왕성하던 시기라고 그 시대를 특징지울 수 있는 요소들을 알아보자. 첫 번째는 흑자 생산을 하기에 충분히 농업이 발전해야 하고, 조직화된 사회가 존재하여 노동을 적절히 분배할 수 있어야 한다. 금속 세공사, 직조공, 그 밖의 장인이 있어야 할 뿐만 아니라, 잉여 상품을 교환할 수 있는 상인이 있어야 한다. 그리고 시간을 들여 과학 분야를 연구할 수 있는 지식인이 있어야 한다. 다른 지역과의 상업적 접촉으로 인한 문화적 교류는 과학적 성장의 자극제가 된다. 고고학자 화이트Leslie A. White는 이러한 상황을 다음과 같이 요약했다. "발명과 발견은 변두리나 거리가 멀거나 독립된 지역보다는 문화의 중심지, 문화적 교류가 있는 지역에서 일어난다는 점이 매우 비슷하다(p. 2361).”

선조들의 정신을 잇는 수도원이나 신권, 영국 국교회, 기존 체계로부터의 부당 이익자들이든 무엇이 되었건 간에, 새로운 아이디어들은 기성사회에 위협을 줄 수 있다. 개혁자들은 전통적 사고의 변호자들이 제기하는 훼방 놓는 제약에 대담해야 한다.

우리가 알고 있는 수학 발전에 분수령이 된 사건이 메소포타미아에서 발생했다. 메소포타미아는 고대 세계의 교통의 요지였으며, 규제 없이 상업 활동을 할 수 있는 중심지였다. 후대에, 정치적 종교적 전제 정치로부터 자유로운 분위기에서 살았던 고대 그리스인은 아마도 논리적 수학 체계를 전개한 최초의 사람들이었을 것이다. 천년보다 더 전에는 이슬람 세계가 수학적 성장의 무대였다. 아랍인들은 독자적인 연구를 했을 뿐만 아니라 그리스 수학자들의 방치된 원고들을 아랍어로 번역하였다. 이들이 번역해서 보관해 두었던 아랍어판 그리스 수학은 유럽에 재소개되었다. 그래서 아랍인들을 ‘문화적 중개인’이라고 부른다. 아랍인들은 아시아, 북아프리카, 동아프리카, 수단 지역, 남유럽의 전역을 여행하면서 인도인, 중국인, 페르시아인, 유대인, 아랍인, 유럽인의 업적을 전파하였다.

이슬람 학문은 폭넓은 상공인들, 발전된 도시, 학문의 성장을 공식적으로 장려하는 배경 속에서 발전하였다. 한편, 유럽에서 중세의 기독교는 전통에 대한 숭배와 가톨릭 교회의 권위에 도전하기를 꺼려하였다. 1201년에 피보나치는 동방 여행에서 돌아오는 길에 인도의 수체계를 서유럽에 소개하였지만 채택되기까지는 3세기가 걸렸다. 이탈리아의 발달된 도시에 있던 상인들이야말로 수를 기록하는 인도의 방법에 혜택을 받은 최초의 사람들이다. 이 당시까지 대부분의 지식인을 제외한 모든 사람들에게 신비 그 자체이던 계산의 규칙은 상업 계정을 기록하는 보통 수준의 사람이라면 이해할 수 있는 것이었다. 이 시기에 유럽의 대학들은 몇 가지 계산 방법과 아랍어판을 라틴어판으로 번역한 유클리드《원론》의 일부를 가르치고 있었다.

상업적 중심에서 벗어나 있던 유럽은 수학적 성장이 거의 없었을 뿐만 아니라, 국교회는 수학 전반에 의심을 갖고 있었다. 스페인의 이단심문에 나타난 범죄 가운데 아랍어로 된 원고를 소유하는 것과 수학을 연구하는 것은 투옥과 사형의 대상이었다. "수의 마술적 힘 때문에 수학은 공포로 여겨졌다." 17세기 후반 갈릴레오가 박해를 받던 시대에 "수학자들을 최고의 이단으로 여겨 이들은 거부되었다(Homer W. Smith, p. 261)."

대부분의 유럽에서 산업노동자층의 성장과 이들의 기존 질서에 대한 도전은 수학 발전의 가장 큰 부흥기를 유발하였다.

아프리카에 있는 이슬람 문화 중심지들

아프리카 문화의 다양성으로 인해, 과학적 성장에 관한 질문과 관련해서 아프리카를 전반적으로 논의하는 것은 가능하지 않다. 예를 들어, 문화적 변화에 대해 완전히 반대의 입장을 취하는 두 종족 집단이 케냐에서 서로를 마주보며 이웃에 살고 있다. 몇 년 전에, 키쿠유족 사이에 토지를 산업화할 것인지에 대한 문제와 자녀들을 유럽식 공교육에 맡길 것인지에 대한 문제로 심하게 분쟁이 일어났다. 한편, 마사이족은 유럽의 영향에 초연하다. 심지어 지금도 많은 마사이족 소년들은 학교에 가기보다는 소를 돌보는 데 많은 시간을 보낸다. 또 다른 예로, 나이지리아의 이그보족은 많은 전통에 얽매인 아프리카 사회와는 대조적으로 새로운 문물을 잘 받아들이는 것으로 오래전부터 알려져 왔다. 아프리카 대륙의 몇몇 지역은 이슬람 사상의 영향 아래에 있고, 일부 지역은 기독교 선교사들과 결부되어 있으며, 또 다른 일부 지역은 여전히 거의 외국 문화에 영향을 받지 않고 있다.

사람들이 발명품과 발견물을 찾을 수 있는 문화적 중심지가 아프리카에 있을까? 고대 말리의 일부였으며 후에는 송하이의 일부였던 팀북투는 상업과 문화의 중심지였으며, 국제 도시였다. 14세기 초에 세워진 산코르 대사원은 실제적으로 대학교로서 지중해 연안의 지역뿐만 아니라 아시아 출신의 학자들로부터 평판을 얻고 있었다. 15세기와 16세기 동안, 이곳의 교육과정은 법, 수사학, 의학, 천문학, 역사, 지리학을 포함하고 있었다. 북아프리카 출신의 여행가이자 역사가인 아프리카누스Leo Africanus는 16세기 초의 팀북투의 모습에 대해서 다음과 같이 진술하였다. “이곳에는 의사, 판사, 목사, 그리고 학자들이 많이 있다. 이들은 왕의 후원으로 인해 풍족하게 연구를 할 수 있다. 이곳에는 어떤 다른 상품보다 더 비싼 바르바리에서 출판된 많은 책의 원고가 있다.” 이 당시의 문화적 수준은 17세기의 수단의 역사책인 《타리크 에스-수단Tarikh es-Sundan》에 지적되어 있는데, 본문의 내용은 15세기의 “변호사, 사전편찬자, 문장가, 시인이자 학자였던 아메드al-Hajj Ahmed의 자서전(그의 손자가 집필함)에서 인용해 왔다. 아메드는 자신의 생애를 학문에 바쳤다. … 그가 죽었을 때 그는 자신이 직접 저술한 책을 700권 남겼다(Hodgkin, p. 91).”

중세의 수단 지역에는 원고를 작성하고 영인본을 만드는 성직자 집단이 여럿 있었다. 이들은 학자들의 원본을 보충하는 일도 하였다. 《타리크 에스-수단》과 같은 극히 일부분의 원고일지라도 일부 원고들은 유럽의 여러 나라에서 자국어로 번역되고 있다. 1591년에 있었던 모로코의 침략으로 인한 서쪽 수단의 사회적 혼란기와 흰개미 떼의 습격에도 불구하고, 남아 있는 번역 가능한 수백만 개의 원고가 도서관과 집에 있다.

하지만 수학과 관련된 원고들에 관해서 팀북투 지역에서는 “다소 소홀히” 다루었다(Hogben and Kirk-Greene, p. 81). 이 시대와 후대의 이슬람의 학문은 신학과 전통이 주류를 이루었다. 아메드와 같이 자신의 인생을 학문에 바친 학자마저도 새로운 수학적 발전을 이끌지는 못했다.

1700년에 북쪽 나이지리아의 하우사 연방의 한 주인 카치나주가 팀북투의 학문 중심지로서 명성을 이어받았다. 이 도시는 천문학, 수비학과 비술과 관련된 수론의 교사이자 이 책의 초반에 논의된 마방진의 저자인 무함마드Muhammand ibn Muhammad의 고향이다. 바기르미(Bagirmi, 차드 호수 근처)에 살았던 그의 스승 알왈리Muhammand Alwali는 예언, 마술, 점성술과 관련된 운문을 썼지만, 현존하는 것은 없다.

19세기 초에 포디오Uthman dan Fodio의 지도력을 바탕으로 풀라니Fulani족은 북쪽 나이지리아의 넓은 지역을 정복하여 이 지역에 경제 · 정치적 통일을 가져왔고 이슬람까지 영향을 미쳤다. 이것과 함께 학문과 문학에 대한 새로운 자극으로 ‘지하드jihad’, 즉 성전의 지도자들에게 이슬람 학자들이 최우선이었고 정치가나 장군들은 이차적이었다. 이들은 아랍어를 공용어로 사용할 것을 강요하였고, 전통적인 이슬람 과학을 가르치기를 권장하였다. 후손이 작성한 일지日誌에 따르면, 지도자인 프디오는 어린 동생들에게 여러 과목 중에서도 산수는 직접 가르쳤다고 한다.

포디오의 아들인 벨로Sultan Muhammad Bello는 문학가로 알려져 있다. 1826년에 영국의 여행가 클래퍼턴Hugh Clapperton은 아랍어로 작성된 유클리드 《원론》의 복사본을 포함한 영국 왕으로부터 수많은 선물을 가지고 술탄을 아뢰기를 신청했다. 이후에 클래퍼턴은 자신의 일지에 다음과 같이 적었다(p. 198). "오늘 아침에 내실에서 내가 선물로 준 유클리드의 아랍어 복사본을 앞에 놓고 앉아 있는 술탄을 보았다. 술탄은 자신의 가문에도 친척이 메카에서 구해온 유클리드 《원론》의 복사본이 한 권 있다고 말했다. 지난 해 집의 일부가 화재로 인해 파손이 되었을 때 이 책도 손실되었다고 하였다. 그리고 그는 계속해서 자신에게 너무나 값진 선물을 보내 준 영국 왕에게 크게 감사한다는 말 외에는 다른 말을 할 수 없다고 말했다. …"

현재까지 우리는 아프리카에 있는 이슬람의 학문의 중심에서 순수 수학에 관한 독창적인 연구를 했다는 증거를 찾지 못했다. 아마도 이슬람교도인 아프리카 사람들은 스페인, 이집트, 아시아에 있는 이슬람 도시에서 수학 활동에 참여했을 것이다. 아랍의 수학사에 일가견이 있는 학자가 지적하고 있듯이, 이러한 결과에 대해서 질문을 받았을 때 그는 이슬람은 종족을 구분하지 않기 때문에 이 질문에 대답할 수 없다고 하였다. 이슬람의 모든 신자들은 아랍어로 쓰인 쿠란을 읽어야 하고, 유럽인이 수세기 전에 라틴어를 사용해야 했던 것과 마찬가지로 아랍인이 아랍 이름을 갖고 아랍어로 쓰는 것은 지극히 자연스런 일이다. 유명한 지도제작자 메르카토르Mercator는 '상인'을 뜻하는 카프만이라는 이름을 가진 플라망 사람이었다.

아프리카 수학의 성장에 대한 장애물

우리는 아프리카인 중 비이슬람교도가 순수 수학의 발전에 어떤 공헌을 했는지는 알 수 없다. 아프리카의 과거는 몇 년 전부터 알려지기 시작했으며, 앞으로 발견될 부분이 훨씬 많이 남아 있다는 것은 의심할 여지가 없다. 하지만 고고학적인 조사는 아프리카의 많은 부분에서 첫 삽도 뜨지 못하고 있으며, 보존되어 전해지는 문서는 번역도 안 되었거나 출판도 되지 않은 채 남아 있고, 많은 문화가 구전에 의해서만 역사로 전해지고 있다. 매우 중요한 고고학적 일부 유적은 유럽인의 약탈에 의해 파괴되었다.

그럼에도 불구하고 몇몇 작가는 이용 가능한 기록들을 참고로 15세기에 서아프리카의 일반 대중들의 문화 수준이 같은 시기의 북유럽의 문화 수준보다 더 높다는 결론을 내리고 있다. 그렇다면 지난 5세기 유럽에서 수학적 발전이 급성장한 시기에 왜 우리는 아프리카의 것을 볼 수 없었을까? 그 이유는 첫째로 지리적 문제이고 둘째로 침략, 노예무역, 아프리카 쟁탈전으로 인한 아프리카 사회의 파괴로 요약될 수 있다.

아프리카 지역의 많은 지형은 높은 산, 건조한 사막, 다우림多雨林, 항해 불가능한 강, 몇 안 되는 자연항구를 특징이라고 할 수 있는데, 이런 지형에서는 안정적인 농업이나 도시 사회의 성장, 광대한 세계 무역을 하기 어렵다. 말라리아 모기로 인한 학질과 체체파리로 인한 수면병睡眠病은 사람과 동물을 몰살시켰다. 일부 지역의 토양은 집짓기에는 유용하나 곡식이 자라기에는 빈약했다.

아프리카 대륙은 인구 밀도가 낮았기 때문에, 부족 전체가 더 좋은 땅을 찾아 종종 긴 거리를 이주했다. 사람들이 이동할 때 이들 뒤로는 야생이 펼쳐져 있었고 자연스레 경계선이 형성된다. 이런 환경으로 인해, 이들은 외부 세계와 상대적으로 고립된 상태에서 그들 자신만의 고유한 삶의 방식을 진화시켜 갈 수밖에 없었다. 아프리카 대륙의 대부분, 특히 동아프리카와 남아프리카는 불과 지난 몇 세기 동안 안정적인 공동체를 이루었다.

대부분의 사회에서 경제는 겨우 생계를 유지할 정도였다. 물론, 서아프리카에서와 같이 제국이 번성하던 시기도 있었지만, 시골 사람들의 삶의 방식은 제국의 경제적 성장 및 지배층의 흥망성쇠에 거의 영향을 받지 않았다. 많은 사람들은 "자신의 신분의 지위를 넘어서는 신분상승은 불행이나 위험의 근원이 되기도 하는 조심스런 평등 세계에서" 살았는데, 신분

상승을 위한 뛰어난 성취는 결국 이웃의 희생에 의해서만 가능했기 때문이다(Davidson, 1969, p. 66). 이런 방식으로 질서를 유지하는 사회에 속한 개개인은 전통적인 부족의 삶의 방식과는 구별되는 부나 사회적 우월성을 추구하지 않는다. 문화적 교류가 발명의 조건이라면, 고립된 전통 중심적인 사회에서 과학 · 수학적 탐구를 찾는 것을 기대하기는 어렵다.

지리적인 문제에 추가해야 할 것이 아프리카 대륙에 대한 수많은 침략이 있었다는 점이다. 11세기 이후로 서아프리카는 이슬람 성전聖戰의 무대가 되었다. 15세기에 서아프리카에서 유럽인의 노예무역은 이미 상당한 규모로 이루어지고 있었지만, 신세계(아메리카 대륙)의 수요가 최고조를 이룬 때인 3세기 후에 절정을 이루었다. 줄잡아 계산하면, 서아프리카와 앙골라에서 2천4백만의 노예가 팔려나갔다. 뒤부아W. E. B. Dubois 박사는 1억 명의 아프리카 사람들이 노예무역 중 실종되었다고 믿는다. 많은 사람들이 폭동을 일으키고 전투를 벌이다 죽거나, 물 속으로 뛰어 들거나, 아프리카 서해안과 서인도 제도 사이에 있는 악명 높은 '중간 항로' 즉 신세계로의 여행 중에 비명횡사했다. 미국의 번영의 근간에는 노예제도가 한몫을 하였다.

노예무역이 아프리카 사회 조직에 끼친 파괴적인 영향을 글로는 다 표현할 수 없다. 더 심각한 것은 아프리카인에 대한 유럽인의 태도가 완벽하게 반전되었다는 점이다. 인종에 흑인이 등장하게 되었고, 흑인의 문화와 역사는 유럽인의 사상에서 근절되었다. 아프리카는 '검은 대륙'이 되었다.

파괴를 완성하기 위해서, 19세기에 아프리카 대륙 쟁탈전이 시작됐다. 유럽의 열강들은 새로운 시장과 식민지로 향해 아프리카로 갔다. 그리고 1900년경에 이들은 기존의 국경선, 사회, 정치 조직들을 무시한 채 아프리카 지도를 완전히 다시 그렸다. 유럽의 통치자들이 가장 잘 수용할 수 있는 정부 구조를 마련하기 위해서 식민지에 관료들을 보냈다. 기업가는 아프리카의 노동력을 이용하여 최대한의 이익을 얻고자 하였다.

좀더 심각한 파괴는 선교사들에 의해 자행되었다. 이들은 아프리카 사람들이 자신들의 전통적인 신념을 포기할 것을 요구하였다. 케냐타는 "아프리카 사람들의 토지는 물론이고, 이들은 아프리카 사람들의 정부를 아프리카 사람들로부터 약탈했으며, 아프리카 사람들의 종교적 신념을 비난하였으며, 아프리카 사람들이 믿고 있는 정의와 도덕을 무시하였다. 이런 모든 행위는 문명과 진보라는 이름하에 이루어졌다(p. 318)."고 맹렬히 주장하였다.

선교사들은 자신들이 운영하는 학교에 유럽 지향 교육을 도입하였다. 이 학교에서 아프리카 사람들에게 "기독교적 미덕으로써 식민정부에 충성해야 하고, 식민정부의 관료들을 인정하고 존경해야 한다고 가르쳤다(Mchunguzi, p. 24)." 학교와 아프리카 어린이들이 속한 환경 사이에는 어떤 연속성도 없었다. 교과목이 어린이들의 생활과 관련이 없었기 때문에, 어린이들은 배움에 흥미를 갖지 못했다. 이것은 아프리카 교육을 기계적 암기라는 특징을 갖게 했고 이는 아이들에게 스트레스를 주었다.

수학교육과의 무관성은 가이와 콜과 관련된 사건에서 구체화된다. 학교에서는 영어만 써야 했고, 어린이들은 1학년 때 영어만을 배워야 했다. 시대에 뒤진 미국식 교재와 교수법이 사용되었다. 예를 들어, 어린이들은 곱셈표를 암기해야 하지만 일상에서 마주치는 문제에 학교에서 학습한 정보를 적용하는 방법은 배우지 않았다. 한 학생이 곱셈표를 암송하도록 호명되면 '다다다다' 외우기 시작한다. 교사는 중간에 멈추게 한 후 질문을 한다. 학생은 자신이 알고 있는 곡조로 대답하지만 그 단어를 배운 것은 아니다!

벨기에의 식민지에서는 최소한의 교육도 허용되지 않았다. 콩고가 독립하던 때, 1960년 6월에 나라 전체에서 대학을 졸업한 사람이 20명이 채 되지 않았다. 반면, 같은 해에 152명의 콩코인이 중등교육을 받았다(Fullerton 참고).

세계 문화에 미친 아프리카의 공헌

유럽의 연구자들은 아프리카 사람들의 문화와 유럽인의 문화를 도덕적 관점에서 대조하는 것에 사로잡혀 있다. 먼디캐슬A. C. Mundy-Castle은 '심리학'에 관한 보고서에서 "[아프리카 사회는] 사회적 통합, 친선, 타인에 대한 존중, 평온, 사회적 편안함, 그리고 기쁨에 대한 여유를 추구했다. 대조적으로 기술이 고도로 발달한 사회는 개인주의, 독단, 그리고 공격적인 경쟁이 성행한다."고 적고 있다(p. 252). 도덕적 비난에도 굴하지 않고, 무제한적인 기술 성장이 우리 사회의 특징이다. 데이비슨 Basil Davidson은 이런 현실에 대해 "과학은 핵무기의 연속적인 확산과 함께 재앙을 예견하지만, 확산은 계속된다 … 왜냐하면 이것을 멈출 강압적인 도덕적 힘이 존재하지 않기 때문이다."라며 맹렬하게 비난한다(1969, p. 115). 먼디캐슬은 아프리카가 "기술이 고도로 발달한" 사회의 성과를 습득하는 방법을 세계도 아프리카로부터 배우기를 희망한다고 말했다. "경험이 풍부한 사람들은 공개적이고 수동적인 경향을 건설적으로 조종해서 아프리카에 통합시킴으로써 이득을 취한다. 결과적으로 이런 통합은 인간 지능에 대한 좀더 훌륭하며 조화로운 표현을 유발한다(p. 253)."

하지만 아프리카 사람들의 사회적 패턴은 그들 자신의 고유한 특성이 있는 위험을 내포하고 있다. 엄격한 질서를 가진 아프리카 사회에서, "미리 정해진 행동에 순종하는 것이 '정당하고 자연스러운' 유일한 방법이다(Davidson, 1969, p. 115)". 아프리카 사회의 이데올로기는 "사회적 조화를 이루기에는 성공적일지라도 보수적 순종이라는 비싼 대가를 치르고 있다."

2차 세계대전이 발발하기 전날 밤에, 흑인 시인인 세제르Aime Cesaire는 유럽의 기술적 진보의 결과에 대해 질겁을 하며 다음과 같이 호소하였다.

> 어떤 것도 발명하지 않은 사람
> 어떤 것도 탐험하지 않은 사람
> 어떤 것도 정복하지 않은 사람 만세…

오늘날 아프리카인은 발명하고 탐험하고 있다. 아마도 그들은 기술적인 진보와 도덕성과 공동사회의 전통과의 통합을 계속할 것이다. 만일 아프리카가 이것을 성공한다면 기술적인 진보뿐만 아니라 인류의 관계 측면에서 중요한 공헌을 할 것이다.

제26장 최신정보 : 25년 후

도입 1973년에 내가 사하라 남쪽 아프리카 토속 수학을 토대로 《아프리카 수학 : 아프리카 문화 속의 수와 패턴》을 출판한 지 25년이란 세월이 흘렀다. 나의 연구와 형식적(학문적) 수학을 구별하기 위해, 나는 나의 연구 분야에 대해 아프리카의 '사회수학sociomathematics' 이라는 용어를 사용하였고, 이 사회수학을 "아프리카 사람의 삶 속에 뿌리내린 수학의 적용, 반대로 아프리카 제도가 수학의 진화에 미친 영향"으로 정의하였다(AC : 7).

나의 연구는 아프리카계 미국 학생들이 자신의 문화유산을 배우기를 갈망하고 아프리카 학문과 관련된 교육과정을 요구하던 시기인 '민권 운동' 기에 시작되었다. 하지만 아프리카 수학에 관한 특별한 요구가 있었던 것은 아니다. 아프리카와 수학을 관련지어 연구하려는 독특한 생각을 가진 사람은 거의 없었다. 수학은 문화의 영향을 받지 않는가? 전 세계의 수학은 모두 똑같은가? 나는 직접 답을 찾기 위해 도전했다.

놀랍게도, 내가 참고한 도서관 도서목록에는 '아프리카 수학' 에 관한 자료가 전혀 없었다. 어떻게 이런 일이 있을까? 유럽의 대부분이 암흑기였고 사회에 수학이 필요했을 때 아프리카에서는 중앙집권 왕국과 진보된 문화를 가지고 있었다. 그래서 나의 탐구는 시작되었다.

《아프리카 수학》 초판을 쓰는 동안 영어권의 미국인 교사와 대학생이 독자라는 것을 마음속에 늘 새겨두었다. 이 책이 아프리카와 그 밖의 세계를 가르치거나 연구하는 사람들에게 유용하게 쓰일 것을 기대하지는 않았다. 또한 이 책이 언젠가 "고전이 될 것이고, 아마도 다양한 문화권에서의 수학의 발전과 수학을 다루는 교육 분야에서 유용하게 사용될 수 있는 최초의 책이 될 것이라고 꿈꾸지도 않았다." 댐브로시오Ubiratan D'Ambrosio에 따르면, 게르데스Paulus Gerdes가 이 책의 초판의 출간에 힘입어 "아프리카에서 지배적인 유럽 중심적 수학의 역사에 대한 관점이 도전을 받고 있다"고 말하고 있다. 《아프리카 수학》은 헝가리어(지금은 절판됨)와 불어로 번역되고 있다.

《아프리카 수학》과 민속수학

'아프리카 수학'은 '민속수학ethnomathematics'이라고 알려진 학문의 주류에서 발생하였다. 이 분야에서 가장 적극적인 참가자 중 한 사람인 게르데스는 "사회수학sociomathemaics의 개념을 민속수학의 선구자로 여겨도

그림 26-1 아디레 천에 녹말을 이용해 그림을 그리고 있는 요루바 여인(AC : 194-196). 그녀는 자드 패턴도 없이 기억과 기술에 의지하는 예술가이다.

된다."는 생각을 갖고 있다. 민속수학은 수학과 문화 인류학의 통합이고, 민속수학의 기본 사상은 애셔Marcia Asher가 쓴 것처럼 "수학적 아이디어는 문화적 배경이 침투된 문화의 표현이다." 브라질 출신의 수학자 · 수학사가 · 수리 철학자로 '민속수학'의 아버지로 불리는 댐브로시오는 다음과 같은 방법으로 이 용어를 설명했다. 접두사 '민속ethno'은 문화적 맥락에 대한 언급으로, "언어, 전문집단이 사용하는 특수언어, 행동 규칙 체계, 신화, 상징에 대한 사려 깊은 사상을 포함한다. 민속수학은 "다양한 문화적 맥락에서 설명하며 알아가고 이해하는 기법, 즉 기술이다."

역사의 전 시기에서 그리고 세계의 구석구석에서 존재하던 모든 사회공동체들은 자신들의 필요와 흥미와 관련된 수학적 아이디어들을 발전시켜왔다. 앨런 추기경이 설명하듯이, 모든 사회공동체는 사물을 세고 다양한 물질을 측정하고, 시간의 흐름을 묘사하기 위해 달력과 다양한 방법을 계발하였다. 사회공동체들은 수학적 개념을 포함하는 예술 작품들을 디자인하고, 건축물을 짓고, 게임을 한다. 더욱이 사회공동체들은 이러한 활동에 대해 의사소통할 수 있는 용어와 기호를 만들었다. 민속수학의 연구범위는 각각의 사회와 그 사회 집단이 이러한 연습뿐만 아니라 진화된 요소와 실행을 어떻게 해왔는지를 알아보는 것이다.

'탐구해야 할 광대한 분야에 대한 선행 조사', 즉 《아프리카 수학》을 1973년에 출판한 이래로, 많은 학자들이 민속수학의 활동에 종사하고 있다. 애셔가 의견을 밝혔듯이, "일부 학자에게 민속수학의 최우선적인 목적은 수학사를 전세계적인 관점으로 그리고 전인류의 관점으로 볼 수 있는 넓은 무대를 마련해 주는데 있다. 다른 학자들에게는 교육적 시사점과 활용이 최우선적으로 고려할 사안이다." 모잠비크 교육 대학교의 수학과 교수인 게르데스는 연구자 · 교육자 · 서지학자로 유명하다. 식민지였던 아프리카 사람들의 수학적 지식의 많은 부분이 사라졌을지라도 그는 동료 연구자와 대학원생들과 함께 "아프리카 선인들의 사상에 '감추어져 있거나' '동사凍死한' 수학적 사고를 재구성하거나 '해동解凍하기' 위한" 연구를 하고 있다. 예를 들어 1988년에 그 해의 학술상을 수상한 《남아프리카의 여성, 예술, 기하학Women, Art and Geometry in Southern Africa》이란 책에서,

게르데스는 여성들의 다양한 예술적 활동에 수학적 사고가 깃들어 있다는 사실을 알아내고 이를 분석했다. 이러한 민족지학적 연구는 새로운 교육과정 소재를 개발하게 되었다. 예를 들어, 아프리카의 학생과 교사에게 자신들의 문화적 유산을 존중하고 가치 있게 여기는 수업, 세계의 다른 지역에서 교육과정 개발을 위한 모델로 기여한다. 게르데스는 영어, 불어, 독어, 포르투칼어로 저술 활동을 하고, 그의 책 중 몇 권은 하나 이상의 언어로 출판되고 있다. 서지학자로서 게르데스는 독특한 공헌을 실천하고 있다. 그의 저서 중에는 수학적 개념과 적용에 대해 다양한 목록과 상세한 토론이 있어 특별한 의미를 갖는다.

민속수학과 수학 교육

우리는 지금 우리 자녀들이 초등학교와 중학교에서 배우는 수학에 대한 대부분의 기초가 아프리카와 아시아에 토대를 두고 있다는 것을 깨닫고 있다. 하지만 학교 교육과정에 아직도 수학의 기원에 다문화적인 본성이 반영되지 않고 있다. 《아프리카 수학》 출판 이후 내 목표는 다문화적인 시각이 수학과 교육과정에도 반영되어서, 사회공동체의 발달에 있어서 수학의 지력과 수학의 위치를 학생들에게 제공하여 모든 학생들의 지식을 풍부하게 하는데 있다. 수학과 교육과정은 문화적 지식의 공유를 촉진해야만 하고, 세상의 모든 민족을 위하고 자신이 속한 공동체의 구성원을 위할 뿐만 아니라 서로를 위해서 학생들 사이에 존중심을 북돋아 주어야 한다.

나는 아프리카의 수학 중 내가 가장 선호하는 예 중의 하나를 설명할 것이고, 이 예를 우리 자신의 문화와 관련된 주제와 어떻게 융합되는지 설명할 것이다.

교사뿐만 아니라 연령과 종교적 배경에 관계없이 모든 학생들은 부숑족과 조크웨족의 네트워크에 매료되었고, 부숑족 출신의 어린이가 유럽의 민속학자인 토데이Emil Torday에 준 일단의 문제를 그가 푸는데 실패하였다는 데에 깊은 감동을 받았다(AC : 105-109). 이 문제는 미국의 학생과 교사도 도전했던 문제로 아프리카 어린이들은 쉽게 해결한 것이다. 이 주제는 도로망 및 고속도로망, 텔레비전망, '인터넷 서핑'과 같은 학생들 자신의 주변 환경에서 네트워크에 대하여 자연스럽게 그래프 이론에 따른 분석을 유도한다. 이런 분석을 하는 조사는 학생들이 다른 지역과 비교를 하면서 쓰레기 수합 또는 우편 배달의 효율성에 대해서 의문을 갖게 해줄 수 있다.

어린이들은 손가락 세기를 재미있어 할 뿐만 아니라 아프리카의 각 종족 집단별 몸짓 수세기를 배우는 것을 즐거워한다(AC : 46–51, 238–254). 내가 집필한 아동 도서인 《아프리카인처럼 손가락으로 세기Count on Your Fingers African Style》(1980, 1999)에서 나는 동, 서, 남아프리카 사람들의 손가락 수세기를 소개했다. 손가락 수세기를 영어의 세기 단어가 십을 단위로 하는 것과 관련지어 논의를 하고 십이 왜 중요한 수인지에 대해 질문을 하였을 때, 어린이들은 자신들의 언어 체계가 10개의 손가락을 가지고 있다는 것으로부터 유래하였다는 것을 배우고는 놀라워했다. 사실상 11과 12는 10개 손가락 모두를 세고 나서 '하나 남는 것'과 '두 개 남는 것'을 의미한다. 하지만 모든 수어數語 체계가 10을 단위로 하는 것은 아니다. 일반적으로 5를 이차진법으로 하면서 20을 일차진법으로 하는 체계를 서아프리카의 요루바족과 이그보족(AC : 42–44, 204–212), 멕시코와 중앙아메리카의 마야족과 아스텍족, 북극의 이노이트족, 유픽족 및 그 밖의 에스키모족에게서 발견할 수 있다. 20에 상응하는 단어는 종종 '한 사람'을 의미한다. 즉, 손가락 열 개와 발가락 열 개 다시 말해서 전부를 세었음을 의미한다. 학생들이 다른 민족의 수 체계, 수에 관한 기호, 계산하는 방법을 공부하면서 학생들은 자기가 속한 민족의 수 체계와 방법을 더 잘 이해하게 된다.

아마도 내가 쓴 글 중에서 가장 잘 알려진 논문은 〈원형 집에 사는 민족People Who Live in Round Houses〉이다. 이 논문은 건축에 관한 장(AC : 154–171)을 토대로 소재를 잡고 다른 문화로까지 이 개념을 확장하면서 작성한 글이다. 이 글은 유치원부터 성인에 이르기까지 모든 학년의 수준을 위한 교과서에, 그리고 적어도 한 주 이상의 교육과정에서 성인 기초 교육에 반영되어 있다. 사회봉사로 취학 전 아동과 함께 작업하는 뉴욕의 초등 라틴 공립학교의 6학년 학생들은 주어진 길이를 이용해서 가장 큰 원을

그림 26-2 완성된 아디레 천 부분(AC : 194-196).

찾는데 아래의 방법을 사용하였다(AC : 156). 학생들은 나무 블록을 이용해서 정사각형 '집'과 같은 둘레를 갖는 직사각형 '집'을 단들었다. 그리고 학생들에게 각 구조물에 조별 인원 모두가 들어가보게 한 후, 어떤 구조물에 더 많은 학생들이 들어 갈 수 있는지를 생각하도록 했다. 모든 참여자는 정사각형의 넓이가 더 크다는 것에 동의한 후, 같은 둘레를 가진 둥근 '집'을 만드는 실험을 계속했다.

나는 암산을 장려하는 활동들을 할 초등학교 중학년에 재학 중인 학생들과 할 기회가 있었는데, 이를 통해서 1710년에 아프리카에서 태어나서 14세에 노예의 신분으로 북미 식민지로 팔려 온 톰을 소개하였다. 노예들은 읽기, 쓰기, 산술을 배울 수 있는 기회가 허용되지 않았지만, 그들은 뛰어난 암산술로 널리 알려져 있다. 포벨과 게르데스(1990)는 노예제도를 반대하는 사회의 구성원들에게 톰의 암산 능력을 입증하였다. 그는 90초도 안 되서 머리속으로 70년, 17일, 12시간을 심지어 윤년까지 감안해서

초로 계산하였다. 어떻게 이런 기술을 개발하였을까? 게르데스는 아프리카 수학의 발전에 미친 노예무역과 식민지의 영향에 관한 토론에서 이 질문을 제기했다(1994 : 361–362).

게임, 퍼즐, 레크리에이션 활동은 교실에게 인기가 많다. 이것은 상대방과의 승부나 재미있는 일의 완성으로 인해 학생들의 흥미를 끈다. 벨과 코르넬리우스는 확률 게임과 관련해서 다음과 같이 언급하였다(AC : 113–115). "학생들에게 독립적으로 수행하라고 했을 때는 꺼려하고 별로 흥미를 갖지 않던 과제를 게임을 토대로 하는 작업으로 부여했더니 꽤 복잡한 분석을 통해 수행하면서 재미있어 했다(96쪽)". 나의 저서인 《다문화의 수학 교실The Multicultural Math Classroom》에서 쓴 것처럼, "(이러한) 활동들은 전략을 세우고, 미리 생각하고, 여러 가지 움직임을 평가하는 것이 필요하기 때문에 문제 해결에 긴요한 기능들을 발달시킨다. 어린이들은 위치 게임에 필요한 '게임판'을 그리면서 기하와 측정 분야에 필요한 자신들의 기능을 연습한다. 만카라 게임(AC : 116–136)은 학생들의 수 감각을 발달시키고 계산 연습을 할 수 있는 기회를 제공한다. 게임에서 학생이 동전을 던지거나 돌리면서 결과를 예측하는 것은 확률과 조합의 개념을 자연스럽게 접하게 해준다(p. 178)." 나는 그 책의 한 장(pp. 177–197)에서 여러 문화의 게임을 교실에서 적용하는 방안을 제시해 주었다. 이때 활용한 아프리카에서 유래한 게임은 '강 건너기 퍼즐', '삼목게임', '만카라', 그리고 '네트워크'였다. 벨과 코르넬리우스는 아프리카와 다른 지역의 보드 게임을 설명했을 뿐만 아니라 만카라를 한 장에, '삼목게임'에 대해서 몇 페이지에 걸쳐 썼다(AC : 103–105). 그리고 두 장에서 게임을 소개하고 학생들의 반응과 추론 방법을 포함시켰으며, 교실에서의 적용을 위한 토론에 관해 할애했다.

학생들에게 나눠줄 목적으로 만든 부록이 첨부되어 있는 나의 두 활동용 책《다문화 수학 : 간학문적 협동 학습 활동Multicultural Mathematics : Interdisciplinary Cooperative–Learning Activities》과 《다문화 수학 : 세계 여러 나라에서 찾은 조작 활동Multicultural Math : Hands–on Activities from around the World》 모두 아프리카와 그 밖의 문화를 토대로 집필한 것으로 교실에서 사용하기 적합한 활동들이 수록되어 있다. 두 번째 책은 모두 어린이들에게 맞춰 내용을 다루어, 일화, 우화, 문화적 배경을 포함시켰다. 이 책은 우에서 언급한 '네트워크', '둥근 집', '확률 게임', '삼목게임', 가나와 케냐의 '만카라'와 같은 활동뿐만 아니라 아프리카 문화를 토대로 하는 콩고의 이샹고 뼈, 강 건너기 퍼즐, 보드게임, 마방진, 이집트의 피라미드, 직물 패턴, 나무 조각 등이 포함되어 있다. 2억 5천년 된 이샹고 뼈(AC : 17–19)에 새겨진 새김눈은 현대의 우편 바코드의 길고 짧은 선과 연결지을 수 있다.

아프리카와 그 밖의 문화들에서 선택한 주제들을 교실에서 적용하는 내용을 수록한 책, 논문 교육과정 안내문은 너무나 많아서 이 책에 다 소개할 수 없다. 나는 이들 자료 중 몇 가지만 설명할 것이다. 셜리Lawrence Shirley는 볼티모어에서 현재의 직장을 갖기 전에 많은 세월을 북나이지리아에서 가르쳤다. 자신의 논문 〈아프리카 달력과 시간 관습에서 고안해 낸 활동Activities from African Calenda and Time Customs〉에서 그는 아프리카에서의 체험을 바탕으로 가나의 아칸족과 북나이지리아의 하우사족의 '날

그림 26-3 나이지리아의 이바단 시에 있는 옷감 시장에서 여성들이 짠 직물을 팔고 있다(AC : 224).

의 명칭', 동아프리카의 '일출 시간', 이슬람 음력의 사용을 토대로 한 수업활동안을 제시하였다. 내가 1996년에 쓴 책《다문화 수학 교실The Multicultural Math Classroom》에서(pp. 9-12), 셜리는 미국의 대학생과 중학생에게 아프리카 수, 시간, 만카라를 가지고 활동했던 방법을 설명하고 있다.《다문화의 수학 : 국제적 관점에서 수학을 가르치기Multicultural Mathematics : Teaching Mathematics from the Global Perspective》에서, 넬슨과 공동 집필자들은 다문화적이며 역사적 관점을 수학 교실에 가져오는 이론적 근거에 대해 논의하였고 이러한 관점을 많은 관련 주제에 적용하였다. '통계와 불평등 : 국제적 관점(pp. 175-204)'에 관한 장과 주석이 달린 관련 서적 목록(pp. 207-223)은 특별히 높은 평가를 받아야 한다. 럼프킨은 다문화적이며 역사적인 관점을 반영한 활동들을 고안하면서, 기하와 대수 관련 활동을 많이 포함시킨 두 권의 책《여러 문화에서의 대수 활동Algebra Activities from Many Cultural》과《여러 문화에서의 기하 활동Geometr Activities from Many Cultural》을 출판하였다. 럼프킨과 스트롱은 1995년에 출간한 책에서도 학생에게 기초대수 과정 학생들을 위한 수학과 과학에 관한 활동과 프로젝트를 제시하면서 비슷한 접근을 하였다. 〈수학-풍족한 유산Math-A Rich Heritage〉에서, 럼프킨과 포웰은 중학생들에게 아프리카의 수학과 걸출한 아프리카계 미국인의 수학 및 과학 분야에 끼친 공헌을 소개하면서, 학생들에게 수학 학습을 계속 할 것을 격려했다.

이러한 예들은 취학 전부터 대학에 이르기까지 어떤 수준에 있건 (아프리카) 문화를 교육과정에 통합시킬 수 있는 풍부한 자료들이 있음을 제시하고 있다. 여러 문화의 관점을 수학과 교육과정에 유입하는 것은 학생들에게 수학적 생각과 적용이 세계의 모든 사람의 삶과 관련이 있다는 것을 표출하는 것이다.

여성과 수학

고대 그리스의 역사학자 헤로도토스는 이집트를 방문한 후 집필한 자신의 책《역사》에서 "이집트인은 사실상 법률과 관습의 모든 면에서 다른 민족보다 뒤쳐져 있었다. 남자는 집에서 직물을 짜는 반면에 여자는 시장에 가서 거래를 한다."라고 적고 있다. 이 기록은 다시 아주 재미있는 바버Elizabeth Barber의 책 《여성의 일 : 최초 2만 년》(p. 185)에 인용되어 있다. 하지만 헤로도토스는 그가 기원전 5세기에 여행하면서 보았던 것만을 적었던 것이다. 바버에 따르면, "예를 들어, 남자가 조작하는 수직 베틀은 기원전 1500년에 이집트에 도입되었다. 하지만 그 당시에 이집트의 여자(여성만이)들은 이미 3000년 동안 수평 베틀로 무명베를 짜오고 있었다(p. 186)." 바버는 이집트 여성들은 계속해서 수직 베틀을 짜왔으며, 이집트 법에 의해서 남자와 동등한 위상을 보장받았으며, 여성들은 상거래를 할 수 있었고 자기 자신을 위한 사업을 할 수 있었다고 덧붙였다(pp. 272-273). 남나이지리아를 여행하는 동안, 나

그림 26-4 천을 짜고 있는 나이지리아의 이그보족 여성.

는 비슷한 것을 볼 수 있었다. 여자는 남자들이 사용하는 것과는 다른 베틀을 사용했고, 여성들이 사실상 시장을 지배하였다. 이런 관점에서 고대 이집트가 아프리카의 다른 지역에 끼친 영향을 조사하는 것은 흥미로울 수 있다.

초기의 역사로 돌아가서, 1991년의 논문 〈최초 수학자는 여성Women as the First Mathematics〉에서 이샹고 호수가에서 발견된 눈금이 새겨진 뼈와 유사한 인공물들은 한 여성이 자신의 월경 주기에 대한 시기를 끊임없이 음력으로 보존하기 위한 필요에서 유래한 것이라고 제안한 바 있다(AC : 17–20). 또한, 일반적으로 동의하는 바는 농사일을 한 최초의 인간은 여성이었다는 점이고 농사짓는 일은 음력을 필요로 했음에 틀림없었을 것이라는 점이다. 당신이 어떤 관점을 가지든 간에, 첫 번째 수학자는 여성이라고 할 수 있지 않은가!

시장에서의 여자의 역할은 앞서 언급했다(AC : 27, 67, 224–225). 게르데스(1997b)는 모잠비크에서 여성들이 시장에서 암산하는 방법에 관한 드라이

그림 26-5 모잠비크의 여성들이 짠 독특한 시파치 바구니.

스마Draisma의 연구에 대해 논의했다(pp. 340-341). 아래에 있는 뺄셈 문제 62-5에 대한 방법에서 볼 수 있듯이, 뺄셈은 몇 가지 다른 방법으로 할 수 있다.

첫째 방법 :	62－2＝60	60－3＝57	
두째 방법 :	60－5＝55	55＋2＝57	
세째 방법 :	62－10＝52	10－5＝5	52＋5＝57

대부분의 여성들은 고대 이집트인들이 했던 것과 유사한 암산으로 '2배 하기' 방법으로 곱셈 문제들을 해결하였다(AC : 20, 22).

게르데스와 불라포는 자신들의 저서 《시파치Sipatsi : 이냠바네의 기술, 예술, 기하》에서 시파치라고 불리는 핸드백에 짜인 수백 가지의 체계적인 줄 패턴을 설명하고 분석하였다. 대학원생인 공동집필자 불라포는 고향인 이냠바네에서 직조공이 해결해야 하는 수학적 문제 유형을 찾아내기 의해 현지 조사를 하였다. 최근까지 이런 형식의 직조는 여성만을 위한 분야였지만, 근래에 들어 남성도 상업적 목적으로 작품을 만들고 있다.

시파치 하나는 평평한 직사각형 바구니 3개로 구성되고, 크기가 서로 달라 작은 것은 큰 것에 들어 갈 수 있어서, 가장 큰 것에 다른 두 개를 담을 수 있다. 이 바구니를 만들기 위해, 예술가는 원통을 짠 후 한 모서리를 봉합해서 직사각형 모양을 만든다. 가장 바깥쪽의 바구니는 몇 가지 서로 다른 화려한 줄 무늬 패턴으로 장식되어 있다. 사실상, 대칭 가능한 7가지 모든 패턴이 《아프리카 수학》에 설명된 많은 패턴들 중에서 표현되어 있다(AC : 180-185 참고). 각 줄무늬의 기조基調는 원통 둘레로 정확하게 정수배가 되어야 한다. 일반적으로 각 줄 무늬의 기조는 다른 수의 가닥이 필요하고, 한 가지 이상의 색이 포함되어 있다. 짜는 과정에 따라 염색된 가닥의 수는 4의 배수가 된다. 직조공이 계발한 암산 능력을 상상해 봐라!

대학에서 교사 교육 강좌를 수강하는 학생들이 이 줄 무늬 패턴을 분석하고 분류한 후, 이 개념들을 다른 맥락에 적용해 보았다. 게르데스는 이

그림 26-6 남아프리카의 은데벨레족 여성은 집과 주택단지의 벽에 다양한 색으로 기하 패턴을 그린다.

런 자연물로 하는 교실 활동은 여학생들에게 수학적 능력에 대한 자신감을 높이고 수학과 관련된 직업에 종사하기를 꺼리는데 이를 극복할 수 있을 것이라고 믿는다. 이런 꺼림은 유럽인의 견해가 강제적으로 반영된 학교 교육과정과 수학과 과학 분야에서 여성이 열등하다는 잘못된 믿음에서 기인하는 것이다.

게르데스가 학술상을 받은 책인《남아프리카의 여성, 예술, 기하Women, Art and Geometry in Africa》는 나에게 특별한 반향을 일으켰다. 이 책에서 그는 여성들의 예술 활동에 잠재되어 있는 수학에 대해 논의하고 있다. 이 책의 서문에 게르데스가 한 말을 인용하면, "이러한 전통적인 문화 활동에 잠재되어 있는 수학적 면이 '학계' 에 거의 알려지지 않았을지라도, 이것은 수학적으로 중요하다. … 남아프리카의 여성은 아름다운 패턴을 창조해 왔고 창조와 발명과 상상을 계속할 것이다(pp. vii–viii)."

몇몇 장에서 시파치 바구니, 평평한 바구니와 밥그릇 모양의 바구니, 직조한 매트, 장식용 구슬세공, 화려한 도자기에 나타난 패턴에서 발견할 수 있는 대칭들을 분석했다. 여성들 사이에서의 문신과 바디 페인팅에 관해 작성한《아프리카 수학》의 한 장은 이런 예술은 미와 다산의 상징들을 구체화한 것이라는 점을 밝히고 있다. 거의 100쪽에 걸쳐서 소토족과 은데벨레족 여성들의 벽화를 언급하고 있다. 남성이 집을 건축하고 나면, 여성들은 벽이나 안팎을 꾸몄다. 소토족 여성은 주로 꽃무늬로 반복된 패턴을 만든 반면에, 은데벨레족 여성은 형형색색의 추상적인 기하 패턴을 사용하였다. 남아프리카 공화국에서 흑인에 대한 인종 차별정책이 펼쳐지고 있던 시기에, 남아프리카 공화국의 공공기관들은 은데벨레족의 아름다운 많은 집들을 강제 철거하였고, 이곳의 거주자들을 '흑인 원주민 반투족의 자치구'로 지정된 황폐한 콰은데벨레KwaNdebele로 이전되었다. 코트니 클라크Courtney-Clark는 《은데벨레족 : 아프리카 종족의 예술Ndebele : The Art of African Tribe》에서 은데벨레족의 집들과 주택군住宅群을 찍은 아름다운 사진들을 갖고 있는 반면에, 제프리Jeffrey는 1986년 《내셔널지오그래픽》지에 게재한 기사에서 마구바네가 찍은, 가슴 아프게 하는 사진으로 설명을 곁들이면서 철거에 관한 슬픈 이야기를 다뤘다.

해리스Harris(1997)는 아프리카 국가들과 그 밖의 다른 나라의 여성들이 짠 직물로 구성된 '평범한 실타래Common Threads'로 명명한 순회 전시회에서 전시품을 생산하는데 내재된 수학 원리들을 분석하였다. 그녀의 목표 중 하나는 특히 전에 식민지였던 국가들에서 여학생들에게 수학적으로 '잘못된 교육'의 결과를 반박하는 것이었다. 그녀는 "전수된 문화에서, 수학은 권력구조를 강화시키고, 여러 수준의 사회적 계층을 형성하고, 일반적으로 인정받을 수 있는 상업적으로 출판된 시험의 결과를 통해서 모든 민족들을 효과적으로 걸러낸다(p. 153)"고 비판했다.

《아프리카 수학》의 개정판

선사시대, 고대 이집트, 북아프리카

《아프리카 수학》이 처음 출판된 이래로 아마도 가장 의미 있는 발전은 콩고의 북방 지역에 있는 루탄지그 호수(전에는 에드워드 호수라고 부르던 호수)에 대한 후속 연구와 마샤의 1991년 개정판 《문명의 근원The Roots of Civilization》(AC : 18)에서 논의된 것처럼 일반적으로 연대를 추정하는 새로운 방법을 토대로 이샹고 뼈의 연대를 재감정한 것이다. 29개의 부표가 있는 더 오래된 화석화된 뼈(비비의 뼈라고 부름)가 스와질랜드 왕국과 남아프리카공화국 사이의 국경선에서 발견되었는데, 이것은 약 3만 7000년 전의 것으로 추정된다. 이 뼈는 산족(San, 부시먼)이 오늘날에도 사용하고 있는 달력 막대와 비슷하다. 아마도 두 가지 뼈 모두 음력을 상징하는 것 같다.

게르데스(1994)의 책의 설명이 있는 참고문헌은 그림 4-1의 지도상의 빈 공간들을 메우는데 도움을 준다. 그림 4-1의 지도는 사하라 사막 남쪽의 아프리카에 관한 슈미들의 연구를 기초로 한 것이다. 몇 세기 동안, 역사학자와 다른 분야의 학자들은 사하라 사막 북쪽에 있는 사람들이 선천적인 능력, 문화, 성과에서 더욱 우수하다는 인종차별주의적 가정하에 북아프리카와 아프리카의 나머지 부분을 구분지었다. 내가 사하라 사막 남쪽을 주로 취급하게 된 동기는 시간적인 제약과 이용할 수 있는 자원의 제약으로 인한 것이었다. 초기 연구에서 가장 도움이 된 것은 슈미들이 지도를 곁들여 가며 사하라 남쪽의 많은 아프리카 문화에 대해 쓴 상세한 논문이었다(AC : 13-15, 40). 북아프리카의 인종군이 그들 자신의 고유한 민속수학적 관행을 발전시킨 것은 확실하다. 이 사실은 최근의 연구에서 유럽어뿐만 아니라 아랍어와 아프리카어로 쓰인 많은 저서에서 조명되고 있다. 한 예로, 가르시아Barrios Garcia(1997)는 약 140개의 원고와 논문을 자신의 박사 논문 작성을 위해 사용했다. 그의 박사 학위 논문의 주제는 십진수체계와 카나리아 제도 사람들의 복잡한 달력이었다. 카나리아 제도 사람들은 자신들의 조상과 우주 철학적인 체계를 북아프리카의 베르베르족에서 밝혀내었다.

고대 이집트 시대까지 거슬러 올라가서, 콩고 공화국의 정부 장관으로 재직했던 오벤가Obenga(1995)는 고대 그리스의 수학에 고대 이집트가 공헌한 결과뿐만 아니라, 고대 이집트 시대의 기하 지식과 아프리카의 다른 지역에서 발전된 지식과의 관계에 대해 논의했다. 럼프킨(1997a)과 다른 사람들이 행한 후속 연구에서, 이들은 고대 이집트인이 직사각형의 좌표를 건축에 사용하였고, 부기와 건축 배경에 0에 관한 기호가 있으며, 성직자의 원고에 0의 개념을 소개하였다고 진술하고 있다. 헬레니즘 시대와 충제 이슬람 시대 모두에서, 이집트는 형식적 수학의 발달의 중심지였다. 즉, 여러 인종 출신의 많은 수학자들, 과학자들, 그리고 철학자들이 몰려드는 곳이었다. 이들은 초기 시대에는 그리스어로 집필을 하고 후에는 아랍어로 집필을 하였다. 디오프Diop(1991)는 고대 이집트의 수학과 과학에 관한 논의를 한 장에 걸쳐(pp. 231-307) 상세히 설명하였고 전권을 통해 다른 아프리카 사람들과 이집트인의 공헌에 관한 언급을 하였다. 드제바Ahmed Djebbar(1990, 1995, 1997)는 중세 시대에 북아프리카의 마그레브 지역에서 수학의 발전과 수학자의 업적을 발굴해 내기 위해서 아랍어로 된 원고를 연구하는 눈부신 일을 해왔다.

몇몇 학자들은 이슬람 수학이 후대에 미친 영향뿐만 아니라 북아프리카와 사하라 사막 남쪽 지역 사이의 연결을 탐구하는 중이다. 카니A. M. Kani(1992)는 11세기 초에 북나이지리아에 흡수된 중앙 수단의 식민지 이전 시기의 상속 재산의 계산, 징세, 빈곤층에게 자본을 분해하는 방법에 관한 계산 관행에 대해서 논의하고 있다. 카니는 "아랍어, 풀풀데어(풀라니족의 언어), 하우사어와 그 밖의 언어로 쓰인 의학, 천문학, 계산, 그 밖의 과학에 관한 수많은 문헌의 가용성可用性에도 불구하고, 역사적인 관점에서 과학을 연구하는 것이 체계적으로 이루어지지 않고 있다"(p. 38)고 의견을 밝히고 있다. 다른 저서에서 카니는 마방진과 수비학에 관한 무함마드Muhammad ibn Muhammad의 작품을 논의하였다(AC : 137-151).

세르티마Van Sertima(1983)는 고대 시대와 그 후의 아프리카에서의 수학과 과학에 관한 논문들을 모아 한 권의 책으로 펴냈다. 이 책에는 초기 시대의 역학의 종류와 선사시대의 달력으로서 활용되었을 북서 케냐에 있는 거석문화 지역을 포함하고 있다. 토머스 이미그왈리Thomas-Emeagwali(1992a, b, 1993)는 구전의 역사 문헌을 역사로 재건설하고 의학, 유리제조술, 야금함, 기술, 직물 제조와 같은 과학의 기초적인 원리를 탐구하였다.

사하라 남쪽의 아프리카

최근에 수많은 연구 프로젝트는 사하라 남쪽의 아프리카에서의 세기, 암산술, 수 체계, 수비학의 면면을 조사해 오고 있다. 게르데스와 모잠비크의 동료들, 그리고 아프리카의 다른 지역의 연구가들은 이러한 주제에 관한 수많은 논문과 책을 썼다. 게르데스(1994)는 세네갈의 카네E. A. Kane의 작품에 관해 특별한 언급을 하였다. 민속수학적 원리를 연구의 기초로 사용한 카네는 세네갈 사람들의 생활에 깊이 스며들어 있는 문화의 관점에서 세네갈에서 사용되는 20개의 언어의 수 체계를 분석하였다. 이 분석을 수행하기 위해서, 그는 언어학, 수 체계의 역사, 인종학, 그 지역의 언어에 대해 조사했다. "카네는 수 체계를 분석하는데 유용한 방법론을 한 가지 개발하였는데, 이 방법은 '구전 문화'의 특수성에 알맞다(p. 349)."

아프리카인이건 아니건 간에, 많은 게임광은 아프리카에서 행해지는 놀이에 대해 진술해 오고 있다. 코트 디부아르에서 돔비아Salimata Doumbia와 동료 연구자들은 게임의 주제에 초점을 맞추고 있다. 그들의 연구는 기술보다는 운에 좌우되는 게임(AC : 113-115)의 규칙이 수학적 확률의 복잡한 이해를 나타내고 있다는 것을 보여준다(Doumbia와 Pil, 1992). 게임 말은 불규칙한 모양의 조개껍데기이지만, 가능한 결과들에 할당된 점수는 확률론을 기초로 계산한 점수와 거의 동일하다. 애셔와 그 밖의 사람들은 여기에 설명한 것보다 더 복잡한 강 건너기 퍼즐에 관심을 갖고 있다(AC : 109-

그림 26-7 앙골라의 조크웨족이 만든 루소나(닭을 뒤쫓아 가며 생긴 길을 표시해서 만든 네트워크)

110). 게르데스는 앙고라의 조크웨족과 이웃하는 종족들 사이에 소나sona 라고 알려진 네트워크에 대한 광범위한 연구를 해오고 있다(AC : 105-109). 쿠비크Kubick(1998)는 루차지족Luchazi들 사이에서 복잡한 네트워크의 문화적 측면을 연구했다. 애셔(1991)는 부송족과 조크웨족의 문화적, 역사적 배경뿐만 아니라 대칭, 반복에 의한 확대, 그리고 네트워크에 적용된 그래프 이론의 수학적인 면을 다루었다.

많은 게임 책에 '삼목게임'과 만카라 형태의 게임이 수록되어 있다(AC : 103-105, 116-136). 러스Russ(1995)는 아프리카, 아시아, 아메리카에서 하는 두 줄 버전, 세 줄 버전, 네 줄 버전 등 만카라의 거의 150개 유형에 관한 놀이 방법과 책략에 관한 팁을 기록하였다. 코바치Kovach(1995)는 가나의 아산테족의 만카라 규칙을 토대로 만든 만카라 게임인 오와레에 맞는 소프트웨어를 만들었다. 코바치는 자신의 책에 머레이H. J. R. Murray, 헤르코비치Melville Herskovits, 쿨린Stewart Culin 등 다른 초기 저술가들이 쓴 게임에 관한 논문들과 이들의 설명이 달린 참고문헌들을 수록해 두었다. 팽크허스트Pankhurst(1971)의 논의는 에티오피아와 주변 지역에서 하는 만카라 게임에 집중된 반면에, 실바Silva(1995)는 일반적인 만카라 게임을 다루고 특히 앙골라 버전과 다른 버전들의 기원에 대해서 다루고 있다.

휴일브루크Huylebrouck(1996)는 르완다와 부룬디에 '이기소로igisoro'로 알려진 4줄 버전을 설명하고, 이것을 수 체계, 드럼의 리듬, 지역의 장식에 있는 기하 패턴과 연결시켰다. 드부그트De Voogt(1998)는 '바오bao'로 알려진 4줄 버전 만카라 게임의 숙련된 게임가의 기억력과 계산 기술에 관한 논문으로 박사 학위를 받았다. 그의 논문은 이 게임의 규칙을 제공하고 잔지바르 섬의 전통 놀이를 설명하고 있다. 미스마엘과 사적인 대화를 통해서 얻은 정보에 따르면 모잠비크의 놀이로 4줄 버전 만카라, 삼목게임, 동전과 별보배조개껍데기로 하는 확률게임에 관한 박사 학위 논문을 위한 연구를 진행하고 있는데, 그는 교실 적용을 강조한다. 게르데스(1994)는 이것과 주목을 받지 못했던 아프리카 문화의 한 영역인 '실드기'를 포함하면서 이 게임들과 다른 게임들, 그리고 퍼즐들에 관한 연구를 의한 참고문헌을 논의하고 제공한다.

세계 곳곳에 살고 있는 사람들은 직물, 조각상, 가면, 일상 삶에서 사용되는 다른 물건들과 의식 행사에 표현된 아프리카 예술에 매력을 느낀다(AC : 172–196). 수학자들은 군론의 원리들을 천, 바구니 세공품, 나무 조각, 그리고 다른 예술품들에서 나타나는 반복 패턴을 분석하는데 적용해오고 있다. 《아프리카 수학》의 14장을 쓴 크로웨Crowe는 인류학자인 워시번Washburn과 함께 공동 작업을 하고 있다. 이들은 《문화의 대칭 : 평면 패턴 분석의 이론과 실제Symmetries of Culture : Theory and Practice of Plane Pattern Analysis》란 책에서 이런 패턴의 분석을 아프리카 문화를 포함한 많은 인종 집단들의 예술에 적용하고 있다.

이글래시Ron Eglash(1999)는 아프리카 문화의 다양한 측면에서 프랙털 기하의 발생(점층적으로 점점 더 작아지거나 더 커져가는 크기로 패턴의 반복)을 조사해오고 있는 중이다. 그는 《아프리카 수학》에 있는 다음의 문구를 인용했다. "아프리카 건축물의 두드러진 특징은 시종일관된 양식에 있다. … 둥근 집들은 일반적으로 둥글거나 타원형으로 배열되어 있으며, 직사각형 모양의 집들은 직사각형으로 배열되어 있다(AC : 161)." 그가 설명을 풍부하게 해놓은 책인 《아프리카의 프랙털African Fractals》은 직조(직물 공정), 조각, 여성들의 머리카락 땋기, 점占과 같은 프랙털 구조의 본질적으로 다른 발현물을 다루고 있다. 그가 제안한 예 중에는 조크웨족의 소나sona도 있다. 소나는 같은 패턴이 다른 크기로 재생되고 있다.

건축 분야에서 주목할 만한 것은 드니어Denyer가 1978년에 205개 종족 집단의 전통 가옥과 의식용 건축물에 대해 넘치는 설명을 한 연구이다. 그녀는 자연 조건과 이 사람들의 사회 · 경제적 배경의 관점으로부터 건축 양식, 건축 자재, 건축의 여러 측면을 논의하고 있다. 드니어는 몇 쪽을 장식의 테마들에 관해 할애하고 있다.

기하는 게르데스가 선호하는 수학 주제이자 자신의 박사 학위 논문 주제이다. 명확하게 '기하' 또는 '수학'이라고 할 수 없지만, 예술, 게임, 그래픽 시스템, 다른 전통품들에 암묵적으로 '숨겨진' 기하적 아이디어를 드러내는 절차에 대한 그의 논의는 대단히 중요하다. 그는 1994년 게재된 자신의 논문에서, 한 가지 방법을 다음과 같이 설명하고 있다.

바구니, 멍석, 항아리, 가옥, 어망과 같은 전통적 사물들의 기하적 형태들을 분석할 때, 연구자는 다음 질문을 제기한다. 이들 유형의 생산품들이 왜 이런 형태를 가지고 있는 것일까? 이 질문에 대답하기 위해서, 연구자는 일반적인 생산 기법을 배워야 하고, 생산 과정의 각 단계에서 형태들을 변형하는 시도를 해야 한다. 이것을 하면서 연구자는 이 형태가 어떤 실용적인 이점을 갖고 있는지 그리고 이 형태가 이 생산품을 생산하는 문제의 최적의 상태인지 아니면 단지 가능한 해결방안인지를 관찰해야 한다. 이 방법을 적용함으로써 생각 중인 생산 기법의 고안에 아마도 포함되어 있을 원, 각, 직사각형, 정사각형, 정오각형, 정육각형원통, 원뿔, 사각뿔, 원기둥, 대칭 등의 성질과 관계에 대한 선지식先知識을 불러일으키는 것이 가능해진다. 일반적으로 문화적 요소의 수학적 특징이나 면면이 인식되고 나면, 사람들은 포함된 수학적 사고의 발자취 그리고 이것과 다른 문화 · 수학적 '맥락'의 관계를 추적해 보는 시도를 할 수 있다. 이때 이것의 교육적 · 과학적 잠재성을 탐구한다. (pp. 356-358)

게르데스는 1997년 책 중 '문화, 기하적 사고, 그리고 수학교육에 관해서' 란 장에서 이 절차를 모잠비크 사람들의 문화에 녹아 있는 특별한 활동들에 적용하고 이런 접근이 교육과정에 힘을 실어 주게 되는 방법을 지적하였다.

본문의 교정

나는 《아프리카 수학》의 본문을 몇 번씩 개정하고 있다. 그림 1-2에 있는 지도(19쪽)는 1998년까지는 정확한 것이었지만, 미래에는 교정을 보아야 할 소식들을 접하고 있다. 내가 초판 원고를 준비하고 있을 때, 아프리카의 지도를 포함시켰다. 그리고 내가 막 출판사에 원고를 보내려고 할 때, 라디오 광고에서 '콩고' 가 '자이르' 로 바뀌었다는 것을 들었다. 내 지도는 처음부터 다시 그려야 했다. 하지만 지금 그 이름이 다시 원래의 '콩고' 로 바뀌었다고 한다. 독자는 킨샤사가 수도인 자이르와 브라자빌이 수도인 콩고 공화국을 주의깊게 구분지어야 한다.

몇몇 경우에 유럽 열강들이 부여한 이름은 아프리카 민족들과 좀더 관련 있는 이름으로 바뀌고 있다. 좋은 예가 영국 제국주의의 국회의원인 로드스Cecil Rhodes의 이름을 딴 로디지아Rhodesia이다. 독립과 함께 로디지아는 북쪽의 잠비아와 남쪽의 짐바브웨로 나뉘었다. 짐바브웨는 한때 모노모타파Monomotapa(또는 음웨네 마타파Mwena Mutopa) 제국의 수도였던 곳으로 유적이 있는 '거대한 돌 집' 이란 뜻이다(AC : 27-28, 168-169).

대부분의 더 작은 섬들은 지도에서 생략되었다는 것을 알아두기 바란다.

고대 이집트인들이 곱셈을 행한 방법인 '2배하기' 는 중세 유럽인이 '2배하기' 를 토대로 한 방법인 '2배하고 1/2하기' 방법의 곱셈으로 대체되었다.

18세기 나이지리아의 카치나에 살던 마방진의 거장 무함마드Muhammad ibm Muhammad는 Muhammad ibm Muhammad, al-Fullani al-Kishnawi al-Sudani이 바른 표현이다. 즉 이 이름으로부터 그가 풀라니족의 일원이었고 수단의 차키나에 살았다는 것을 알 수 있다(AC : 139).

이샹고 뼈는 현재로부터 8천 년에서 2만 년 전의 것으로 다시 연대가 매겨지고, 마샤의 책의 도서목록 정보에 개정되어 있다(AC : 17-19, 336).

일대기(AC : 329-332)는 개정되고 있다.

명칭과 철자는 수년간 바뀌고 있지만, 본문에 있는 모든 것을 개정하는 것이 가능하지 않았다. 다음 목록은 독자에게 도움을 줄 것이다.

이전의 명칭	현재 명칭
밤바라(Bambara)	바마나(Bamana)
베닌(Benin : 나이지리아에 있는 도시)	배냉(Benin)
부송고(Bushongo, Shongo : 자이르의 인종)	부송(Bushoong : 콩고 쿠바족의 하위종족)
다호메이(Dahomey)	베냉(Benin)
디올라(Dyola : 서아프리카의 인종)	디올라(Dioula)
이조(Ijo : 나이지리아의 인종)	이조(Ijaw)

조크웨(Jokwe, Tchokwe : 앙골라의 인종)	초크웨(Chokwe)
쿠르나(Kurna : 이집트에 있는 마을)	쿠르나(Qurna)
에드워드 호수(Lake Edward : 자이르)	루탄지그 호수(Lake Rutanzige : 콩고)
루돌프 호수(Lake Rudolf : 케냐)	투르카나 호수(Lake Turkana : 케냐)
로디지아(Rhodesia)	잠비아와 짐바브웨(Zambia & Zimbabwe)
자이르(Zaire)	콩고 민주 공화국이나 콩고

독자는 콩고/자이르에 속하는 같은 인종을 나타내는 이름으로 쿠바와 바쿠바를 볼 수 있을 것이다. 접두사 Ba는 반투어에서 복수를 나타내는 말이다. 즉 '바쿠바'는 쿠바 사람들을 의미한다. 다른 접두사는 사람 한 명이나 쿠바 사람들의 언어나 그들이 거주한 땅을 나타낸다(자세한 설명은 1973년의 서문을 참고하기 바란다). 혼동을 피하기 위해서 나는 쿠바를 사용하였다. 다음의 에피소드는 이러한 나의 동기를 분명히 해주었다. 나는 다문화의 관점에 대한 상담자로서 수학 교과서 출판사에 바쿠바족과 관련한 수업을 제안하였다. 편집자는 그것을 받아 적는 과정에서 접두사가 복수를 나타낸다는 것을 인식하지 못하고 "한 명의 바쿠바 사람이 …"라고 하였다.

나는 르완다와 부룬디의 역사에 대해서는 독자가 교정하도록 남겨두겠다. 현재 Tutsi와 Hutu가 "융합하고 있는 경향"을 설명하는 것을 진술하는 것은 적절하지 않다(AC : 235).

내가 오늘 책을 읽는다면, 나는 몇몇 용어를 교정할 것이다. 하나는 여성에 관한 대명사와 수식어구를 훨씬 더 많이 사용할 것이다. 내가 지적해 왔듯이, 여성은 아프리카 사회에서 중요한 역할을 한다. 나는 '부족tribe'보다는 '인종ethnic group'이란 용어를 사용할 것이다. 요루바의 수천만 개를 헤아리는 민족들이 뉴욕 신문의 최근 이슈에서 훨씬 더 적은 유럽의 인구에도 적용하지 않는 경멸적인 용어인 '부족'으로 언급되었다. 나는 '오두막hut'도 같은 관점에서 보고 있다. 그것은 거주자가 집을 미개하게 만들었을 때 부르는 말이다. 이 장에서 나는 사하라 '아래에below' 있다는 것을 함축하는 유럽 위주의 용어인 'sub-Saharan Africa'보다는

'사하라 사막의 남쪽Africa south of the Sahara' 이라는 용어를 사용하였다. 하지만 아프리카인과 다른 저자는 'sub-Saharan' 을 'south of the Sahara' 의 약기로 사용한다. 게르데스가 이 장의 관점에 대해 언급하기를 '용어의 사용은 문맥에 묶여있고, 시사점과 해석은 항상 이러한 문맥에 의존한다. 문맥은 작가와 독자 사이에 다른 것이다.' 그는 내가 사용한 '토착의 indigenous' 라는 용어는 모잠비크와 같이 이전의 식민지 나라에서는 부정적인 의미가 내포되어 있다고 말했다.

학교교육과 도시화는 '토착의' 관습, 언어, 풍습의 보급을 방해하고 있다. 이것이 '진보' 의 대가이다.

참고문헌

Abraham, Roy. *The Principles of Ibo.* Ibadan: U. of Ibadan, 1967.

Achebe, Chinua. *Arrow of God.* New York: John Day, 1967.

______. *Things Fall Apart.* New York: Astor-Honor, 1959.

Adamson, Joy. *Born Free.* New York: Hillman, McFadden, 1961.

Ajayi, J.F. Ade and Esprie, Ian (eds.). *A Thousand Years of West African History.* Ibadan: Ibadan U. Press, 2nd ed., 1968.

Almeida, Antonio de. "Sobre a Mathemática dos Indígenos da Guiné Portuguesa." *Boletim Cultural da Guiné Portuguesa* (Lisbon), NO.6 (April 1947).

Andrews, U.S. *Magic Squares and Cubes.* New York: Dover, 2nd ed., 1960.

Armstrong, R.G. *Comparative Wordlist of Five Igbo Dialects.* Occasional Pubfication No.5, Inst. of African Studies, U. of Ibadan, 1967.

______. *Yoruba Numerals.* Ibadan: Oxford U. Press, 1962.

Armstrong, R.G., Olayemi, V., and Adu, B. "Ekiti Traditional Dirge of Lt. Col. Adekunle Fajuyi's Funeral." *African Notes* (Ibadan) 5:2 (January 1969), pp. 63ff.

Atkins, W.J. "Notes on the Concords and Classes of Bantu Numerals." *African Language Studies* (London) 2 (1961), pp. 42-48.

Babayemi, S.O. "Oyo Ruins." *African Notes* (Ibadan) 5:1 (1968), pp. 8-11.

Ball, W.W. Rouse. *Mathematical Recreations and Essays.* London: Macmillan, 1928.

Barth, Heinrich. *Travels and Discoveries in North and Central Africa,* 1857. Reprinted, London: Frank Cass, 1965.

Bascom, William. *Ifa Divination.* Bloomington: Indiana U. Press, 1969.

Basden, G.T. *Among The Ibos of Nigeria.* New York: Barnes & Noble, 1921, 1966.

______. *Niger Ibos.* London: Frank Cass, 1938, 1966.

Bastin, Marie-Louise. *Art Decoratif Tshokwe.* Lisbon: Museu do Dundo, 1961.

Bell, Robert C. *Board and Table Games,* Vol. I. New York: Oxford U. Press, 1960

ben-Jochannan, Yosef. *Black Man of the Nile.* New York: Alkebu-Ian, 1970.

Bernal, J.D. *Science in History.* 2 Vols. New York: Cameron, 1954.

Bivar, A.D.H. and Hiskett, M. "Arabic Literature of Northern Nigeria Up to 1804." *Bulletin of SOAS* (London U.) XXV:1 (1962), pp. 104-148.

Blacking, John. *Venda Children's Songs*. Johannesburg: Witwatersrand U. Press, 1967.

Bleeker, Sonia. *The Ibo of Biafra*. New York: Morrow, 1969.

______. *The Masai, Herders of East Africa*. London: Dennis Dobson, 1964.

Bohannan, Paul. *Africa and Africans*. Garden City, N.Y.: The Natural History Press, 1964.

Bohannan, Paul and Bohannan, Laura. *Tiv Economy*. London: Longmans, 1968.

Bosman, William. *A New and Accurate Description of the Coast of Guinea*, 1704. New York: Barnes & Noble, new ed. 1967.

Boyer, Carl B. *History of Mathematics*. New York: Wiley, 1968.

Brain, James L. *Basic Structure of Swahili*. Syracuse, N.Y.: Syracuse U. (undated).

Brokensha, David and Crowder, Michael (eds.). *Africa in the Wider World*. Oxford: Pergamon Press, 1967.

Cajori, Florian. *History of Elementary Mathematics*. New York: Macmillan, 1896, 1917.

______. *A History of Mathematics*. New York: Macmillan, 1929.

Chapman, Frank E., Jr. *Science and Africa* (unpublished manuscript). Excerpts appeared in *Freedomways* 6:3 (Summer 1966), pp. 235-245.

Clapperton, Hugh. *Journal of a Second Expedition into the Interior of Africa*, 1829. Reepprinted, London: Frank Cass, 1966.

Clegg, Legrand H., II. "The Beginning of the African Diaspora: Black Men in Ancient and Medieval America?" *Current Bibliography on African Affairs* (Washington, D.C.) 2:12 (December 1969), pp. 13-34.

Collins, Robert O. *Problems in African History*. Englewood Cliffs, N.J.: Prentice-Hall, 1968.

Conant, Levi L. *The Number Concept*. New York: Macmillan, 1896.

Crowder, Michael. *The Story of Nigeria*. London: Faber & Faber, 1966.

______. *West Africa Under Colonial Rule*. Evanston, III.: Northwestern U. Press, 1968.

Crowe, Donald W. "The Geometry of African Art I. Bakuba Art." *Journal of Geometry* (Birkhäuser Verlag, Basel) 1:2 (1971), pp. 169-183.

Culin, Stewart. "Mancala, The National Game of Africa." Washington, D.C.: Smithsonian Institution, June 30, 1894, pp. 597-606.

Dantzig, Tobias. *Number, The Language of Science*. London: George Allen & Unwin, 1940.

Davidson, Basil. *African Genius*. Boston: Atlantic, Little Brown, 1969.

______. *African Kingdoms*. New York: Time-Life, 1966.

______. *The African Past*. Boston: Little Brown, 1964.

______. *The African Slave Trade*. Boston: Little Brown, 1961.

DeGraft-Johnson, J.c. *African Glory*. New York: Walker, 1954.

De Heinzelin, Jean. "Ishango." *Scientific American 206:6* (June 1962), pp. 105-114.

Delafosse, Maurice. *La Langue Mandingue et ses Dialectes*, Vol. I. Paris: Librairie Orientaliste, Paul Guenther, 1929.

______. "La Numération chez les Négres." *Africa* 1:3 (1928), pp. 387-390.

Delano, Issac O. *Conversations in Yoruba and English.* New York: Praeger, 1963

______. *The Soul of Nigeria.* London: T. Werner Laurie, 1937.

Dennett, R.E. *Nigerian Studies.* London: Frank Cass, 1910, 1968.

Dike, K. Onwuka. *Trade and Politics in the Niger Delta.* Oxford: Clarendon Press, 1956.

Döhne, Rev. J. L. *Zulu-Kafir Dictionary.* Capetown: C. F.M., 1857.

Driberg, J.H. "The Game of Choro." *Man* (London) 27 (September 1927).

Du Bois, W.E.B. *The World and Africa.* New York: International Publishers, 1965.

Dundas, Charles. "Chagga Time Reckoning." *Man* (London) 26 (August 1926) pp.140-143.

Dyson-Hudson, N. *Karimojong Politics.* Oxford: Clarendon Press, 1966.

Egharevba, Jacob. *A Short History of Benin.* Ibadan: Ibadan U. Press, 1960.

Einzig, Paul. *Primitive Money.* Oxford: Pergamon Press, 2nd ed., 1966.

Eves, Howard. *An Introduction to the History of Mathematics.* New York: Holt, Rinehart & Winston, 2nd ed., 1969.

______. *In Mathematical Circles.* Boston: Prindle, Weber & Schmidt, 1969.

Fagg, William and Willett, Frank. "Ancient Ife." *Odu* (Ibadan), NO.8 (1960), pp. 21-35.

Farquhar, J.H. "The African Hand." *Nada* (Salisbury), No. 25 (1948), pp. 25-28; No. 27 (1950), pp.25-30.

Fitch, j.M. and Branch, D.P. "Primitive Architecture and Climate." *Scientific American* 203:6 (December 1960), pp. 134-144.

Forde, Daryll. *The Yoruba-Speaking Peoples of South Western Nigeria.* London: Internaational African Inst., 1951.

Frobenius, Leo. *Voice of Africa*, Vol. I. New York: Benjamin Blom, 1913, 1968.

Fuja, Abayemi. *1400 Cowries* (Yoruba Tales). London: Oxford U. Press, 1962.

Gay, John and Cole, Michael. *The New Mathematics and an Old Culture, A Study of Learnning among the Kpelle of Liberia.* New York: Holt, Rinehart & Winston, 1967.

Gecaga, B. Mareka and Kirkaldy-Willis, W.H. *A Short Kikuyu Grammar.* London: Macmillan, 1953.

Greenberg, J.H. *The Languages of Africa.* Bloomington: Indiana U. Press, 2nd ed., 1966.

Griaule, Marcel. *Conversations with Ogotemmêli.* London: Oxford U. Press, 1965.

Gulliver, Philip H. "Counting with the Fingers by Two East African Tribes." *Tanganyika Notes*, No. 51 (December 1958), pp. 259-262.

______. *Social Control in an African Society.* Boston: Boston U. Press, 1963.

Gwarzo, Hassan Ibrahim. "The Theory of Chronograms as expounded by the 13th century Katsina Astronomer-Mathematician Muhammad B. Muhammad." *Research Bulletin of the Center of Arabic Documentation* (U. of Ibadan) 3:2 (July 1967), pp. 116-123.

Hall, Barbara (ed.). *Tell Me josephine.* New York: Simon & Schuster, 1964.

Hall, R. de Z. "Bao." *Tanganyika Notes,* No. 34 (January 1953), pp. 57-61.

Hattersley, C.W. *The Baganda at Home.* London: Frank Cass, 1908, 1968.

Herskovits, M.J. *Dahomey, an Ancient West African Kingdom.* Evanston, III.: Northwestern U. Press, 1967.

______. *Economic Anthropology.* New York: Knopf, 1952.

______. *The Human Factor in Changing Africa.* New York: Knopf, 1962.

______. "The Numerical System of the Kru." *Man* (London) 39, Item 148 (1939), pp.154-55.

______. "Wari in the New World." *Journal of the Royal Anthropological Institute* 62 (1932), pp.23-37.

Hill, Polly. "Notes on the Traditional Market Authority and Market Periodicity in West Africa." *Journal of African History* VII:2 (1966), pp. 295-311.

Hintze, Fritz. "New Researches in Old African Culture." *Scientific World* (World Federation of Scientific Workers, New York), NO.1 (1965), pp. 16-20, 30.

Hiskett, M. "The Arab Star-Calendar and Planetary System in Hausa Verse." *Bulletin of SOAS* (London U.) XXX (1967), pp. 158-176.

Hodgkin, Thomas. *Nigerian Perspectives.* London: Oxford U. Press, 1960.

Hogben, L. *Mathematics in the Making.* London: Rathbone, 1960.

Hogben, S. and Kirk-Greene, A.H.M. *The Emirates of Northern Nigeria.* London: Oxford U. Press, 1966.

Hollis, A.C. *The Masai.* Oxford: Clarendon Press, 1905.

______. *The Nandi.* Oxford: Clarendon Press, 1909.

Howeidy, A. *A Concise Hausa Grammar.* London: George Ronald, 2nd ed., 1959.

Hurel, Eugene. *Grammaire Kinyarawanda.* Ruanda: Kabgayi, 1951.

Ibn Battuta, Muhammad. *Travels in Asia and Africa,* 1325-1354. Trans. and Ed., H.A.R. Gibbs. New York: Robert M. McBridge, 1929.

Ibn Muhammad, Muhammad. Bahjal al-āfāq, 1732. Portions of manuscript in the SOAS, U. of London.

Idowu, E. Bolaji. *Olodumare,* God in Yoruba Belief. London: Longmans, 1962.

Igwe, G.E. and Green, M.M. *Igbo Language Course.* Ibadan: Oxford U. Press, 1967.

Innes, Gordon. *A Practical Introduction to Mende.* London: Luzac, 1967.

Jackson, John G. *Introduction to African Civilization.* New York: University Books, 1970.

Jacottet, E. "Grammar of the Sesuto Language." *Bantu Studies* III (January 1927).

James, George G.M. *Stolen Legacy.* New York: Philosophical Library, 1954.

Jeffreys, M.D.W. "The Cowry Shell." *Nigeria,* No. 15 (1938), pp. 221-226.

Jensen, Ad E. *Im Lande des Gada.* Stuttgart: Verlag Strecker u. Schröder, 1936.

Johnson, Marion. "The Cowrie Currency of West Africa" (2 parts). *Journal of African History* XI:1 (1970); pp. 17-49; XI:3 (1970), pp. 331-353.

Johnson, Samuel. *The History of the Yorubas.* London: Routledge and Kegan Paul, 1921, 1966.

Josephy, Alvin M., Jr. (ed.). *Horizon History of Africa.* New York American Heritage, 1971.

Kenyatta, Jomo. *Facing Mount Kenya.* London: Secker & Warburg, 1938, 1953.

Kirk-Greene, A.H.M. "The Major Currencies in Nigerian History." *Journal of the Historical Society of Nigeria* II:1 (December 1960), pp. 132-150.

Kramer, Edna. *The Main Stream of Mathematics.* New York: Oxford U. Press, 1951.

Lagercrantz, Sture. "African Tally Strings." *Anthropos* (Institutum Anthropos, Germany), No. 63 (1968), pp. 115-128.

Lanning, E.C. "Rock-cut Mweso Boards." *Uganda Journal* 20:1 (March 1956), pp. 95-98.

Lasebikan, E.L. "Brazilians Adopt Yoruba Game." *West Africa,* No. 2391 (March 30, 1963).

Latham, A.J.H. "Currency, Credit and Capitalism on the Cross River in the Pre-Colonial Era." *Journal of African History* XII:4 (1971), pp. 599-604.

Leiris, Michel and Delange, Jacqueline. *African Art.* New York: Golden Press, 1968.

Leuzinger, Elsy. *Africa, the Art of the Negro Peoples.* New York: Crown Publishers, 1960.

Lévy-Bruhl, Lucien. *How Natives Think.* New York: Washington Square Press. 1966. (Original French ed., 1910.)

Lindblom, Gerhard. *The Akamba.* Uppsala: J.A. Lundell, 1920.

Lloyd, P.C., Awe, B. and Mabogunje, A.L. *The City of Ibadan* London and New York: Cambridge U. Press, 1967.

Luschan, Felix von. *Die Alterthümer von Benin.* Berlin: Hecker, 1968.

Mann, A. "On the Numeral System of the Yoruba Nation." *Journal of the Royal Anthropological Society* XVI (1887), pp. 59-64.

Marshak, Alexander. *The Roots of Civilization.* Mt. Kisco, NY: Mayer Bell Ltd., 1991.

Mathews, H.E "Duodecimal Numeration in Northern Nigeria." *The Nigerian Field* XXIX:4 (October 1964), pp. 181-191.

Matthews, J.B. "Notes on Some African Stone Games." *Nada* (Salisbury) IX:1 (1964), pp. 64-68.

Mbiti, John S. *African Religions and Philosophy*. New York: Praeger; London: Heinemann, 1969.

______. *English-Kamba Vocabulary*. Kampala: East Africa Literature Bureau, 1959.

McCall, Daniel F. *Africa in Time Perspective*. New York: Oxford U. Press, 1968.

Mchunguzi, Salim. "Kenya's Political Evolution," in *Inside Kenya Today*. Kenya Dept of Information, March 1969, pp. 24-27.

Menniger, Karl. *Number Words and Number Symbols*. Cambridge, Mass.: M.I.T. Press, 1969. (English translation of *Zahlwort und Ziffer*, Göttingen: Vandenhoeck u. Ruprecht, 1958.)

Migeod, W.L. *Languages of West Africa*. 2 Vols. London: Kegan, Paul, Trench, Trubner, 1911.

Morton-Williams, Peter. "An Outline of the Cosmology and Cult Organization of the Oyo Yoruba." *Africa*, No. 34 (1964), pp. 243-261.

Mott-Smith, G. *Mathematical Puzzles*. New York: Dover, 2nd ed., 1954.

Munro, David A. *English-Edo Word List*. Occasional Publication No.7, Inst. of African Studies, U. of Ibadan, 1967.

Murdock, G.P. *Africa: Its People and Their Culture History*. New York: McGraw-Hili, 1959.

Murray, H.J.R. *A History of Board Games Other than Chess*. Oxford: Clarendon Press, 1952.

Neugebauer, O. *The Exact Sciences in Antiquity*. New York: Harper, 1962.

Ngugi, James. *The River Between*. London: Heinemann, 1965.

Nilsson, M.P. *Primitive Time Reckoning*. Lund: C.W.K. Gleerup, 1920.

Nolen, Barbara. *Africa is People*. New York: Dutton, 1967.

Nsimbi, M.B. *Omweso, A Game People Play in Uganda*. Occasional Paper No.6, African Studies Center, U. of California at Los Angeles, 1968.

A.V.O. "The Hima Method of Counting." *Uganda Journal* 4:1 (July 1936), p. 91.

Ogot, B.A. *History of the Southern Luo*. Nairobi: East Africa Publishing House, 1967.

Ogot, B.A. and Kieran, J.A. *Zamani*. Nairobi: East Africa Publishing House, 1968.

Ojike, Mbonu. *My Africa*. New York: John Day, 1946.

Ojo, G.J. Afolabi. *Yoruba Culture*. London: U. of Ife and U. of London Press, 1966.

Olderogge, D.A. "Ancient Scripts from the Heart of Africa." *The UNESCO Courier* 19:3 (March 1966), pp. 25-29.

Osogo, John. *A History of the Baluyia*. Nairobi: Oxford U. Press, 1966.

Pankhurst, Richard. "A Preliminary History of Ethiopian Measures, Weights and Values." *Journal of Ethiopian Studies* III: 1 & 2 (January & July 1969).

Parrinder, Geoffrey. *African Mythology*. Feltham, England: Paul Hamlyn, 1967.

Phillipson, D.W. "Notes on the Later Prehistoric Radiocarbon Chronology of Eastern and Southern Africa." *Journal of African History* XI: 1 (1970), pp. 1-15.

Prussin, Labelle. *Architecture in Northern Ghana*. Berkeley and Los Angeles: U. of California Press, 1969.

Rattray, R.S. *The Ashanti*, Vol. 1. London: Oxford U. Press, 1923, 1969.

______. *Religion and Art in Ashanti*, Vol. 2. London: Oxford U. Press, 1927, 1954.

Raum, O.F. *Arithmetic in Africa*. London: Evans Bros., 1938.

______. "The African Chapter in the History of Writing." *African Studies* (Johannesburg) 2:4 (December 1963), pp. 179-192.

Ritchie-Calder, Lord. "Conversion to the Metric System." *Scientific American* 223:1 (July 1970), pp. 17-25.

Rohrbough, Lynn. *Ancient Games*, 1936. *Count and Capture*, 1955. Delaware, Ohio: Cooperative Recreation Service.

Roscoe, John. *The Baganda*. London: Frank Cass, 1911, 1965.

______. *The Northern Bantu*. New York: Barnes & Noble, 1915, 1966.

Routledge, W.S. and Routledge, K. *With a Prehistoric People, The Akikuyu of British East Africa*. London: Frank Cass, 1910, 1968.

Ryder, A.F.C. "Dutch Trade on the Nigerian Coast during the Seventeenth Century." *Journal of the Historical Society of Nigeria* III:2 (December 1965), pp. 195-210.

Sawyer, W.W. "The Game of Oware." *Scripta Mathematica* (Yeshiva U.) XV:2 (1949).

Schmidl, Marianne. "Zahl und Zählen in Afrika." *Mitteilungen der Anthropologischen Gesellschaft in Wien* 45 (1915), pp. 165-209.

Seidenberg, A. "Ritual Origin of Counting," in *Archive for the History of Exact Sciences*. Berlin: Springer Verlag, 1962, pp. 1-40.

______. "The Diffusion of Counting Practices." *University of California Publications in Mathematics* III:4 (1960), pp. 215-299.

Shaw, Thurstan. "Radiocarbon Dates from Nigeria." *Journal of the Historical Society of Nigeria* III:4 (June 1967), pp. 743-751.

Shinnie, Margaret. *Ancient African Kingdoms*. London: Edward Arnold, 1965.

Siegel, Morris. "A Study of West African Carved Gambling Chips." *Supplement to American Anthropologist* 42:4, Part 2 (1940).

Smeltzer, Donald. *Man and Number*. New York: Emerson Books Inc., 1958.

Smith, David Eugene. *History of Mathematics*, Vol. 1. New York: Dover, 1958. (First ed., 1923.)

Smith, Homer W. *Man and His Gods*. New York: Grossett & Dunlap, 1952.

Stevens, Phillips. "Orisha-nla FestivaL" *Nigeria*, No. 90 (September 1966), pp. 184-199.

Struik, Dirk J. *A Concise History of Mathematics*, Vol. 1. New York: Dover, 1967.

______. "On Ancient Chinese Mathematics." *The Mathematics Teacher* (National Council of Teachers of Mathematics) 56:6 (October 1963), pp.424-432.

Thomas, N.W. *Anthropological Report on the Edo-Speaking Peoples of Nigeria*. London: Harrison & Sons, 1910.

______. "Duodecimal Base of Enumeration." *Man* (London) 20 (1920), pp. 25-29.

Torday, Emil. *On the Trail of the Bushongo*. Philadelphia: Lippincott, 1925.

Torrey, Volta. "Old African Numbers Game?" in *Science Digest*. New York: Hearst, 1963.

Trowell, Margaret. *African Design*. London: Faber & Faber, 1960.

Tucker, A.N. and Mpaayei, J. Tempo ole. *A Maasai Grammar*. London: Longmans, Green, 1955.

Turnbull, Colin. *The Forest People*. New York: Simon & Schuster, 1961.

Turner, Lorenzo D. *Africanisms in the Gullah Dialect*. New York: Arno Press, 1949, 1969.

Ukwu, Ukwu I. "The Development of Trade and Marketing in Iboland." *Journal of the Historical Society of Nigeria* III:4 (June 1967), pp. 647-662.

Van der Waerden, B. L. *Science Awakening*. New York: Oxford U. Press, 1961.

Van Sicard, Harold. "The Rhodesian Tally." *Nada* (Salisbury), No. 31 (1954), pp. 52.54.

Wayland, E.J. "Notes on the Board Game Known as Mweso in Uganda." *Uganda Journal* 4:1 (July 1936), pp. 84-89

White, Leslie A. "The Locus of Mathematical Reality: An Anthropological Footnote" in *The World of Mathematics*, ed. J. Newman, Vol. 4. New York: Simon & Schuster, 1956.

Wilder, R.L. *Evolution of Mathematical Concepts*. New York: Wiley, 1968.

Willett, Frank. *African Art*. London: Thames & Hudson; New York; Praeger, 1971.

Williams, Chancellor. *The Destruction of Black Civilization: Great Issues of Race, from 4500 B.C. to 2000 A.D.* Dubuque, Iowa: Kendall/Hunt Publishing Co., 1971.

Williamson, John. "Dabida Numerals." *African Studies* (Johannesburg) NO.4 (1943) pp 215-6.

Williamson, Kay and Timitimi, A.O. "A Note on Ijo Number Symbolism." African Notes 5:3 (January 1970), pp. 9-16

Ziervogel, D., Louw, J.A. and Ngidi, J. *Handbook of the Zulu Language*. Pretoria: Van Schaik, 1967.

26장 참고문헌

D'Ambrosio, Ubiratan. 1997. Foreword and Chapter 1, "Ethnomathematics and Its Place in the History and Pedagogy of Mathematics." In Powell and Frankenstein, eds.: xv-xxi, 13-24.

______, 1998. Ethnomathematics: *The Art or Technique of Explaining and Knowing* (translated from the Portuguese by Patrick B. Scott). Las Cruces, NM: International Study Group on Ethnomathematics.

Ascher, Marcia. 1991. *Ethnomathematics: A Multicultural View of Mathematical Ideas.* Pacific Grove, CA: Brooks/Cole. Paperback: 1994. NY: Chapman & Hall/CRC.

______, 1997. "Ethnomathematics." In Selin, ed.:326-330.

Ascher, Marcia and Robert Ascher. 1997. "Ethnomathematics." In Powell and Frankennstein, eds.:25-50.

Barber, Elizabeth W. 1994. Women's Work: *The First 20,000 Years.* New York: Norton.

Barrios García, Jose. 1997. "Number systems and calendars of the Berber populations of Grand Canary and Tenerife in the 14th-15th centuries." In AMUCHMA *Newsletter* No. 19:5-7.

Béart, Charles. 1955. *Jeux et Jouets de l'Ouest Africain.* (2 vol.) Dakar: IFAN

Bell, Robbie. (R.C.) and Michael Cornelius. 1988. *Board Games Round the World.* Cambridge: Cambridge University Press.

Bishop, Alan. 1988. *Mathematical Enculturation: A Cultural Perspective on Mathematics Education.* Dordrecht:Kluwer Academic Publishers.

Centner, Th. 1963. *L'Enfant africain et ses jeu.* Lubumbashi, Zaire: CEPSI.

Courtney-Clarke, Margaret. 1986. *Ndebele: The Art of an African Tribe.* New York: Rizzoli I nternational.

Denyer, Susan. 1978. *African Traditional Architecture.* New York: Africana Publishing Company.

Diop, Cheikh Anta. 1991. *Civilization or Barbarism: An Authentic Anthropology.* Chicago: Lawrence Hill Books. Translated from the French edition (1981).

Djebbar, Ahmed. 1990. *Mathématiques et Mathématiciens du Maghreb médiéval* (IXé-XWIé siecles). Doctoral dissertation, Université de Nantes. 850pp.

______. 1995. "Mathematics in the Medieval Maghreb." AMUCHMA *Newsletter*, No. 15:3-42.

______. 1997. "Mathematics of Africa: The Maghreb" (pp. 613-616) and several other articles, in Selin, ed.

Doumbia, Salimata. 1989. "Mathematics in Traditional African Games." In Keitel et al., eds.: 174-175.

Doumbia, S. and J. C. Pil. 1992. *Les Jeux de Cauris.* Abidjan: CEDA and IRMA

Eglash, Ron. 1999. *African Fractals*. New Brunswick, NJ: Rutgers University Press.

Fauvel, John and Paulus Gerdes, 1990. "African Slave and Calculating Prodigy: Bicentenary of the Death of Thomas Fuller." *Historia Mathematica* 17:141-151.

Gerdes, Paulus. 1994. "On Mathematics in the History of Sub-Saharan Africa." *Historia Mathematica* 21:345-376. Includes 341 bibliographical references.

______. 1995b. *Ethnomathematics and Education in Africa*. Stockholm, Sweden: Institute of International Education, Stockholm University. Fax: 46-8-153133.

______. 1997a. "On Culture, Geometrical Thinking and Mathematics Education." In Powell and Frankenstein, eds.:223-247.

______. 1997b. "Survey of Current Work in Ethnomathematics." In Powell and Frankenstein, eds.:331-371; pp. 351-355 deal specifically with Africa.

______. 1997c. "Mathematics in Africa South of the Sahara." In Selin, ed.: 611-613.

______. 1997d. *Lusona: Geometrical Recreations of Africa/Recréations géométriques d'Afrique* (bilingual edition). Paris: L'Harmattan. Also see Gerdes's forthcoming books on this subject from Africa World Press, Lawrenceville, NJ.

______. 1998. *Women, Art and Geometry in Southern Africa*. Africa World Press, Lawrenceville, NJ. French edition: *Femmes et Géométrie en Afrique Australe*. 1996. Paris: L'Harmattan.

______. 1999. *Geometrical and Educational Explorations Inspired by African Cultural Activities*. Washington, DC: Mathematical Association of America.

______. (Forthcoming.) *Culture and the Awakening of Geometrical Thinking* (with a foreword by Dirk Struik). Minneapolis, MN: MEP.

Gerdes, Paulus and Gildo Bulafo. 1994. *Sipatsi: Technology, Art and Geometry in Inhambane* (also in French and Portuguese). Maputo, Mozambique: Instituto Superior Pedagógico.

Gillings, Richard J. 1972. 1982. *Mathematics in the Time of the Pharaohs*. New York: Dover.

Harris, Mary. 1997. *Common Threads: Women, Mathematics, and Work*. Stoke-on-Trent: Trentham Books Limited.

Huylebrouck, D. 1996. "Puzzles, Patterns and Drums." *Humanistic Mathematics Network Journal*, No. 14 (November): 9-22.

Ismael, Abdulcarimo. Personal communication. E-mail: ismael@fcnmup.uem.mz.

Jeffrey, David. 1986. "Pioneers in Their Own Land," with photographs by Peter Magubane. National Geographic (February): 262-282.

Joseph, George G. 1991. *The Crest of the Peacock: Non-European Roots of Mathematics*. London: Tauris. New York: Penguin, 1992.

Kani, A. M. 1992. "Arithmetic in the Pre-Colonial Central Sudan." In G. Thomas-Emeagwali, ed. (1992b):33-39.

Katz, Victor. 1993. *A History of Mathematics.* New York: HarperColiins.

Keitel, Christine, Peter Damerow, Alan Bishop and Paulus Gerdes. 1989. *Mathematics, Education, and Society.* Paris: UNESCO.

Klepzig, Fritz. 1972. *Kinderspiele der Bantu.* Meisenheim am Glan: Verlag Anton Hain.

Kovach, Roger P. 1995. *Oware! the National Game of Africa: A Winning Numbers Game.* Sapient Software, PO Box 1009, Bolinas, CA 94924. Book and software.

Kubik, Gerhard. 1988. Tusona-Luchazi Ideographs, A Graphic Tradition as Practised by a People of West-Central Africa. Fohrenau: Verlag Stiglmayr.

Lumpkin, Beatrice. 1997a. "Africa in the Mainstream of Mathematics History." In Powell and Frankenstein, eds.: 101-117.

______. 1997b. *Algebra Activities from Many Cultures.* Portland, ME: J. Weston Walch

______. 1997c. *Geometry Activities from Many Cultures.* Portland, ME: J. Weston Walch.

Lumpkin, Beatrice and Arthur B. Powell. 1995. *Math — A Rich Heritage.* Upper Saddle River, NJ: Globe Fearon.

Lumpkin, Beatrice and Dorothy Strong. 1995. *Multicultural Connections: Science and Mathhematics Activities and Projects.* Portland, ME: J. Weston Walch.

Nelson, David; George G. Joseph and Julian Williams. 1993. *Multicultural Mathematics: Teaching Mathematics from a Global Perspective.* New York: Oxford University Press.

Obenga, Theophile. 1995. *La Géométrie Egyptienne: Contribution de l'Afrique antique a la Mathématique mondiale.* Paris: L'Harmattan.

Pankhurst, Richard. 1971. "Gabata and Related Board Games of Ethiopia and the Horn of Africa." *Ethiopia Observer* 14 (#3):154-206.

Powell, Arthur B. and Marilyn Frankenstein, eds. 1997. *Ethnomathematics: Challenging Eurocentrism in Mathematics Education.* Albany, NY: State University of New York Press.

Russ, Larry. 1995. *Mancala Games.* Author, 613 Hudson Street, Hoboken NJ 07030, USA. E-mail: lruss@stevens-tech.edu.

Selin, Helaine, ed. 1997. *Encyclopedia of the History of Science, Technology, and Medicine in Non-Western Cultures.* Dordrecht/Boston/London:Kluwer Academic Publishers.

Shirley, Lawrence. 1996. "Activities from African Calendar and Time Customs." *Mathematics Teaching in the Middle School* 1 (January/February): 616-620.

Silva, Elisio Santos. 1995. *Jogos de quadrícula do tipo mancala com especial incidencia nos praticados em Angola* [Board games of the mankala type with special attention to those played in Angola]. Lisboa: Instituto de Investigação Cientifíca Tropical.

Thomas-Emeagwali, Gloria, ed. 1992a. *The Historical Development of Science and Technology in Nigeria.* Lewiston, ME: Edwin Mellen Press.

______, ed. 1992b. *Science and Technology in African History with Case Studies from Nigeria,* Sierra Leone, Zimbabwe, and Zambia. Lewiston, ME: Edwin Mellen Press.

______, ed. 1993. *African Systems of Science, Technology, and Art: The Nigerian Experience.* London: Karnak House.

Van Sertima, Ivan, ed. 1983. *Blacks in Science, Ancient and Modern.* New Brunswick, NJ: Transaction Books.

de Voogt, Alex. 1998. "Seeded Players." *Natural History* (February): 18-22.

Washburn, Dorothy K. and Donald W. Crowe. 1988. *Symmetries of Culture: Theory and Practice of Plane Pattern Analysis.* Seattle, WA: University of Washington Press.

Zaslavsky, Claudia. 1980. *Count on Your Finger African Style.* New York: Crowell. Reprinted 1999: New York: Black Butterfly (with four-color art).

______,. 1989. "People Who Live in Round Houses." *Arithmetic Teacher* (September): 18-21.

______,. 1991. "Women As the First Mathematicians." *Women in Mathematics Education Newsletter* 4 (#1):4.

______,. 1993. *Multicultural Mathematics*: Interdisciplinary Cooperative-Learning Activities. Portland, ME: J. Weston Walch. For grades 5 up.

______,. 1994a. "Africa Counts and Ethnomathematics." *For the Learning of Mathematics* 14, 2:3-8.

______,. 1994b. *Multicultural Math: Hands-On Activities from Around the World.* New York: Scholastic Professional Books. For grades 3-6.

______,1995. *L'Afrique Compte! Nombres, formes et démarches dans la culture africaine.* (French translation of Africa Counts, with a preface by Evelyne Barbin). Argenteuil, France: Editions du Choix.

______,. 1996. *The Multicultural Math Classroom: Bringing in the World.* Portsmouth, NH: Heinemann. Curriculum and teaching strategies.

______,. 1997. "World Cultures in the Mathematics Class." In Powell and Frankenstein, eds.: 307-320.

______,. 1998a. "Ethnomathematics and Multicultural Mathematics Education." *Teaching Children Mathematics* 4 (May): 502-503.

______,. 1998b. *Math Games and Activities from Around the World.* Chicago: Chicago Review Press. Book for children; 24 of the 70 activities are African.

찾아보기

ㅈ

ㅊ

ㅋ

ㅌ

ㅍ

ㅎ

깊고 그윽한 수학의 향기 경문수학산책

1. 수학의 위대한 순간들
Great Moments in Mathematics

하워드 이브스 지음 | 허민 · 오혜영 옮김 | 644쪽

"수학은 어떻게 생겼는가?"에 대한 깊은 통찰과 혜안. 호머 시대의 전설로 시작하는 이 책은 다양한 수학적 결과의 역사적 배경을 알기 쉽게 설명하며, 그와 연관된 수학자들에 대한 흥미로운 일화를 알려준다.

2. 수학: 새로운 황금시대 (제2판)
Mathematics: The New Golden Age-2nd

키스 데블린 지음 | 허민 옮김 | 416쪽

1960~85년 동안 현대 수학에서 이루어진 발전에 초점을 맞추고 있다. 특히 각 장은 기본적인 내용을 미리 설명하고 역사적인 발전 과정을 통해 이야기하고자 하는 주제에 접근하기 때문에 일반 독자도 큰 어려움 없이 현대 수학의 묘미를 느낄 수 있다.

3. 수학의 천재들 (개정판)
Journey Through Genius: The Great Theorems of Mathematics

윌리엄 던햄 지음 | 조정수 옮김 | 512쪽

인류 역사를 거슬러 오르는 수학의 걸작품. 수학의 역사에서 가장 중요하면서 독창적인 논리적 증명들을 탐구하고 이러한 증명의 정리들이 왜 수학사에서 중요성을 가지는지, 그리고 어떻게 수학자들이 절박한 논리적 쟁점들을 해결했는지 살펴본다.

4. 수학사
An Introduction to the History of Mathematics

하워드 이브스 지음 | 이우영 · 신항균 옮김 | 632쪽

수학의 역사적 발전 과정을 통해 실증적인 통찰력을 가지게 하고, 수학의 총체적 특성과 본질을 파악하는 데 중요한 단서를 제공한다. 수학사는 단순한 수학적 발견의 기록이나 미래를 예측하기 위한 수단으로서의 가치보다는 수학 그 자체의 본질을 위한 도구로서 그 가치가 인정되고 다루어져야 한다는 사실을 일깨워준다.

5. 수학의 기초와 기본개념
Foundations and Fundamental Concepts of Mathematics

하워드 이브스 지음 | 허민 · 오혜영 옮김 | 598쪽

수리철학 과목에 가장 근접한 교과서, 혹은 입문서로서의 역할을 하고도 남는 책. 수학의 사상과 그 변천 과정을 알아볼 수 있다. 수학의 기본 개념들을 학부 수학과 학생의 수준에 맞추어 저술했다.

6 · 7. 수학적 경험 (상 · 하)
The Mathematical Experience

로이벤 허시 지음 | 양영오 · 허민 옮김 | 350쪽 내외

1996년 우수학술도서상과 1983년 미국 도서상을 수상한 이 책에 대하여 한 저명한 수학 월간지는 "진정한 보석, 현대의 명작"이라며 극찬을 아끼지 않았다. 종교, 철학, 교육 등 여러 분야에서의 수학에 대한 논쟁을 탐구하는 저자의 풍부하고도 정교한 감각이 유난히 돋보인다.

8. 수학: 양식의 과학
Mathematics: the Science of Patterns

키스 데블린 지음 | 허민 · 오혜영 옮김 | 468쪽

저자는 수학을 '양식의 과학'이라 정의하고, 이 정의를 핵심적인 주제로 선택해서 셈(자연수), 추론(언어, 논리학, 집합론), 운동(미적분학), 형태(기하학), 대칭(대수학), 위치(위상수학) 등으로 서술한다.

깊고 그윽한 수학의 향기 경문수학산책

9. 인간적인, 너무나 인간적인 수학

Bridges to Infinity

마이클 길렌 지음 | 박영훈 옮김 | 238쪽

수학은 인간이 만든 아름답고도 깊은 세계이지만 많은 사람들은 단순한 기능이나 도구로만 여기면서 이를 외면해왔다. 저자는 일반인들이 가지는 수학불안증은 수학이 어떤 학문인지 잘 모르기 때문에 생긴다고 주장한다. 이 책에서는 기호를 사용하지 않고도 수학의 개념을 쉽게 전달하고 있다.

10. 20세기 수학의 다섯 가지 황금률

Five Golden Rules: Great Theories of 20th-Century Mathematics

존 캐스티 지음 | 한태식 · 권기호 · 김정헌 옮김 | 392쪽

1999 좋은책 100선(중앙일보 선정)

수학에 대한 전문 지식이 없는 일반 독자들에게 금세기에 이룩한 수학자들의 업적 중에서 가장 뛰어난 다섯 가지(게임이론, 위상수학, 특이점이론, 계산이론, 최적화이론)를 제시하고 이에 대한 현대적 감각에 어울리는 다양한 예제를 통해 흥미와 품위를 돋워준다.

11. 아름다운, 너무나 아름다운 수학

The Universe and the Teacup

K.C. 콜 지음 | 박영훈 옮김 | 278쪽

제19회 한국과학기술도서상 수상

많은 사람들이 가지고 있는 수학에 대한 두려움을 분석하고 이를 해소하기 위해 출간된 다른 책들과는 분명히 다르다. 이 책은 수학이 우리의 머리뿐만 아니라 가슴을 구성하는 부분이라는 것을 보여주고 있다. 저자의 폭넓고 특유의 재치와 거침없는 언변이 눈길을 끈다.

12. 수학세계 탐험기

All the Math That' s Fit to Print

키스 데블린 지음 | 허민 · 오혜영 옮김 | 558쪽

1983~89년까지 영국의 가디언 지에 연재했던 수학과 컴퓨터에 관한 글을 모은 것으로, 수학세계에서 다루어지고 있는 광범위한 주제를 재치 있고 흥미로우며 읽기 쉽게 설명하고 있다. 수의 아름다운 양식, 소수, 원주율 등과 같은 수학의 전통적인 주제뿐만 아니라 팔팅스의 정리 및 리만의 추측과 같이 심오한 결과와 미해결 문제를 누구나 이해할 수 있도록 설명하고 있다.

13 · 14. 수학의 역사 (상 · 하)

A History of Mathematics

칼 보이어 · 유타 메르츠바흐 지음 | 양영오 · 조윤동 옮김 | 570쪽 내외

제41회 한국백상문화상 출판상 수상

누구나 알기 쉬운 수학 역사 길잡이. 이집트로부터 20세기 중반까지 수학이 발달해온 과정을 연대순으로 폭넓게 개괄하여, 수학사에 대한 전반적인 이해를 가능하게 한다.

15. 물질, 정신 그리고 수학

Matier A Pense

장 피에르 상제 · 알랭 콘느 지음 | 강주헌 옮김 | 368쪽

파스퇴르 연구소 분자 신경생물학실장, 콜레주 드 프랑스의 세포 커뮤니케이션 연구소장인 장-피에르 상제와, 콜레주 드 프랑스의 분석기하학 연구소장이며 필즈상 수장자인 알랭 콘느가 수학과 자연, 현실과 이성, 인공지능, 수학과 진화론 등의 문제를 두고 격렬하고도 근사한 논쟁을 벌인다. 두 거장의 깊은 생각과 정확한 논리성이 독자를 경탄과 흥분으로 몰아넣는다.

16. 오일러가 사랑한 수 e

e: The Story of a Number

엘리 마오 지음 | 허민 옮김 | 368쪽

로그의 밑인 e에 대한 명쾌하고 정확한 해설과 여러 가지 여담과 역사적 사실을 흥미롭게 서술했다. 페트르 베크만의 《파이의 역사》와 견줄 만한 책이다.

17. 파이의 역사

A History of π

페트르 베크만 지음 | 박영훈 옮김 | 280쪽

1,900년 동안이나 타의 추종을 불허하는 방법으로 값을 발견하고자 한 아르키메데스의 이야기에서부터 악마의 수라 비난했던 중세 주교들의 이야기, 이미 4,000년 전에 이집트인들이 발견한 값을 책으로 출간하면서 야단법석을 떨었던 클리블랜드의 어떤 사업가 이야기에 이르기까지, 역사를 관통하며 펼쳐졌던 원주율 π에 관한 수많은 사건과 일화가 흥미롭게 전개된다.

18. 신의 베틀

The Loom of God: Mathematical Tapestries at the Edge of Time

클리퍼드 픽오버 지음 | 이상원 옮김 | 464쪽

수학과 종교는 분리된 것인가? 무한성을 이해하려는 수학적인 의문은 신을 이해하려는 종교적 시도와 여러 면으로 맞닿아 있다. 종교와 수학 모두 인간과 우주, 그리고 무한성 사이의 관계를 탐구한다. 양자 모두 비밀스러운 상징과 의식을 가지고 있으며 불가해한 언어를 보유한다. 우리 마음 속 깊숙한 곳에서 작용하면서 상상력을 자극한다는 점도 같다.

19. 수리철학의 기초

Introduction to Mathematical Philosophy

버트런드 러셀 지음 | 임정대 옮김 | 280쪽

1919년 처음 출판되어 수학의 기초론에 관한 철학적 사상의 결정적인 역할을 해온 버트런드 러셀의 명저. 이 책은 1986년에 처음 번역되었지만 전면적으로 다시 번역하고, 수학기초론의 3대 입장인 논리주의, 직관주의, 형식주의의 개요를 소개하여 논리주의를 다른 두 사상과 비교하여 이해하는 데 도움이 되도록 덧붙였다.

20. 자연, 예술, 과학의 수학적 원형

A Beginner's Guide to Constructing the Universe: The Mathematical Archetypes of Nature, Art, and Sciences

마이클 슈나이더 지음 | 이충호 옮김 | 392쪽

2002년 문화관광부 우수학술도서 선정

꽃, 조가비, 결정, 식물, 인체에서 발견할 수 있고, 속담이나 동화, 신화, 종교, 마술, 건축의 상징 언어로 표현된 수학적 원리들을 탐구하기 위해 1에서 10까지의 수들을 살펴보는 철학적 여행. 우리가 학교에서 배우는 것과는 아주 다른 시각에서 바라본 것이지만, 우주를 통해 반복적으로 나타나고 인간사에 내재하는 패턴들을 포괄적으로 파악하게 해주는 안내자 역할을 한다.

21. 수학이란 무엇인가?

What is Mathematics? 2nd Ed.

리처드 쿠랑 · 버트 로빈스 지음 | 박평우 외 옮김 | 이언 스튜어트 개정 | 704쪽

번뜩이는 수학의 보석을 한데 모은 위대한 고전. 형식적 수학은 철자법이나 문법과 같다. 즉, 국지적인 법칙들을 올바르게 응용하는 문제이다. 의미 있는 수학은 저널리즘과 같다. 수학은 흥미로운 이야기를 들려준다. 어떤 저널리즘과는 달리 그 이야기는 참이어야만 한다. 최선의 수학은 문학과 비슷하다. 즉, 수학은 목전의 인생에 이야기를 공급하며, 그 이야기 속에 당신을 지적으로, 감성적으로 함몰시킨다.

깊고 그윽한 수학의 향기 경문수학산책

22. 수학과 음악

Emblems of Mind : The Inner Life of Music and Mathematics

에드워드 로스스타인 지음 | 장석훈 옮김 | 284쪽

음악은 귀에 들리는 수, 수는 숨겨진 음악. 이 책은 수학과 음악을 비교하면서 제기되는 가설로 인해 흥미롭다. 저자가 의도했던 바는 실제로 이 양쪽 분야에 모두 발을 담그고 있는 것이 어떤 것인지 그리고 그것이 요구하는 속성이 무엇이며, 다른 가운데 비슷한 점이 무엇인지를 이해하는 것이다.

23. 20세기 수학의 다섯 가지 황금률 II

Five More Golden Rule II

존 캐스티 지음 | 한태식 · 권기호 · 김정헌 옮김 | 352쪽

매듭이론이 새로운 약품 개발에 어떻게 기여하는지, 천문학자들이 호프의 분기정리를 이용하여 행성의 움직임을 알아내는 법, 우주 여행에 필요한 제어이론의 중요성에 대한 강조에 이르기까지 캐스티는 20세기 현대 수학의 흥미진진한 세계를 쉽게 이해할 수 있게 하며, 이러한 내용이 우주의 비밀을 풀어내는 데 어떻게 도움이 되는지를 알려준다.

24. 도대체 수학이란 무엇인가?

What is Mathematics, Really?

로이벤 허시 지음 | 허민 옮김 | 628쪽

2004년 대한민국학술원 우수학술도서

수학의 전통적인 견해에 대한 도전! 본격적인 인본주의 수리 철학서. 수리 철학에 대한 가장 철저하고 포괄적인 탐구서이며, 수학자와 철학자 모두의 필독서이다. 저자는 연구 수학자로서의 경험을 철학적으로 적절하고 날카로운 감각과 결합시켜서, 모든 철학자의 공헌(또는 결함)을 간결하고 예리하게 잘 제시하고 있다.

25. 허수 이야기

An Imaginary Tale:The Story of $\sqrt{-1}$

폴 나힌 지음 | 허민 옮김 | 360쪽

상상의 수, 허수 i에 숨겨진 이야기. 고대 이집트의 파피루스와 1세기 알렉산드리아의 헤론까지 거슬러 올라가 허수 i의 숨겨진 역사를 추적한다. 그리고 그 뒤 $\sqrt{-1}$이 이 세상에 등장해서 진정한 의미가 받아들여지고, 수학의 영광스러운 새로운 세계가 열린 과정을 흥미롭게 이야기한다.

26. 문화 속의 수학

Mathematics Elsewhere

마샤 애셔 지음 | 김이경 옮김 | 296쪽

수학을 통한 독특한 문화 체험. 지정학적으로 다양한 문화, 즉 아프리카의 보라나와 말라가시, 오세아니아의 통가나 마셜 제도, 남부 인도의 타밀, 서유럽의 바스트, 인도네시아의 발리족과 코디족의 생활에서 엿볼 수 있는 수학의 원리를 추적한다.

27. 수학, 천상의 학문

Pi in the Sky: Counting, Thinking, and Being

존 배로 지음 | 박병철 옮김 | 416쪽

인간은 수학을 발명했는가? 아니면 자연적으로 존재하던 수학이 어느 날 우리에게 발견된 것인가? 누구나 쉽게 떠올릴 수 있을 법한 질문이지만, 그 해답이 어느 쪽으로 내려지느냐에 따라 우리의 우주관과 인간관은 크게 달라진다. 플라톤의 이데아, 곧 천상의 세계에 존재하는 수학에 대한 궁극적인 질문과 해답.

28. 원의 역사

A History of The Circle

어니스트 지브로스키 지음 | 김창호 · 연윤정 옮김 | 300쪽

과학 기술, 문화, 역사, 그리고 자연과학에서 원에 대한 흥미로운 이야기.
고대 수학자로부터 20세기의 시공간에 대한 이론에 이르기까지, 지브로스키는 원의 연구가 자연계 일반에 대한 학문에 얼마나 막대한 공헌을 하였는가를 탐구한다.

29. 수학, 문명을 지배하다

Mathematics in Western Culture

모리스 클라인 지음 | 박영훈 옮김 | 664쪽

2006년 대한민국학술원 우수학술도서
수학을 매개로 짚어본 서양 철학사이자 과학사, 문화사. 모리스 클라인은 이 책을 통해 왜곡된 수학의 진정한 모습을 우리에게 보여주려는 시도를 하였다. 즉, 인류 문명, 특히 서양 문명의 형성 곳곳에 수학이 어떻게 자리잡았는지 저자의 해박한 지식을 동원하여 설파함으로써 사람 냄새를 맡을 수 있는 수학의 모습을 보여준다.

30. 무한의 편린

Fragments of Infinity: A Kaleidoscope of Math and Art

이바스 피터슨 지음 | 김승욱 옮김 | 296쪽

수학과 예술이 만나서 펼치는 무한한 상상력의 세계. 미술관에 가서 수학적인 것과 마주치게 되리라고 기대하는 사람은 아마 거의 없을 것이다. 얼핏 생각해도 비록 수학과 미술이 다 같은 인간 지성의 산물이긴 하지만 두 사이에 어떤 공통점은 없을 듯하기 때문이다.
하지만 이 책을 통해 미술관에 전시된 예술품들을 수학적인 시각으로 보고 나면 미술을 전혀 다른 관점에서 재발견하게 될 것이다.

31. 플래터랜드

FLATTERLAND: Like Flatland, Only More So

이언 스튜어트 지음 | 이한음 옮김 | 400쪽

플랫랜드에서 플래터랜드로
1884년 에드윈 A. 애벗이 지은 《플랫랜드; 다양한 차원 이야기》의 후속작으로 현대 수학의 가장 까다로운 개념들을 흥미롭고도 쉽게 접할 수 있게 했다. 독특한 주인공과 위트가 넘치는 색다른 줄거리를 통해서, 이 책은 우리가 현재 이해하고 있는 우주의 모양과 기원, 공간과 시간과 물질의 본질뿐 아니라 현대 기하학과 그것이 어디에 응용되는지를 탐구한다. 《이상한 나라의 앨리스》의 전통을 따라, 현실의 본질을 탐구하는 이 책은 현대 고전의 반열에 들 것이다.